复杂工程环境条件下固井水泥石的劣化与损伤

张景富　著

石油工業出版社

内 容 提 要

本书在简要介绍油井水泥组成及分类的基础上，阐述了油井水泥的水化硬化作用，系统分析了高温、腐蚀性流体介质、力学载荷等复杂工况条件对固井水泥石产生的作用，以及由此引发的固井水泥石物理及力学性能劣化与损伤的演化规律、演化机理及防护措施。

本书可供石油工程、材料科学与工程等领域的科研工作者、工程师、设计人员使用，也可作为高年级本科生、研究生课程教材及参考用书。

图书在版编目（CIP）数据

复杂工程环境条件下固井水泥石的劣化与损伤 / 张景富著．—北京：石油工业出版社，2022.3

ISBN 978-7-5183-5213-5

Ⅰ．①复…　Ⅱ．①张…　Ⅲ．①油井水泥-研究　Ⅳ．TQ 172.75

中国版本图书馆 CIP 数据核字（2022）第 018927 号

出版发行：石油工业出版社

（北京安定门外安华里 2 区 1 号　100011）

网　址：www.petropub.com

编辑部：（010）64523583　图书营销中心：（010）64523633

经　　销：全国新华书店

印　　刷：北京晨旭印刷厂

2022 年 3 月第 1 版　2022 年 3 月第 1 次印刷

787×1092 毫米　开本：1/16　印张：15.75

字数：360 千字

定价：96.00 元

（如出现印装质量问题，我社图书营销中心负责调换）

前　　言

固井水泥石作为封固油气井、地热井、储气库井等井眼环空的主要材料，是近年来井筒完整性分析中备受关注的研究主体，其在高温、腐蚀介质、力学载荷等作用下的性能变化与破坏，直接关系到井筒环空的封固可靠性，影响井的生产安全、生产寿命及生产效益。复杂的工程环境条件作用下如何科学反映水泥石性能的演化、劣化过程，以及这些变化过程中的物理化学特征与本质，并应用这些基于本质的认识有效地设计与控制固井水泥浆体系、生产施工作业参数及施工作业行为，科学解决水泥石结构完整性及环空封固可靠性问题，是固井技术人员必须直面的技术课题。

本书在简要介绍油井水泥组成及分类的基础上，系统阐述油井水泥的水化硬化作用过程与机理，聚焦地下资源勘探与开发工程中的复杂工况环境条件，系统论述高温、腐蚀性介质、力学载荷作用下固井水泥石物质组成、微观结构及物理性能的劣化与损伤的演化过程与机理、变化规律与防护技术。力图能够较系统地提供油井水泥水化硬化理论知识，提供抗温、防腐水泥浆体系设计与研究理论知识、问题分析方法及技术手段，提供力学载荷作用下水泥石力学变化规律、结构完整性分析与评价理论知识及技术方法。

本书共 6 章。第 1 章、第 2 章介绍了油井水泥组成及其水化硬化作用，阐述油井水泥的组成与分类，油井水泥熟料矿物的结构与水化过程、水化作用机理，水泥的水化硬化作用机理及化学反应动力学原理。论述水泥熟料矿物间在水化硬化作用机理、特征方面存在的差异、联系与影响，解析油井水泥水化作用过程及化学动力学控制行为与特征，为本书后续章节内容深入展开提供相关的硅酸盐水泥物理化学基础。第 3 章介绍了固井水泥石高温劣化与防护，介绍水泥水化产物、水泥石微观结构分析方法，阐述温度作用下水泥石物质组成的演化过程，微观结构的劣化特征及水泥石物理力学性能的演化规律，揭示水泥石结构与性能的高温劣化机理，并介绍防护高温水泥石性能劣化的基本技术途径与方法。第 4 章、第 5 章介绍了固井水泥石腐蚀劣化与损伤，以不同井下工况条件为背景，阐述 CO_2、硫酸根离子、碳酸氢根（或碳酸根）离子、氯离子单一介质腐蚀、多元介质协同腐蚀作用下固井水泥石物质组成、微观结构及性能的劣化及其演化规律、特征及机理，阐述抗腐蚀水泥浆体系选择与设计的技术途径与方法。第 6 章介绍了固井水泥环的力学损伤与结构完整性，围绕固井后井筒环空水泥环结构完整性及封固可靠性问题，阐述水泥石力学本构关系构建方法，系统论述力学作用下水泥石与套管、水泥石与地层间的相互作用关系，构建套管—水泥环—地层固结体接触有限元力学模型，及固结体结构完整性破坏准则，分析各因素对水泥环界面应力及结构完整性的影响规律，及易于发生力学损伤破坏的形式，阐述水泥环力学参数与载荷等的适应性选择与设计的技术途径和方法。

本书遵循材料宏观性质与自身组成及微细观结构密切相关的普遍认识，力图通过对水泥石材料的物质组成、微细观结构、宏观物理力学性能的检测与分析，建立起微观与宏观之间的联系，并籍此揭示各种条件作用下水泥石产生变化、劣化与损伤的本质。为此，本书各章节内容以水泥水化硬化为基础，紧密围绕产物组成、微观结构、性能变化、力学形变、劣化与损伤防护等展开。通过水泥石物质组成、微观结构剖析揭示水泥石外部性能变化的内在机理，通过水泥石、地层本构关系及力学相互作用分析揭示水泥环力学损伤特征，取得了一定的效果，是理解、分析和解决复杂条件下固井水泥石变化问题的有效途径之一。

油井水泥的水化硬化，以及固井水泥石高温劣化、腐蚀劣化、力学损伤与破坏是十分复杂的石油工程、固体力学和材料科学领域的难题，也是有效解决复杂环境地下资源勘探与开发必须直面的问题，需要在理论、试验上不断突破、创新和发展。本书是作者多年来在油井水泥化学与力学方面研究成果的总结，内容主要取材于笔者的博士学位论文、博士后出站工作报告、国家自然科学基金项目［油井水泥环环空封固可靠性力学分析与研究（51474074）］成果报告及相关研究项目成果报告。书中观点仅代表作者当时的认识，书中可能尚存在疏漏、谬误之处，敬请读者批评指正。

本书涉及项目在研究过程中得到了刘硕琼、靳建州、杨智光、王忠福等同志的大力支持和帮助，徐明、齐奉忠、贾付山、李勇、高莉莉、张强、肖海东等课题组同仁及笔者的研究生团队对相关研究内容做出了很大的贡献，在此表示最诚挚的感谢。

张景富

2021 年 8 月

于东北石油大学

目　录

第1章　油井水泥的组成及分类

固井是油气、地热等地下资源勘探开发中建完井施工的重要工程环节。固井工程的主要工作内容可分为下套管和注水泥两个部分，其具体施工过程为：在所钻成的井眼内下入套管串，然后再将设计配制好的水泥浆泵注到套管与井眼形成的环形空间，使水泥浆在特定的时间内凝固，并与套管、井壁地层进行胶结。由此，固井施工的主要作用：通过水泥的胶结封固作用，封闭地下复杂地层(如异常高压层、异常低压层、易坍塌层等)；封隔地下油、气、水层，防止层系窜通；保护产层，建立起一条隔绝良好的地下资源开采通道。因此，一口井固井质量的好坏，不仅影响到该井能否继续顺利钻进，而且将影响到以后能否顺利生产、生产寿命及生产经济效益。

油井水泥是专门用于油气井、地热井等固井施工的重要材料。目前国内外常用的油井水泥主要仍为波特兰水泥，因其主要成分为硅酸盐，又称为硅酸盐水泥。油气井固井注水泥时要把水泥浆泵送到井下几百米或几千米井眼与套管之间的环形空间，水泥浆在井下的环境与地面建筑水泥的环境明显不同，因此工程中对油井水泥性能的要求比一般建筑水泥更加严格。例如特定井深对应着相应的井底温度和压力，因此要求：所配制的水泥浆体在注入替浆过程中，能够具有合适的密度、良好的流动性及相适应的合理可泵送时间(通常称为稠化时间)；水泥浆泵送入指定封固位置停止流动后，应能够较快地凝结，并在相对较短的时间内达到相当的强度值，避免较长的候凝时间；硬化后的水泥石应具备较好的封固强度及胶结强度、良好的抗温稳定性和抗渗透性等力学性能，及抵御腐蚀性地层流体介质的腐蚀能力等。

1.1　水泥熟料矿物的组成

硅酸盐水泥是一种应用广泛的水硬性胶凝材料。成品水泥呈粉末状，加水拌和后形成塑性浆体，可胶结砂石等适当材料，并能在空气和水中进行水化硬化，形成稳定的化合物，具有一定承载强度。硅酸盐水泥主要由生料(碳酸盐矿物原料、黏土原料及调节性原料)混配、磨细后，在水泥窑内经高温煅烧，通过生料的固相反应、熟料部分熔融和液相作用形成熟料，再经过快速冷却后将熟料加入适量石膏磨细后成为硅酸盐水泥。硅酸盐水泥中硅酸盐矿物是主要成分，占70%以上。水泥熟料矿物主要依靠原料中提供的 CaO、SiO_2、Al_2O_3、Fe_2O_3 等氧化物在高温下的相互作用形成，通过合理控制生料的化学成分及烧成条件，可以获得合适矿物组分的水泥熟料。

目前国内外使用的油井水泥主要仍为硅酸盐水泥，其主要熟料矿成分有硅酸三钙、硅酸二钙、铝酸三钙、铁铝酸四钙四种。表1.1给出了普通硅酸盐水泥及API油井水泥的主要熟料矿物成分的组成。

表 1.1 各种水泥的主要矿物组成

矿物组成	普通硅酸盐水泥(%)	API 油井水泥(%)				
		A	B	C	D 或 E	G 或 H
硅酸三钙	37.5~60	53	47	58	26	50
硅酸二钙	15~37.5	24	32	16	54	30
铝酸三钙	7~15	大于 8	小于 5	8	2	5
铁铝酸四钙	10~18	8	12	8	12	12

硅酸盐水泥中的许多化学组分都可以采用氧化物的形式表达，而常见的氧化物又可采用由水泥专家定义的缩写符号进行表述。如用 C 代表 CaO，用 S 代表 SiO_2，用 H 代表 H_2O，用 A 代表 Al_2O_3，用 F 代表 Fe_2O_3，用 M 代表 MgO，用 $\bar{S}$ 代表 SO_3 等。采用缩写符号的规则使长分子式化合物的书写表达简单易行，已被人们广泛接受和使用。油井水泥的四种主要熟料矿物的化学符号表征及作用可描述如下：

硅酸三钙[Ca_3SiO_5]：一般含量为 40%~65%。在水泥中含量最高，是水泥产生强度的主要化合物，对早期强度的影响大。缓凝水泥中占 40%~45%，在高早期强度水泥占 60%~65%。Ca_3SiO_5 按氧化物的形式可写为：$3CaO \cdot SiO_2$，常简写为：C_3S。

硅酸二钙[Ca_2SiO_4]：一般含量为 24%~30%。水化缓慢，强度增长慢，但能在很长一段时间内增加水泥强度，对水泥最终强度起重要影响，不影响初凝时间。Ca_2SiO_4 按氧化物的形式写为：$2CaO \cdot SiO_2$，常简写为：C_2S。

铝酸三钙[$Ca_3Al_2O_6$]：是促进水泥快速水化的化合物，是决定水泥初凝和稠化时间的主要成分。对水泥的最终强度影响不大，但对水泥浆的流变性及早期强度有较大影响。它对硫酸盐极为敏感，因此抗硫酸盐的水泥，应控制其含量在 3%以下，但对于有较高早期强度的水泥，其含量可达 15%。$Ca_3Al_2O_6$ 按氧化物的形式写为：$3CaO \cdot Al_2O_3$，常简写为：C_3A。

铁铝酸四钙[$Ca_4Al_2Fe_2O_{10}$]：含量为 8%~12%。它对强度影响较小，水化速度仅次于 C_3A，早期强度增长较快，硬化 3d 和 28d 的强度差值不大。$Ca_4Al_2Fe_2O_{10}$ 按氧化物的形式写为：$4CaO \cdot Al_2O_3 \cdot Fe_2O_3$，常简写为：$C_4AF$。

调整水泥中四种熟料配比，熟料磨细程度，可以改变水泥性能。如：增加 C_3S 含量，磨细水泥熟料，水泥可以获得高的早期强度；控制 C_3S、C_3A 含量，水泥熟料粗磨，水泥能得以缓凝；限制 C_3S、C_3A 含量，水泥具有低水化热；限制 C_3A 含量，水泥具有耐硫酸盐侵蚀(高抗硫 HSR 水泥 $C_3A<3\%$，中抗硫 MSR 水泥 $C_3A<8\%$)。控制不同的熟料配比可以生产出不同种类的 API 油井水泥，

水泥熟料除上述四种基本化合物外，还可能含石膏、碱金属类硫酸盐、氧化镁、游离氧化钙和其他混合物。它们不影响凝固水泥性能，但影响水化速度、抗化学侵蚀力及水泥浆性能。

1.2　油井水泥的分类

国内外水泥生产厂家生产的硅酸盐水泥品类繁多，用途各异。为了使不同用途的水泥产品达到相应的理化性能标准，不同用户建立了各自的分类方法及规范。常用的是美国测试与材料协会(ASTM)和美国石油学会(API)规范。

硅酸盐水泥主要的化学分类方法大多以熟料中各组分的相对分布为依据。由于各组分间的化学性能相近，一般难以确定水泥熟料中各主要组分的相对含量，目前广泛应用的是1929 年 Bogue 提出的计算方法。该方法依据水泥组分间各晶相平衡关系，通过对水泥熟料中氧化物成分计算确定各组分相对含量。虽然 Bogue 方法有许多局限，但仍可作为对水泥进行分类的重要参考。

Bogue 计算方法是以氧化铝与氧化铁的百分含量之比为条件，对硅酸三钙(C_3S)、硅酸二钙(C_2S)、铝酸三钙(C_3A)、铁铝酸四钙(C_4AF)的含量进行计算。

当氧化铝与氧化铁百分含量之比≥0.64 时：

$$\begin{cases} C_3S = 4.071 \times \%CaO - 7.600 \times \%SiO_2 - 6.718 \times \%Al_2O_3 - 1.403 \times \%Fe_2O_3 \\ C_2S = 2.687 \times \%SiO_2 - 0.7455 \times \%C_3S \\ C_3A = 2.650 \times \%Al_2O_3 - 1.692 \times \%Fe_2O_3 \\ C_4AF = 3.043 \times \%Fe_2O_3 \end{cases} \tag{1.1}$$

当氧化铝与氧化铁百分含量之比<0.64 时，形成铁铝酸盐固相溶液[$SS(C_4AF+C_2F)$]，水泥中将不会出现铝酸三钙，硅酸二钙含量仍可按式(1.1)计算。铁铝酸盐固相溶液及硅酸三钙的含量为：

$$\begin{cases} SS(C_4AF + C_2F) = 2.100 \times \%Al_2O_3 + 1.701 \times \%Fe_2O_3 \\ C_3S = 4.071 \times \%CaO - 7.600 \times \%SiO_2 - 4.479 \times \%Al_2O_3 \\ \qquad - 2.859 \times \%Fe_2O_3 - 2.852 \times \%SO_3 \end{cases} \tag{1.2}$$

API 油井水泥规范以稠化时间、抗压强度等作为物理性能技术指标，以模拟不同井深的温度、压力等作为性能测试条件，所表征的物理性能及其测试方法与固井施工实际具有较高的符合度。为了使油井水泥性能具有充分的稳定性并能够满足固井井下环境条件的要求，我国标准或 API 规范都是根据化学成分、熟料矿物组成进行分级和分类。目前 API 规范和我国标准将油井水泥分为 A、B、C、D、E、F、G、H 八个级别(表 1.2)。表 1.2、表1.3 分别给出了 API 各级别油井水泥的物理性能和化学组成。

表 1.2　API 油井水泥的物理性能要求

油井水泥级别	A	B	C	D	E	F	G	H
混合水(占水泥的质量分数)(%)	46	46	56	38	38	38	44	44
细度(比表面积，最小值)(m^2/kg)	150	160	—	—	—	—	—	—
游离水(最大值)(mL)	—	—	—	—	—	—	3.5	3.5

续表

油井水泥级别			A	B	C	D	E	F	G	H
8h抗压强度	养护温度(℃)	养护压力(MPa)	抗压强度(最小值)(MPa)							
	38	常压	1.7	1.4	2.1	—	—	—	2.1	2.1
	60	常压	—	—	—	—	—	—	—	—
	110	20.7	—	—	—	3.5	—	—	—	—
	143	20.7	—	—	—	—	3.5	—	—	—
	160	20.7	—	—	—	—	—	3.5	—	—
24h抗压强度	养护温度(℃)	养护压力(MPa)	抗压强度(最小值)(MPa)							
	38	常压	12.4	10.3	13.8	—	—	—	—	—
	60	常压	—	—	—	6.9	6.9	—	—	—
	110	20.7	—	—	—	13.8	—	6.9	—	—
	143	20.7	—	—	—	—	13.8	—	—	—
	160	20.7	—	—	—	—	—	6.9	—	—
温度压力下的稠化时间	15~30min搅拌时间的稠度最大值(Bc)		稠化时间(最小值)(min)							
	30		90	90	90	90	—	—	—	—
	30		—	—	—	—	—	—	90	90
	30		—	—	—	—	—	—	120最大	120最大
	30		—	—	—	100	100	100	—	—
	30		—	—	—	—	154	—	—	—
	30		—	—	—	—	—	190	—	—

表1.3 API油井水泥的化学组成

项目		A	B	C	D、E、F	G	H
普通型(O)	氧化镁(MgO)(最大值)(%)	6.0	—	6.0	—	—	—
	三氧化硫(SO_3)(最大值)(%)	3.5	—	4.5	—	—	—
	烧失量(最大值)(%)	3.0	—	3.0	—	—	—
	不溶物(最大值)(%)	0.75	—	0.75	—	—	—
	铝酸三钙(C_3A)(最大值)/%	—	—	15	—	—	—

续表

项目		A	B	C	D、E、F	G	H
中抗硫酸盐型（MSR）	氧化镁（MgO）（最大值）（%）	—	6.0	6.0	6.0	6.0	6.0
	三氧化硫（SO_3）（最大值）（%）	—	3.0	3.0	3.0	3.0	3.0
	烧失量（最大值）（%）	—	3.0	3.0	3.0	3.0	3.0
	不溶物（最大值）（%）	—	0.75	0.75	0.75	0.75	0.75
	硅酸三钙（C_3S）（最大值）（%）	—	—	—	—	58	58
	硅酸三钙（C_3S）（最小值）（%）	—	—	—	—	48	48
	铝酸三钙（C_3A）（最大值）（%）	—	8	8	8	8	8
	以氧化钠（Na_2O）当量标识的总碱量（最大值）（%）	—	—	—	—	0.75	0.75
高抗硫酸盐型（HSR）	氧化镁（MgO）（最大值）（%）	—	6.0	6.0	6.0	6.0	6.0
	三氧化硫（SO_3）（最大值）（%）	—	3.0	3.0	3.0	3.0	3.0
	烧失量（最大值）（%）	—	3.0	3.0	3.0	3.0	3.0
	不溶物（最大值）（%）	—	0.75	0.75	0.75	0.75	0.75
	硅酸三钙（C_3S）（最大值）（%）	—	—	—	—	65	65
	硅酸三钙（C_3S）（最小值）（%）	—	—	—	—	48	48
	铝酸三钙（C_3A）（最大值）（%）	—	3	3	3	3	3
	铁铝酸四钙（C_4AF）+ 2 倍 C_3A（最大值）（%）	—	24	24	24	24	24
	以氧化钠（Na_2O）当量标识的总碱量（最大值）（%）	—	—	—	—	0.75	0.75

A ~ H 每种不同级别的水泥都有各自适应的井深和井下条件，分别适用于不同的井下

温度和压力。而同一级别的油井水泥，又可以依据 C_3A 的含量及其抗硫酸盐侵蚀能力进一步划分为普通型($C_3A<15\%$)、中抗硫酸盐型($C_3A\leqslant8\%$，$SO_3\leqslant3\%$)和高抗硫酸盐型($C_3A\leqslant8\%$，$C_4AF+2C_3A\leqslant24\%$)。

A、B、C、D、E 与 F 级油井水泥，是由水硬性硅酸钙为主要成分的水泥熟料，加入适量石膏和助磨剂，磨细制成的产品。在粉磨与混合 D、E、F 级水泥的过程中，允许掺加适宜的调凝剂。并要求助磨剂对水泥强度不产生不良影响。G、H 级油井水泥，同样是由水硬性硅酸钙为主要成分的水泥熟料，加入适量的石膏或石膏和水，磨细制成产品。G、H 级水泥在粉磨与混合过程中，不允许掺加任何其他外加物。表 1.4 别给出了 API 油井水泥的使用范围。

表 1.4　API 油井水泥的使用范围

API 油井水泥级别	使用深度范围(m)	类型			备　注
		普通	抗硫酸盐型		
			中	高	
A	0~1830	●	—	—	普通水泥，无特殊性能要求
B		—	●	●	中热水泥，中和高抗硫酸盐型
C		●	●	●	早强水泥，分普通、中和高抗硫酸盐型
D	1830~3050	—	●	●	用于中温中压条件，分中和高抗硫酸盐型
E	3050~4720	—	●	●	基本水泥加缓凝剂，高温高压条件，分中和高抗硫酸盐型
F	3050~4880	—	●	●	基本水泥加缓凝剂，超高压温度用，分中和高抗硫酸盐型
G	0~2440	—	●	●	基本水泥，分中和高抗硫酸盐型
H		—	●	●	
J	3660~4880	●	—	—	普通型，超高温，压力条件

1.2.1　A、B、C 级油井水泥

A、B、C 级油井水泥适用于深度范围为 0~1828.8m 的浅井，温度至 76.7℃。是美国原 ASTM C150 标准中的Ⅰ型(普通)、Ⅱ型(中热)和Ⅲ型(早强)硅酸盐水泥，是将建筑水泥用于固井工程而设置的 API 等级标准。

A 级：在没有特殊性能要求时，A 级油井水泥只有普通型(O)，其化学和细度要求类似于 ASTM C150 Ⅰ型。在制造 A 级水泥时，可以使用处理剂，但加量应满足标准或规范要求。A 级水泥的 C_3A 含量较高($C_3A<15\%$)，当 $8\%<C_3A<15\%$ 时，SO_3 的含量可以大于 3%，但不能超过 3.5%。API 标准 10A 中 A 级水泥浆试验规范配浆混合水的质量分数为 46%。

B 级：属中热水泥，在需要抗硫酸盐时使用。分为中抗硫酸盐型(MSR)和高抗硫酸盐型(HSR)。B 级油井水泥的细度和化学要求，MSR 型类似于 ASTM C150 Ⅱ型，而 HSR 型类似于 ASTM C150 Ⅴ型。目前，B 级水泥已被 G 级水泥所取代，国际上已不再生产或很少生产。B 级水泥浆试验规范配浆混合水的质量分数为 46%。

C 级：是油井水泥中研磨得最细的产品，在需要高早期强度时使用。有普通型(O)、

中抗硫酸盐型(MSR)和高抗硫酸盐型(HSR)三种。普通型(O)C级水泥类似于ASTM C150 Ⅲ型。在制造C级水泥时，可以使用处理剂，但加量应满足标准或规范要求。为了满足高早强度和不同抗硫酸盐性能的要求，C级水泥中的C_3S含量和比表面积都相对较高，需要烧制高质量的特定成分的水泥熟料，并研磨得很细，因而其生产工艺比较复杂，成本较高。目前只有少数几个国家在生产高抗硫酸盐型和中抗硫酸盐型的C级水泥。API标准10A中C级水泥浆试验规范配浆混合水的质量分数为56%。

1.2.2 D、E、F级油井水泥

D、E和F级油井水泥适用于中深井注水泥，早期资料称之为缓凝水泥。标准与规范中对这类级别的水泥同时界定了适用井深的上限与下限，但对化学成分与矿物组成的要求并不十分严格，基本类似于G级或H级。制造过程中通过降低C_3A和C_3S含量，并相应增大水泥颗粒粒度实现缓凝的目的。目前，随着基本油井水泥的出现及水泥外加剂技术的发展，向基本水泥中添加缓凝剂改善水泥浆稠化时间的方法简便易行，已成为配制高温水泥浆的捷径。API认可的生产厂家一般不再直接生产D、E、F级油井水泥，而是由用户根据自己的需要通过使用基本油井水泥(G级或H级)添加缓凝剂、硅粉等办法解决高温注水泥浆体系设计问题。

D级：是一种缓凝水泥，在中温中压度条件下使用，适用的井深范围为1828.8~3050m，温度范围为76~127℃。D级油井水泥分为中抗硫酸盐型和高抗硫酸盐型，水泥生产制造过程中要求烧制低C_3A和高C_3S的熟料，为生产带来困难。目前，随着缓凝剂品种与质量的提升，多采用基本水泥加缓凝剂的办法配制出满足D级标准要求的水泥浆体系。在不掺加混合材料的前提下，原国产标准的95℃油井水泥就相当于D级水泥。API标准10A中D级水泥浆试验规范配浆混合水的质量分数为38%。

E级：是一种较强缓凝的水泥，适用于高温高压条件，分中抗硫酸盐型和高抗硫酸盐型。适用井深范围为3050~4270m、温度为76~127℃的深井。E级水泥的制造方法有两种：一种是改变硅酸盐油井水泥熟料矿物组成；另一种是基本油井水泥加缓凝剂。前者对原料质量要求高，生产工艺复杂；后者简便易行，灵活性大，易于满足固井施工要求，目前已成为E级水泥常用的生产方法。API标准10A中E级水泥浆试验规范配浆混合水的质量分数为38%。

F级：是一种高缓凝水泥，用于超高温高压条件，分为中抗硫酸盐型和高抗硫酸盐型。可用于井深深度范围为3050~4880m、温度在110~160℃超深井，由基本油井水泥加缓凝剂的方法生产。API标准10A中F级水泥浆试验规范配浆混合水的质量分数为38%。

1.2.3 G、H级油井水泥

G级、H级油井水泥是两种基本油井水泥，适用井深深度范围为0~2440m，温度为0~93℃，分中抗硫酸盐型和高抗硫酸盐型，当掺入促凝剂或缓凝剂，能适应于较大范围变化的井深和温度条件下使用。API标准10A中G级水泥浆试验规范配浆混合水的质量分数为44%，而H级水泥浆试验规范配浆混合水的质量分数为38%。

G级、H级水泥化学成分及矿物组成控制严格，对于中抗硫酸盐型，要求：$C_3A\leqslant$

8%，48%≤C_3S≤58%；对于高抗硫酸盐型，要求：C_3A≤3%，48%≤C_3S≤65%。G 级、H 级油井水泥对相关物理性能要求也较严格，如：除要求游离水≤3.5mL(或 1.4%)之外，还要求 90min≤稠化时间≤120min。作为基本油井水泥，要求 G 级、H 级油井水泥必须与各种无机或有机外加剂有很好的配伍性，易于与促凝剂、缓凝剂调配，使其能适应较大井深和温度范围。

1.2.4 J 级水泥

J 级水泥在不加缓凝剂时就可用于超高温高压条件，适用的井深深度范围为 3660～4880m，温度为 49～166℃，仅有普通型，抗硫性能还未形成规范，当使用外加剂后，能适用更大压力温度变化范围。由于 J 级水泥制造工艺复杂，用量不大，国外只有几个生产厂家生产。我国采用把原 120℃油井水泥熟料加 20%硅粉(熟料：硅粉=80：20)及适量二水石膏混配磨细的方法生产 J 级水泥。API 标准中 J 级水泥的化学成分和矿物组分没有形成规范，物理性能指标不全，因此，我国在参照 API 规范修订时 GB 10238—1998 删除了该级水泥。

1.3 油井水泥性能的基本要求及 API 规范测试条件

1.3.1 固井工程对油井水泥性能的基本要求

固井工程中对油井水泥的性能有严格的要求，使用前必须按照实验规范及标准进行严格的性能检测实验。所进行的实验包括水泥浆浆体性能实验和水泥石性能实验，主要用于检测对固井工程有较大影响的性能，包括水泥浆的密度、水泥浆的稠化时间、水泥浆的凝结时间、水泥浆的失水、水泥浆的流变性、水泥浆的稳定性、水泥石的强度、水泥石的渗透率及水泥石的抗腐蚀性能等。

固井工程中要求水泥配成浆体后要满足注替过程、凝固过程及长期硬化过程的各方面需要。为此水泥浆应具备如下几方面的基本要求：

(1) 水泥浆能配成设计需要的密度，具有良好的稳定性和流动度，具有适宜的初始黏度，且均质和不起泡。

(2) 具有满足要求条件的稠化时间，容易混合和泵送，具有好的分散性和较小的流动摩阻。

(3) 最佳流变性，获得好的顶替效率，其流变性能通过外加剂进行调整。

(4) 在注水泥、候凝及硬化期间应能保持需要的物理性能及化学性能。

(5) 已被泵送在环空预定位置的水泥浆在固化过程中不应受油气水的侵染，顶替及候凝过程中具有小的滤失量，固化后不渗透。

(6) 当注水泥完毕后，应当提供足够快的早期强度及其强度应能迅速发展并具有长期强度的稳定性，具有满足要求条件的水泥石力学性能。

(7) 提供足够大的套管、水泥、地层的胶结强度。

(8) 具有抗地层流体介质腐蚀的能力。

(9) 满足射孔条件下的较小破碎程度。

由于固井条件变化较大，针对注水泥的技术要求，在实际设计及施工中应着重考虑上述要求中的五个方面的要求：

(1) 由于井深的变化幅度大，封填的井段从地面到6000m(甚至更深)深度，水泥浆要适应大幅度温度条件变化需要，尤其是一种类型级别水泥，既要满足高温又要适应低温。同时应注意在注水泥时水泥浆所受的环境压力变化较大，通常在常压至100MPa大范围内变化。

(2) 关于水泥浆的流动性能。由于水泥浆要通过上千米至数千米管内，然后又将被置替到条件复杂、间隙小的环形空间，为此要求水泥浆必须具备良好的流动性、可泵性。大量的浆体在有限注入泵量(受泵功率和流动阻力限制)下，应有相应长的稠化时间来保证施工安全。同时应具有较低的初始稠度性能、良好的水泥浆流变性、最小滤失量，能有效顶替钻井液以便获得好的水泥环质量。

(3) 能够配制成所需要的水泥浆密度。依据平衡固井压力条件原则，对于地层不同孔隙压力和破裂压力条件，配制水泥浆密度可在0.9~2.45g/cm^{3}范围内调节与控制。

(4) 水泥浆固化后的强度。由于井下条件复杂，水泥浆应提供较高的早期强度，而且要求终凝后，具有胶凝强度迅速发展的特性，并能满足在高温(110℃以上)环境下防止水泥石的强度衰退。强度发展满足抑制井下油气水层对水泥浆柱窜扰的要求。

(5) 凝固后的水泥环应能够具有良好的力学性能：承载井下各载荷作用，保持结构完整性，有效封隔油气层；具有良好的抗腐蚀性能，对套管起保护作用，保障井筒完整性。

1.3.2　油井水泥性能API规范测试条件

为了能够实现对油井水泥技术进行标准化管理和应用，早在1948年美国API水泥委员会即拟出了一份API规范，于1952年首次公布。近年来被合并在API10规范中，该规范规定了油井水泥试验条件和方法及标准。GB/T 19139—2012《油井水泥试验方法》中参考了API10规范第三版(1986年)相关内容。

实践表明，随着井深的增加地层温度以大约平均3℃/100m的梯度增长，地层压力也相应有所增大。井下压力按井内液柱压力计算，井下静止温度则可用地温梯度做大致估算：

$$t_H = G_t H + t_0 \tag{1.3}$$

式中：t_H为井底静止温度,℃；H为井深，m；t_0为某地区平均年地表温度,℃；G_t为某地区平均地温度梯度,℃/m。

通常水泥浆从地面进入井内，通过井底返到预定位置的过程中，由于热交换不充分，因此造成水泥浆的流动温度都低于井下静止温度，并与循环排量有关。表1.5给出了井底静止温度与循环温度的关系数据，并以此作为选择测量稠化时间的依据。一般来说，实际施工时间与稠化时间具有如下关系：稠化时间为现场施工时间再加上1~1.5h。而稠化时间则一般根据施工具体情况取稠度值在50~70Bc内，因为达到70Bc时水泥浆已产生可泵条件的最大稠度。

表 1.5　井下温度模拟方案(试验条件)

井深(m)	井底静止温度(℃)	井底循环温度(℃)			水泥浆达到井底时间(min)		
		套管注水泥	尾管注水泥	挤水泥	套管注水泥	尾管注水泥	挤水泥
305	35.0	27	31.7	32			
610	43.3	33	32.8	37	9	4	4
1220	60.0	40	40	47			
1830	76.7	45	45	58	20	10	10
2440	93.3	52	52	71	28	15	15
3050	110.0	62	62.2	86	36	19	
3660	126.7	78	78	101	44	24	24
4270	143.3	97	97	117	52	29	
4880	160.0	120	120	133	60	34	34
5490	176.7	149	149	149	64	38	
6100	193.9	171	171		75	40	

API 规范中对于套管注水泥、尾管注水泥、挤水泥等作业中所涉及的试验条件、井底循环温度及水泥浆达到井底时间等均提出了具体的标准(参见表 1.6、表 1.7)。温度及压力不仅通过影响水泥水化速度极大地影响稠化时间等水泥浆体的性能，而且能够通过影响部分水化产物结晶状态等极大地影响水泥石的有关性能。API 规范同时给出了抗压强度测试实验中试体养护的升温方案(表 1.8)。

表 1.6　API 规范套管注水泥的模拟试验条件

条件编号	井深(m)	钻井液密度(kg/m^3)	井口压力(MPa)	井底循环温度(℃)	井底压力(MPa)	到达井底时间(min)
1g	305	1200	3.4	27	7.0	7
2g	610	1200	3.4	33	10.6	9
3g	1220	1200	3.4	40	17.8	14
4g	1830	1200	5.2	45	26.7	20
5g	2440	1200	6.9	52	35.6	28
6g	3050	1400	8.6	62	51.6	36
7g	3660	1700	10.3	78	70.5	44
8g	4270	1900	12.1	97	92.3	52
9g	4880	2000	13.8	120	111.3	60
10g	5490	2150	13.8	149	129.6	67
11g	6100	2300	15.5	171	151.5	75

表 1.7　API 规范挤水泥(封隔器)套管井模拟条件

条件编号	井深(m)	钻井液密度(kg/m^3)	井口压力(MPa)	井底循环温度(℃)	井底压力(MPa)	施加达最后挤压力的时间(min)
12	305	1200	3.4	32	22.8	23
13	610	1200	3.4	37	29.0	25
14	1220	1200	3.4	47	38.6	28
15	1830	1200	5.2	58	46.2	31
16	2440	1200	6.9	71	53.8	35
17	3050	1400	7.0	86	64.8	38
18	3660	1700	10.3	101	81.4	42
19	4270	1900	12.4	117	96.5	45
20	4880	2000	13.8	133	113.8	48
21	5490	2200	15.2	149	131.0	51

表 1.8　API 规范抗压强度试体养护试验的升温方案

升温方案	井深(m)	压力(MPa)	温度(℃)									
			0：30①	0：45	1：00	1：15	1：30	2：00	2：30	3：00	3：30	4：00
4s②	1830	20.7	47	49	51	53	55	59	64	68	72	72
6s③	3050	20.7	56	64	68	72	75	82	89	96	103	110
8s④	4270	20.7	67	87	99	103	106	113	121	128	136	143
9s⑤	4880	20.7	72	97	120	123	127	133	140	147	153	160
10s⑥	5490	20.7	82	108	136	150	153	157	162	167	172	177

①从最开始升温和加压所经过的时间；②4s 是为 D 级和 E 级油井水泥所规定的升温方案；③6s 是为 D 级和 F 级油井水泥所规定的升温方案；④8s 是为 E 级和 J 级油井水泥所规定的升温方案；⑤9s 是为 F 级油井水泥所规定的升温方案；⑥10s 是为 J 级油井水泥所规定的升温方案。

上述影响中，温度产生的影响是主要的。在固井施工中，由于所涉及的地层深度不同，水泥水化所处的温度相应会有很大的差别，由此而导致不同油田、不同区域、不同井深及地层特点条件下所选配的浆体应具有相应的不同性能。

第 2 章　水泥的水化作用

水泥是一种多矿物聚集体，是由不同熟料成分组成的不平衡多组分固溶体系，属热力学非稳定介质。水泥与水混合后，立即发生一系列的物理、化学变化，产生不同性能的水化产物。水泥的水化过程中，始终伴随着水泥熟料组分的溶解与水化产物的生成，由于组成水泥的四种主要熟料矿物具有不同的结构特征、水化活性和水化反应速度，能产生不同的水化产物，使得水泥的水化硬化成为一个较复杂的物理、化学变化过程。水泥水化过程中，水化产物相互制约着生长与发育，并在特定条件下形成不同的凝胶或晶体，加速或抑制水泥熟料溶解与水化反应的进程，最终使水泥浆体逐步凝结和硬化，形成具有一定承载能力的硬化体系——水泥石。

水泥水化硬化作用与组成矿物的胶凝能力密切相关。充分了解水泥熟料组分特征及其水化特性，对于深刻理解和掌握水泥水化硬化过程及机理具有重要意义。

2.1　水泥熟料矿物的结构及其胶凝能力

2.1.1　水泥熟料矿物的结构

水泥熟料矿物结构决定矿物的水化活性，是影响水泥水化与胶凝能力的主导因素。

(1) 硅酸三钙的结构。

硅酸三钙是硅酸盐水泥的主要熟料矿物，只有在 1250℃以上才是稳定的。当其在高温生成后缓慢冷却时将发生分解：

$$3CaO \cdot SiO_2 = 2CaO \cdot SiO_2 + CaO \tag{2.1}$$

但在急冷条件下，上式反应的速率极小甚至小到该分解反应可以忽略不计。因此，从热力学角度，急冷条件下形成的硅酸三钙是一种高温稳定、常温能保持介稳状态的矿物成分。

在水泥熟料中一般含有 MgO、Al_2O_3 以及其他少量氧化物，它们能进入 C_3S 的晶格并形成固溶体。因此，水泥中的硅酸三钙一般不是以纯的 C_3S 形式存在，而是含有氧化镁和氧化铝的固溶体，通常称之为阿利特(Alite)或简称为 A 矿。阿利特的组成常因其他氧化物的含量及其在 C_3S 中固溶程度的不同有较大变化，不同研究者所得结果也存在差异。如有研究者认为阿利特的组成为 $54CaO \cdot 16SiO_2 \cdot MgO \cdot Al_2O_3$(简写为 $C_{54}S_{16}MA$)，也有研究者认为是 $54CaO \cdot 2MgO \cdot 52SiO_2$($C_{54}M_2S_{52}$)或 $C_{151}M_2S_{52}$等。电子探针分析表明，在阿利特中除含有氧化镁和氧化铝外，还含有少量的氧化铁、碱、氧化钛、氧化磷等，但由于上述成分含量较少，使之在性能上仍然接近于纯硅酸三钙。几种常见阿利特中氧化物的组成范围为：CaO：70.90%～73.10%；SiO_2：24.90%～25.30%；Al_2O_3：0.70%～2.47%；MgO：0.3%～0.98%；TiO_2：0.2%～0.4%；Fe_2O_3：0.4%～1.6%；K_2O：0.20%左右；Na_2O：1%左右；P_2O_5：0.1%左右。

C_3S 结晶结构形态属于岛状硅酸盐结构。结构特点是：$[SiO_4]^{4-}$四面体在结构中以孤立状态存在，即$[SiO_4]^{4-}$四面体的各个顶角之间并不互相连接，每个 O^{2-}除和一个 Si^{4+}结合外，不再与其他的$[SiO_4]^{4-}$四面体中的 Si^{4+}配位，而是通过与金属离子 Ca^{2+}相配位来达到饱和，因此，$[SiO_4]^{4-}$四面体之间是通过 Ca^{2+}进行连接。

C_3S 可存在于三个晶系，共有七个变型，即三斜晶系的 $T_{Ⅰ}$、$T_{Ⅱ}$、$T_{Ⅲ}$型；单斜晶系的 $M_{Ⅰ}$、$M_{Ⅱ}$、$M_{Ⅲ}$型和三方晶系的 R 型。其相互间的转变温度为：

$$T_{Ⅰ} \xleftrightarrow{620℃} T_{Ⅱ} \xleftrightarrow{920℃} T_{Ⅲ} \xleftrightarrow{980℃} M_{Ⅰ} \xleftrightarrow{990℃} M_{Ⅱ} \xleftrightarrow{1060℃} M_{Ⅲ} \xleftrightarrow{1070℃} R$$

在常温下，纯 C_3S 通常只能保留三斜晶系（T 型）。如含有少量 MgO、Al_2O_3、SO_3、ZnO、Cr_2O_3、Fe_2O_3、R_2O 等稳定剂形成固溶体，便可保留 M 型或 R 型。由于熟料中硅酸三钙总含有 MgO、Al_2O_3、Fe_2O_3、ZnO、R_2O 等氧化物，故阿利特通常为 M 型或 R 型。少量氧化物对硅酸三钙多晶态的稳定作用见表 2.1。

表 2.1　少量氧化物对硅酸三钙多晶态的稳定作用

$T_{Ⅰ}$（三斜晶系）C_3S	$T_{Ⅱ}$（三斜晶系）C_3S	$M_{Ⅰ}$（单斜晶系）C_3S	$M_{Ⅱ}$（单斜晶系）C_3S	R（三方晶系）C_3S
Cr_2O_3（达 1.4%） Fe_2O_3（0.9%） Ge_2O_3（0.9%） Al_2O_3（0.45%） MgO（0.55%） ZnO（0.8%）等	Fe_2O_3（1.1%） Ge_2O_3（1.9%） Al_2O_3（1.0%） MgO（1.4%） ZnO（1.8%） 等	MgO（2.0%） ZnO（2.2%）等	ZnO（4.5%）等	ZnO（5.0%）等

M 型的阿利特矿物的单晶为假六方片状或板状。图 2.1 表明其晶体断面为六角形和棱柱形，在偏光显微镜下观察为透明无色二轴晶，负光性，折射率 N_g＝1.722±0.002；N_p＝1.717±0.002；双折射率 N_g-N_p＝0.005。光轴角不大，$2V$＝0°～5°。在正交偏光镜下，呈灰色或深灰干涉色，在反光镜下，呈六角形，棱柱形。阿利特的几何轴比为 $L/b\geqslant2\sim3$，L 为棱柱体六方面长度，b 为棱柱体的厚度。一般来说，几何轴比大，A 矿物的强度也较高。

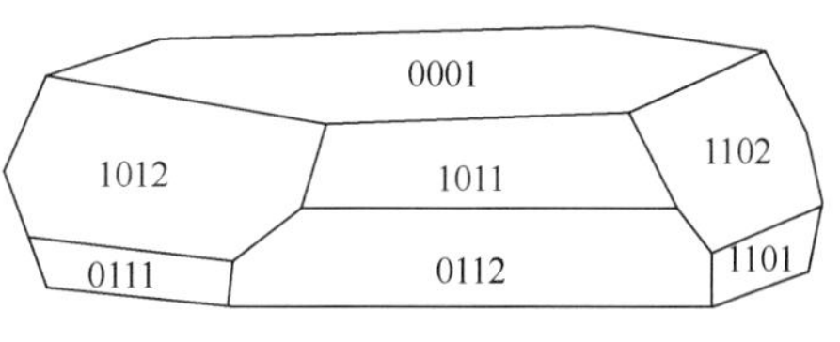

图 2.1　M 型 A 矿的晶型

用显微镜观察水泥熟料时，还可以发现，阿利特矿物有时呈带状结构，这是它形成固溶体的特征。它们中不同的带含有不同的组成。固溶程度越高，强度也越高。

Jeffery 首先研究了 C_3S 的晶体结构，其晶胞由 9 个硅、27 个钙、45 个氧所组成。即它由 9 组$[SiO_4]^{4-}$和 9 个剩余的氧以及联系它们的 27 个钙离子所组成。在晶体结构中，$[SiO_4]^{4-}$四面体朝一个方向排列，联系它们的 Ca^{2+}为$[CaO_6]^{10-}$八面体，Ca^{2+}的配位数为 6，

与 Ca^{2+} 的正常配位数(8～12)相比是比较低的，因而不稳定。同时，在$[CaO_6]^{10-}$中，O^{2-}的分布是不规则的，5 个 O^{2-}集中在 Ca^{2+}的一侧，而另一侧只有 1 个 O^{2-}，因而在结构中存在较大的“空穴”，而且 Ca^{2+}与每个 O^{2-}间的距离也不相等，这样的结构使得 C_3S 具有较高的能量状态，具有较高的水化反应活性。

综合上分析，可以认为硅酸三钙结构具有如下特征：

① 硅酸三钙是在常温下介稳的高温型矿物，其结构具有热力学不稳定性。

② 在硅酸三钙结构中，进入了 Al^{3+}与 Mg^{2+}并形成固溶体，固溶程度越高，活性越大。比如在 $C_{54}S_{16}MA$ 结构中，由于 Al^{3+}取代 Si^{4+}，同时为了补偿静电而引入 Mg^{2+}，因而引起了硅酸三钙的变形，提高了其活性。

③ 在硅酸三钙结构中，Ca^{2+} 的配位数是 6，比正常的配位数低，并且处于不规则状态，因而使 Ca^{2+}具有较高的活性。

(2) 硅酸二钙的结构。

硅酸二钙也是硅酸盐水泥熟料的重要成分。在水泥熟料烧成过程中形成的硅酸二钙，常含有少量的杂质，如氧化铁、氧化钛等，常称之为贝利特(Belite)或简称为 B 矿。在显微镜下观察时，呈圆形粒子，其折射率为 $N_g=1.735\pm0.002$，$N_p=1.7\pm0.002$。电子探针分析的几种贝利特固溶体的组成范围为：CaO：63%～63.7%；SiO_2：31.5%～33.7%；Al_2O_3：1.1%～2.6%；Fe_2O_3：0.7%～2.2%；MgO：0.2%～6%；Na_2O：0.2%～1.0%；K_2O：0.3～1.0%；TiO_2：0.1%～0.3%；P_2O_5：0.1%～0.3%等。

硅酸二钙有多种晶型 $\alpha-C_2S$；$\alpha_H'-C_2S$；$\alpha_L'-C_2S$；$\beta-C_2S$；$\gamma-C_2S$ 等，在一定温度条件下可以转换(图 2.2)。

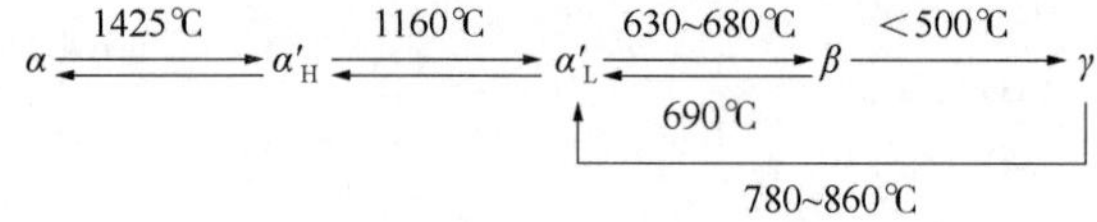

图 2.2　硅酸二钙的多晶转变

$\alpha-C_2S$ 在 1450℃以上的温度是稳定的，在 1425℃时，$\alpha-C_2S$ 转变为 $\alpha_H'-C_2S$；在 1160℃时，α_H'型转变为 α_L'型。在 630～680℃，α_L'转变为 β 型。$\beta-C_2S$ 再加热到 690℃时又可转变为 $\alpha_L'-C_2S$。当温度降至 500℃时，$\beta-C_2S$ 转变为 $\gamma-C_2S$。因为 β 型转变为 γ 型时，晶格要作大幅度重排，比密度由 β 型的 3.28 转为 γ 型的 2.97，体积膨胀约 10%，导致熟料粉化。如果冷却速度很快，这种晶格的重排来不及完成，便形成了介稳的 $\beta-C_2S$。在水泥熟料实际生产中，采用急冷方法降温，所以硅酸二钙是以 $\beta-C_2S$ 的形式存在的。Regourd 等人模拟熟料形成条件，以 Fe 和 Al 为主要掺杂离子，合成了 $\beta-C_2S$ 型贝利特矿物，并测定了其晶胞参数见表 2.2。

表 2.2　贝利特晶体参数

组成	a(nm)	b(nm)	c(nm)	β(°)
$Ca_2Fe_{0.035}Al_{0.035}Si_{0.93}O_{3.965}$	0.5502	0.6750	0.9316	94.45
$Ca_2Fe_{0.050}Al_{0.050}Si_{0.90}O_{3.950}$	0.5502	0.6753	0.9344	94.19
Ca_2SiO_4	0.5502	0.6745	0.9297	94.59

β-C_2S 在结晶结构形态上是岛状结构，属于单斜晶系。β-C_2S 中$[SiO_4]^{4-}$孤立存在，通过 Ca^{2+}进行连接，Ca^{2+}的配位有两种情况：Ca^{2+}(Ⅰ)的配位数为 6，Ca^{2+}(Ⅱ)的配位数为 8，而且该两种配位结构中 Ca^{2+}与 O^{2-}间的距离都不相等，即在β-C_2S 中配位不规则，结构中有些部位质点较密，有些部位则空隙较大。因此，β-C_2S 具有较高的能量，能与水发生反应，形成水化产物。而γ-C_2S 和β-C_2S 化学组成相同，同属于岛状硅酸盐结构，但由于内部结构有差异，二者在性质上存在明显差别。一般认为γ-C_2S 配位规则，结构稳定，在常温下几乎是惰性的，不和水反应。由此，人们总是希望水泥熟料中的硅酸二钙是以β型存在的。

当 C_2S 中固溶有少量的 Al_2O_3、Fe_2O_3、BaO、SrO、P_2O_5 等氧化物时，可以提高其水硬活性。研究表明，β-C_2S 型贝利特具有如下的结构特性：

① β-C_2S 是常温介稳的高温型矿物，其结构具有热力学不稳定性。

② β-C_2S 中的 Ca^{2+}具有不规则配位，使其具有较高的活性。

③ 在β-C_2S 结构中的杂质和稳定剂的存在，提高了其结构活性。

(3) 铝酸三钙的结构。

硅酸盐水泥中的铝酸钙主要是铝酸三钙(C_3A)，还可能有七铝酸十二钙($C_{12}A_7$)等。铝酸三钙在偏光镜下无色透明，折射率 $N=1.710$，密度 3.04g/cm^3。在反光镜下，呈暗灰色。纯相为立方晶系，$a=0.7623$nm。当有少量氧化物如 Na_2O 等存在时，C_3A 还可形成斜方、四方、假四方以及单斜等多种结晶形态。硅酸盐水泥熟料中的 C_3A 相的晶型常随原料的化学组成及熟料的形成和冷却工艺而异，一般为立方或斜方晶系。

铝酸三钙是由许多四面体$[AlO_4]^{5-}$和八面体$[CaO_6]^{10-}$、$[AlO_6]^{9-}$所组成，中间由配位数为 12 的 Ca^{2+}松散地联结，巴依柯娃(Boikova)确定其结构中具有半径为 0.147nm 的大孔穴。所以在熟料形成条件下，C_3A 晶格中可能有较多的杂质离子进入，因而其晶格缺陷也较多。综上所述，C_3A 具有以下的结构特征：

① 在 C_3A 的晶体结构中，Ca^{2+}具有不规则的配位数，其中处于配位数为 6 的钙离子及虽然配位数为 12 但联系松散的 Ca^{2+}，均有较大的活性。

② 在 C_3A 的晶体结构中，Al^{3+}具有两种配位情况，而且四面体$[AlO_4]^{5-}$是变了形的，因此，Al^{3+}也具有较大的活性。

③ 在 C_3A 结构中具有较大的孔穴，OH^-很容易进入晶格内部，因此 C_3A 水化速度较快。

(4) 铁铝酸四钙的结构。

铁铝酸四钙也叫才利特或简称 C 矿，它在水泥熟料中很容易用显微镜观察出来。在透射光下，它为黄褐色或褐色的晶体，有很高的折射率，$N_g=2.04\sim2.08$；$N_p=1.98\sim1.93$，密度为 3.77g/cm^3。此外，才利特有显著的多色性，它形成长柱状晶体，或形成有显著突起的小圆形颗粒。在反射光镜下观察磨光片时，因为它具有高的反射能和最浅最亮的颜色，很容易识别。

C_4AF 的结晶结构是由四面体$[FeO_4]^{5-}$和八面体$[AlO_6]^{9-}$互相交叉组成，上述四面体和八面体由 Ca^{2+}互相联接，其结构式为 $Ca_8Fe_4^{Ⅳ}Al_4^{Ⅵ}O_{20}$，其中 $Fe^{Ⅳ}$表示配位数为 4 的四面体，Al^{VI}表示配位数为6的八面体。

在水泥熟料中，C_4AF常常是以铁铝酸盐固溶体的形式存在。它的组成可以从$6CaO \cdot 2Al_2O_3 \cdot Fe_2O_3$到$4CaO \cdot Al_2O_3 \cdot Fe_2O_3$变至$2CaO \cdot Fe_2O_3$。通常称为铁相固溶体。在氧化铁含量高的熟料中，其组成接近于$4CaO \cdot Al_2O_3 \cdot Fe_2O_3$。

铁铝酸盐的固溶体是铝原子取代铁铝酸二钙中的铁原子的结果。C_2F、C_4AF和C_6A_2F的晶胞尺寸差别是很小，见表2.3所示。

表2.3 C_2F、C_4AF和C_6A_2F晶胞的尺寸

化合物	a(nm)	b(nm)	c(nm)
$2CaO \cdot Fe_2O_3$	0.532	1.463	0.558
$4CaO \cdot Al_2O_3 \cdot Fe_2O_3$	0.526	1.442	0.551
$6CaO \cdot 2Al_2O_3 \cdot Fe_2O_3$	0.522	1.335	0.548

分析结果表明，才利特的结构特征在于：它是高温时形成的一种固溶体，在铝原子取代铁原子时引起晶格稳定性降低。

(5) 玻璃体、游离氧化钙和氧化镁。

玻璃体是水泥熟料中的一个重要组成部分。经过急速冷却的熟料，在10%KOH水溶液及1%的硝酸酒精溶液中处理后，在反射光下能很清楚地看到玻璃相为呈暗黑色的包裹体。玻璃相的组成是不定的，主要成分是Al_2O_3、Fe_2O_3、CaO以及少量的MgO和R_2O。玻璃体的形成是由于熟料烧至部分熔融时部分液相在较快冷却时来不及析晶的结果。因此它是热力学不稳定的，所以也具有一定的活性。

水泥熟料中，常常还含有少量的没有与其他矿物结合的以游离状态存在的氧化钙，称为游离氧化钙，又称游离石灰(Free lime或f-CaO)。它在偏光镜下为无色圆形颗粒，有明显解理，有时有反常干涉色。在反光镜下用蒸馏水浸蚀后呈彩虹色，易于识别。因为它是在高温时形成的CaO，呈死烧状态，因此水化速度很慢，常在水泥硬化以后，游离氧化钙的水化才开始进行，这时CaO水化产生$Ca(OH)_2$体积增大并产生膨胀应力，使水泥石的强度降低。如果游离氧化钙的含量较高，会使水泥石产生裂纹，甚至破坏，是导致水泥安定性差的原因之一。为此，应严格控制游离氧化钙的含量。一般，回转窑熟料应控制在1.5%以下，立窑熟料应控制在2.8%以下。

熟料煅烧时，少量的MgO可以进入熟料矿物中形成固溶体，或溶于液相中，如果MgO的含量超过限量，则多余的氧化镁会以方镁石结晶存在，这种高温煅烧的方镁石，其水化速度比游离氧化钙更慢，由于它在水化时产生体积膨胀，同样也会导致水泥的安定性不良。

2.1.2 水泥熟料矿物的胶凝能力

上述分析结果表明，水泥熟料矿物在结构上是不稳定的，其水化过程是能够自动进行的，熟料矿物具有胶凝能力的本质与条件可以归纳为以下几方面：

硅酸盐水泥熟料矿物的水化反应活性，取决于其结构的不稳定性，这种结构不稳定的原因或者是由于它是介稳的高温型结构；或者是由于在矿物中形成了有限的固溶体；或者是由于微量元素的掺杂使晶格排列的规律性受到某种程度的影响；或者上述几个原因兼而有之。由于上述原因，使结晶结构的有序度降低，使其稳定性降低，水化反应能力增大。由此，可以把结构的有序度作为衡量结构不稳定程度的一个综合性指标。

水泥熟料矿物具有水化反应活性的另一个结构特征体现在晶体结构中存在着活性阳离子。结构中活性阳离子存在的原因：(1)由于不规则的配位和配位数的降低；(2)由于结构的变形；(3)由于它们在结构中电场分布的不均匀性。由于上述原因，阳离子处于活性状态，即价键不饱和状态。因此，在一定意义上可以认为，熟料矿物水化反应的实质是这种活性阳离子在水介质的作用下，与极性离子 OH^- 或极性水分子互相作用并进入溶液，使熟料矿物溶解和解体。从结晶化学的观点看，阳离子的活性程度主要取决于阳离子与氧的距离及其键能的大小。在这里阳离子的半径起着重要的作用。B. Ф. 茹拉孚列夫(В. Ф. Журавдев)对硅酸盐、铝酸盐、铁酸盐等矿物的水化活性的研究表明，只有当碱土金属离子的半径达到一定值后(如大于0.106nm)，才呈现水化活性。阳离子半径对水化活性的影响可以作如下的解释：因为阴离子(如 O^{2-})呈紧密堆积时，在其中所留下的能够容纳阳离子的空隙是有限的，如果阳离子半径小于空隙所允许的范围，则阳离子存在于其中而不影响其紧密堆积状态，如果阳离子半径大于其允许的范围，则阳离子就要把阴离子的紧密堆积体撑开。因此，离子间的结合就不那么紧密，彼此之间的键能减小。对于特定的氧化物，其离子间距愈大，键能愈小，其水化反应能力愈大。

上述分析阐明了水泥熟料矿物之所以具有水化反应能力的结构本质。但是，能够与水互相作用并生成水化物的物质，并不一定都具有胶凝能力，亦即不一定具有硬化并形成人造石的能力。胶凝材料硬化并形成人造石的另一决定性条件是其能否形成足够数量的稳定的水化物，以及这些水化物能否彼此连生并形成网状结构。在这里有两个必要条件：一是形成的水化物必须是稳定的，这一点是由水化物本身的结构特性所决定的；二是形成的水化物要有足够的数量。它们之间要能够彼此交叉、连生，并且能够在整个水泥浆体的空间形成连续的网状结构。这一点主要决定于液相的过饱和度及其延续的时间。

2.2　水泥熟料矿物的水化

2.2.1　硅酸盐的水化

油井水泥中最多的熟料矿物即是硅酸盐化合物，通常占材料总量的80%左右，是制约水泥水化性质及相关性能的关键组分。因此了解和掌握其水化的特点和规律对于全面把握水泥体系的水化过程与特点具有十分重要的意义。水泥中的硅酸盐熟料矿物的主要成分为硅酸三钙 C_3S 和硅酸二钙 C_2S。

2.2.1.1　硅酸三钙的水化

油井水泥中最多的硅酸盐化合物熟料组分是 C_3S，通常占材料总量的50%以上，常温条件下 C_3S 的水化反应可大致用下列方程表述：

$$3CaO \cdot SiO_2 + nH_2O \longrightarrow xCaO \cdot SiO_2 \cdot yH_2O + (3-x)Ca(OH)_2 \qquad (2.2)$$

$$或\ C_3S + H \longrightarrow CSH + CH \quad \Delta H \approx -1114kJ/mol \tag{2.3}$$

硅酸钙的水化产物的化学组成成分是不稳定的，而是根据水相中钙的浓度、温度、使用的添加剂、养护程度及 C：S 和 H：S 比值发生变化，而且形态不固定，通常称之为"CSH 凝胶"。CSH 凝胶在一定条件下大约 70%为充分水化的水泥，是硬化水泥的主要胶结材料。相反，氢氧化钙结晶度很高，并形成六角片状晶体，在硬化水泥中通常占 15%~20%。

由于水泥熟料中的 C_3S 的含量最多，形成大量的 CSH 胶体，因此，C_3S 对水泥初凝及形成早期强度起主要作用，C_3S 的水化过程对水泥来说具有代表性，因此，许多研究人员把 C_3S 的水化作为研究水泥水化的模型。

C_3S 的水化过程是放热过程。根据 C_3S 水化时的放热速率随时间的变化关系，大体上可以把 C_3S 的水化过程分为如图 2.3 所示五个阶段：Ⅰ诱导前期(或称预诱导期)、Ⅱ诱导期、Ⅲ加速期、Ⅳ减速期、Ⅴ稳定期。

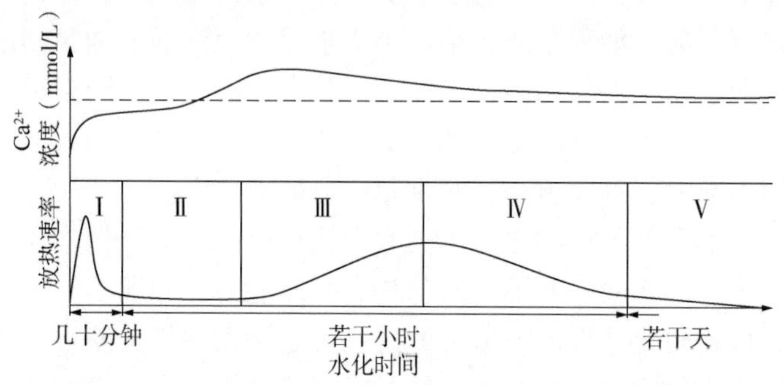

图 2.3　C_3S 水化放热速率和 Ca^{2+} 浓度变化曲线

(1) 诱导前期。

诱导前期是指孰料加水刚混配后几分钟的时间。在这段时间里，C_3S 遇水湿润并迅速开始水化反应，可观察到有大量的热形成。从物理化学角度上讲，最初只在无水的 C_3S 表面形成一层 CSH 凝胶的水化层。

当 C_3S 与水接触后发生表面质子注入，从而导致晶体的第一层中的 O^{2-} 和 SiO_4^{4-} 转变成 OH^- 和 $H_3SiO_4^-$

$$2Ca_3SiO_5 + 8H_2O \longrightarrow 6Ca^{2+} + 10OH^- + 2H_3SiO_4^- \tag{2.4}$$

几乎在发生这种反应的瞬间，质子注入的表面又产生同样的溶解。溶液很快变成过饱和的 CSH 凝胶溶液，并产生 CSH 胶质沉淀。若假定原来的 CSH 胶质中的 C：S 约为 1，且在很短的时间内 CSH 胶质中的硅酸盐阴离子是二分子聚合物，则有

$$2Ca^{2+} + 2OH^- + 2H_3SiO_4^- \longrightarrow 2Ca_2(OH)_2H_4Si_2O_7 + H_2O \tag{2.5}$$

最初的水化产物是在 C_3S 与溶液的界面上产生 CSH 凝胶沉淀，则在该界面上离子浓度最高，因此在 C_3S 表面形成一薄层沉淀。

合并上述两个反应式可得

$$2Ca_3SiO_5 + 7H_2O \longrightarrow Ca_2(OH)_2H_4Si_2O_7 + 4Ca^{2+} + 8OH^- \tag{2.6}$$

在诱导前期，还没有达到氢氧化钙的临界饱和点，随着进一步水化其浓度会继续

增加。

(2) 诱导期。

在诱导期观察到相对较弱的水化反应，放热速度显著下降。多出的 CSH 胶质缓慢沉淀，Ca^{2+}和 OH^-浓度继续上升。当最后达到临界饱和度时就开始析出氢氧化钙沉淀。这时又开始发生明显的水化反应，标志着诱导期的结束。在一定温度下，诱导期持续几个小时，是水泥浆体能够保持塑性的原因。初凝时间基本上相当于诱导期的结束。

众多的研究者针对 C_3S 早期水化进行过大量研究，研究内容主要围绕诱导期起讫的原因，即形成诱导期的本质这个关键问题进行。不同的学者从不同的角度提出了不同的假说和理论。为了能够对 C_3S 的早期水化机理有一个较明确的统一认识，下面对各假说和理论作以简要地介绍和分析说明。

关于 C_3S 水化诱导期的开始和终止的相关理论主要有：保护膜假说、边界层反应与晶格缺陷理论、双电层理论及成核作用等几类，表 2.4 描述出了各理论的本质特征。

表 2.4　诱导期开始和终止的一些假说与理论的特征

假说与理论		描述
诱导期开始	保护膜假	C_3S 开始溶解，“早期”CSH 水化产物的形成，在粒子周围产生一种保护膜扩散屏蔽层
	晶格缺陷	C_3S 水化的速率和诱导期的长短取决于反应物粒子晶格缺陷的数目
	边界层反应	C_3S 发生一致性溶解，随着溶液中[Ga^{2+}]和[OH^-]浓度的增大，水化速率缓慢降低
	双电层	C_3S 不一致溶解，形成一富硅层，使表面产生一双电层
诱导期终止	CSH 的成核作用	CSH 的成核和生长变为反应速度的控制因素
	$Ca(OH)_2$ 的成核作用	$Ca(OH)_2$ 的成核和生长是制约诱导期终止的必要条件

保护膜假说是由 Stein 等人基于扩散控制理论提出的。他们认为，C_3S 在水化初期形成的水化物逐渐在未水化的 C_3S 周围形成了一个较致密的保护层，从而阻碍了 C_3S 的进一步水化，使放热速率变慢以及 Ca^{2+} 向液相中溶解的速率降低，导致诱导期开始。当初始水化物由于相变等原因致使初始产物层区的渗透率提高，因而水及溶出离子又逐渐通过膜层使水化速率加快，造成诱导期结束而进入加速期。值得注意的是这种理论虽然能够很好地用于解释诱导期的发生和终止，但所提出的概念的发展主要依赖间接证据。此外还有许多研究者也以不同的形式接受了这种概念，如 Double 等人提出的半渗透膜假说，该假说中 Double 等人认为，初始形成的水化物在未水化粒子表面形成的是一种有渗透能力的半渗透膜，该半渗透性包覆层的形成表明水化开始进入诱导期。由于溶液能够通过半渗透膜，因此，H_2O 分子和 OH^-优先渗入膜内侧，使未水化的 C_3S 继续水化，并使膜内 Ca^{2+} 和 SiO_4^{4-} 浓度继续增加。由于浓度差引起的渗透压增加，最后导致半渗透膜破裂而使诱导期结束，水化重新开始加速。

晶格缺陷理论是以边界层反应理论为基础提出的，它把 C_3S 的活性与晶格缺陷的作用联系起来，认为早期水化速率受 C_3S 表面外边界层的反应所控制。Fierens 和 Verhaegen 对该理论作了广泛的发展。他们认为当 C_3S 与水后首先发生的变化是 C_3S 表面浅层的质子化和质子化固体的一致溶：

$$C_3S \xrightarrow{H^+} C_3S_{sh} \xleftrightarrow{4H_2O} 3Ca^{2+} + 5OH^- + H_3SiO_4^- \tag{2.7}$$

质子化 C_3S(C_3S_{sh})的概念是以热力学平衡和电子光学分析结果为依据提出的。对于晶格中存在的无论是 O^{2-} 还是 $SiO_4{}^{4-}$，由于其能量和电荷很高，因此将很快质子化，而具体地溶液中的质子化是以 $H_3SiO_4{}^-$ 还是 $H_2SiO_4{}^{2-}$ 形式存在或二者同时存在是受溶液 pH 值控制的。实际上质子化现象是一种不可逆反应，它仅涉及表面的一些原子层而并不使原子排列发生很大的变化。根据反应动力学原理，此时溶解的速率取决于溶液中 Ca^{2+} 和 OH^- 的浓度。

液相中的组分是用开始溶解以后所发生的沉淀反应来说明的。虽然 C_3S_{sh} 得到的溶液相对于从 CaO 和 SiO_2 的稀溶液中沉淀出来的 CSH 凝胶曲线来说是亚稳定的，但也只有当所产生的 CSH 的超溶液曲线超过某一限定值时才会出现沉淀。因此，溶液中接续下来的作用便是以该限定值为临界点的连续一致溶解与沉淀过程。应该注意的是，该观点和结论是以稀溶液为基础得出的，对于实际浆体来说沉淀会很快发生，而且 Ca^{2+} 浓度也很快上升，因此该结论能否实用于水泥浆体研究还仍是一个值得进一步商榷的问题。Berret 等人曾假设初始沉淀的 C/S 比是 1.0，而 Vernet 等人则认为 C/S 是 1.5。

双电层理论是基于不一致溶解的观点提出的，与上述观点相反，Skalny、Young 及 Tadros 等人认为，初始的溶解作用是 Ca^{2+} 和 OH^- 的不一致溶解，并很快进入溶液，因而在颗粒表面留下一个富硅的表面层。接着在负电荷表面上吸附了 Ca^{2+}，建立起一个如图 2.4 所示的双电层，形成一个正的 Zeta 电位。随着双电层的形成，C_3S 的溶解变慢，导致诱导期开始。这一观点与低硅酸盐浓度、Zeta 电位的测定以及电子光谱化学分析曲线中出现的初始骤降段等结果是相一致的，同时能够解释和说明在水化最初时刻表面看不到水化产物的原因。这个富硅层可看作是一种含有质子化 $SiO_4{}^{4-}$ 的紊乱层，可能还有一些二聚物。不一致溶解的继续进行将增加紊乱层的厚度，直至富硅层内部发生局部有序型转变，出现重新组织的 E 型 CSH 为止。按照这一理论，C_3S 表面释放出的离子必须通过富硅层及其相伴随的双电层，才能进入到浓度不断上升的溶液中，因而随着时间的增加富硅层和双电层对离子运移的抑制作用会增大，同时 E 型 CSH 的出现和存在会进一步增大这种抑制作用。有关一致溶解和不一致溶解对于解释和分析早期 C_3S 水化机理的概念对比如图 2.5 所示。

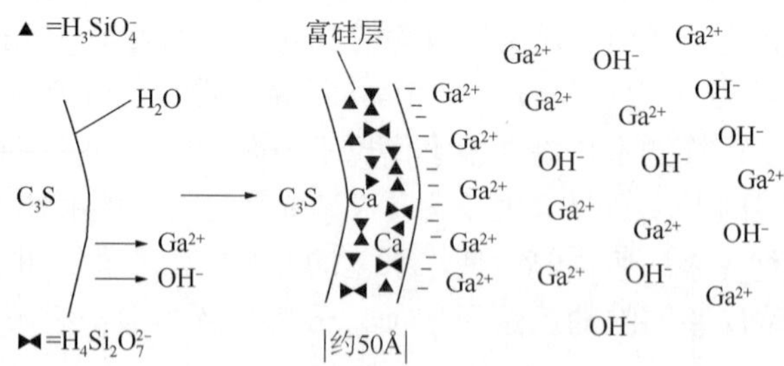

图 2.4 C_3S 形成的富硅层及双电层

由图 2.5 可以看出，不论是一致溶解还是不一致溶解两种观点，最终在关于诱导期结束的分析上具有相近似的结论，即由于新相的成核作用而导致诱导期结束。但对于该新相具体是哪种物质方面却不一致。有些研究者认为，由于二次稳定的 CSH(Ⅰ型)是从原始的

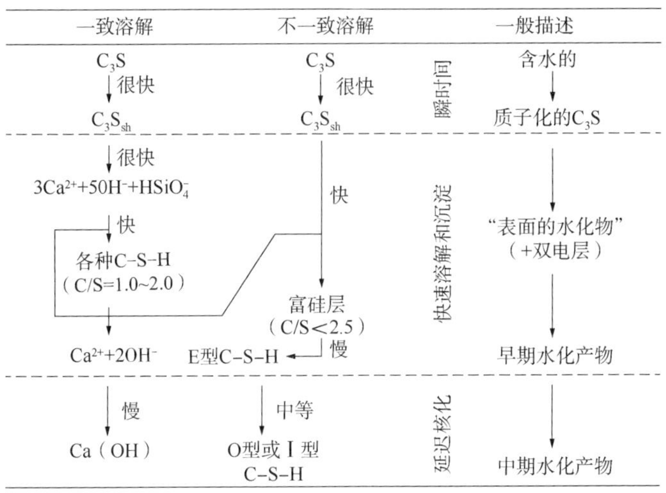

图 2.5　早期 C_3S 水化的两种概念

CSH(E 型)中成核形成的，因此 CSH 是成核作用的关键一步。支持这一观点的主要证据是：在 $Ca(OH)_2$ 成核之前，常能看到 Ca^{2+}开始增加的现象，表明发生了 CSH 的重新排列。而 Tadros、Young 等人则认为，能达到最大 Ca^{2+}浓度和 $Ca(OH)_2$ 成核作用，与诱导期的结束密切相关。由于双电层形成后，C_3S 仍能够缓慢溶解，生成富含 Ca^{2+}和 OH^-的溶液，而由于溶液中硅酸根离子的存在，对 $Ca(OH)_2$ 的析晶具有抑制的作用，因此，$Ca(OH)_2$ 晶核的形成过程被延迟。只有当溶液中建立了充分的过饱和度时，才能形成稳定的晶核。当晶核达到一定尺寸，并有足够数量，液相中的 Ca^{2+}和 OH^-才能迅速沉淀析出 $Ca(OH)_2$ 晶体，随之溶解加速，导致诱导期结束，加速期开始。

关于 C_3S 诱导阶段的水化机理目前仍是水泥化学家所争论的课题。要把上述种种假说或理论统一起来，并建立一个早期水化的图像是非常困难的。目前，只能在综合分析上述假说的基础上，依照 C_3S 水化过程所体现出的特点及共性，来建立诱导期 C_3S 的水化机理。

当 C_3S 与水接触后在 C_3S 表面有晶格缺陷的部位即刻发生水解，使 Ca^{2+}和 OH^-进入溶液，在 C_3S 粒子表面形成一个缺钙的富硅的水化产物层，接着溶液中的 Ca^{2+}被表面吸附而形成双电层。形成的富硅层可看作是一个一致溶解的溶解—沉淀过程，该种情况下，CSH 的沉淀一般看作为发生在吸附水层内，且沉淀物仅为几个原子层的厚度，继续的溶解—沉淀过程将在表面处建立起不连续层，并结合大量的水和建立起双电层(图 2.6)。由于产物层及双电层的作用妨碍离子的通过，导致 C_3S 溶解受阻而出现诱导期。在这个阶段沉淀出来的 CSH 将是高度无序的，成分变化较大，且仅能覆盖部分的表面。这时释放出来的 Ca^{2+}和 OH^-进入溶液的速率，取决于质子化 C_3S 的溶解作用，和通过表面水化物及其双电层的扩散作用，以及进入到周围溶液中的扩散作用。关于诱导期双电层形成后进一步重新开始水化的原因，一些研究者认为是由于 $Ca(OH)_2$ 的成核作用造成的，而另一些研究者则认为是由 CSH 的成核作用造成的。在实际的水化过程中这两种作用是同时存在的，这是因为一方面随着 C_3S 缓慢水化的进行，溶液中 Ca^{2+}和 OH^-的浓度会逐渐增大，当达到一定过饱和度时，$Ca(OH)_2$ 便进行核化并产生析晶沉淀；而另一方面当硅酸盐浓度足够高时，高度无定形的 CSH 也会产生核化而引起分子的聚集生成相应的固相粒子。因此，在关于成核作用导致水化重新开始的分析中，可以把核化的概念同时应用于此两个物相，并近似地认为这两种物相均由相似的核形成(图 2.7)。因为硅酸根离子的迁移速度比钙离子慢，所以 CSH 是由表面附近的晶核形成的，由于硅酸根离子的浓度很高，而产物的溶解度又很低，所以形成的是很多小的颗粒。而 $Ca(OH)_2$ 则在远离粒子处的溶液中形成。综上，可以认为，由于 $Ca(OH)_2$ 析晶及伴随有 CSH 析晶沉淀，导致双电层作用减弱或消失，水化产物包被层的渗透率提高或层膜破裂，致使 H_2O 分子或 OH^- 进入层内接触未水化的 C_3S 颗粒，促使水化重新开始加速，诱导期结束。

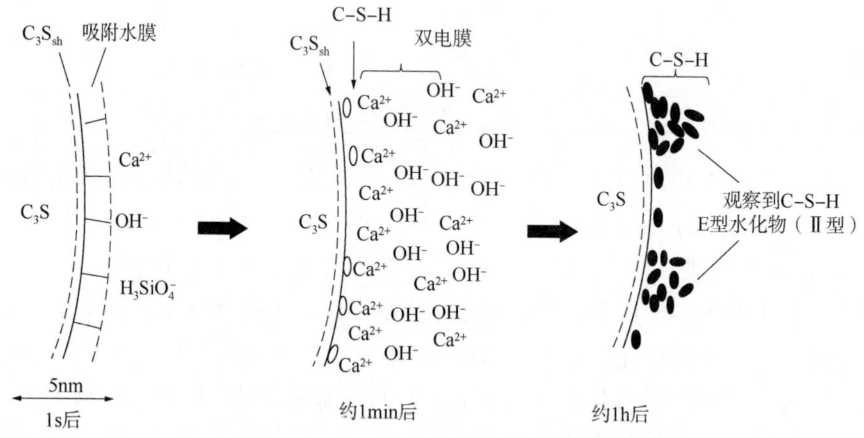

图 2.6　水化 C_3S 的溶解—沉淀过程简图

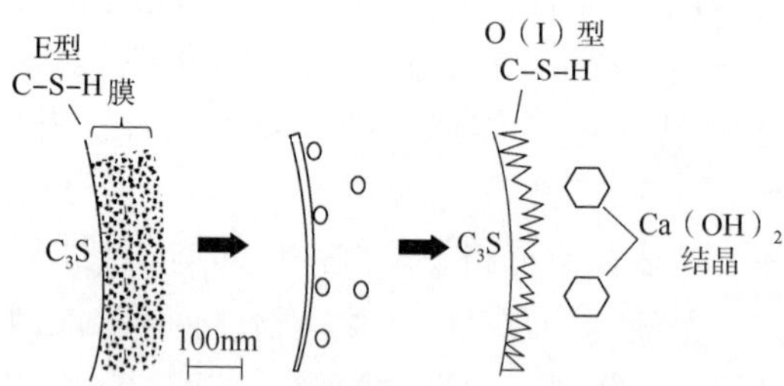

图 2.7　核化作用和晶体生长可能形态

(3) 加速期和减速期。

在诱导期结束时，仅有少量的 C_3S 发生了水化。加速期和减速期(通常称为“凝固阶段”)是水化最快的阶段。加速期是指水化反应重新加快，反应速率随时间增长，出现第二个放热峰，在达到峰顶时本阶段即告结束，此时终凝已过，开始硬化。

减速期又称衰减期，是反应速率随时间下降的阶段。这两个阶段之间的差别是不定的，这两个过程中突出的动力学变化特征是，C_3S 的溶解速率或 $Ca(OH)_2$ 的晶体生长速率等水化作用由化学反应动力学控制逐渐转变成受扩散速率的控制。

在加速水化阶段从溶液中析出 $Ca(OH)_2$，形成晶体。CSH 胶质充满了整个空间，水化物交互生长并内聚形成网状结构，整个体系开始形成强度。随着水化物的继续沉积，该体系的孔隙度降低，最后阻碍了各种离子和水通过 CSH 凝胶所形成的网状结构的移动，并使水化速度降低。一般情况下这两个过程要持续几小时到几十小时。

实验表明，在加速期的开始伴随着 $Ca(OH)_2$ 及 CSH 晶核的形成和长大，与此同时发生的是液相中的 $Ca(OH)_2$ 和 CSH 的过饱和度降低，它反过来又会使 CSH 和 $Ca(OH)_2$ 的生长速率逐渐变慢。随着水化物在颗粒周围的形成，C_3S 的水化作用也受到阻碍，因而，水化从加速过程又逐渐转向减速过程。一些研究表明，最初生成的水化产物大部分生长在 C_3S 粒子原始周界以外的原来的充水空间之中，称之为"外部水化物"。后期水化所形成的水化产物，则大致生长在 C_3S 粒子原始周界以内，故称之为"内部水化产物"。随着"内部水化产物"的形成和发展，C_3S 的水化由减速期向稳定期转变。

一般认为在加速期内，水化物已经开始形成，但还不能构成一个水化物的微结构层，这时，C_3S 的水化反应历程主要为化学反应所控制。当 C_3S 的水化进入减速期以后，水化物在 C_3S 周围已形成一个水化物的微结构层而阻碍了 C_3S 的水化反应。但这些水化产物层大多数为"外部水化产物"，因此，C_3S 在这一阶段的水化反应主要受化学反应和扩散速率的双重控制。当 C_3S 的水化进入稳定期以后，其新生成的水化物大部分为"内部水化产物"，并且水化产物的微结构层越来越密实，因而，在这一阶段，C_3S 的水化反应完全为扩散速率控制。

（4）稳定期。

扩散控制过程何时完成，以及系统何时进入稳定阶段是无法用放热曲线来说明的，能更精确地用于评价和划分水化阶段的方法即是动力学方法。在稳定阶段时，由于此时可利用的空间很小，且离子的流动也很慢，因而 CSH 可能形成了比较致密的结构，导致体系的渗透率逐步降低，水化速度持续下降，水化产物形成网状结构并越来越致密，水泥强度增大，反应基本趋于稳定。但主要的结构没有变化，仍可观察到 CSH 胶质中的硅酸盐阳离子的聚合作用。这一阶段中还应该给予充分注意的是，$Ca(OH)_2$ 晶体将继续长大，有可能把一些正在水化的 C_3S 粒子全部吞没，从而限制了其完全水化的潜力。

（5）化学动力学特征。

上述 C_3S 水化各阶段的特点，可以概括地总结出诸阶段的化学过程和动力学行为见表 2.5，并提炼出水化动力学全过程为：C_3S 表面的溶解或者称之为 C_3S 与液相之间的化学反应（G_I）；成核与晶体生长反应（G_N）；通过水化物层的扩散反应（G_D）。因此，可以相应地把 C_3S 的水化动力学方程分别描绘为：

$$G_I = [1-(1-\alpha)^{\frac{1}{3}}] = K_I t \tag{2.8}$$

$$G_N = [-\ln(1-\alpha)]^{1/n} = K_N t \tag{2.9}$$

$$G_D = [1-(1-\alpha)^{\frac{1}{3}}]^2 = K_D t \tag{2.10}$$

式中：K_I、K_N、K_D 为相应于 G_I、G_N、G_D 的反应速度常数；α 为时间 t 时的水化程度。

表 2.5　C_3S 水化各阶段的化学过程和动力学行

水化阶段	化学过程	总的动力学行为
诱导前期	初始水解，离子进入溶液	反应很快：化学控制
诱导期	继续溶解，早期形成	反应慢：成核与扩散控制
加速期	水化产物形成与生长	反应快：化学控制
减速期	水化产物继续生长，微结构发展	反应适中：化学与扩散控制
稳定期	微结构逐渐密实	反应很慢：扩散控制

根据 K_I、K_N、K_D 值，上述三个函数中的每一个函数都可以控制某一 α 时的 $G(\alpha)$。例如，在加速期开始阶段，水化程度 α 较小时，G_N 将起控制作用，水化程度 α 值大时，G_D 将是主要的过程控制反应。公式中 G_I、G_N 和 G_D 分别是根据 Avrami 的成核作用及 Snarp 的内表面相边界的生长和 Jander 的扩散控制等理论推导出来的。本书后续章节中对有关水泥水化反应动力学问题还将做进一步分析和阐述。

2.2.1.2　硅酸二钙的水化

硅酸二钙(C_2S)也是水泥主要熟料矿物组分之一，在油井水泥中含量在 30% 左右。C_2S 的水化反应可大致用下列方程表述：

$$2CaO \cdot SiO_2 + mH_2O \longrightarrow xCaO \cdot SiO_2 \cdot yH_2O + (2-x)Ca(OH)_2 \tag{2.11}$$

$$\text{或 } C_2S + H \longrightarrow CSH + CH \quad \Delta H \approx -43kJ/mol \tag{2.12}$$

C_2S 的水化过程与 C_3S 极为相似。其具体的差别是，C_3S 的水化速度比 C_2S 的水化速度高很多，C_2S 的水化速度约为 C_3S 的 1/20。由于 C_2S 的水化速率特别慢，因此采用放热速率来研究 C_2S 的水化过程一般很困难。虽然 C_2S 的第一个放热峰与 C_3S 相当，但达到加速期的时间较长，且第二个放热峰相当弱，以致难以测定。根据目前所获得的研究成果，可以得出这样的结论：C_2S 的反应在理论上与 C_3S 相似，虽然在不同的时间，发生的水化过程不同，但它们在同一水化过程达到的水化程度可能没有太大的差别。在水化后期都要变为扩散控制。温度对它们所产生的影响规律也是大致相似的。C_3S 对水泥初凝及形成早期强度起主要作用，而 C_2S 的水化对水泥的后期强度起作用。

表 2.6 列出了阿利特(C_3S)和贝利特(含 1% B_2O_3 的 β-C_2S)水化过程中各反应速度常数的对比情况。可见，对于成核和晶体长大的速度常数(K_N)二者差别不大，而通过水化产物层的扩散速度常数(K_D)则相差 8 倍左右，差别最大的是粒子表面溶解的速度常数(K_I)。上述结果表明 β-C_2S 的水化反应速率主要由 β-C_2S 的表面溶解速率控制。因此提高 C_2S 的结构活性，可以加快其水化速率。

表 2.6　水化反应速率常数的比较

熟料矿物	反应速率常数			
	K_I(10^3 μm/h)	K_N(10^3 μm/h)	K_D(10^3 μm/h)	
			初期扩散	后期扩散
β-C_2S(加 1% B_2O_3)	1.4	7.3	3.5	1.8
阿利特(Ⅲ)	67	11.0	26	14

当 C_2S 固溶少量其他氧化物形成贝利特时，其水化活性有所提高。在四种熟料矿物中，贝利特早期水化最慢，加水 28 天后仅水化 20%左右，早期强度较低，但后期强度会持续增长，最终可达到阿利特的强度。

2.2.1.3　硅酸三钙与硅酸二钙混合浆体的水化

由于 C_3S 和 C_2S 是水泥熟料的两种主要化合物，水泥遇水后这两种化合物会同时和水发生作用而制约着水泥的水化进程。因此，探讨和研究同一体系水化过程中 C_3S 和 C_2S 间的相互影响及规律，对进一步明确水泥的水化过程和反应动力学特点是有益的。

Kawada、Berger 等人针对 1 : 1 的 C_3S 和 C_2S 混合浆体的水化特点分别进行了研究，他们依据各自的特定实验条件得出了相应的结论。指出了 C_3S 和 β-C_2S 混合浆体水化过程中，C_3S 和 β-C_2S 的水化速率与单组分纯溶液之间存在的差别，分别对应于水化时间给出了水化速率变化的特点。尽管不同的学者所给出的研究结果无论在速率变化的相应时间段还是速率变化方向（如增加或降低）等方面都存在一定的差别，但却清晰地表明了 C_3S 和 β-C_2S 混合体系水化过程中 C_3S 与 β-C_2S 间存在相互影响的事实。1982 年 I. Odler 等人对 C_3S 和 C_2S 混合浆体的水化行为进行了较为详细的研究，得出了一些具有代表性的结论，为深入分析 C_3S 和 β-C_2S 混合体系水化行为及两种矿物间的作用奠定了基础。

图 2.8 给出了不同的 C_3S/β-C_2S 比值条件下，C_2S 对 C_3S 水化速率的影响情况。可见，当浆体中不存在 C_2S 时，C_3S 在经历 4~5h 的水化诱导期后开始迅速水化，在近 2000h 后达到完全水化的程度。当浆体中含有 25%及 50%C_2S 时，C_3S 的水化速率并没有发生明显的变化，诱导期结束的时间基本相同，只是在诱导期过后与近 24h 之间水化速率稍有下降，而超过 24h 后水化速率又稍有增加。图 2.8 中，表征这三种条件下的水化程度随时间的变化曲线在形状和量值上都是非常接近的，表明了对于 $C_3S/C_2S<1$ 的情况，C_2S 的加入并不能对 C_3S 的水化机理产生明显的影响。然而，当浆体组成为 25%C_3S+75%C_2S 时，可以明显看出水化诱导期增长，水化进程减慢，此时达到 C_3S 完全水化的时间约 7000h。

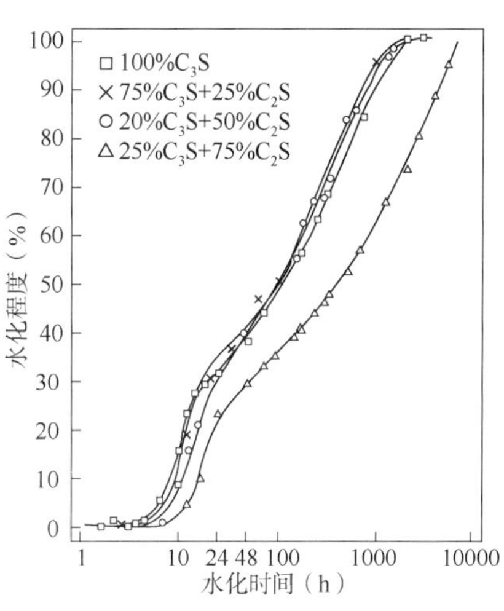

图 2.8　C_2S 对 C_3S 水化速率的影响

图 2.9 给出了以 C_2S 作为研究对象考察不同 C_3S 加量对其水化进程及速率的影响状况。对于纯 β-C_2S 浆体，初始水化缓慢，而后逐渐加快，在一年的时间内没有达到完全水化的程度。在各不同的 C_3S 加量下，C_2S 的水化速率均得到了提高，水化速率增加的幅度随 C_3S 加量的增加而明显增大。对于仅含 25%β-C_2S 的浆体其诱导期仅在 6h 以内，并在 2000h 内达到完全水化。

上述实验结果及分析表明了在混合浆体中 C_3S 与 C_2S 相互影响的规律。若以 C_3S : C_2S = 1 : 1 作为分界线进行总体评价 C_3S 与 C_2S 的相互作用情况，可以概括出如下的结论：

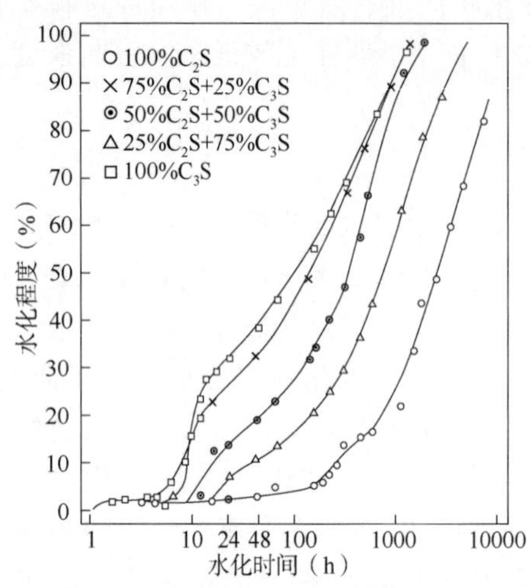

图 2.9　C_3S 对 C_2S 水化速率的影响

当 $C_3S/C_2S>1$ 时，C_2S 对 C_3S 的水化速率及水化行为不会产生明显的影响，而 C_3S 的存在则能明显地加快 C_2S 的水化进程。

当 $C_3S/C_2S<1$ 时，C_2S 对 C_3S 的水化有延迟作用，且随 C_2S 加量的增加 C_3S 的水化速率下降的程度增大，此时 C_3S 对 C_2S 仍具有加速水化的作用，加速的程度随 C_3S 加量的增加而增大。

以 G 级油井水泥为例。由于 G 级油井水泥的主要硅酸盐组分 C_3S 和 C_2S 的含量分别约占水泥总量的 50% 和 30%，因此在水泥浆体中所存在的 C_3S/C_2S 比约为 5∶3。由此，当只考虑 C_3S 与 C_2S 两相间的相互作用时，可依据上述结果进行分析和讨论。按照图 2.8 及图 2.9 所给出的 C_3S 与 C_2S 的含量及对应的曲线，不难看出，实际水泥体系中的 C_3S/C_2S 比(5∶3)对应含量介于 75%C_3S+25%C_2S(C_3S∶C_2S=3∶1)与 50%C_3S+50%C_2S(C_3S∶C_2S=1∶1)之间，因此可以想象出当以该种比率混配 C_3S 与 C_2S 时，其所获得的实验曲线将分别落在图 2.8 及图 2.9 中 75%C_3S+25%C_2S 与 50%C_3S+50%C_2S 所对应的曲线中间，因而可以判断出该 C_3S/C_2S 比率条件下混合浆体及 C_3S 与 C_2S 的相互影响方面具有如下的特征：C_2S 对 C_3S 的水化作用几乎不产生影响；而 C_3S 则能明显加速 C_2S 的水化；混合浆体中无论是以 C_3S 还是以 C_2S 为研究对象所给出的曲线均会与纯 C_3S 靠近，说明此条件下混合浆体的水化行为基本与纯 C_3S 相同。综上所述，对于实际水泥体系的组成配比，在不考虑其他条件作用时，水化过程中由于 C_3S 对 C_2S 产生水化加速作用，使得 C_2S 的水化行为变化趋势接近 C_3S，导致混合浆体基本具有纯 C_3S 的水化速率和水化动力学特点。明确这一点对于进一步确立水泥体系的水化动力学规律具有非常重要的意义。

2.2.2　铝酸三钙的水化

C_3A 是水泥熟料矿物的重要组分之一，对水泥的早期水化和浆体的流变性质有重要作用。

2.2.2.1　纯水中 C_3A 的水化

C_3A 遇水后能够立即在表面形成一种具有六边形特征的初始胶凝物质粒子，开始时其结晶度很差也很薄，呈不规则卷层物，随着水化时间的推移，这些卷层物生长成结晶度较好的，成分为 C_4AH_{19} 和 C_2AH_8 的六边形板状物。这些晶体具有层状结构，主要由 $Ca_2Al(OH)_6^+$ 片状物和层间的 $Al(OH)_4^-$ 或 OH^- 所组成。在层间区，它们与水一起与层的正电荷处于平衡。这种六边形水化物是亚稳的，并能转化成立方形稳定的晶体颗粒。由此，常温下 C_3A 在纯水中的水化反应可用下式表示：

$$2(3CaO \cdot Al_2O_3) + 27H_2O = 4CaO \cdot Al_2O_3 \cdot 19H_2O + 2CaO \cdot Al_2O_3 \cdot 8H_2O \tag{2.13}$$

或 $$2C_3A + 27H = C_4AH_{19} + C_2AH_8 \tag{2.14}$$

C_4AH_{19}在湿度低于 85%时容易失去部分层间水成为 C_4AH_{13}。C_4AH_{19}、C_4AH_{13}及 C_2AH_8 均为六方片状晶体，在常温下均处于介稳状态，有转化为等轴晶体 C_3AH_6 的趋势，这种转化过程将随温度的提高而加速，即：

$$C_4AH_{13} + C_2AH_8 = 2C_3AH_6 + 9H \tag{2.15}$$

图 2.10 给出了 C_3A—H_2O 的水化反应放热速率曲线。由此可将 C_3A 的水化过程分为三个阶段：第一阶段相应于 C_3A 的迅速溶解，以及在过饱和溶液中六方片状水化产物的形成，前者使放热速度出现一个高峰，后者又使反应速度缓慢下降；第二阶段相应于第二放热峰的出现，是由于立方状 C_3AH_6 的形成，使六方片状水化产物层破坏，水化反应重新加速；第三阶段相应于在 C_3A 周围的充水空间形成立方状 C_3AH_6 水化物。

由于 C_3A 溶解非常迅速并能很快地形成六方片状水化产物的晶体网络结构，使浆体失去流动性。因此 C_3A 在纯水中的水化，浆体凝结很快。当温度超过 30℃时，C_4AH_{13}(或 C_4AH_{19})和 C_2AH_8 向立方形 C_3AH_6 转化极快，且一旦 C_3AH_6 成核，即使温度低于 30℃时其晶体也能很容易生长；温度高于 80℃时，C_3A 可以直接形成 C_3AH_6。六边形水化物转化成立方形 C_3AH_6 后，会导致微观结构破坏，虽然形成的 C_3AH_6 本身是一种坚固的基体，但由于其会导致孔隙增大，造成微观结构破坏，结果使浆体强度下降。对应于图 2.10，图 2.11 给出了 C_3A 水化过程中产物生成顺序示意图。

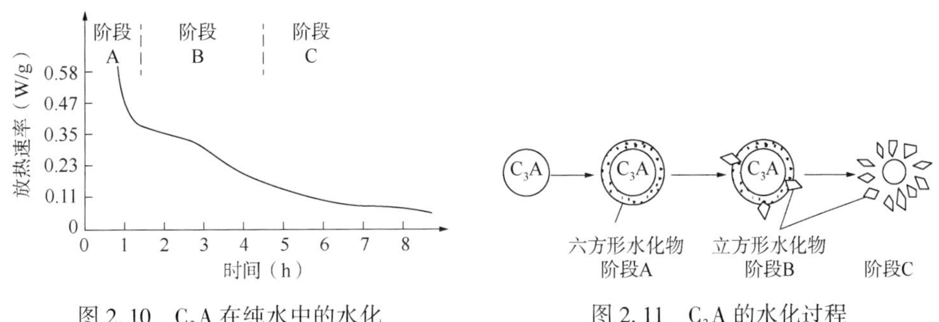

图 2.10　C_3A 在纯水中的水化　　图 2.11　C_3A 的水化过程

结合图 2.10 及图 2.11 可以归纳出有关 C_3A 的水化机理：C_3A 是具有很高原始反应活性的矿物，遇水后能迅速溶解并放出大量的热，并在反应的 C_3A 粒子表面上形成了无定形凝胶物质，这种无定形凝胶可能是 $Al(OH)_3$ 或是 $Al(OH)_3$ 和 $Ca(OH)_2$ 的共同沉淀物，该沉淀物进一步与溶液中的 Ca^{2+} 和 OH^- 反应，生成了六方形水化物 C_4AH_{13}和 C_2AH_8，导致在 C_3A 粒子表面形成了一层保护膜，阻碍了离子与主溶液的快速交换，因而导致 C_3A 的继续水化受阻，反应速率下降。当这些六方形水化物转变成立方形水化物 C_3AH_6 时，原有由六方形水化物所形成的保护膜被破坏，水化又很快地重新进行，并放出大量的热。最终由于成核与晶体生长等作用立方形水化物 C_3AH_6 逐渐脱离 C_3A 表面在周围的充水空间中形成。

2.2.2.2 有石膏存在时 C_3A 的水化

在水泥浆体中，熟料中的 C_3A 实际上是在 $Ca(OH)_2$ 和有石膏存在的环境中水化的，C_3A 在 $Ca(OH)_2$ 饱和溶液中的水化反应可以表述为

$$C_3A + CH + 12H = C_4AH_{13} \tag{2.16}$$

当处于水泥浆体的碱性介质中时，C_4AH_{13} 在室温下能稳定存在，其数量增长也很快，这是水泥浆体产生瞬时凝结的主要原因之一。而加入适量的石膏可以达到调整凝结时间的目的。这是因为，在石膏、氧化钙同时存在的条件下，C_3A 虽然开始也很快水化成 C_4AH_{13}，但接着它会与石膏反应生成三硫型水化硫铝酸钙，又称钙矾石，常用 AFt 表示。其化学反应式为：

$$\begin{aligned}&4CaO \cdot Al_2O_3 \cdot 13H_2O + 3(CaSO_4 \cdot 2H_2O) + 14H_2O = \\ &3CaO \cdot Al_2O_3 \cdot 3CaSO_4 \cdot 32H_2O + Ca(OH)_2\end{aligned} \tag{2.17}$$

$$或\ C_4AH_{13} + 3C\bar{S}H_2 + 14H = C_6A\bar{S}_3H_{32} + CH \tag{2.18}$$

当浆体中的石膏被消耗完毕后，而水泥中还有未完全水化的 C_3A 时，C_3A 的水化产物 C_3AH_{13} 又能与上述反应生成的钙矾石继续反应生成单硫型硫铝酸钙，常用 AFm 表示，即：

$$\begin{aligned}&3CaO \cdot Al_2O_3 \cdot 3CaSO_4 \cdot 32H_2O + 2(4CaO \cdot Al_2O_3 \cdot 13H_2O) \\ &= 3(3CaO \cdot Al_2O_3 \cdot CaSO_4 \cdot 12H_2O) + 2Ca(OH)_2 + 20H_2O\end{aligned} \tag{2.19}$$

$$或\ C_6A\bar{S}_3H_{32} + 2C_4AH_{13} = 13C_4A\bar{S}H_{12} + 2CH + 20H \tag{2.20}$$

当石膏掺量极少，在所有的钙矾石都转化成单硫型硫铝酸钙后，就有可能还有未水化的 C_3A 剩余。在这种情况下，则会依下式形成 $C_4A\bar{S}H_{12}$ 和 C_4AH_{13} 的固溶体：

$$\begin{aligned}&3CaO \cdot Al_2O_3 \cdot CaSO_4 \cdot 12H_2O + 3CaO \cdot Al_2O_3 + Ca(OH)_2 + 12H_2O \\ &= 2[3CaO \cdot Al_2O_3\ (CaSO_4,\ Ca(OH)_2 \cdot 12H_2O]\end{aligned} \tag{2.21}$$

$$或\ C_4A\bar{S}H_{12} + C_3A + CH + 12H = 2C_3A(C\bar{S},\ CH)H_{12} \tag{2.22}$$

上述反应 $CaSO_4 \cdot 2H_2O$ 与 C_3A 的比值不同，其水化产物也有差别，见表 2.7。

表 2.7　C_3A 的水化产物

实际参加反应的 $C\bar{S}H_2/C_3A$ 的摩尔比	水化产物
3.0	钙矾石(AFt)
3.0~1.0	钙矾石(AFt)+单硫型水化硫铝酸钙(FAm)
1.0	单硫型水化硫铝酸钙(AFm)
<1.0	单硫型固溶体［$C_3A(C\bar{S},\ CH)H_{12}$］
0	水石榴石(C_3AH_6)

在有石膏和 $Ca(OH)_2$ 存在的情况下，C_3A 的水化过程放热速率曲线如图 2.12 所示，其对应的产物形成过程如图 2.13 所示。第一阶段相应于 C_3A 的溶解和钙矾石的形成；第二阶段由于 C_3A 表面形成钙矾石包覆层，水化速率减慢，并延续较长时间。但由于水化继续进行，AFt 包覆层变厚，并产生结晶压力，当结晶压力超过一定数值时，包覆层会产生局部破裂；第三阶段是由于包覆层破裂处促使水化加速，所形成的钙矾石又使破裂处封闭。所以第二和第三阶段是包覆层破坏与修复的反复阶段。第四阶段则是由于 $CaSO_4 \cdot 2H_2O$ 消耗完毕，体系中剩余的 C_3A 与已形成的钙矾石继续作用，形成新相 AFm，因此出现第二个高峰，由此可见，在形成钙矾石的第一个放热峰以后较长时间才出现形成单硫型硫铝酸钙。这说明由于石膏的存在，C_3A 的水化延缓了，直至石膏被完全消耗以后；C_3A 又重新水化而形成第二个放热峰。所以，石膏的掺量是决定 C_3A 的水化速率、水化产物类别及其数量的主要因素。此外，石膏的溶解速率对浆体凝结时间也有重要的影响。如果石膏不能及时向溶液中提供足够的硫酸根离子，则 C_3A 可能在形成钙矾石之前先形成单硫型硫铝酸钙（AFm），而使浆体早凝。如果石膏的溶解速率过快，例如半水石膏的存在，可能使浆体在钙矾石包覆层出现之前由于半水石膏的水化而使浆体出现假凝。虽然水泥熟料中的石膏掺量一般能够满足铝酸盐的水化物最终能成为钙矾石与单硫型硫铝酸钙，但由于水灰比等原因以及离子在浆体中的迁移受到一定程度的限制，致使上述各反应难于同时完成。因此，钙矾石与其他几种铝酸盐产物在局部区域同时存在的情况也是可能的。

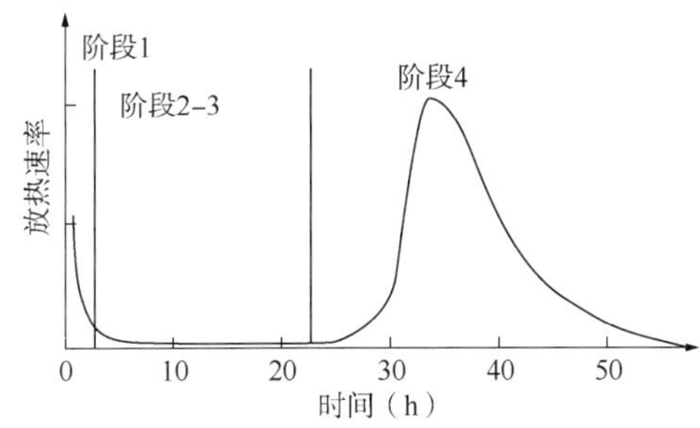

图 2.12 $C_3A-CaSO_4 \cdot 2H_2O-Ca(OH)_2-H_2O$ 系统的放热曲线

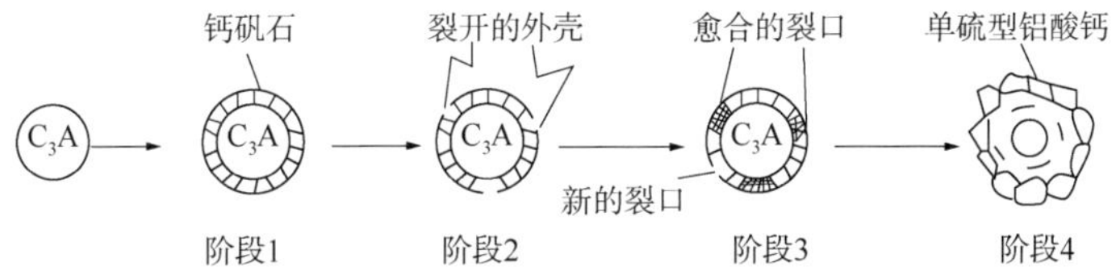

图 2.13 $C_3A-CaSO_4 \cdot 2H_2O-Ca(OH)_2-H_2O$ 系统产物形成过程

2.2.2.3 有硅酸盐存在时 C_3A 的水化

水泥体系中 C_3A 的水化是在含有 C_3S 和 C_2S 的条件下进行的，它们在共同进行的水化过程中是存在相互作用的。

Regourd 等人的研究结果表明，当有 C_3S 及石膏存在时，对于由 76%C_3S+16%C_3A+

5%石膏组成的浆体，在水化48h时，C_3A 颗粒周围的最初水化产物是含有硅成分的钙矾石，显然钙矾石中的硅来源于 C_3S。水化7天时，在 C_3A 颗粒周围产生了一层含有 Al、Si、Ca 等成分的极薄的内层，该层与 C_3A 颗粒紧密接触，而所产生的钙矾石则相应位于外层。水化28天时，内层区形成了三硅铝酸盐水化物 $C_3A \cdot 3CS \cdot H_{31}$，这些水化物与单硅铝酸盐水化物 $C_3A \cdot CS \cdot H_{12}$ 同时并存并占据相应较宽的区域；此时当溶液中不能提供更多的硫酸根离子时，钙矾石会由于与 C_3A 的六方片状水化物 C_4AH_{13} 作用而转变为片状单硫铝酸盐水化物(即 AFm 相)。水化3个月时，在 C_3A 大颗粒周围能明显地观测到硅铝酸盐水化物、C_4AH_{13} 及单硫铝酸盐水化物的共同存在，这些水化产物有分区存在的特性，按由 C_3A 颗粒表面向外的大致排列顺序为：三硅铝酸盐水化物、单硅铝酸盐水化物、C_4AH_{13} 和单硫铝酸盐水化物。水化达到6个月时，所有的 C_3A 颗粒都将被共同存在的硅铝酸盐、C_4AH_{13} 和单硫铝酸盐所包围，而10个月时，40~63μm 的 C_3A 的颗粒完全水化，单硅铝酸盐水化物中的硅含量有所下降。在 C_3A 进行水化的同时，C_3S 也进行着不同程度的水化，如在水化进行到28天时，在颗粒周围形成了含有 2%Al_2O_3 的 CSH 凝胶。

进一步的研究结果表明，硫酸根离子对于 C_3S 与 C_3A 混合浆体的水化产物有着较为重要的影响，当所加入的石膏含量大于 C_3A 时，如以：64%C_3S+16%C_3A+20%石膏组成的浆体，其水化34天的水化产物中不再存在硅铝酸盐水化物，而仅含有钙矾石、C_4AH_{13} 及含1.5% SO_3 的 CSH 凝胶。而对于不含石膏的混合浆体，7天时在一些 C_3A 颗粒周围即形成了三硅铝酸盐水化物。X-射线分析表明在34天时的水化产物主要为：单硅铝酸盐水化物、C_4AH_{13}、$Ca(OH)_2$、CSH。

上述结果说明，C_3S 与 C_3A 混合浆体水化过程中，C_3S 与 C_3A 存在着相互作用，C_3S 为 C_3A 周围形成的三硅铝酸盐水化物提供硅，而 C_3S 颗粒周围的硅酸盐水化物 CSH 中则含有铝离子；且由于硅酸盐离子的扩散速度远大于铝酸盐离子的扩散速度，因此，与未水化的 C_3A 表面接触的三硅铝酸盐水化物层将会由于 C_3A 的继续水化而向颗粒内部发展，相应地由于硅酸盐离子与三硅铝酸盐水化物的进一步作用在外层上留有转化成的单硅铝酸盐水化物，单硅铝酸盐水化物层的厚度随时间的增加而增厚，当由于围绕 C_3S 的产物层增厚及围绕 C_3A 的产物层增厚到一定程度时，硅酸盐离子的扩散变得缓慢甚至停止，不足以再产生三硅铝酸盐水化物时水化即接近终止。

综上可以获得以下认识，对于 C_3S 与 C_3A 的混合浆体，由于硅酸根离子能够通过溶液扩散到 C_3A 表面而形成硅铝酸盐水化产物，因而必将导致 C_3S 的溶解与水化速度加快；同时，由于硅铝酸盐水化产物层在 C_3A 颗粒表面的形成，及由 C_3S 水化造成溶液中的 $Ca(OH)_2$ 增多，必然会对 C_3A 的水化产生延缓作用。即 C_3A 能相应加速 C_3S 的水化，而 C_3S 能延缓 C_3A 的水化。这一点与 Klavin 等人对含有石膏和活性 SiO_2 存在条件下 C_3A 的水化所进行的研究结果相吻合。同时，Klavin 等人的研究结果还表明，由于活性 SiO_2 能够加快 $Ca(OH)_2$ 的消耗速率，因而具有提高 C_3A 水化速率的作用。

2.2.3 铁铝酸四钙的水化

铁铝酸钙是一系列连续的固溶体，在水泥熟料中，由于其成分近似于 C_4AF，所以一般将铁铝酸钙称之为铁铝酸四钙。

铁铝酸钙的水化反应与 C_3A 相似，但其水化速率要比 C_3A 慢很多。在没有石膏存在时，六方形水化物 $C_4(A, F)_{19}$ 或 $C_4(A, F)_{13}$ 是稳定的水化物，但约到 20℃ 时它们会转化成立方形水化物 $C_3(A, F)_6$，不过这种转化比 C_3A 水化时要慢。和 C_3A 一样，温度高时只形成 $C_3(A, F)_6$，同时 $Ca(OH)_2$ 的存在会使六方形水化产物转变成立方形水化物的速率减慢。具体的水化反应可表达如下：

$$4CaO \cdot Al_2O_3 \cdot Fe_2O_3 + 4Ca(OH)_2 + 22H_2O \longrightarrow 2[4CaO(Al_2O_3 \cdot Fe_2O_3) \cdot 13H_2O] \tag{2.23}$$

$$\text{或 } C_4AF + 4CH + 22H \longrightarrow 2C_4(A, F)H_{13} \tag{2.24}$$

当有石膏存在时，C_4AF 的水化顺序与 C_3A 相同，首先形成的是被 Fe 置换的钙矾石，而在石膏消耗尽后，又转变成单硫形水化铝酸盐，同时可能伴有 $Fe(OH)_3$ 生成。反应的放热过程特征大致也与 C_3A 相同，只是 C_4AF 的早期水化比 C_3A 要慢很多，且当同时存在石灰时早期水化甚至有可能被中止。这可能是由于 C_4AF 在石膏存在时形成的钙矾石比 C_3A 产生钙矾石更加稳定，且钙矾石在石灰溶液中的溶解度较低，所形成的该种钙矾石在铁相粒子周围形成一层致密的外壳而造成的。具体的水化反应如下：

$$\begin{aligned} &4CaO \cdot Al_2O_3 \cdot Fe_2O_3 + 2Ca(OH)_2 + 6(CaSO_4 \cdot 2H_2O) + 50H_2O \\ &\longrightarrow 2[3CaO(Al_2O_3 \cdot Fe_2O_3) \cdot 3CaSO_4 \cdot 32H_2O] \end{aligned} \tag{2.25}$$

$$\text{或 } C_4AF + 2CH + 6C\bar{S}H_2 + 50H \longrightarrow 2C_3(A, F) \cdot 3C\bar{S} \cdot H_{32} \tag{2.26}$$

当石膏消耗完毕而尚有 C_4AF 未水化时，$C_3(A, F) \cdot 3C\bar{S}H_{32}$ 也可以转化为 $C_3(A, F) \cdot 3C\bar{S}H_{12}$。

图 2.14、图 2.15 分别给出了在有石膏、石膏和石灰存在条件下 C_4AF 与 C_3A 在最初 1h 内的水化放热曲线，可见，无论是单一的石膏还是石灰和石膏的混合溶液，对于 C_4AF 水化的延迟作用都比相应的对 C_3A 的作用明显得多。产生这些作用的主要原因可以通过分

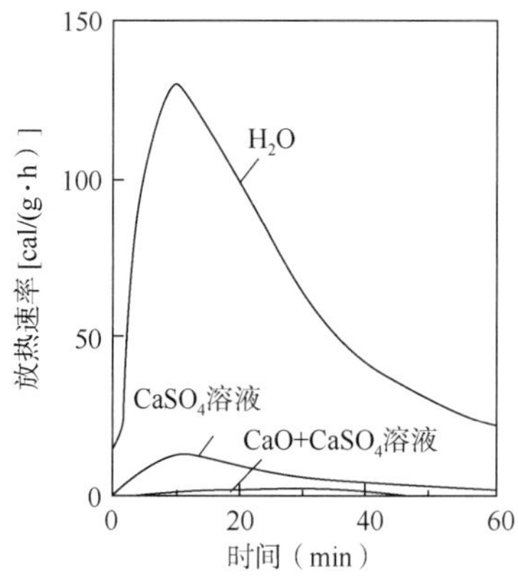

图 2.14　C_4AF 的水化放热曲线

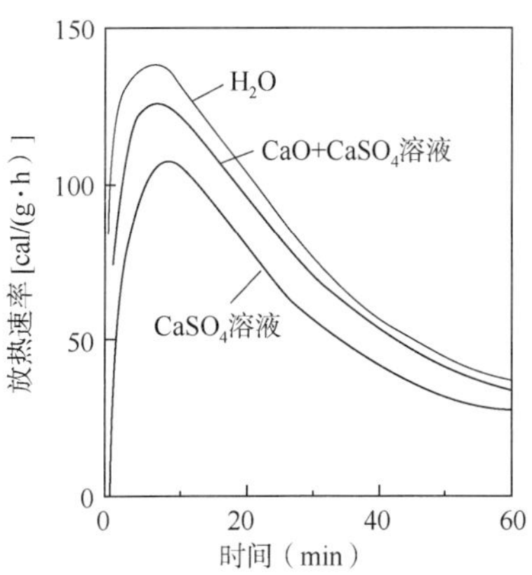

图 2.15　C_3A 的水化放热曲线

析 C_4AF 与 C_3A 水化时反应产物的生成过程获得解释。在石膏溶液中，由于 C_3A 具有很高的水化活性，一旦与溶液接触便有大量的 C_3A 进入到溶液中并在未水化的 C_3A 周围形成六边形水化物包覆层，该水化层减缓了 C_3A 向溶液中的溶解速度并会与溶液中的离子作用产生钙矾石。Jawed 等人的研究结果表明，C_3A 遇水 30s 后便可观测到大量的六方形水化物的存在，5min 后出现了钙矾石。而 C_4AF 溶解速度非常慢，当 C_4AF 与溶液接触后便会立即在 C_4AF 表面形成钙矾石，由于钙矾石水化物层更为致密，能比六方形水化物更有效地限制水化的继续进行。实验结果表明，C_4AF 与溶液混合 30 秒后其表面便部分地被钙矾石晶体所包围，30min 后钙矾石的数量和尺寸进一步增长，使 C_4AF 进一步水化受阻。C_4AF 后期水化过程中，石膏及半水石膏都会对水化产生延缓作用，放热峰出现的时间将随着石膏等的加量的增加而延长，如图 2.16 所示。

在 C_4AF 和石膏的混合溶液中加入 C_3A 时，由于 C_3A 和 C_4AF 的水化很相似，它们都要争夺石膏，因此钙矾石会很快转化成单硫铝酸盐，而转化的速率与加入的 C_3A 总量有关(图 2.16、图 2.17)。反应放热曲线表明，由于 C_3A 的存在，混合浆体的水化速度均比不存在 C_3A 时有所提高。且在 C_3A 转化峰的后面紧接着出现 C_4AF 的转化峰，这说明 C_3A 对硫酸盐离子的争夺更为有效。据此可以认为，在靠近活性较大的 C_3A 粒子处，可能发生离子局部耗尽的现象。由于半水石膏溶解度较大，在溶液中能以很快的速率释放出硫酸盐离子，因而一开始水化便会在 C_4AF 周围形成更多的钙矾石，从而有效地延缓了 C_4AF 的进一步水化。

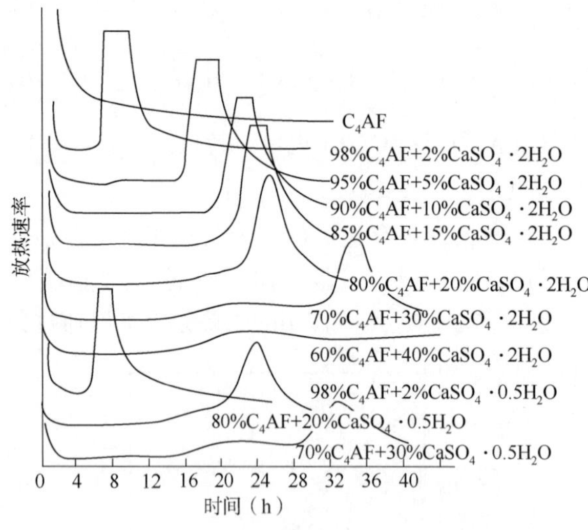

图 2.16　石膏及半水石膏对 C_4AF 水化的影响

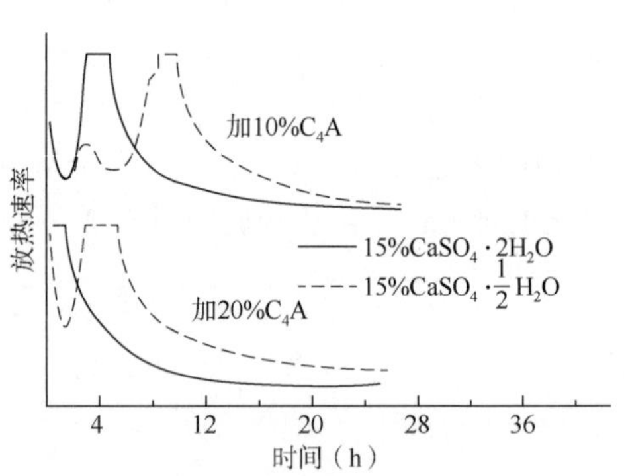

图 2.17　石膏、半水石膏及 C_3A 对 C_4AF 水化的影响

然而必须清楚的是，水泥中的熟料矿物并不是纯的相，如 C_3A 中常含有 Fe_2O_3，而铁酸盐相中含有 SiO_2、MgO 和碱。这些物质能降低 C_3A 的活性，增加 C_4AF 相的活性，从而缩小了 C_3A 和 C_4AF 反应速率之间的差别。

2.3　水泥的水化反应及影响因素

从化学角度来看，水泥的水化反应是一个复杂的溶解/沉淀过程。在这一过程中，与单一熟料矿物成分的水化作用不同，各组分矿物在水化作用中彼此之间互相影响，反应速度各异。例如在混有 C_3S 的条件下，C_2S 的水化速率要比只有 C_2S 单一矿物时的水化速率快。这可能是由于 C_3S 水化时析出 Ca^{2+} 等的作用，有利于液相中高度过饱和度 $Ca(OH)_2$ 的形成及其成核和晶体长大，因而有利于缩短 C_2S 的诱导期而加快其水化作用；和上述相类似，硅酸盐熟料矿物与 C_3A 间在水化过程中也存在着相互影响。

水泥组分中除了上述的主要矿物外，还有少量的次要成分，如 Na_2O、K_2O、MgO 以及硫酸盐等。当水泥颗粒与水拌和后，水泥粒子立即与水发生溶解，变为含有多种离子的溶液，溶液中的主要离子有：由硅酸钙溶解获得的 Ca^{2+}、OH^-、$SiO_4{}^{4-}$；由铝酸钙溶解获得的 Ca^{2+}、$Al(OH)_4{}^-$；由硫酸钙溶解获得的 Ca^{2+}、SO_4^{2-} 以及 K^+、Na^+、SO_4^{2-}。水泥浆液相中的离子组成依赖于水泥中各组分及其溶解度。但液相中的组成又反过来深刻影响各熟料矿物的水化速率。水化早期的 Ca^{2+} 主要由 C_3S 提供，而 K^+、Na^+ 主要由碱式硫酸盐提供。应该说明的是，由于碱的存在，液相中 CaO 的浓度大大降低，并会影响液相 $Ca(OH)_2$ 的过饱和度，因而也会影响熟料矿物的水化过程。所以在水化过程中液相组分与固相水化是处于随时间而变的动态平衡中。

此外，水泥水化作用、形成的水化产物及硬化体性能不仅与水泥本身熟料矿物组成及性能有关，还与水灰比、外加剂、外掺料、养护温度等都有极密切的关系。本章将在全面总结硅酸盐水泥水化基本理论及规律的基础上，分析水泥水化过程中所遵循的化学反应动力学基本原理，阐述温度等对水泥水化过程的影响特征。

2.3.1　常温下水泥水化的基本过程

常温状态下，当用水化时的放热速率随时间变化曲线来表征水泥的水化过程时，也可以得到与 C_3S 相类似的水化放热曲线(图2.18)，因此，很多学者通常用 C_3S 的水化反应来近似地构造水泥水化反应模型。根据图2.18所示的放热曲线，可将常温下水泥的水化过程简要地概括为如下三个阶段，即：钙矾石形成阶段、C_3S 水化阶段、结构的形成与发展阶段。

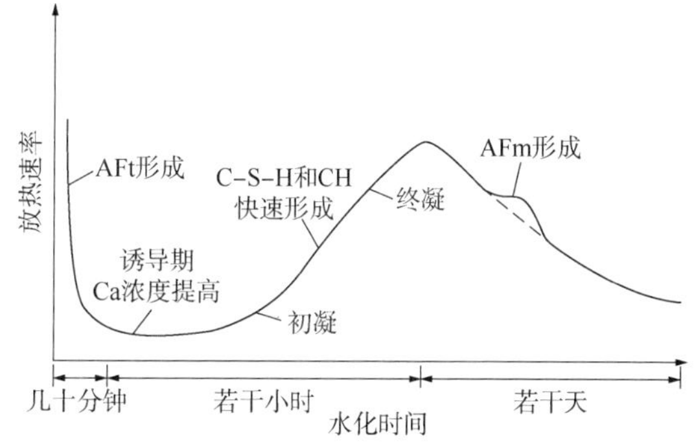

图2.18　水泥的水化放热曲线

(1) 钙矾石形成阶段。

熟料矿物遇水后立即溶解，水泥中的 C_3A 首先水化，并在石膏存在的条件下迅速形成三硫型水化硫铝酸钙($3CaO \cdot Al_2O_3 \cdot 3CaSO_4 \cdot 32H_2O$)(钙矾石)，又称 AFt 相，出现第一放热峰。由于 AFt 相的形成使 C_3A 水化速率减慢，导致诱导期开始。这一阶段内的主要化学反应及过程可以描述如下：

$$C_3A + CH + 12H = C_4AH_{13} \tag{2.27}$$

$$\begin{aligned} &4CaO \cdot Al_2O_3 \cdot 13H_2O + 3(CaSO_4 \cdot H_2O) + 14H_2O \\ &= 3CaO \cdot Al_2O_3 \cdot 3CaSO_4 \cdot 32H_2O + Ca(OH)_2 \end{aligned} \tag{2.28}$$

$$\text{或}\ C_4AH_{13} + 3C\bar{S}H_2 + 14H = AFt + CH \tag{2.29}$$

其中，式(2.27)表示水泥浆体中的熟料矿物 C_3A 最先与溶液中的 $Ca(OH)_2$ 反应得到铝酸钙水化产物。这种水化产物当处于水泥浆体的碱性介质中在室温下能稳定存在，其数量增长也很快，这是水泥浆体产生瞬时凝结的主要原因之一。式(2.28)实际地反映了水泥体系中的水化过程。因为在 $Ca(OH)_2$ 和有石膏同时存在的条件下，C_3A 虽然开始也很快水化成 C_4AH_{13}，但接着它会与石膏反应生成三硫型水化硫铝酸钙，常以 AFt 表示。

当浆体中的石膏被消耗完毕后，而水泥中还有未完全水化的 C_3A 时，C_3A 的水化产物 C_3AH_{13} 又能与上述反应生成的钙矾石继续反应生成单硫型硫铝酸钙，以 AFm 表示，即：

$$\begin{aligned} &3CaO \cdot Al_2O_3 \cdot 3CaSO_4 \cdot 32H_2O + 2(4CaO \cdot Al_2O_3 \cdot 13H_2O) \\ &= 3(3CaO \cdot Al_2O_3 \cdot CaSO_4 \cdot 12H_2O) + 2Ca(OH)_2 + 20H_2O \end{aligned} \tag{2.30}$$

$$\text{或}\ AFt + 2C_4AH_{13} = 13AFm + 2CH + 20H \tag{2.31}$$

当石膏掺量极少，在所有的钙矾石都转化成单硫型硫铝酸钙后，就有可能还有未水化的 C_3A 剩余。在这种情况下，则会依下式形成 $C_4A\bar{S}H_{12}$ 和 C_4AH_{13} 的固溶体：

$$\begin{aligned} &3CaO \cdot Al_2O_3 \cdot CaSO_4 \cdot 12H_2O + 3CaO \cdot Al_2O_3 + Ca(OH)_2 + 12H_2O \\ &= 2[3CaO \cdot Al_2O_3\ (CaSO_4,\ Ca(OH)_2) \cdot 12H_2O] \end{aligned} \tag{2.32}$$

$$\text{或}\ C_4A\bar{S}H_{12} + C_3A + CH + 12H = 2C_3A(C\bar{S},\ CH)H_{12} \tag{2.33}$$

上述反应 $CaSO_4 \cdot 2H_2O$ 与 C_3A 的比值不同，其水化产物也有差别，见表 2.7。

(2) C_3S 水化阶段。

由于 C_3S 开始迅速水化，形成 CSH 和 CH 相，放出热量，出现第二放热峰。第三放热峰是由于体系中石膏已消耗完毕，AFt 相向 AFm 相转化所引起的。在此过程中，C_4AF 及 C_2S 也不同程度地参与了反应。该阶段所发生的水化反应大致如下：

C_3S 和 C_2S 是 G 级油井水泥的主要熟料组分，通常占材料总量的 80%，常温条件下 C_3S 和 C_2S 的水化反应可大致用下列方程表述：

$$3CaO \cdot SiO_2 + nH_2O \longrightarrow xCaO \cdot SiO_2 \cdot yH_2O + (3-x)Ca(OH)_2 \tag{2.34}$$

$$\text{或}\ C_3S + H \longrightarrow CSH + CH \tag{2.35}$$

$$2CaO \cdot SiO_2 + mH_2O \longrightarrow xCaO \cdot SiO_2 \cdot yH_2O + (2-x)Ca(OH)_2 \tag{2.36}$$

$$\text{或}\ C_2S + H \longrightarrow CSH + CH \tag{2.37}$$

硅酸钙的水化产物的化学组成成分是不固定的，而是根据水相中钙的浓度、温度、使用的添加剂、养护程度及 C：S 和 H：S 比值发生变化，而且形态不固定，通常称之为“CSH 凝胶”。CSH 凝胶在一定条件下大约 70% 为充分水化的水泥，是硬化水泥的主要胶结材料。相反，氢氧化钙结晶度很高，并形成六角片状晶体，在硬化水泥中通常占 15%~20%。

C_4AF 的水化反应与 C_3A 相似，在没有石膏存在时的水化反应可表达如下：

$$4CaO \cdot Al_2O_3 \cdot Fe_2O_3 + 4Ca(OH)_2 + 22H_2O \longrightarrow 2[4CaO(Al_2O_3 \cdot Fe_2O_3) \cdot 13H_2O] \tag{2.38}$$

$$\text{或 } C_4AF + 4CH + 22H \longrightarrow 2C_4(A, F)H_{13} \tag{2.39}$$

当有石膏存在时，其水化反应如下：

$$4CaO \cdot Al_2O_3 \cdot Fe_2O_3 + 2Ca(OH)_2 + 6(CaSO_4 \cdot 2H_2O) + 50H_2O \longrightarrow 2[3CaO(Al_2O_3 \cdot Fe_2O_3) \cdot 3CaSO_4 \cdot 32H_2O] \tag{2.40}$$

$$\text{或 } C_4AF + 2CH + 6C\bar{S}H_2 + 50H \longrightarrow 2C_3(A, F) \cdot 3C\bar{S} \cdot H_{32} \tag{2.41}$$

当石膏消耗完毕而尚有 C_4AF 未水化时，$C_3(A, F) \cdot 3C\bar{S}H_{32}$ 也可以转化为 $C_3(A, F) \cdot 3C\bar{S}H_{12}$。

如上所述，上述反应的水化产物与 C_3A 的水化产物相比，其主要差别部分 Al_2O_3 为 Fe_2O_3 所代替，而其规律是大体相同的。

(3) 结构形成和发展阶段。

结构形成和发展阶段放热速率很低并趋于稳定。此阶段中，随着各种水化产物的生成并相互交织堆积，浆体硬化结构形成，孔隙率下降。水泥浆中各类水化物的形成和发展过程如图 2.19 所示。

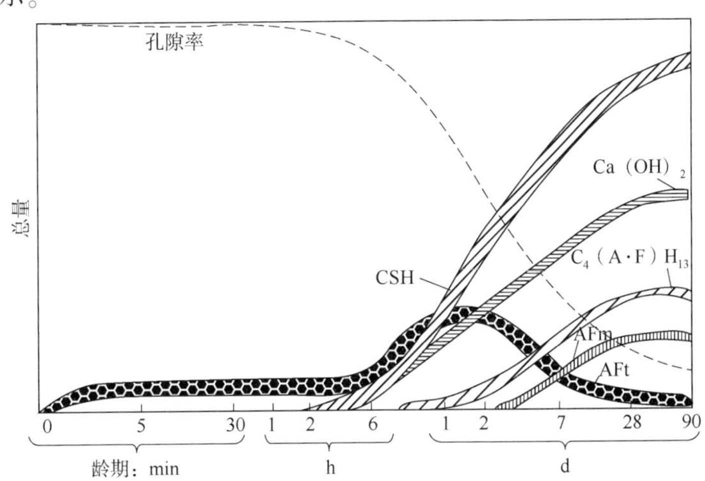

图 2.19　常温下水泥水化产物的形成和浆体结构发展示意图

2.3.2 水泥的水化反应动力学及水化速率

上述水泥各水化阶段及过程中所体现的特点和规律表明，水泥的水化反应实际上是一些物理过程及化学过程的综合过程，在该过程中同时并存：化学反应、扩散传质、析晶等相互影响的复杂过程。因此，水泥水化反应的速率应由构成它的各过程的速率组成。对于不仅包括化学反应、物质扩散，还包括析晶、熔融、升华等许多物理化学过程组成的综合反应过程，反应总速率可以描述为：

$$V = \frac{1}{\frac{1}{V_{1\max}} + \frac{1}{V_{2\max}} + \frac{1}{V_{3\max}} + \cdots + \frac{1}{V_{n\max}}} \tag{2.42}$$

式中：$V_{1\max}$，$V_{2\max}$，$V_{3\max}$，$\cdots V_{n\max}$分别表示综合反应的各过程的最大可能速率。

可见，当综合反应各过程中某一过程的速率较其他过程的速率慢得多时，此过程便是总体反应的主要阻力。若其他过程反应阻力相对较小并可以忽略，则总体反应过程将完全受控于阻力最大的一个过程。也就是说整个过程的反应速率将由反应中速率最慢的一个过程控制。

综合分析水泥水化过程的特性，可以将水泥的水化过程概括为主要由如下三个过程组成：(1)水泥固相颗粒表面的溶解或称其为颗粒与液相间的化学反应；(2)通过最初水化产物层的扩散反应；(3)成核与晶体生长反应。为进一步明确水泥水化反应过程的化学动力学基本关系，确定水泥体系水化反应的动力学速率常数，特对上述几个具有代表意义的反应过程做简要地探讨和分析。

2.3.2.1 化学反应速率控制的反应动力学

由化学反应速率控制的水泥水化反应动力学基本原理与固相反应的动力学是相同的。因此可以借鉴与固相反应相同的分析方法来近似描述水泥水化化学反应动力学特征。

对于均匀相二元系统，化学反应速率的一般表达式为：

$$V = \frac{dC_C}{dt} = kC_A^m C_B^m \tag{2.43}$$

式中：C_C为产物浓度；C_A、C_B为反应物浓度；k 为化学反应速率常数。

由于水泥的水化过程与固相反应十分相近，是依靠反应物之间在界面上相互接触进行的，因此水化反应中的化学反应速率必须考虑反应物之间的接触面积 F 的大小。若以转化率 G 代表上式中的浓度，则反应速率可构造为：

$$\frac{dG}{dt} = kF\ (1 - G)^n \tag{2.44}$$

式中：n 为反应级数。

转化率一般指参与反应的一种反应物，在反应过程中被反应掉的体积分数，对于水泥的水化反应来说即水化程度 α。

水泥的水化程度是指某一时刻水泥发生水化作用的量的比值，以百分率表示。针对水泥的水化特点，当水泥颗粒遇水后会在颗粒表面立即发生溶解并产生水化作用。若假设水泥粒子为球形，直径为 d_m，水化深度为 h，水泥粒子的体积为 $\pi d_m{}^3/6$，水泥粒子的水化模型可以用图 2.20 表示。则水化部分的体积为 $\frac{1}{6}\pi d_m^3 - \frac{1}{6}\pi\ (d_m - 2h)^3$，所以水化程度 α 可以表示为：

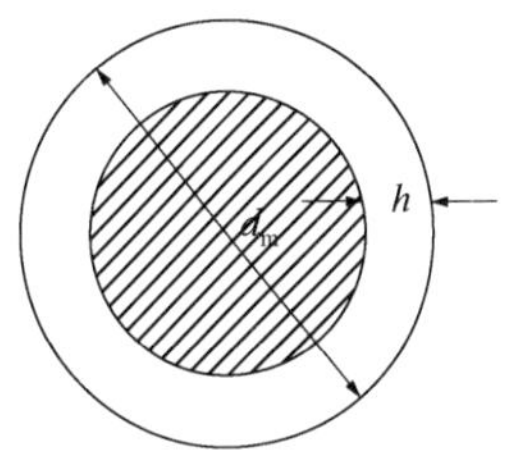

图 2.20　水泥粒子水化模型

$$\alpha = \frac{水化部分的量}{完全水化的量} = \frac{\frac{1}{6}\pi d_m^3 - \frac{1}{6}\pi\ (d_m - 2h)^3}{\frac{1}{6}\pi d_m^3} = 1 - (1 - 2h/d_m)^3 \tag{2.45}$$

$$h = \frac{d_m\left(1 - \sqrt[3]{1 - \alpha}\right)}{2} \tag{2.46}$$

式(2.46)建立了水泥水化程度与水泥粒子的平均水化深度的数学关系，若当反应速率决定于固、液相的反应时，水化深度(h)与时间的关系为：

$$\left.\begin{aligned} \frac{\mathrm{d}h}{\mathrm{d}t} &= k \\ h &= kt \end{aligned}\right\} \tag{2.47}$$

因此，可获得由化学反应控制的动力学方程：

$$\left.\begin{aligned} G_1(\alpha) &= 1 - (1 - \alpha)^{1/3} = R^{-1}k_1 t \\ F_1(\alpha) &= \frac{\mathrm{d}\alpha}{\mathrm{d}t} = 3k_1 R^{-1}\ (1 - \alpha)^{2/3} \end{aligned}\right\} \tag{2.48}$$

式中：R 为球形水泥颗粒的初始半径($R = d_m/2$)。

2.3.2.2　扩散速率控制的反应动力学

在水泥的水化过程中，当最初产物层在水泥颗粒表面形成后，满足水泥能够进一步水化的充要条件是液相能够与未水化颗粒表面保持接触。由此，可能通过两个途径来实现，其一是液相必须能通过产物层进行渗透并与未反应的固相水泥颗粒接触(相应于水化诱导期)；其二是由于产物晶核生长、晶体长大等造成的结晶压力及由于产物层内外溶液浓度、渗透压等作用下产物层破裂，造成液相与水泥颗粒的无阻力接触(相应于诱导期结束，加速期开始)。通过产物层渗透实现的水化反应即为由扩散速率控制的过程。

众多学者对由扩散速率控制的反应动力学问题进行了大量研究，但由于采用的反应物模型不同，所建立的动力学方程表述形式也不尽相同。由于水泥由熟料矿物颗粒组成，因此可借鉴以球形为反应物模型的动力学方程。

在由扩散速率控制的反应过程中，随着反应时间的增长，反应产物层厚度增厚，增加了扩散阻力，使扩散速率有所减慢，因此，反应速率会相应地随产物层的加厚而降低。若

仍以 h 表示水泥颗粒的水化深度(即产物层厚度)，考虑存在：$t=0$，$h=0$ 初始条件，则其水化速率为：

$$\left.\begin{aligned}\frac{\mathrm{d}h}{\mathrm{d}t}&=\frac{k}{h}\\h^2&=2kt\end{aligned}\right\}\tag{2.49}$$

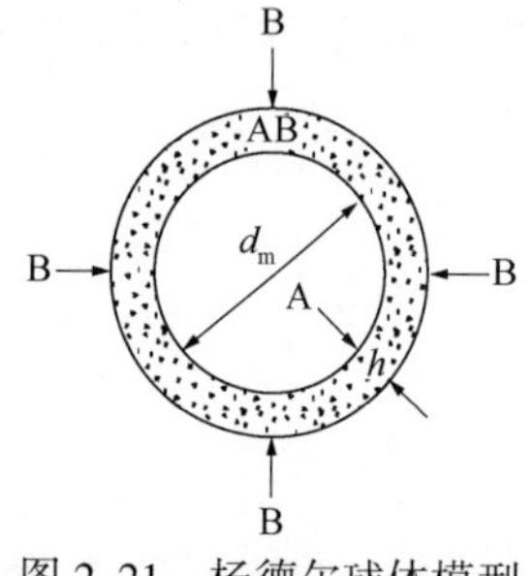

图 2.21　杨德尔球体模型

实际上在反应过程中，反应物间的接触面积是不断变化的，而且采用实验的方法测定颗粒上产物层的厚度一般来说是比较困难的。为此，杨德尔(Jander)提出了球体反应模型(图 2.21)。并假设：反应物为直径 d_m 的等径球体，一种反应物(B)总是包围另一种反应物(A)的颗粒，且反应物 A、B 与产物完全接触；反应自球面向球心进行，反应面积不变。在此假设条件下，可以将式(2.46)代入式(2.49)中，获得杨德尔假设条件下的动力学方程：

$$\left.\begin{aligned}G_D(\alpha)&=\left(1-\sqrt[3]{1-\alpha}\right)^2=k_D R^{-2}t\\F_D(\alpha)&=\frac{\mathrm{d}\alpha}{\mathrm{d}t}=\frac{3}{2}k_D R^{-2}(1-\alpha)^{2/3}/\left(1-\sqrt[3]{1-\alpha}\right)\end{aligned}\right\}\tag{2.50}$$

对于水泥水化反应，产物层外侧溶液浓度高于产物层内侧，因此可以认为反应的继续进行是由于液相通过产物层向未水化颗粒表面不断扩散的结果造成的。若进一步假设产物内外层的浓度差为 ΔC，液相通过产物层的扩散系数为 D。则根据扩散理论，反应速率与扩散系数及浓度差成正比，此时式(2.49)及式(2.50)可具体地描述为：

$$h^2=2k_D D\Delta C t\tag{2.51}$$

$$\left(1-\sqrt[3]{1-\alpha}\right)^2=\frac{8k_D D\Delta C}{d_m^2}t\tag{2.52}$$

杨德尔动力学模型是在假设反应面积不变的条件下得出的。由于实际反应过程中，随着反应的不断进行，产物层的面积也是不断变化的。因此这种假设在反应初期时所产生的偏差较小，但随着反应进行时间的增长，反应产物层加厚，该模型会带来一定程度的偏差。为此金斯特林格(Гинстлинг)以杨德尔动力学模型为基础，进一步考虑产物层面积变化对反应速率的影响，建立了如下的动力学方程：

$$\left.\begin{aligned}G_{DG}(\alpha)&=1-\frac{2}{3}\alpha-(1-\alpha)^{2/3}=k_{DG}R^{-2}t\\F_{DG}(\alpha)&=\frac{\mathrm{d}\alpha}{\mathrm{d}t}=\frac{3}{2}k_{DG}R^{-2}(1-\alpha)^{1/3}/\left[1-(1-\alpha)^{1/3}\right]\end{aligned}\right\}\tag{2.53}$$

式中：k_{DG} 为金斯特林格常数。

式(2.50)及式(2.53)都可用于描述由扩散速率控制的水泥水化过程的动力学行为。综合分析式(2.48)及式(2.50)的表现形式，可以将水泥水化动力学方程表述为指数形式：

$$\left(1-\sqrt[3]{1-\alpha}\right)^{N}=kt \tag{2.54}$$

当用实验方法确定了水化程度 α 以后，可以算出 $\left(1-\sqrt[3]{1-\alpha}\right)$，并将 $\left(1-\sqrt[3]{1-\alpha}\right)$ 的对数作纵坐标，将龄期 $t(h)$ 的对数作横坐标，便可以得到水化程度—时间曲线，曲线的斜率就是 $1/N$。

近藤连一利用 X 射线定量分析的方法对硅酸盐矿物的水化动力学进行了研究(图 2.22)。结果表明，水化过程中的不同阶段，决定其反应的因素是不同的，体现在图 2.22 中即不同的阶段曲线的斜率不同。

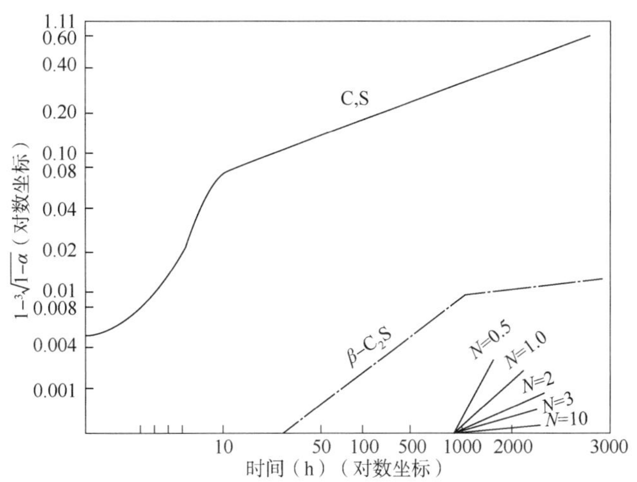

图 2.22　硅酸盐矿物的水化动力学

如果水泥颗粒的平均直径 d_m 一定，当反应速率决定于固、液相的反应时，则此时 $N=1$，水化反应速率可描述为：

$$\left(1-\sqrt[3]{1-\alpha}\right)=K't \tag{2.55}$$

式(2.55)与式(2.48)具有相同的表述形式。

如果水化反应受水分子扩散速率所控制，此时 $N=2$，同样可以给出与式(2.50)相同的水化反应动力学方程：

$$\left(1-\sqrt[3]{1-\alpha}\right)^{2}=kt \tag{2.56}$$

2.3.2.3　析晶过程动力学

随着水泥水化时间的增长，形成水化产物的量将不断增加。在适当的水化条件下，由于液相中的质点动能降低，质点排列的混乱程度相应降低，为形成稳定的晶核及凝胶核奠定了基础。在一定的条件下这些晶核的数量不但会增加，而且会长大形成稳定的晶体及凝胶。如钙矾石及单硫水化硫铝酸钙晶体、氢氧化钙晶体、CSH 凝胶及有关水化硅酸钙结晶或半结晶相的形成与生长等，即是上述析晶过程在水泥水化过程中的具体表现形式。

析晶过程是由晶核形成和晶体长大两个过程共同构成的，因此，析晶速率也由晶核形成速率和晶体生长速率共同决定。

晶核形成速率又称成核速率，表示单位时间内单位体积的液相中生成的晶核数目，常用符号 I_V[晶核个数/(秒·厘米^3)]表示。

一般来说，晶核的形成需要适当的过冷度。但并不是冷却程度愈大，即温度愈低愈有利于成核过程的进行。这是因为：一方面过冷度增大，温度降低，液相中质点的动能降低，质点之间的吸引力相对增大，因而容易聚结在一起形成稳定晶核。因此晶核的临界半径 r_K 和成核能垒 ΔG_K 均会减小。另一方面，随着过冷度的增大，液相的黏度增加，质点移动的阻力增加，因此，质点从液相中迁移到核胚表面的概率降低，不利于形成稳定的晶核。为此，综合上述两方面原因，成核速率可用下式表示：

$$I_V = P \cdot D \tag{2.57}$$

式中：P 为受成核能垒影响的成核率因子，与 $\exp(-\Delta G_K/RT)$ 成正比；D 为受质点扩散影响的成核率因子，与 $\exp(-\Delta G_m/RT)$ 成正比，ΔG_m 为质点跃迁新旧相界面的迁移活化能。

由此，以 B 作比例常数，则式(2.57)可进一步表述为：

$$I_V = B \cdot \exp\left(-\frac{\Delta G_K}{RT}\right) \cdot \exp\left(-\frac{\Delta G_m}{RT}\right) \tag{2.58}$$

可见，式(2.57)、式(2.58)充分地反映了温度对成核作用的影响本质。图 2.23 具体地给出了式(2.56)中 P、D 两项因子对成核速率的影响规律。当温度降低时，质点的扩散速度减小，ΔG_m 增大，因而使得 D 因子值随温度的降低而减小，致使成核速率降低；而由于成核位垒 ΔG_K 与过冷度 ΔT 成反比（$\Delta G_K = \frac{16}{3}\frac{\pi n\sigma^3 T_e^2}{\Delta H^2 \Delta T^2}$），因此当温度降低时，过冷度增大，成核能垒 ΔG_K 下降，成核速率增大，因而因子 P 值随温度的降低而增加。综合该两项因子对成核速率所造成的影响，可以看出，成核速率与温度的关系应该是图 2.23 中曲线 P–T 与曲线 D–T 的综合结果。可见，在低温阶段，D 因子将抑制晶核形成速率的增长。而在高温阶段，对晶核形成速率的增长起抑制作用的因子又将为 P。因此在较高温度或较低温度下，晶核形成速率 I_V 都不会出现极大值。而只有在一定的温度条件下，P 与 D 因子的综合结果才会使 I_V 出现极大值。

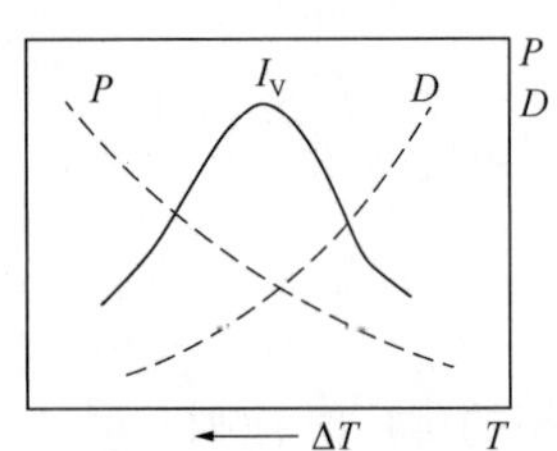

图 2.23　成核速度与温度的关系

在形成稳定晶核之后，就会出现液—固两相界面。此时液相中的质点不断迁移到固相界面，并按照晶体的晶格结构排列到晶核上，使晶体得以长大，这就是晶体的生长过程。晶体的生长速率受温度（过冷度）和液体的浓度（过饱和度）等条件控制。它包括质点扩散到晶核表面和质点由液相转变成晶相两个过程。因此，晶体的生长速率可以由液相质点扩散到晶核表面的速率和质点由液相转变成固相的速率共同确定。

在实际析晶相变过程中，当质点由液相迁移到固相中的同时，也会有质点从固相中迁移到液相中，因此，晶体的生长速率应取决于该正反两方向过程的差值。可描述如下：

$$u' = u'_{L\to S} - u'_{S\to L} = n\nu_0 \exp\left(\frac{-q}{RT}\right)\left[1 - \exp\left(\frac{-\Delta G}{RT}\right)\right] \tag{2.59}$$

式中：u' 为质点从液相到固相迁移的实际速率；$u'_{L\to S}$ 为质点由液相向固相扩散的速率，$u'_{L\to S} = n\nu_0\exp(-q/RT)$；$u'_{S\to L}$ 为质点从固相向液相迁移的速率，$u'_{S\to L} = n\nu_0\exp[-(\Delta G + q)/RT]$；$n$ 为界面的质点数；ν_0 为每个质点每秒向固相跃迁的次数；ΔG 为液相与固相吉布斯自由能之差，即析晶过程吉布斯自由能的变化值；q 为液相质点通过相界面迁移到固相所需的扩散活化能；$\Delta G+q$ 为质点从固相迁移到液相所需的活化能，如图 2. 24 所示。

晶体生长速率是以单位时间内晶体长大的线性长度来表示的。称为晶体线性速率：

$$u = u'\lambda = \lambda n\nu_0 \exp\left(\frac{-q}{RT}\right)\left[1 - \exp\left(-\frac{\Delta G}{RT}\right)\right] \tag{2.60}$$

式中：λ 为界面厚度，约为分子直径大小。

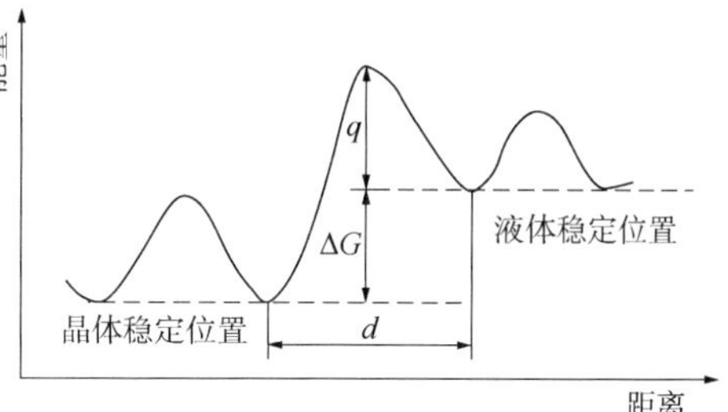

图 2. 24　液—固界面能示意图

由于 $\Delta G=\Delta H\Delta T/T_e$，$T_e$为晶体熔点温度。$\nu_0\exp(-q/RT)$ 为液—晶相界面迁移的频率因子，可用 ν 表示。$B=n\lambda$，因此上式可表示为：

$$u = B\nu\left[1 - \exp\left(-\frac{\Delta H\Delta T}{RTT_e}\right)\right] \tag{2.61}$$

综合上述分析，无论是晶核形成过程还是晶体生长过程都包含着两个方面的吉布斯自由能的变化。对于成核过程来说，一方面部分质点(原子、离子或分子)从高的吉布斯自由能状态(如液相)转变为低的吉布斯自由能状态(如晶相)，形成新相使系统吉布斯自由能减小(ΔG_1)；与此同时，生成的新相与旧相之间形成新的界面，由于界面增加又会使系统的吉布斯自由能增加(ΔG_2)。而对于晶体生长过程来说，从液相向固相的迁移能使系统吉布斯自由能降低，而从固相向液相的迁移则会增加系统的吉布斯自由能。因此，对于晶体成核和生长整个过程来说，系统吉布斯自由能的总变化(ΔG)应为上述两种吉布斯自由能变化的代数和：

$$\Delta G = \sum_{i=1}^{n} \Delta G_i \tag{2.62}$$

对于溶液中的析晶相变过程，吉布斯自由能可以用溶液的浓度替代理想气体蒸气压力给出：

$$\Delta G = RT\ln\frac{C_e}{C} \tag{2.63}$$

式中：C_e为饱和溶液浓度；C 为过饱和溶液浓度。

可见，要使结晶变化自发进行，必须使 $\Delta G<0$，即 $C>C_e$。说明溶液要有过饱和浓度。所以溶液的过饱和浓度与饱和溶液浓度之差就是析晶相变过程的推动力。

根据上述晶体成核与生长过程的分析可见，对于水泥水化过程来说，溶液中参与成核和晶体生长所必须的离子等物质的浓度等，必将通过影响系统的吉布斯自由能而对产物的结晶与长大产生较密切的关系。在水泥水化过程中，溶液浓度与水化程度是直接相关的。因此，当采用以水化程度与水化时间之间的函数关系来描述水化产物的成核与生长过程时，可借助 Kondo & Ueda 及 Tenoutasse & De Donder 等人有关水泥水化过程中的成核与产物生长反应的反应动力学研究结果，获得如下的近似动力学方程：

$$\left.\begin{aligned} G_{\mathrm{N}}(\alpha) &= \left[-\ln(1-\alpha)\right]^{1/n} = k_{\mathrm{N}}t \\ F_{\mathrm{N}}(\alpha) &= \frac{\mathrm{d}\alpha}{\mathrm{d}t} = k_{\mathrm{N}}n(1-\alpha)\left[-\ln(1-\alpha)\right]^{\frac{n-1}{n}} \end{aligned}\right\} \tag{2.64}$$

2.3.2.4 水泥的水化速率

水泥作为一种由多组分熟料矿物组成的混合物体系，由于各组分遇水后都能够依据各自的反应活性按照特定的反应动力学行为发生不同程度的水化作用。因此水泥体系的水化是一个同时包含多相组分共同作用，并涉及界面化学反应、扩散控制反应及产物成核与生长反应等动力学原理的多过程的复杂变化。其复杂性具体地体现在如下几个方面：

(1) 水泥水化过程的外在特征是由多种不同熟料矿物组分共同水化的结果造成的一种综合反映，而这些矿物组分在同时水化过程中相互间存在着较为复杂的相互影响和作用，因而使得水泥体系中的各矿物成分的水化速率及有关产物与其本身纯矿物水化时有所差别。因此，很难以一种单矿物的水化过程及特征来准确描述水泥的水化全过程。

(2) 控制水泥水化过程的动力学内在本质不是一成不变的，而是在水化过程中随着水化时间的推移，水泥颗粒的水化程度及其所遵循的化学动力学控制作用将不断地发生转变。因而不可能用单一的动力学模型对全部水化过程中的动力学行为进行描述和分析，而必须依据特定的水化阶段所体现的特征采用相应的动力学模型来表征。然而上述三种基本动力学原理中具体哪一种或哪几种方式能够较准确地用于分析和评价水泥水化过程中所体现的哪个特定阶段或特定时刻的反应特性，仍是一个值得深入探讨的问题。

(3) 由于水泥的多矿物组分及其遇水后以不同水化速率进行同时水化的特殊性，对于不同种类矿物的颗粒及不同尺寸的颗粒可能在同一水化时刻所体现的化学动力学特征具有明显的差别，如：对于同尺寸的 C_3S、C_2S 颗粒，可能在某一时刻 C_3S 颗粒进入扩散反应控制阶段而 C_2S 颗粒则正处于成核或界面反应控制过程。诸如上述由于过程差别，乃至同过程所遵循的动力学作用的差别，必将为精确把握水泥体系动力学模型的选择与应用、以及精确建立水泥体系水化过程外在特征与内在动力学本质之间的联系带来极大的困难。

上述种种原因表明，基于水泥本身多组分同时进行复杂水化及其所体现的动力学特征的复杂性，决定了水泥水化过程的反应动力学研究是非常困难的，这也是为什么到目前为止并没有建立一套能够直接应用于描述水泥水化完整过程的动力学模型的根本原因所在。为此，需要综合考虑水泥水化过程特性，以及多组分熟料矿物间相互影响与作用特点及规律，以界面化学反应、扩散控制反应及产物成核与生长反应等基本动力学方式作为水化速率及过程的控制条件，探索水化过程中所遵循的动力学控制机制，建立与水泥水化进程相匹配的反应动力学模型，深入揭示水泥水化反应动力学本质。

众所周知，水泥遇水后能即刻发生水化作用并释放出大量的热，最初的放热反应大致仅持续 1min 左右的时间，主要由矿物在溶液中的溶解造成，属界面化学反应，由于其反应进行较快，因此，对该阶段反应将不做特殊分析，而将分析重点聚焦于水化诱导期、加速期、减速期所遵循的动力学问题，这几个过程对浆体性能及水泥石结构和性能有重要影响。

国内外众多学者曾分别就水泥中的单矿物的水化规律及其相应的动力学原理进行过较

为详细的研究。普遍认为，C_3S 作为水泥的重要熟料矿物之一，最能够全面地反映水泥水化动力学特性。因此有关 C_3S 早期水化的研究成果非常丰富，但无论是研究着眼点、研究方法还是所获得的结论及提出的观点都各有侧重、各有特点和差别。如 Kondo & Ueda 提出可以用几个连续的动力学方式变换所得到的分立方程来描述水化的过程。而 Tenoutasse & De Donder 则指出，对于加速期和减速期的反应速率数据，能够很容易地与表面成核及与产物生长过程的单一表达式进行关联。他们利用检测水化程度得出了相应的结论，并试图只用成核与生长动力学方程一种形式来描述和研究水泥水化的全过程，但所获得的实验数据仅在水化初期水化程度较低时才能较好地与理论相吻合。A. Bezjak 等人以上述研究成果为基础，采用连续交替变换的动力学控制条件描述了多粒级体系水化过程的变化，给出了水化反应速率常数的确定方法，为进一步研究水泥体系的水化奠定了良好的基础。

当以水泥单颗粒水化程度为测试依据来建立水化过程的速率表达式时，应考虑上述所分析的三种动力学模型，即：成核与产物生长[式(2.64)]、界面化学反应[式(2.48)]、扩散反应[式(2.50)、式(2.53)]，可将其归纳并重新表述如下：

$$G_N(\alpha) = \left[-\ln(1-\alpha)\right]^{1/n} = k_N t \tag{2.65}$$

$$F_N(\alpha) = \frac{d\alpha}{dt} = k_N n(1-\alpha)\left[-\ln(1-\alpha)\right]^{\frac{n-1}{n}} \tag{2.66}$$

$$G_I(\alpha) = 1-(1-\alpha)^{1/3} = R^{-1}k_I t \tag{2.67}$$

$$F_I(\alpha) = \frac{d\alpha}{dt} = 3k_I R^{-1}(1-\alpha)^{2/3} \tag{2.68}$$

$$G_D(\alpha) = \left(1-\sqrt[3]{1-\alpha}\right)^2 = k_D R^{-2} t \tag{2.69}$$

$$F_D(\alpha) = \frac{d\alpha}{dt} = \frac{3}{2}k_D R^{-2}(1-\alpha)^{2/3}\left(1-\sqrt[3]{1-\alpha}\right)^{-1} \tag{2.70}$$

$$G_{DG}(\alpha) = 1-\frac{2}{3}\alpha-(1-\alpha)^{2/3} = k_{DG}R^{-2}t \tag{2.71}$$

$$F_{DG}(\alpha) = \frac{d\alpha}{dt} = \frac{3}{2}k_{DG}R^{-2}(1-\alpha)^{1/3}\left[1-(1-\alpha)^{1/3}\right]^{-1} \tag{2.72}$$

应该说明的是，上述三个过程的基本动力学方程将分别适用于水泥中各组分矿物的水化反应。图 2.25 给出了相同颗粒直径条件下 C_2S 与 C_3S 的水化速率的对比曲线示意图，该图是以两种矿物单独水化时的各过程反应速率常数为依据对应于水化程度计算后按大致数量对比关系绘出的。图中，曲线 1、2、3 对应于 C_2S 水化过程而曲线 4、5、6 则对应于 C_3S 的水化情况，曲线 1 和曲线 4 是按式(2.66)计算的，曲线 2 和曲线 5 是按式(2.68)计算的，曲线 3 和曲线 6 是按式(2.70)计算的。对比可见，不同的水化程度下所体现的化学动力学机理是不同的，而控制水化进程的动力学方式按水化程度出现阶段性交替变化。同时，由于两种矿物的水化活性(即反应速率常数)的差别，导致共同水化时刻时发生在不同种类矿物颗粒上的水化动力学机理也是有差别的。

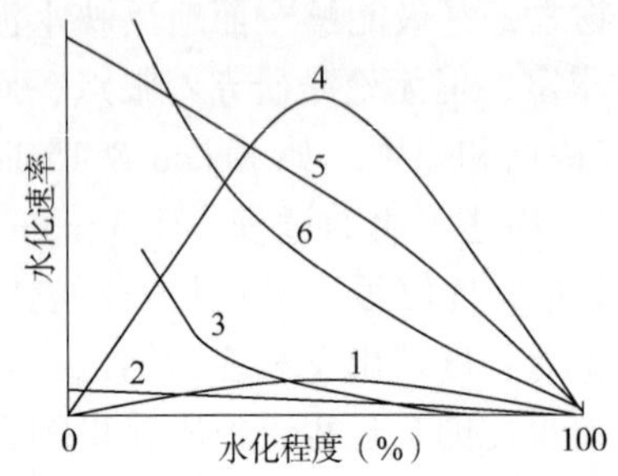

图 2.25 C_2S 与 C_3S 的水化速率对比示意图

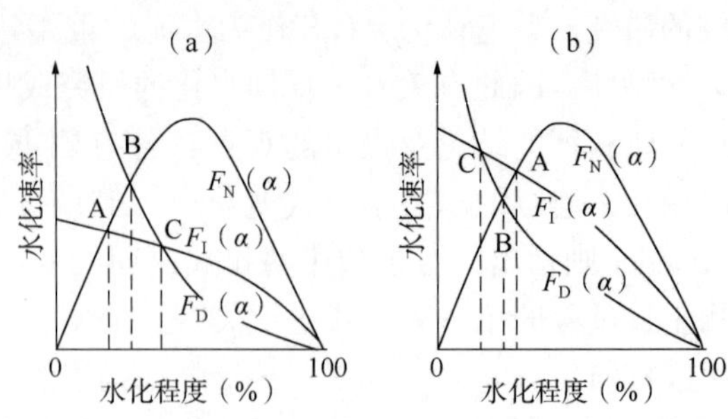

图 2.26 颗粒水化程度、水化速率及动力学过程

对于水泥中的单个颗粒，在水化过程中其所遵循的动力学机理大体上可以由图 2.26 所示的两种交替变换形式构成。图 2.26 中，A 点为成核与生长反应速率线 $F_N(\alpha)$ 与界面反应速率线 $F_I(\alpha)$ 的交点，所对应的颗粒水化程度为 α_A；B 点为成核与生长反应速率线 $F_N(\alpha)$ 与扩散反应速率线 $F_D(\alpha)$ 的交点，所对应的水化程度为 α_B；C 点为界面反应速率线 $F_I(\alpha)$ 与扩散反应速率线 $F_D(\alpha)$ 的交点，所对应的水化程度为 α_C。可见，按照最低速率控制反应过程的基本原理，水泥颗粒在水化过程中可能遵循的动力学机理可作如下的分析：(1) 当 $\alpha_A<\alpha_B$ 时，控制水化过程的动力学行为将为由最初的成核与生长作用转变为界面反应控制，然后又由界面反应控制转变为由扩散反应控制，即沿着图 2.26(a) 中由 0 →A →C →1 的路线不断发生动力学控制方式的交替转变；(2) 当 $\alpha_A>\alpha_B$ 时，控制水化过程的动力学方式将为由最初的成核与生长反应控制转变为后续的由扩散反应方式控制，即沿着图 2.26(b) 中的 0 →B →1 的方式交替变换，该种情况下，控制水化的动力学方式仅涉及到成核作用及扩散作用两种。上述各种动力学方式的交替转变点即为各线的交点，由此，存在下述动力学转换条件：

$$F_N(\alpha_A) = F_I(\alpha_A) \tag{2.73}$$

$$F_I(\alpha_C) = F_D(\alpha_C) \tag{2.74}$$

$$F_N(\alpha_B) = F_D(\alpha_B) \tag{2.75}$$

可以假定对于任意给定的多粒级体系总有一个具有初始半径为 R_L 的颗粒在 α_A [即 $F_N(\alpha_A) = F_I(\alpha_A)$] 时发生由成核控制转变为界面反应控制；同样具有初始半径为 R_D 的颗粒在 α_B [即 $F_I(\alpha_B) = F_D(\alpha_B)$] 时发生由成核控制到扩散反应控制的转换；由此，按动力学控制方式转换条件式(2.73)、式(2.75)可获得：

$$k_N n(1-\alpha_A)\left[-\ln(1-\alpha_A)\right]^{\frac{n-1}{n}} = 3k_I R_L^{-1}(1-\alpha_A)^{2/3} \tag{2.76}$$

即：

$$\left.\begin{aligned} R_L f_A(\alpha_A) &= 3n^{-1}k_I k_N^{-1} \\ f_A(\alpha_A) &= (1-\alpha_A)^{1/3}\left[-\ln(1-\alpha_A)\right]^{\frac{n-1}{n}} \end{aligned}\right\} \tag{2.77}$$

$$k_N n(1-\alpha_B)\left[-\ln(1-\alpha_B)\right]^{\frac{n-1}{n}} = \frac{3}{2}k_D R_D^{-2}(1-\alpha_B)^{2/3}\left[1-(1-\alpha_B)^{1/3}\right]^{-1} \tag{2.78}$$

即：
$$\left.\begin{aligned}R_D^2 f_B(\alpha_B) &= \frac{3}{2}n^{-1}k_D k_N^{-1}\\ f_B(\alpha_B) &= (1-\alpha_B)^{1/3}\left[1-(1-\alpha_B)^{1/3}\right]\left[-\ln(1-\alpha_B)\right]^{\frac{n-1}{n}}\end{aligned}\right\}\tag{2.79}$$

而对于具有初始半径 R_L 或 R_D 的颗粒当在 α_C 时发生由界面反应向扩散反应转变时，可依据式(2.74)建立控制条件方程：

$$3k_I R_L^{-1}(1-\alpha_C)^{2/3} = \frac{3}{2}k_D R_L^{-2}(1-\alpha_C)^{2/3}\left[1-(1-\alpha_C)^{1/3}\right]^{-1}\tag{2.80}$$

即：
$$\left.\begin{aligned}R_L f_C(\alpha_C) &= \frac{1}{2}k_D k_I^{-1}\\ f_C(\alpha_C) &= 1-(1-\alpha_C)^{1/3}\end{aligned}\right\}\tag{2.81}$$

$$3k_I R_D^{-1}(1-\alpha_C)^{2/3} = \frac{3}{2}k_D R_D^{-2}(1-\alpha_C)^{2/3}\left[1-(1-\alpha_C)^{1/3}\right]^{-1}\tag{2.82}$$

即：
$$\left.\begin{aligned}R_D f_C(\alpha_C) &= \frac{1}{2}k_D k_I^{-1}\\ f_C(\alpha_C) &= 1-(1-\alpha_C)^{1/3}\end{aligned}\right\}\tag{2.83}$$

按照上述方法同样可以建立多粒级体系中具有初始半径 R_i 的颗粒的动力学转换条件方程。若假设其由成核与生长作用向界面反应控制转换点的水化程度为 α_{Ai}，而由成核向扩散控制的转换点的水化程度为 α_{Bi}，及在 α_{Ci} 处发生由界面反应向扩散控制转变，则按照上述方式可获得如下的控制转换条件方程：

$$\left.\begin{aligned}R_i f_A(\alpha_{Ai}) &= 3n^{-1}k_I k_N^{-1}\\ f_A(\alpha_{Ai}) &= (1-\alpha_{Ai})^{1/3}\left[-\ln(1-\alpha_{Ai})\right]^{\frac{n-1}{n}}\end{aligned}\right\}\tag{2.84}$$

$$\left.\begin{aligned}R_i^2 f_B(\alpha_{Bi}) &= \frac{3}{2}n^{-1}k_D k_N^{-1}\\ f_B(\alpha_{Bi}) &= (1-\alpha_{Bi})^{1/3}\left[1-(1-\alpha_{Bi})^{1/3}\right]\left[-\ln(1-\alpha_{Bi})\right]^{\frac{n-1}{n}}\end{aligned}\right\}\tag{2.85}$$

$$\left.\begin{aligned}R_i f_C(\alpha_{Ci}) &= \frac{1}{2}k_D k_I^{-1}\\ f_C(\alpha_{Ci}) &= 1-(1-\alpha_{ci})^{1/3}\end{aligned}\right\}\tag{2.86}$$

分别对比联立式(2.77)与式(2.84)、式(2.79)与式(2.85)、式(2.81)、式(2.83)与式(2.86)，可以获得如下方程：

$$f_A(\alpha_{Ai}) = R_L R_i^{-1} f_A(\alpha_A)\tag{2.87}$$

$$f_B(\alpha_{Bi}) = R_D^2 R_i^{-1} f_B(\alpha_B)\tag{2.88}$$

$$f_C(\alpha_{Ci}) = R_D^2 R_L^{-1} R_i^{-1} f_C(\alpha_C)\tag{2.89}$$

可见，对于多粒级体系，当能够确定特定尺寸原始颗粒半径的粒子水化过程中连续交替变换的动力学方式转变点所对应的各临界水化程度时，可确切地建立起计算任意初始半

径 R_i的颗粒水化过程中发生动力学转换的相应水化程度 α_{Ai}、α_{Bi}及 α_{Ci}。

发生动力学控制转变的颗粒临界水化程度 α 及各动力学方式的速率常数可以按如下两种方法来确定：(1)以各组分单独水化实验研究为基础确定动力学速率常数及动力学转换临界水化程度；(2)以实际水泥体系水化过程实验研究为基础确定各熟料矿物的水化速率常数及临界水化程度。

方法(1)以单矿物水化为基础，忽略了水泥水化过程中某些矿物及氧化物间的相互影响和作用，因此，是一种近似方法，但若在实验中适当考虑有关的相互影响情况时，所获得的结果仍能够较好地用于描述水泥体系的水化过程及特点。这一方法的可行性可以运用有关单一熟料矿物组分的水化过程加以分析：(1)对于 C_3S 的各临界转换水化程度 α_A、α_B、α_C可按 C_3S 纯矿物单独水化时所测得的颗粒尺寸及水化速率常数按照式(2.76)、式(2.77)、式(2.78)或式(2.79)来确定。这种考虑方法虽然对于水化过程中存在相互影响与作用的水泥混合物体系来说只能是一种近似方法，但仍会具有较好的可信度。如 C_2S 与 C_3S 共存时，C_2S 并不会对 C_3S 的水化速率及水化过程特性造成明显的影响，而当溶液中共存 C_3A、C_4AF 时，虽能够对 C_3S、C_2S 的水化产生加速作用，但由于在水泥体系中一般 C_3A、C_4AF 的含量都很低，且其产生的影响作用大多集中在最初开始的很短的阶段内，因此其影响程度也并不会十分明显。(2)对于 C_2S 的各临界转换水化程度，由于在有 C_3S 存在时，C_3S 对 C_2S 的水化速率所产生影响会随 C_3S 的含量增加而增大，对于水泥体系中 C_2S 与 C_3S 的含量配比关系来说，C_3S 对 C_2S 的水化速率能产生较明显的影响。因此，在进行水化速率测定时应充分考虑 C_3S 对 C_2S 水化影响，即最佳方法为在明确 C_3S 各种速率常数的条件下，采用与水泥体系中 C_2S 与 C_3S 含量比例关系大致相近的配比进行 C_2S 与 C_3S 混合溶液水化测定，确定出 C_2S 的各种动力学速率常数。(3)由于 C_2S 与 C_3S 对 C_3A 及 C_4AF 的水化作用影响并不十分明显，因此，可以只考虑有石膏、石灰存在的条件下来测定 C_3A、C_4AF 水化速率常数即能够基本满足水泥体系水化分析时的基本要求。上述确定过程可能是比较繁杂的，但对能够较精确分析和计算水泥混合物体系的水化特点及动力学特征是非常必要的。

下面，以某一种熟料矿物单独水化时各水化反应过程的速率常数为例，给出上述分析的具体实施过程和方法。根据式(2.65)、式(2.67)、式(2.69)或式(2.71)所描述的动力学方程，可以获得图 2.27 所示的水化程度与各种动力学控制方式水化时间的关系曲线。由于实际水化过程是受不同的交替变换的动力学方式控制的，因此，实际水化过程中的水化程度与时间的曲线应如图 2.28 或图 2.29 所示。图 2.28 与图 2.29 分别对应于图 2.26 中的两种动力学变换过程，即图 2.28 的动力学过程为：由最初的成核与产物生长作用转变为界面反应再转变为扩散反应控制；而图 2.29 则仅由成核与产物生长作用与扩散反应控制两种方式构成。

根据动力学原理，图 2.28 及图 2.29 所体现的水化程度发展曲线应对应于图 2.26 及式(2.73)、式(2.74)、式(2.75)所给出的转换条件。对于图 2.28 来说，水化的实际过程为：水化刚开始的阶段，水化行为由成核与产物生长控制，其水化程度与时间的关系遵从式(2.65)；当水化程度达到成核与界面反应控制临界转变点 α_A时，对应的时间设为 t_A，后续的水化过程由界面反应控制，水化程度随时间的变化将遵从界面反应动力学模型，直到达到界面反应与扩散反应转换临界水化程度 α_C 及临界水化时间 t_C 为止；此后，水化过程受扩散作用控制，水化程度随时间的变化关系将遵从扩散反应动力学模型。

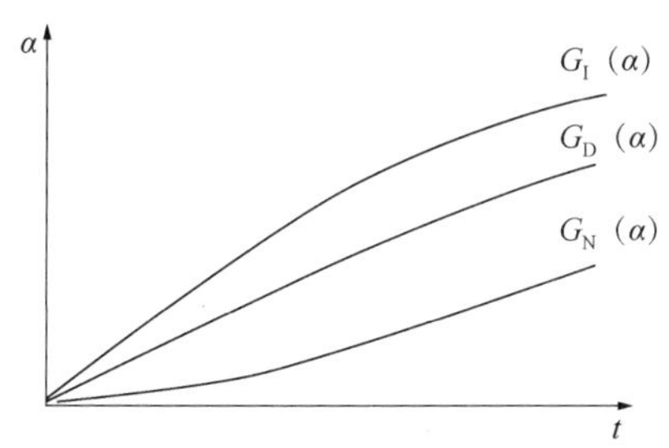

图2.27　水化程度随时间的变化

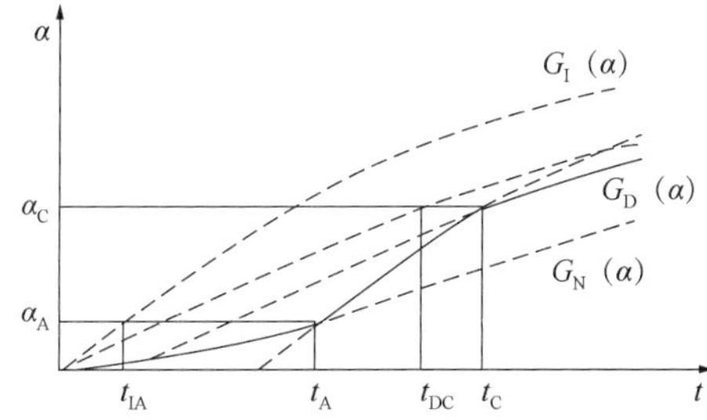

图2.28　成核→反应→扩散过程水化程度随时间的变化

上述分析说明，实际的水化过程将体现为图2.28或图2.29中的实线部分，图2.27及图2.28、图2.29中的虚线部分在水化过程中是不可能发生的，但却能够为确立这种变化过程中的动力学模型的表述提供理论依据。图2.28中，当按照成核作用在水化时间为 t_A 时，水化程度达到 α_A，而此水化程度仅相当于在时刻 t_{IA} 按界面反应方式所获得的数值，为此，可以将图2.27中界面反应曲线(即图2.28中由所表示的虚线)沿时间坐标轴平移 t_A-t_{IA}，则此两条线必然相交于临界转变点(α_A，t_A)，当水化时间继续增长时，平移后的界面反应模型在实施计算时应以相对时间 $\Delta t=t-(t_A-t_{IA})$ 为基准，即：

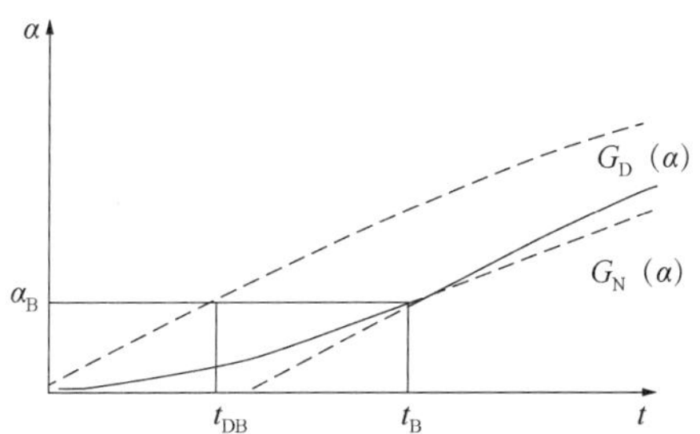

图2.29　成核→扩散过程水化程度随时间的变化

$$1-(1-\alpha)^{1/3}=R_L^{-1}k_I\Delta t \tag{2.90}$$

$$1-(1-\alpha)^{1/3}=R_L^{-1}k_I\left[t-(t_A-t_{IA})\right] \tag{2.91}$$

由于：

$$1-(1-\alpha_A)^{1/3}=R_L^{-1}k_It_{IA} \tag{2.92}$$

则：

$$\left[1-(1-\alpha)^{1/3}\right]-\left[1-(1-\alpha_A)^{1/3}\right]=R_L^{-1}k_I(t-t_A) \tag{2.93}$$

同理，采用近似的曲线平移处理方法将扩散作用曲线同样可以平移 t_C-t_{DC}，而将后续水化时间由相对时间 $\Delta t=t-(t_C-t_{DC})$ 来替代，从而可以建立起由扩散动力学行为控制的水化过程模型：

$$\left[1-(1-\alpha)^{1/3}\right]^2=k_DR_D^{-2}\Delta t \tag{2.94}$$

$$\left[1-(1-\alpha)^{1/3}\right]^2=k_DR_D^{-2}\left[t-(t_C-t_{DC})\right] \tag{2.95}$$

$$\left[1-(1-\alpha_C)^{1/3}\right]^2=k_DR_D^{-2}t_{DC} \tag{2.96}$$

$$\left[1-(1-\alpha)^{1/3}\right]^2-\left[1-(1-\alpha_C)^{1/3}\right]^2=k_D R_D^{-2}(t-t_C) \tag{2.97}$$

归纳上述分析，可以得到描述水化全过程的动力学表达式：

$$\left.\begin{aligned}&\left[-\ln(1-\alpha)\right]^{1/n}=k_N t && \text{当：} t\leqslant t_A \quad (2.98a)\\ &\left[1-(1-\alpha)^{1/3}\right]-\left[1-(1-\alpha_A)^{1/3}\right]=R_L^{-1}k_I(t-t_A) && \text{当：} t_A<t\leqslant t_C \quad (2.98b)\\ &\left[1-(1-\alpha)^{1/3}\right]^2-\left[1-(1-\alpha_C)^{1/3}\right]^2=k_D R_D^{-2}(t-t_C) && \text{当：} t>t_C \quad (2.98c)\end{aligned}\right\}$$

进一步根据各方式转变的条件及式(2.98)的定义区限，可以建立如下确定转换临界条件的方程：

$$\left[-\ln(1-\alpha_A)\right]^{1/n}=k_N t_A \tag{2.99}$$

$$k_N n\,(1-\alpha_A)^{1/3}\left[-\ln(1-\alpha_A)\right]^{\frac{n-1}{n}}=3k_I R_L^{-1} \tag{2.100}$$

$$\left[1-(1-\alpha_C)^{1/3}\right]-\left[1-(1-\alpha_A)^{1/3}\right]=k_I R_L^{-1}(t_C-t_A) \tag{2.101}$$

$$2k_I R_L^{-1}\left[1-(1-\alpha_C)^{1/3}\right]=k_D R_D^{-2} \tag{2.102}$$

可见，将式(2.98)、式(2.99)、式(2.100)、式(2.101)、式(2.102)联立，即可获得α_A、t_A、α_C、t_C、k_N、k_I、k_C等7个参数的解。需要说明的是，在求解上述参数时，由于边界条件方程个数有限，因此必须借助式(2.98)所界定的水化程度与时间的关系方程。对于任意给定的实验样品，当能够确定出水化过程内水化程度与时间的变化曲线时，按曲线所体现的大致特征(如拐点、突变点及曲线变化趋势等)将其与式(2.98)所对应的曲线特性(图2.28)对比和判别，大体规划出相应的动力学条件控制区间，即粗略估计出大致的t_A、t_C，便可依据不同水化时间区间选取某一时刻与对应的水化程度测试数据分别代入到式(2.98)的各式中，即可使上述方程组能够得以进行求解计算。为了能够保证所求得的各参数具有良好的准确性，可以采用以多组实验数据建立的方程组分别与条件方程式相联立，使每个参数都能获取多个解然后以其平均值作为最终结果的方法。例如：对于$0\sim t_A$时间段内的实验数据，可以相应确定出(α_1，t_1)、(α_2，t_2)、(α_3，t_3)三组实测值，其所应遵循的动力学方程为式(2.98a)，将实验数据代入后可分别获得3个都能用于求解速率常数的方程，并相应获得3个解：k_{N1}、k_{N2}、k_{N3}，最终可以选取3个解的平均值$k_N=(k_{N1}+k_{N2}+k_{N3})/3$作为该段的速率常数。

同理，对于水化过程中仅含有成核与产物生长及扩散反应两种动力学控制机理时，可以建立如下的方程，并通过联立求得相应的参数。

$$\left.\begin{aligned}&\left[-\ln(1-\alpha)\right]^{1/n}=k_N t && \text{当} t\leqslant t_B \quad (2.103a)\\ &\left[1-(1-\alpha)^{1/3}\right]^2-\left[1-(1-\alpha_B)^{1/3}\right]^2=k_D R_D^{-2}(t-t_B) && \text{当} t>t_B \quad (2.103b)\end{aligned}\right\}$$

$$\left[-\ln(1-\alpha_B)\right]^{1/n}=k_N t_B \tag{2.104}$$

$$k_N n(1-\alpha_B)^{1/3}\left[-\ln(1-\alpha_B)\right]^{\frac{n-1}{n}} = \frac{3}{2}k_D R_D^{-2}\left[1-(1-\alpha_B)^{1/3}\right]^{-1} \tag{2.105}$$

在实际水化过程中上述两方面动力学控制过程都可能存在，因此针对一种特定的样品体系，在实施计算和分析时应充分注意所获得的水化程度与水化时间曲线的形状与特征(即是 3 段制还是 2 段制)，来采取相应的控制模型才能使计算符合实际情况。若将上述分析过程编制成计算软件可使分析和计算较容易实现。

通过上述的分析，可以实现对任意给定单一尺寸颗粒的单组分熟料矿物的水化过程分析和计算，确定出各组分的水化速率常数，明确水化过程中的动力学作用原理，并能够较明确地找出各种动力学方式转换的临界水化程度和水化时间，为建立水化反应过程与外在放热特征之间的联系奠定基础。当对于上述分析条件与相应水泥体系的有关条件(如：熟料间配比、熟料性能及实验条件等)相吻合或接近时，可以将有关单矿物水化的研究结果直接应用于水泥体系。从而实现对水泥水化过程的分析和计算。诚然，这种处理结果由于将直接引用有关单矿物的水化速率、水化速率动力学控制临界转变点等，可能会与存在相互作用与影响的实际体系变化过程有一些差别，但仍能够较明确地反映水泥的实际水化过程和特点。

若能够以实际水泥体系的水化过程实验研究为依据，确切地获得体系水化过程中各主要组分的水化程度与水化时间关系曲线时，依据前面所给出的分析过程采用方法(2)则能够较精确地建立起用于水泥混合体系水化过程分析和计算的动力学模型，获取各熟料矿物的水化速率常数及动力学转变点所对应的临界水化程度和水化时间。并通过水化速率、动力学方式转换的临界水化程度及时间等参数，及相应动力学模型函数的对比与分析，进一步明确在水泥混合物体系的水化过程中各组分间的相互影响规律。事实上方法(2)的分析过程和方法(1)除实验数据来源不同外是完全一样的，方法(2)由于所用数据直接来源于实际水泥体系，因此比方法(1)更能准确反映体系的水化特点，及体系内各主要熟料矿物的相互影响与作用规律。但由于体系中组分混合影响作用较复杂，可能会为准确测定各矿物的水化程度与水化时间的关系曲线带来更大的困难。

需要说明的是，对于一般的水泥混合物体系来说，多数都为多粒级体系，因此应充分考虑颗粒的尺寸对水化过程的影响。对于具有相同反应活性的矿物成分，这种影响最明显地会体现在不同的颗粒尺寸，可能会在不同的时刻发生动力学控制方式的转变，由此便会导致不同的颗粒尺寸在水化程度发展曲线的形状上产生明显的差别。为此，可借助式(2.84)~式(2.89)所建立的任意颗粒尺寸与已知尺寸 R_L、R_D间的计算关系进行转换并按式(2.90)~式(2.105)的分析过程建立起相应的分析计算方程。

对于多粒级水泥体系，当考虑颗粒尺寸造成的影响时，水泥颗粒的水化程度可以以平均水化程度来衡量：

$$\bar{\alpha} = \sum_i \alpha_i(t) \cdot w_i \tag{2.106}$$

式中：w_i为尺寸为 R_i的颗粒的重量影响因子。

当进一步地以平均水化程度作为某种熟料矿物水化程度的衡量标准时，可以按该平均水化程度测值，依照上述分析建立动力学方式转换临界条件及速率分析与计算。同理，若能够明确水泥体系的平均水化程度与水化时间的曲线，仍可以用上述分析过程和方法建立以平均水化程度为依据的，将各种熟料矿物作为统一整体(即看作一种单一矿物)的近似动力学模型。

为了检验上述所建动力学模型对于分析和评价水泥水化程度等的可行性，以 Bezjck 等人提供的测试数据为基础，进行了计算分析，表 2.8 给出了 Bezjck 等人的测试结果，表 2.9给出了上述模型计算分析结果。

表 2.8　A. Bezjck 等人测得的水泥水化程度

水化时间(h)	水化程度(%)		水化时间(h)	水化程度(%)		水化时间(h)	水化程度(%)	
	A	C		A	C		A	C
4		10	18	38	49	56	54	75
6	4	14	20	39	52	64	56	77
8	13	18	24	43	57	72	58	78
10	23	24	32	47	64	80	59	79
12	30	33	40	50	69	96	62	80
14	34	39	48	52	73	120	65	81
16	36	44						

表 2.9　模型分析计算结果

模型	临界水化程度(%)		临界水化时间(h)		反应速率常数(1/h)	
样品A模型	α_A	16.27	t_A	9.79	K_N'	5.7387×10^{-2}
	α_B	10.80	t_B	8.45	K_I'	1.7090×10^{-2}
	α_C	8.31	t_C	8.10	K_D'	9.7334×10^{-4}
样品C模型	α_A	14.24	t_A	8.24	K_N'	6.4985×10^{-2}
	α_B	18.4	t_B	9.08	K_I'	1.7712×10^{-2}
	α_C	19.20	t_C	9.30	K_D'	2.4306×10^{-3}

由表 2.9 所得到的计算结果不难看出，对于表 2.8 中的水泥样品 A，由于所获得的动力学临界转换水化程度满足：$\alpha_C<\alpha_B<\alpha_A$条件，所以，其水化过程是由成核与产物生长—扩散反应转换方式控制，而对于样品 C，其临界水化程度为 $\alpha_A<\alpha_B<\alpha_C$，因此，其水化过程则是成核与产物生长—界面反应—扩散反应转换方式控制。针对 A、C 两种样品，按照表 2.9 所分析控制方式及计算结果，图 2.30 及图 2.31 分别给出了模型计算曲线与实测曲线的对比情况，可以看出，计算结果具有较好的精度，表明所建模型及分析方法能够用于分析和计算水泥水化速率及水化程度。

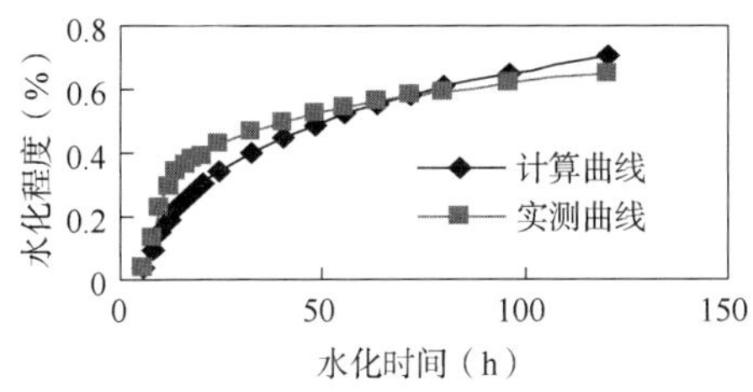

图 2.30　样品 A 实测结果与计算结果对比

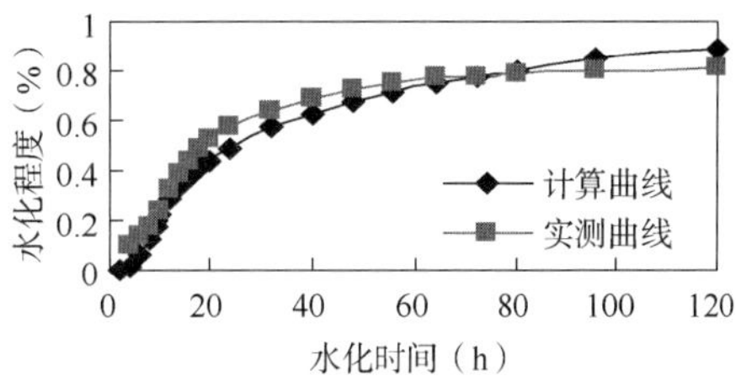

图 2.31　样品 C 实测结果与计算结果对比

需要说明的是，在利用模型进行分析计算时，表 2.9 中的 K_N'、K_I'、K_D'分别对应于模型方程组(2.98)～(2.105)中的 k_N、$R_L^{-1}k_I$、$R_D^{-2}k_D$。这样的处理方法在缺乏水泥颗粒尺寸详细数据时是比较方便的，但所求得的速率常数只能代表该测试条件下水泥的水化速率。

2.3.3　温度及外加剂对水化过程的影响

影响水泥水化速率的因素很多，主要有：水泥粒子的矿物组成与结构、水泥粒子细度、水灰比、养护温度及外加剂种类和加量等。对于以 API 水灰比为标准配制的特定级别的油井水泥浆体系，影响水化速率的因素，主要为温度、外加剂等。

实际上温度对水化速率的影响遵从一般化学反应的规律。对于水泥水化过程中所体现的三种动力学方式，温度对于速率常数的影响程度是不同的。

如对于化学反应，温度对反应速率的影响遵从阿累尼乌斯(S. A. Arrhenius)公式：

$$k = k_0 \exp\left(\frac{-E_a}{RT}\right) \tag{2.107}$$

式中：k 为反应速率常数；k_0为指前因子，即表关频率因子；E_a为活化能。

可见，反应速率常数与活化能成反比，而与温度成正比。温度一定时活化能越高反应速率常数越低，而活化能一定时则温度越高反应速率常数越高。活化能越高，随温度的升高，反应速率增加越快，即活化能越高，则反应速率对温度越敏感。据此，对于水泥中同时存在的各熟料矿物的水化反应，提高温度将对活化能较高的反应有利。研究结果表明(表 2.10)，温度对 C_2S 的水化反应速率影响最大，而对 C_3A、C_4AF 最小。

表 2.10　温度对熟料矿物水化程度的影响

矿物	温度（℃）	不同龄期的水化程度(%)					
		1d	3d	7d	28d	3 个月	6 个月
C_3S	20	31	36	46	69	93	94
	50	47	53	61	80	89	—
	90	90	—	—	—	—	—
C_2S	20	—	7	10	—	29	30
	50	20	25	31	55	86	92
	90	22	41	57	87	—	—

续表

矿物	温度(℃)	不同龄期的水化程度(%)					
		1d	3d	7d	28d	3个月	6个月
C_3A	20	—	83	82	84	91	93
	50	75	83	86	89	—	—
	90	84	90	92	—	—	—
C_4AF	20	—	70	71	74	89	91
	50	92	94	—	—	—	—

对于扩散过程，扩散系数与温度的关系：

$$D = D_0 \exp\left(\frac{-Q}{RT}\right) \tag{2.108}$$

式中：D 为扩散系数；D_0为频率因子；Q 为扩散活化能。

当温度升高时，扩散活化能降低，扩散速率增大，因而能加速扩散反应的进程。

一般来说扩散活化能小于化学反应活化能，因此，温度对由扩散过程速率控制的反应的影响程度比对由化学反应过程速率控制的反应要小。对于整个水泥体系的水化反应，由于包含着交替变换的不同的反应速率控制过程，因而温度对水化各阶段的影响也是不同的。这也为分析和研究温度对水泥体系的水化影响规律带来了较大的困难。

对于 C_3S 来说，温度的影响主要表现在水化的早期，对水化后期影响不大。实际上，在一定温度范围内温度对水泥水化速度的影响表现出的特点，与温度对 C_3S 所产生的规律基本相同。然而，当温度超过一定范围后(如超过 110℃)，由于在各熟料矿物水化进行的同时伴随着自由水的蒸发、水化产物晶体层间脱水、凝胶产物向半结晶产物转化等一系列复杂变化，因而必然导致高温下水泥的水化规律与常温下的水化存在某些差别。了解和揭示这些变化的特点和规律，对于正确认识温度等对水泥水化行为的影响及找寻控制和调整水泥浆体性能及产物性能是十分有益的。

提高温度能加快水泥的水化速度。由于水泥熟料矿物属高温下稳定，常温下介稳的化合物，遇水后能够自发地进行水化并伴随有较强的放热现象是水泥水化的突出特点。因此，通过考查水化放热规律来研究水泥水化进程及速度是一种较简便可行的方法。

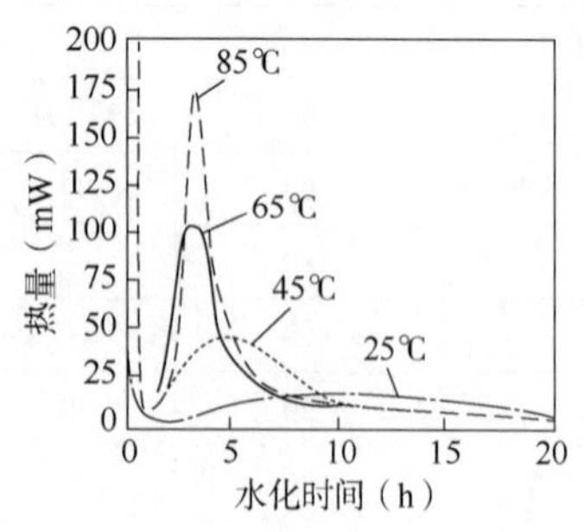

图 2.32　温度对 G 级水泥水化过程的影响

图 2.32 给出了 Bentur 等人有关温度对 G 级水泥水化过程影响的试验结果。分析可见，在试验温度 25℃至 85℃范围内，随着温度的提高，水泥水化的第二阶段即 C_3S 水化阶段不断提前，与第一阶段即钙矾石形成阶段的放热峰迅速接近，诱导阶段变短；且随温度增高放热峰变高变窄，放热过程即水化过程迅速缩短，凝固阶段变短。

外加剂作为调整油井水泥浆性能及硬化浆体性能的重要物质，在油井水泥配浆中是必不可少的添加材料，大多数外加剂都要强烈地受到水泥的物理和化学性能的影响，同时外加剂本身又会极大地影响水泥的水化行为及水化浆体的性能。

不同种类及产品外加剂对水泥水化特性的影响是不同的，需要有针对性开展实验进行测试与分析。图 2.33 给出了对于两种不同的 API G 级水泥试样在 25℃条件下各种外加剂对水化特性的影响情况。与原浆相比，在促凝剂的作用下，水泥水化加速，C_3S 反应放热峰前移，峰宽变窄，反应过程相应缩短；而在缓凝剂作用下，水泥的水化速度得以控制，水化反应放热曲线变得较平缓，放热峰向后延迟且峰值相对较低，放热过程相对增长；在分散剂作用下，由于分散剂能有效地通过扩散双电层及螯合、包被等作用，使浆体能够在相应长的时间内保持高分散状态，有效地减缓了水泥的水化速度，其水化反应放热峰稍后移，放热峰略低与原浆，放热曲线形状大体无变化。

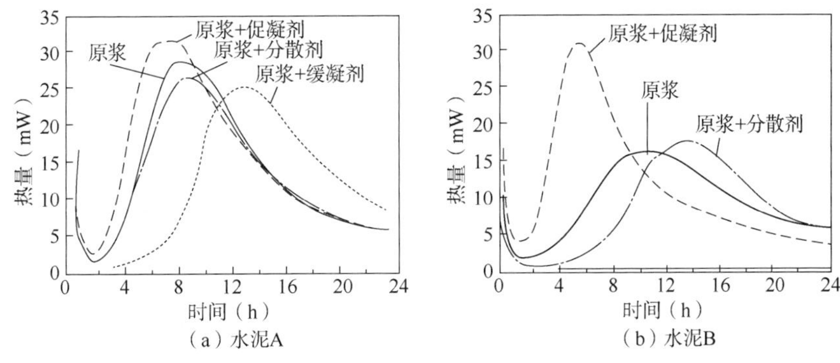

图 2.33　常温状态下各种外加剂对水泥水化过程的影响

由于水泥水化过程极为复杂，影响因素众多。因此在针对特定固井条件进行水泥浆设计时，应进行充分的室内试验，确定合适的浆体水化特性及性能，以满足固井工程要求。

第 3 章　固井水泥石高温劣化与防护

高温是深井、超深井、稠油热采井、地热井、干热岩井等固井作业必须面对的地质环境，是上述工程固井水泥浆体系设计、性能评价及井筒完整性分析中需要着重考虑的主要工况条件。高温作用下水泥浆、水泥石会发生物理和化学变化，不仅影响外加剂的作用效果、水泥浆的性能，还会极大地影响水泥石的材料力学性能。在高温诱发的物理和化学作用下，水泥石物相变化、微观结构变化导致水泥石宏观物理力学性能下降，这种现象可以称为水泥石的高温劣化(或热劣化)。水泥石高温劣化主要表现为水化产物热属性高温相变、孔隙度粗化、耐久性下降等。而高温导致水泥石开裂、剥落造成强度下降或结构承载力等物理力学性能下降，这种程度的劣化作用则可视为损伤。高温劣化和损伤是对材料高温性能下降的综合表征，从不同的维度上反映高温作用的影响。一般劣化侧重于高温对材料产生的物理和化学反应的影响作用，而损伤则强调高温对强度、弹性模量等的影响作用。二者所引起的材料结构在微观、细观和宏观尺度上的演化具有不同的方式，但在宏观力学性能响应的影响方面却具有一致性，如渗透性提高、强度降低、耐久性下降等。

水泥石是经过水泥浆凝结硬化形成的。水泥与水混合后，立即形成水泥浆悬浮体系，通过水泥熟料组分的水化作用，产生各种水化产物，导致浆体逐渐凝结和硬化，最终形成具有一定承载能力的水泥石。因此，了解不同温度下水泥水化产物物相变化特征，以及由这些变化所导致的水泥石微观形貌与结构演化规律，是探究固井水泥石高温劣化与损伤机理的重要途径。

本章以 G 级(嘉华 G 级和大连 G 级)油井水泥为例，利用 X 射线衍射仪(XRD)、扫描电子显微镜(SEM)、超声波静胶凝强度仪等，对固井水泥石水化产物组成、微观结构及强度性能等进行检测与分析，阐述固井水泥石高温劣化的演化过程及机理，阐述抑制水泥石高温劣化的途径与方法。

3.1　水泥水化产物高温演化规律及特征

X 射线粉末衍射(X-Ray Diffraction，常简称 XRD)是目前研究晶体结构的有效方法，特别适用于晶态物质的物相分析。XRD 物相定性分析是利用测得的 XRD 衍射角位置及强度鉴定样品物质组成的方法，其基本原理为：各衍射峰的角度位置所确定的晶面间距 d 以及它们的相对强度 I/I_1 是物质固有特性。每种物质都有其特定的晶体结构和晶胞尺寸，而这些又与衍射角和衍射强度有对应关系，晶态物质组成元素或基团如不相同或其结构有差异，它们的衍射图谱在衍射峰数目、角度位置、相对强度次序以至衍射峰的形状上会呈现出差异。因此，可以通过衍射数据对物质结构进行鉴别，即通过将未知物质相的X射线衍射图谱与已知物质的谱图相比较，可逐一鉴定出样品中的各种物相。目前XRD物相分析可以利用粉末衍射卡片进行直接对比分析鉴别，也可以利用计算机数据库进行直接检索鉴定。

实施X射线衍射可以采用不同的靶材。对于不同靶材，因原子序数不同，外层电子排布也不一样，所以产生的特征X射线波长也不同。由此，在获得的XRD图谱中会存在两方面变化：一是使用波长较长的靶材的峰位沿 2θ 轴有规律拉伸，使用短波长靶材的峰位沿 2θ 轴有规律压缩。但XRD图谱中晶面间距 d 值是一致的，与靶材无关。二是由于衍射峰强主要取决于晶体结构，同一样品不同靶材的XRD图谱衍射峰强度会有少许差别。这种情况对于混合物来说，因各相之间的质量吸收系数(MAC)与衍射波长有关，波长选择不当可能造成XRD定量分析结果不准确。XRD最常采用的阳极靶材为Cu。

水泥水化产物都是晶态或微晶态或准晶态物质，都能产生X射线衍射，因此，硬化水泥石的水化产物物相组成可以利用X射线衍射仪进行粉末衍射检测与分析。本章XRD图谱均为Cu靶衍射结果。

3.1.1　水泥原浆水化产物的演化

同普通硅酸盐水泥一样，G级油井水泥原浆的水化产物主要取决于水化反应的温度、养护时间。研究结果表明，常温常压下，G油井水泥原浆的主要水化产物为水化硅酸钙CSH凝胶、氢氧化钙CH[$Ca(OH)_2$]、水化硫铝酸钙 $3CaO \cdot Al_2O_3 \cdot 3CaSO_4 \cdot 31H_2O$(或 $3CaO \cdot Al_2O_3 \cdot 3CaSO_4 \cdot 32H_2O$，常称为钙矾石，AFt相)及单硫水化硫铝酸钙 $3CaO \cdot Al_2O_3 \cdot CaSO_4 \cdot 12H_2O$(常称为AFm相)。水化硅酸钙凝胶依据养护条件不同常具有不同的分子组成与结构，在常温下对水泥石的强度及外观稳定性起着决定性的作用。

利用X射线衍射仪对不同温度下硬化水泥石进行粉末衍射检测，采用粉末衍射标准卡片对比分析或计算机数据库检索分析的方法，均可以实现鉴别与确定水泥水化物物相组成的目的。图3.1给出了温度为82℃、压力为20.7MPa养护48h条件下，嘉华G级油井水泥原浆水化产物X射线衍射(XRD)图谱。利用标准卡片对比分析方法，可确定出该养护条件下G级水泥的主要水化产物为：氢氧化钙CH[$Ca(OH)_2$](XRD峰值：4.9，3.112，2.628，1.927，1.796nm)、水化硅酸钙 C_2SH_2[$Ca_2SiO_4 \cdot 2H_2O$](XRD峰值：3.030nm)、柱硅钙石 $C_3S_2H_3$[$Ca_3(HSiO_4)_2 \cdot 2H_2O$](XRD峰值：3.030nm)、单硫水化硫铝酸钙 $3CaO \cdot Al_2O_3 \cdot CaSO_4 \cdot 12H_2O$(XRD峰值：2.770，2.740，2.189，1.765nm)。该养护温度下，除钙矾石XRD峰减弱或消失外，其余水化产物与常温条件下的水化产物相同。

图3.2至图3.13给出了压力为20.7MPa、温度为90~200℃范围内，不同温度、不同养护时间条件下嘉华G级水泥原浆硬化水泥石的XRD图谱。试验检测结果表明，在温度分别为90℃、100℃、105℃下养护24h时，G级水泥原浆的主要水化物均为CH(XRD峰值：4.900，3.110，2.628，1.927，1.796，1.687，1.484nm)、CSH(Ⅱ)[$Ca_2SiO_4 \cdot 3H_2O$](XRD峰值：3.580，3.350，3.290，3.120nm)、C_2SH_2(XRD峰值：3.030，

1.820nm)、$C_3S_2H_3$(XRD 峰值：3.879，3.030，2.283，2.066，1.858nm)、3CaO · Al_2O_3 · $CaSO_4$ · $12H_2O$(XRD 峰值：2.770，2.740，2.189，1.769，1.489nm)，与 G 级水泥原浆在 82℃下养护的水化产物相同。表明 82~105℃此温度范围内，温度升高或改变并未诱发水化产物的物相变化。当温度达到 110℃养护 24h、48h 时，水化产物主要组成仍为：CH、CSH(Ⅱ)、C_2SH_2、$C_3S_2H_3$、3CaO · Al_2O_3 · $CaSO_4$ · $12H_2O$，但出现了水化硅酸二钙 C_2SH[Ca_2SiO_4 · H_2O](XRD 峰值：3.856，2.285，2.062，1.754nm)特征峰，说明此温度条件下，已有少量水化硅酸钙凝胶物相出现了变化。当温度继续升高到 130℃养护 4d 时，XRD 图谱已发生明显改变，水化硅酸钙凝胶类产物 CSH(Ⅱ)(XRD 峰值：2.940nm)、C_2SH_2(XRD 峰值：3.030，1.820nm)、$C_3S_2H_3$(XRD 峰值：2.066nm)峰强减弱，图谱中出现大量的水化硅酸二钙 C_2SH(XRD 峰值：4.900，3.112，2.628，1.927，1.796，1.687nm)特征峰。养护温度继续升高 150~200℃范围时，即使是在 24h 较短的养护时间条件下，图谱中 C_2SH 特征峰也会大量涌现，C_2SH 量增多(XRD 峰值：4.220，3.911，3.539，3.302，3.272，2.880，2.816，2.663，2.606，2.573，2.529，2.418，2.285，2.189，2.185，2.105，2.062，1.874，1.789，1.720，1.664，1.651，1.572nm)；而 CSH(Ⅱ)、C_2SH_2、$C_3S_2H_3$ 峰相继减弱或消失，在硬化体中的含量降低甚至消失。养护温度越高、养护时间越长，这种现象越明显。

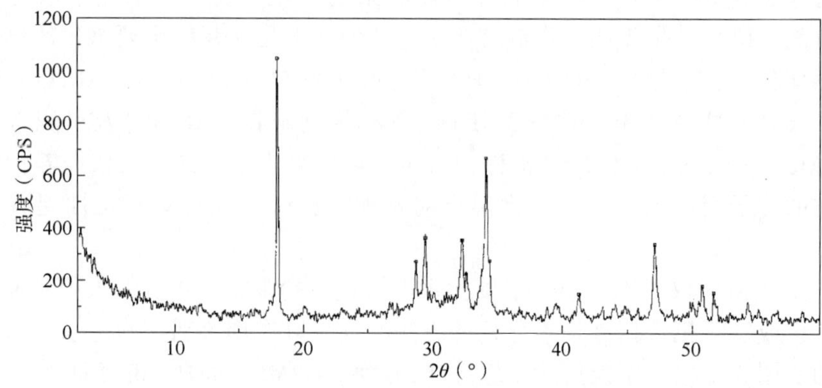

图 3.1 82℃养护 48h 加胶乳 G 级水泥 XBD 图谱

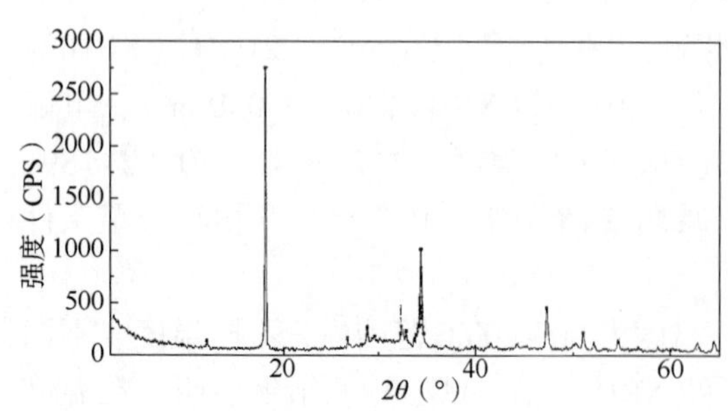

图 3.2 90℃养护 24h G 级原浆 XRD 图谱

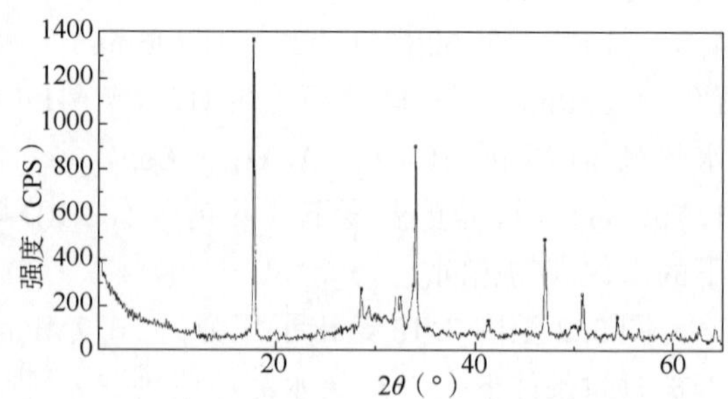

图 3.3 100℃养护 24h G 级原浆 XRD 图谱

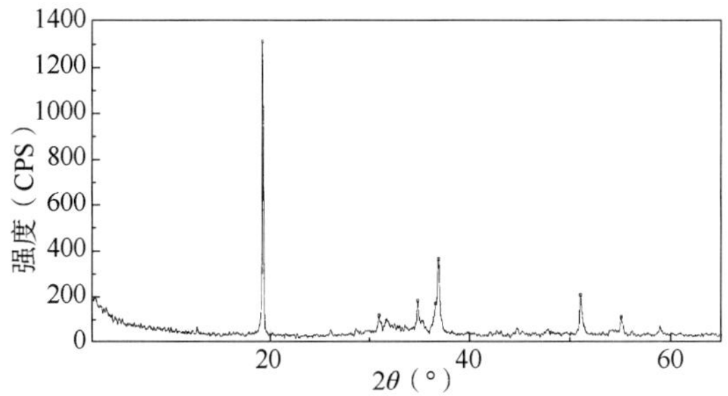

图 3.4 105℃养护 24h G 级原浆 XRD 图谱

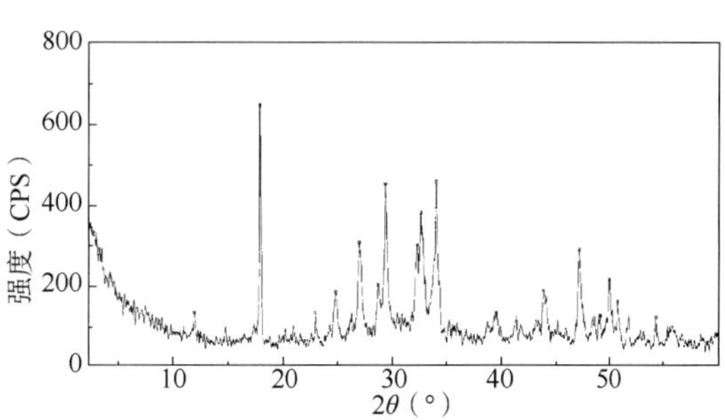

图 3.5 110℃养护 24h G 级原浆 XRD 图谱

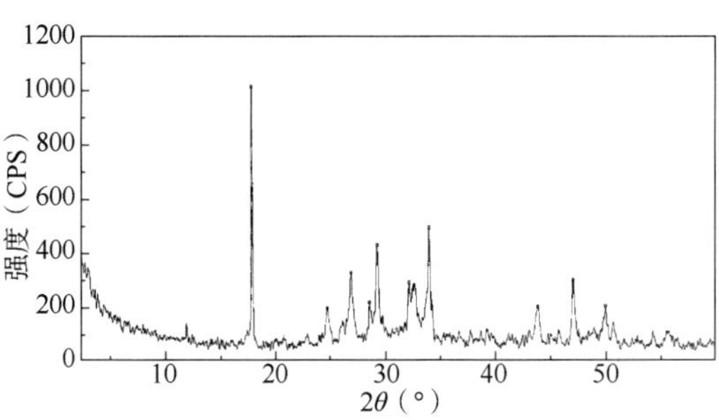

图 3.6 110℃养护 48h G 级原浆 X-射线衍射图

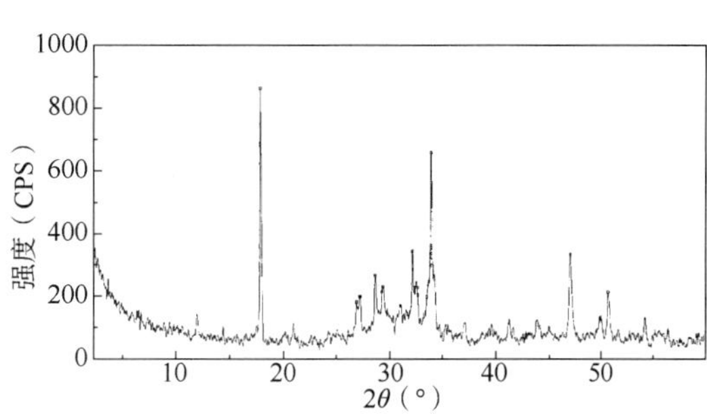

图 3.7 130℃养护 4d G 级水泥 XRD 图谱

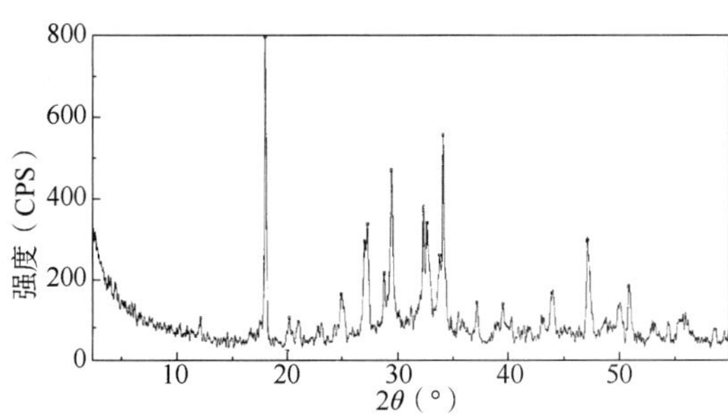

图 3.8 150℃养护 48h G 级原浆 XRD 图谱

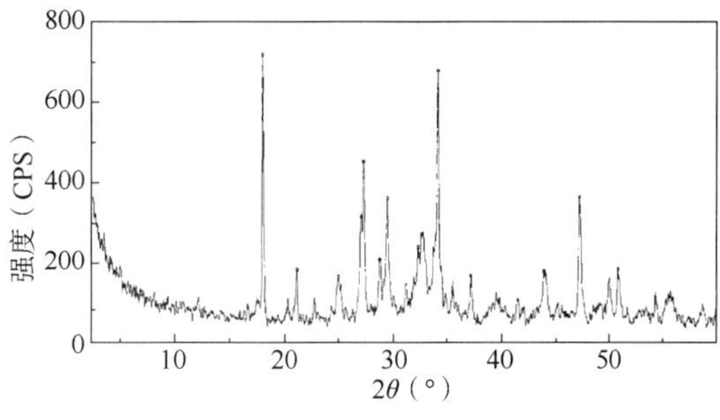

图 3.9 160℃养护 48h G 级原浆 XRD 图谱

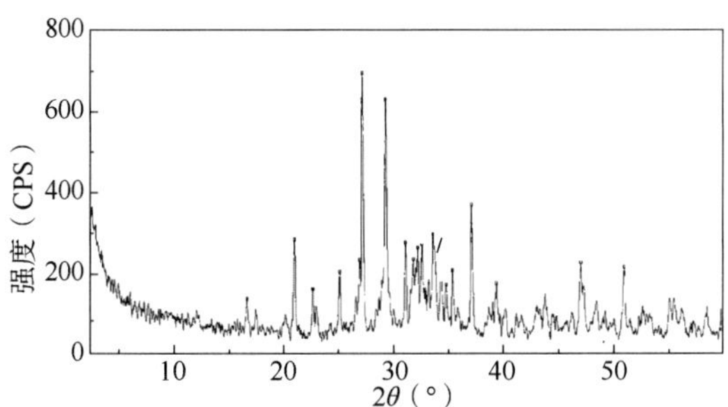

图 3.10 170℃养护 24h G 级原浆 XRD 图谱

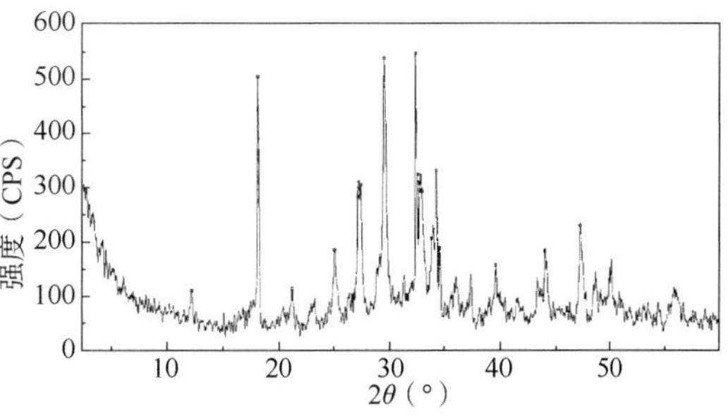

图 3.11 170℃养护 48h G 级原浆 XRD 图谱

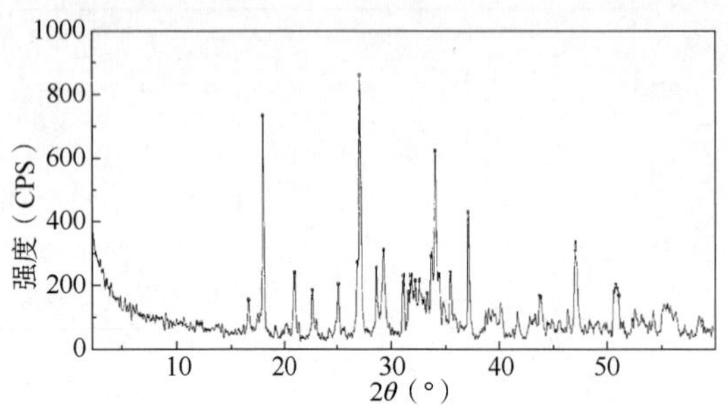

图 3.12　190℃养护 48h G 级原浆 XRD 图谱

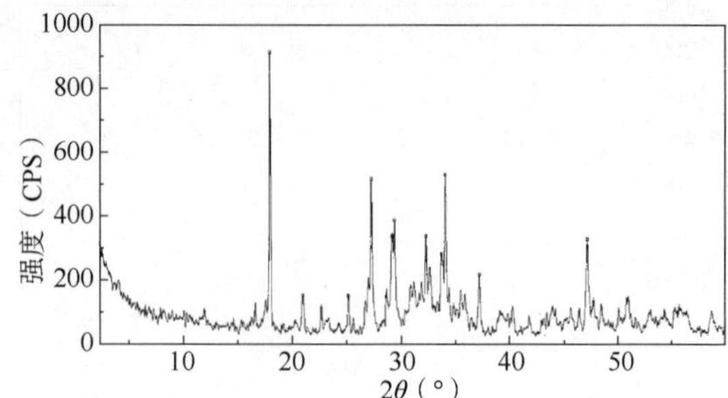

图 3.13　200℃养护 3d G 级原浆 XRD 图谱

当养护温度在 200～240℃范围时，G 级油井水泥原浆的主要水化产物均为：氢氧化钙 CH、水化硅酸二钙 C_2SH、水化硅酸三钙 $C_6S_2H_3$[$Ca_6(Si_2O_7)(OH)_6$]、粒硅钙石 C_5S_2H[$Ca_5(SiO_4)_2(OH)_2$]。图 3.14～图 3.17 分别给出了 200℃、240℃时大连 G 级、嘉华 G 级油井水泥原浆养护不同时间条件下的 XRD 图谱及利用 RXD 数据库检索鉴定获得的产物分析结果。分析可见，该温度范围内，养护温度不同，水化产物物相组分没有发生变化。需要说明的是，C_2SH 水合物晶相大约在温度超过 200℃时会发生变化，上述 $C_6S_2H_3$、C_5S_2H 产物相均是由 C_2SH 转化而来的新生物相。具体的转变作用有两个方面：其一是 C_2SH 经脱水作用转变成硅酸三钙水化物 $C_6S_2H_3$；其二是高温下 CH 进入 C_2SH 结构后再经高温脱水作用形成 C_5S_2H。由此，随着 $C_6S_2H_3$、C_5S_2H 的出现与增多，C_2SH 与 CH 的量会减少，相应地 XRD 图谱中 C_2SH 与 CH 的峰会减弱。

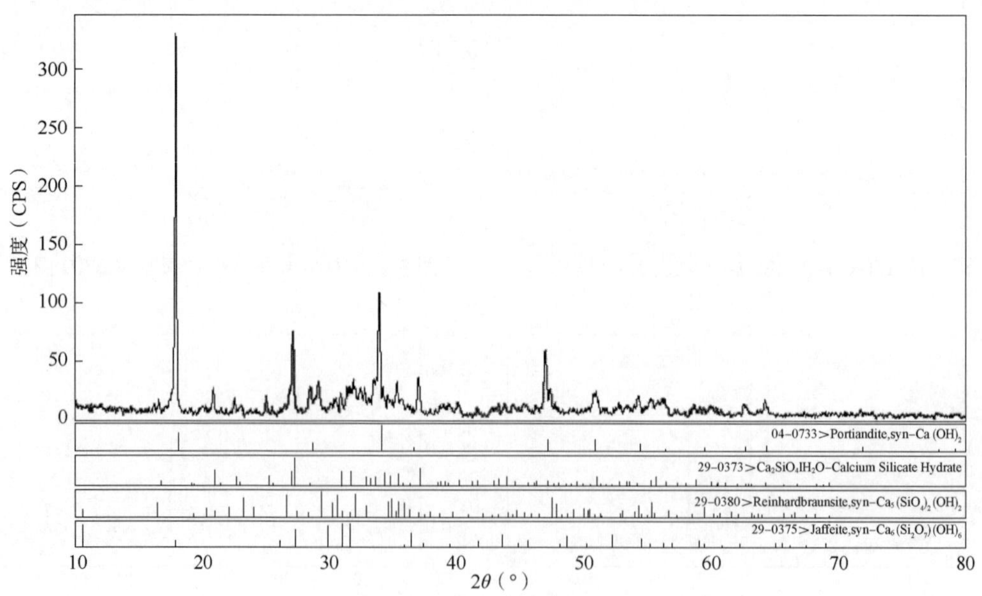

图 3.14　200℃7d 大连 G 级水泥 XRD 图谱及产物

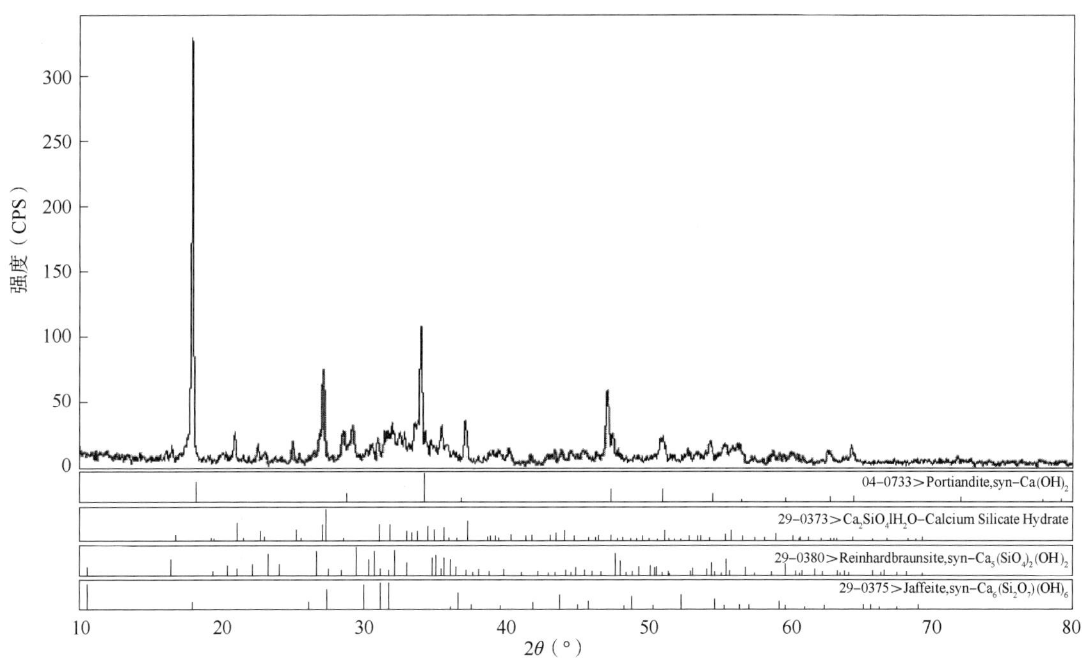

图 3. 15　240℃48h 嘉华 G 级水泥 XRD 图谱及产物

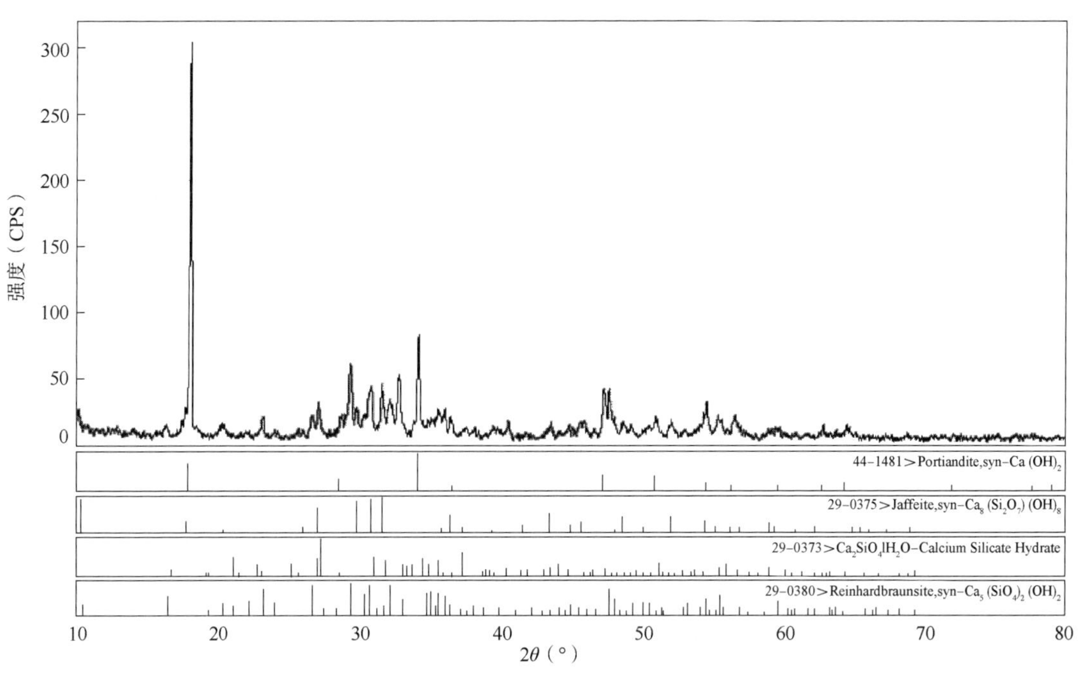

图 3. 16　240℃7d 大连 G 级水泥 XRD 图谱及产物

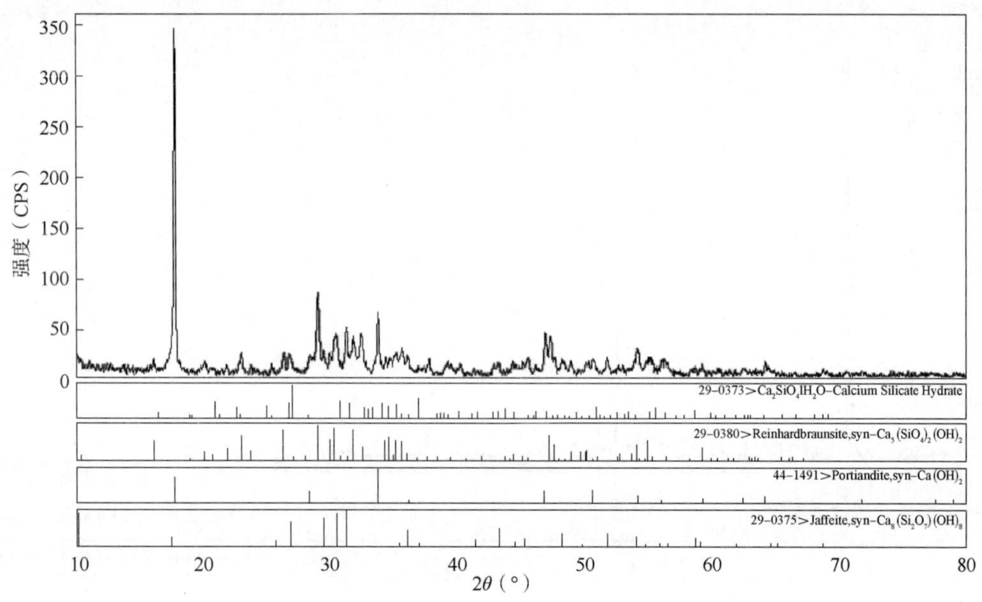

图 3.17　240℃ 15d 大连 G 级水泥 XRD 图谱及产物

相同的养护条件下，大连 G 级水泥和嘉华 G 级水泥的水化产物物相组分并没有本质差别，但 XRD 图谱中个别峰的强度(特别是 C_5S_2H 和 $C_6S_2H_3$ 的峰强)有所不同(图 3.18)。这可能是由于水泥的生产厂商(品牌)不同，水泥熟料的组成成分含量等存在差别，导致生成的水化产物组成成分含量有变化，因而造成 XRD 图谱峰形也稍存在差别。

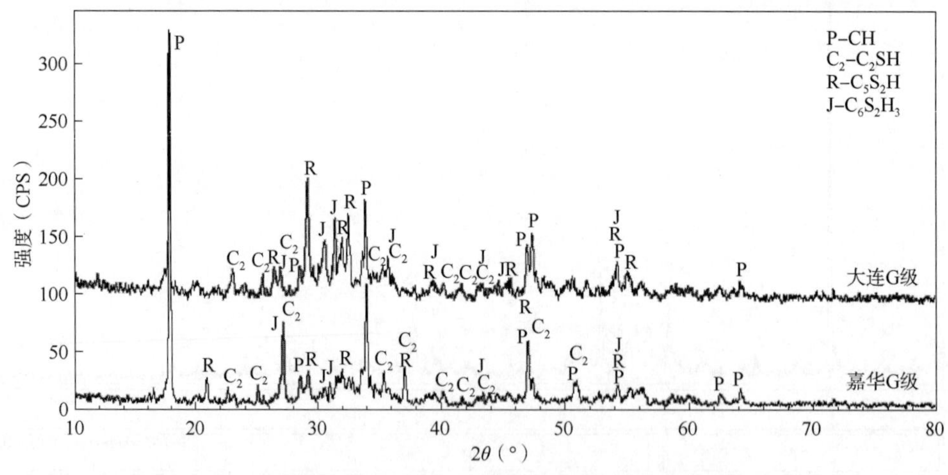

图 3.18　不同种类水泥 240℃养护 48h 时 XRD 图谱对比

养护温度为 240℃时，养护时间超过 48h 后，养护时间继续增长，XRD 图谱峰形和峰位并不发生变化(图 3.19)。说明当温度达到一定高度后，养护 48h～15d 甚至更长的养护时间范围内 G 级水泥所形成的水化产物物相及含量不发生改变。

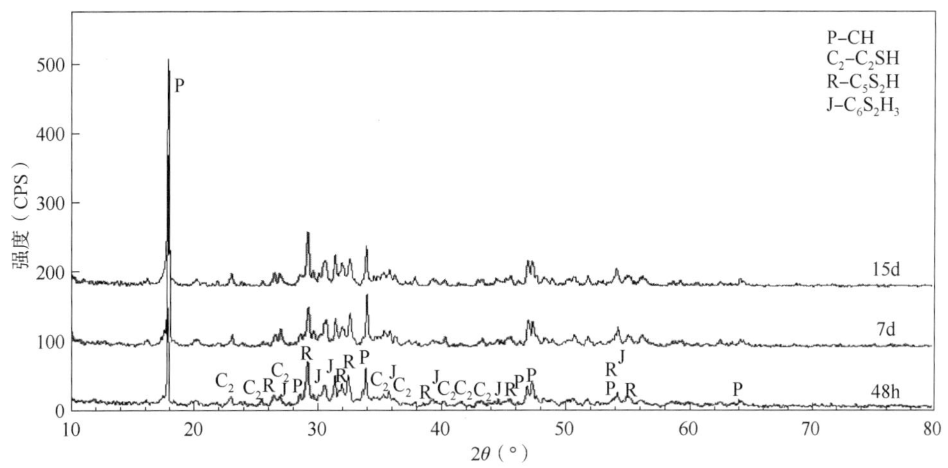

图 3.19 240℃养护不同时间时大连 G 级水泥水化产物图谱对比

上述结果表明，当油井水泥经受高温作用时，水泥石内各物相材料会发生包括化学组成、物理结构和含水量等一系列变化。体现为硬化水泥石高温脱水和水化产物化学分解两个不同的阶段和过程。其中，脱水是一个吸热反应过程，不会形成新的化学物质，其过程大部分是可逆的；而分解则是物质由一种化合物变成两种以上化合物的热反应过程。硬化水泥石水化产物的高温化学分解反应包括水化硅酸钙、AFt 相、AFm 相、氢氧化钙等的脱水分解过程。脱出的水分(包括自由水和化合水/结晶水)均以蒸汽的形式逐渐释放出去。不同的温度条件，演化出不同的产物化学组成成分，体现在水泥石物相 XRD 图谱中的峰形、峰位存在差别。对于 80~240℃温度范围，这些差别可根据 XRD 图谱的形状及产物组成划分为<110℃、110℃≤T<200℃、200℃≤T≤240℃三个温度区间，按照不同的温度范围对 G 级油井水泥原浆水化产物随温度的演化过程及特征进行综合分析和评价。上述各不同条件下 G 级油井水泥原浆的主要水化产物随温度的演化情况可汇总于图 3.20 和表 3.1。

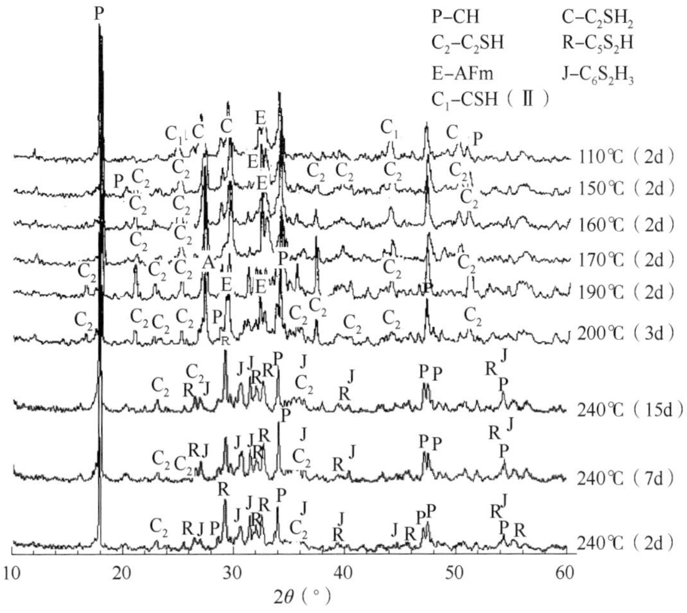

图 3.20 110~240℃G 级水泥水化产物 XRD 图谱对比

表 3.1　82~240℃不同温度下 G 级油井水泥原浆的主要水化产物组成

温度(℃)	养护时间	主要产物组成	备注
82	48h	CH　AFm　C_2SH_2	嘉华 G
90	24h	CH　AFm　C_2SH_2　CSH(Ⅱ)	
100	24h	CH　AFm　C_2SH_2	
	48h	CH　AFm　C_2SH_2	
105	24h	CH　AFm　C_2SH_2	
	48h	CH　AFm　C_2SH_2	
110	24h	CH　AFm　C_2SH_2　$C_3S_2H_3$　CSH(Ⅱ)　C_2SH	
	48h	CH　AFm　C_2SH_2　$C_3S_2H_3$　CSH(Ⅱ)　C_2SH	
130	4d	CH　AFm　C_2SH_2　C_2SH	
150	48h	CH　AFm　C_2SH	
160	48h	CH　AFm　C_2SH	
170	24h	CH　AFm　C_2SH	
	48h	CH　AFm　C_2SH	
190	48h	CH　AFm　C_2SH	
200	3d	CH　AFm　C_2SH	
	7d	CH　C_2SH　C_5S_2H　$C_6S_2H_3$	大连 G
240	48h	CH　C_2SH　C_5S_2H　$C_6S_2H_3$	
	48h	CH　C_2SH　C_5S_2H　$C_6S_2H_3$	嘉华 G
	7d	CH　C_2SH　C_5S_2H　$C_6S_2H_3$	大连 G
	15d		

常温下(25℃)水泥主要水化产物为 CH、CSH(C_2SH_2、$C_3S_2H_3$)、钙矾石($3CaO \cdot Al_2O_3 \cdot 3CaSO_4 \cdot 31H_2O$)或单硫水化硫铝酸钙($3CaO \cdot Al_2O_3 \cdot CaSO_4 \cdot 12H_2O$)。当养护温度范围为 80~110℃时，钙矾石由于升温脱水含量减少甚至消失，其余水泥的水化产物与常温常压条件下的水化产物基本相同。在 110℃养护 24h 条件下，水化硅酸钙类产物仍以 CSH(Ⅱ)、C_2SH_2 为主，但出现了少量的 C_2SH(称为 α-水化硅酸钙)晶体类水化硅酸钙物相，表明该温度及养护时间条件下水化产物 CSH(Ⅱ)、C_2SH_2 和 $C_3S_2H_3$ 等已开始发生转变。当养护温度超过 110℃时，在相对更高温度和更长养护时间条件下，水化硅酸钙类产物大量转变为 C_2SH。当养护温度在 150~170℃范围内，几乎全部的 CSH(Ⅱ)，C_2SH_2，$C_3S_2H_3$ 都转化为 C_2SH。在该温度范围内，不同温度下水泥水化产物相同，但 XRD 峰强等存在差异。在养护温度达到 200~240℃温度范围内，水泥的水化产物为 CH，C_2SH，

C_5S_2H 和 $C_6S_2H_3$。该温度范围内，随温度的升高，高硅的多聚体水化物增多。此后，在更高的温度作用下，硅酸钙水化物将主要分解成 β−C_2S（硅酸二钙 β−dicalcium silicate）、β−CS（钙硅石 β−wollastonite）和水。氢氧化钙则分解成氧化钙和水。

不同的水化产物具有不同的高温分解温度。Harmathy（1970）利用热重分析仪（thermogravimetric analyzer，TGA）和差热分析仪（differential thermal analyzer，DTA）对氢氧化钙和硅酸钙水化物随温度升高的分解和转化程度进行了测试与估算（图 3.21）。依据图中曲线斜率计算可以估算脱水分解反应速率。研究发现，氢氧化钙大约在 400℃时开始发生脱水反应，分解速度在 500℃时达到最快，在 600℃时分解反应基本结束。而水化物（CSH）在温度为 200℃时脱水分解速度最快，在温度达到 500℃时大约 70%被脱水，在 700℃时，水化物分解速率达到另一个峰值，当温度达到 850℃时，所有水化物（CSH）均已分解。

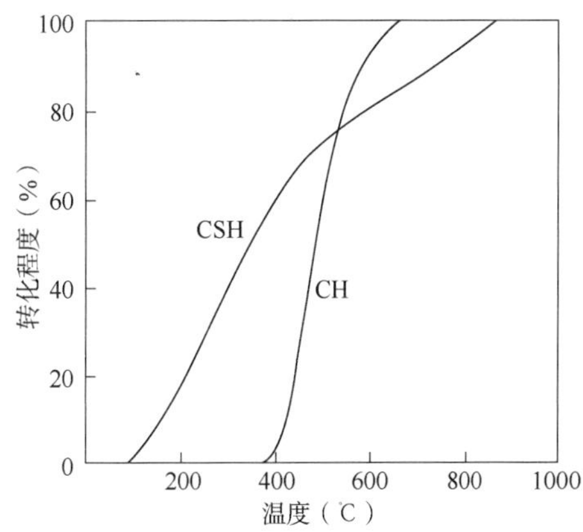

图 3.21　CSH 及 CH 高温分解速度

3.1.2　加硅砂水泥水化产物的演化

合适的温度及养护时间条件下，硅砂类外掺料能够参与反应而改变水泥浆体水化产物的化学组成，有效抑制因水化物高温脱水、分解等引起的水泥石性能高温劣化。因此，深井、超深井、地热井等高温、超高温固井水泥浆体系设计中，常将含有活性二氧化硅［SiO_2］的一些材料作为配浆设计的首选外掺料。了解温度、硅砂对水泥水化产物的影响，掌握加硅砂水泥水化产物高温演化规律，是科学设计抗高温固井水泥浆体系的重要基础。

当向 G 级油井水泥中加入不同质量分数的硅砂时，在 90～105℃温度范围内，硅砂在体系中参与反应的速度缓慢，在养护 24h、48h 甚至更长的时间内，未能产生出新的水化产物。体现在 XRD 图谱上，与原浆相比除 CH 峰随硅砂质量分数增加而有所减弱外，仅多出 SiO_2（XRD 峰值：4.260，3.343，2.458，2.282，2.128，1.541nm）特征峰（图 3.22～图 3.27）。说明该温度范围及养护时间下，加入的硅砂尚未能有效参与反应而产生出大量的新的物相，多以原有颗粒的形式填充于硬化水泥石内。

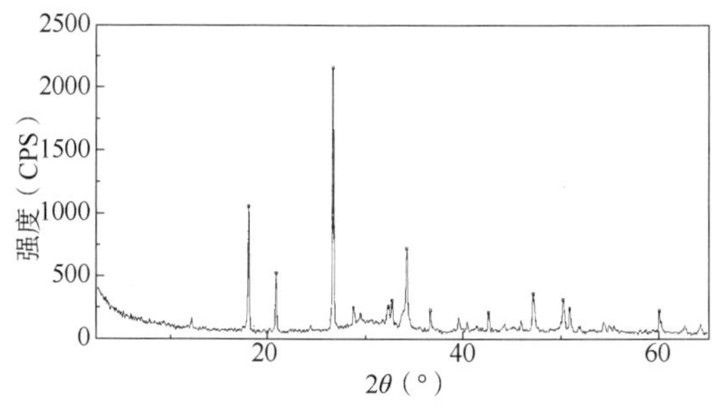

图 3.22　90℃24h 加 30%硅砂 G 级水泥 XRD 图谱

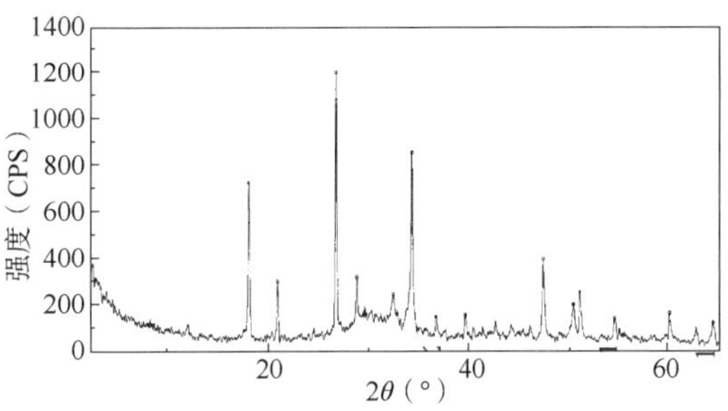

图 3.23　100℃24h 加 20%硅砂 G 级水泥 XRD 图谱

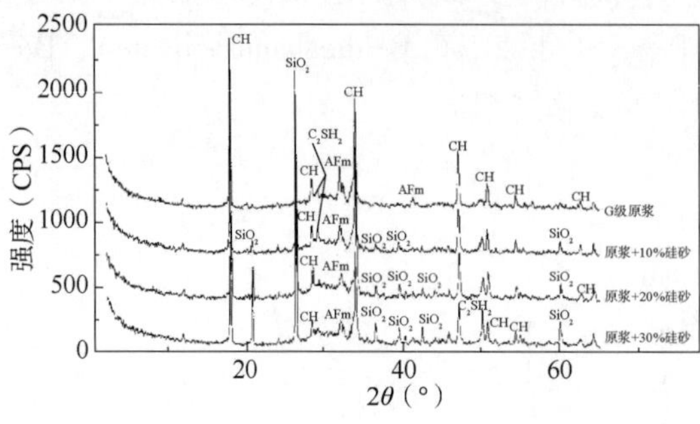

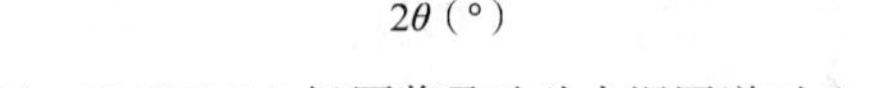

图 3.24　100℃24hG 级原浆及硅砂水泥图谱对比

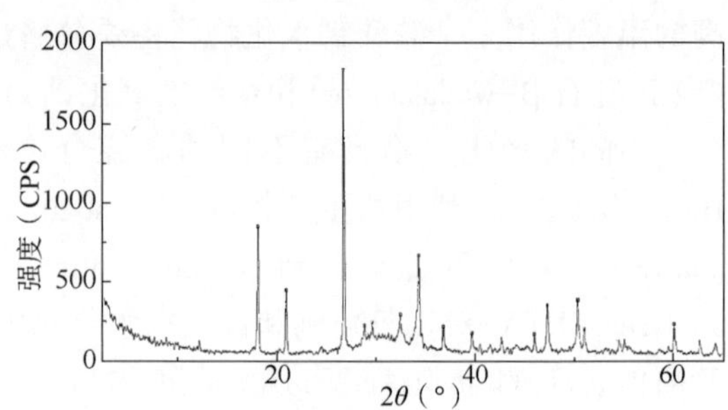

图 3.25　100℃48h 加 30%硅砂 G 级水泥 XRD 图谱

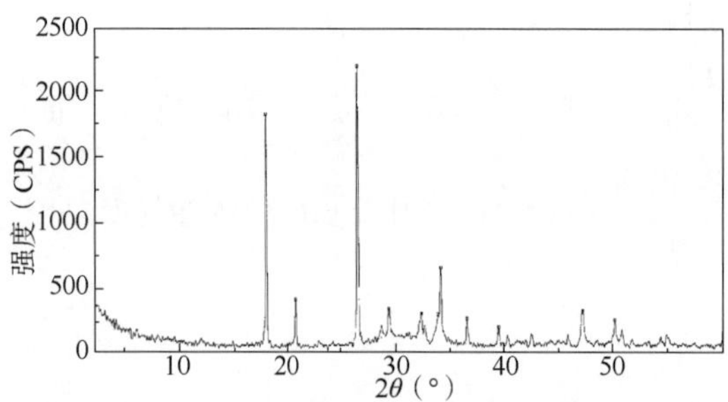

图 3.26　105℃24h 加 30%硅砂 G 级水泥 XRD 图谱

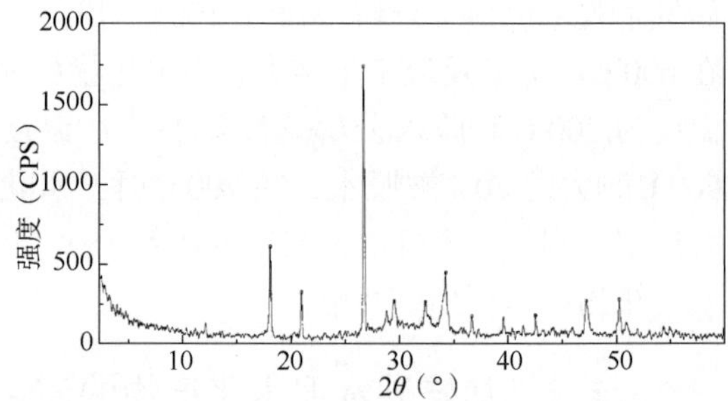

图 3.27　105℃48h 加 30%硅砂 G 级水泥 XRD 图谱

当养护温度达到 110℃时，在压力 20.7MPa 下养护 24h、48h 时，水化产物的组成特征与上述 90~105℃温度条件下的情况基本相同，加入硅砂的 G 级水泥浆的水化产物与 G 级水泥原浆水化物相同，水泥石物相 XRD 图谱也仅多 SiO_2 出特征峰(图 3.28~图 3.31)。说明在该温度及养护时间条件下硅砂参与反应的程度很低或仍未能有效参与反应。而当养护时间继续增至 7d 时，加硅砂的浆体硬化体 XRD 图谱(图 3.32)中可见 CH(XRD 峰值：1.927nm)、SiO_2(XRD 峰值：4.260，3.343，2.282，2.237nm)有所减弱，出现 1.1nm 托贝莫来石 $C_5S_6H_5$[$Ca_5(OH)_2Si_6O_{16}\cdot 4H_2O$](俗称：雪硅钙石)弱峰(XRD 峰值：3.530，2.980nm)，其他特征峰与 24h、48h 基本相同。由此可以判定，该温度条件下，硅砂能够参与反应，但由于其反应较慢，因而在相应较长的时间后才能够获得相应的产物。

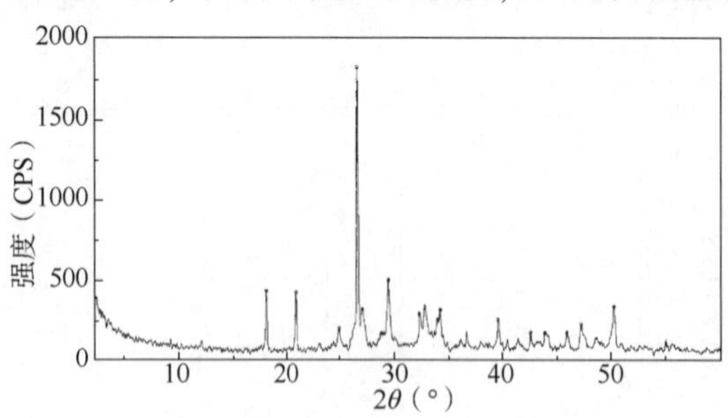

图 3.28　110℃24h 加 30%硅砂 G 级水泥 XRD 图谱

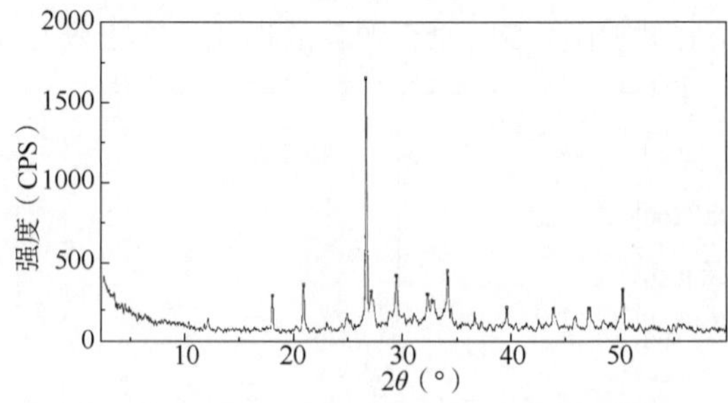

图 3.29　110℃48h 加 30%硅砂 G 级水泥 XRD 图谱

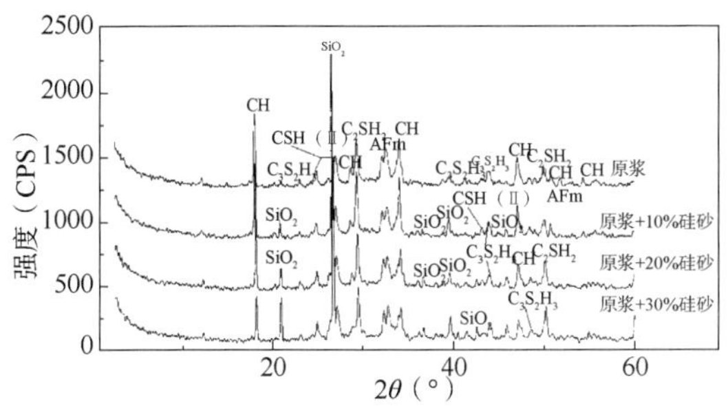

图 3.30　110℃24h G 级原浆与加砂水泥图谱对比

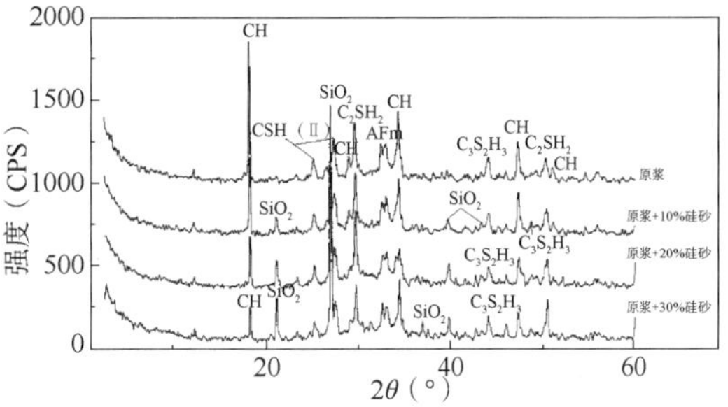

图 3.31　110℃48h G 级原浆及加砂水泥图谱对比谱

当温度达到 150℃养护 48h 条件下，添加硅砂质量分数为 10%的浆体硬化体的主要水化产物和原浆没有明显的区别，但可见 $Ca(OH)_2$（XRD 峰值：1.927，1.796nm）和 C_2SH（XRD 峰值：5.320，4.220，3.911，3.539，3.272，2.880，2.663，2.606，2.529，2.418，2.062，1.789，1.651nm）峰已有所减弱，可能生成了极少量的新生相；当硅砂质量分数达到 20%时，$Ca(OH)_2$（XRD 峰值：1.927nm）和 C_2SH（XRD 峰值：4.220，3.539，3.272，2.880，2.816，2.663，2.606，2.529，2.418，2.285，2.084nm）峰强进一步降低，出现了 $C_5S_6H_5$ 峰（XRD 峰值：11.300，3.530，3.310，3.080，2.820，2.526，2.080nm）；而当加量为 30%时，$Ca(OH)_2$ 基本消失，只存在少量的 C_2SH（XRD 峰值：4.260，2.663，2.606，2.285，2.062nm），大部分 C_2SH 已转化为 $C_5S_6H_5$，此时仍有 SiO_2（XRD 峰值：3.343nm）峰存在（图 3.33 至图 3.36）。

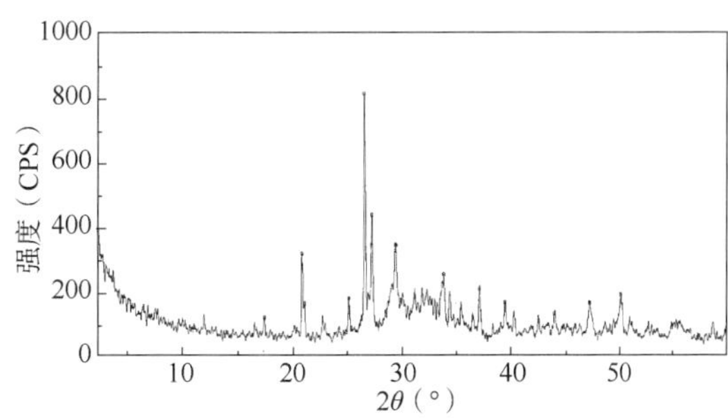

图 3.32　110℃7d 加 30%硅砂 G 级水泥 XRD 图谱

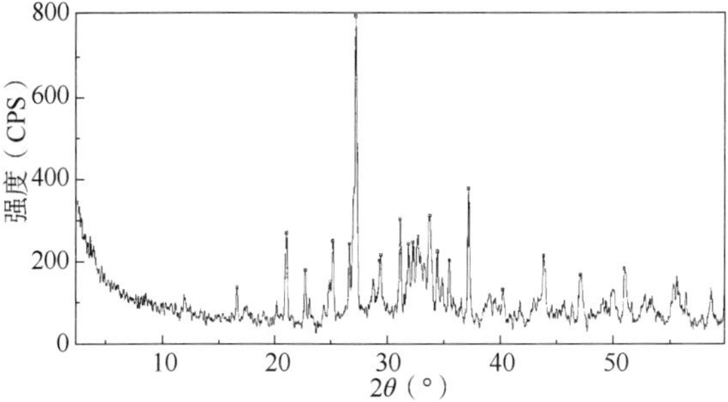

图 3.33　150℃48h 加 10%硅砂 G 级水泥 XRD 图谱

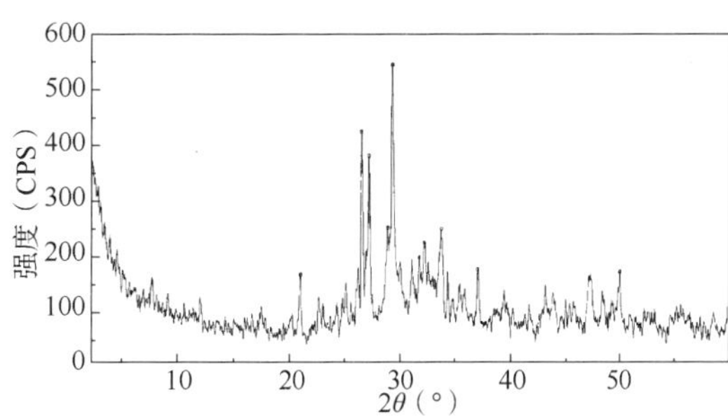

图 3.34　150℃48h 加 20%硅砂 G 级水泥 XRD 图谱

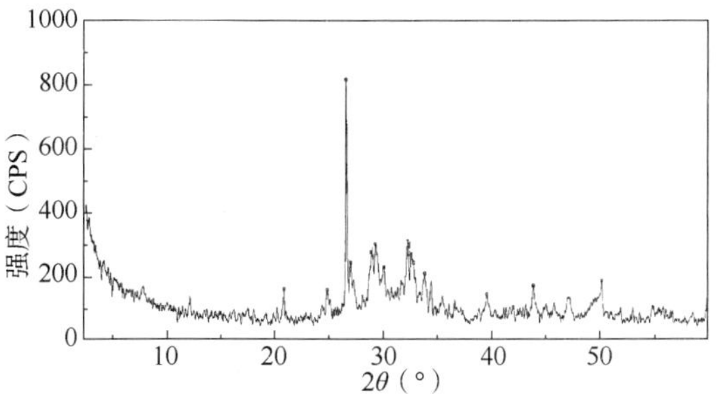

图 3.35　150℃48h 加 30%硅砂 G 级水泥 XRD 图谱

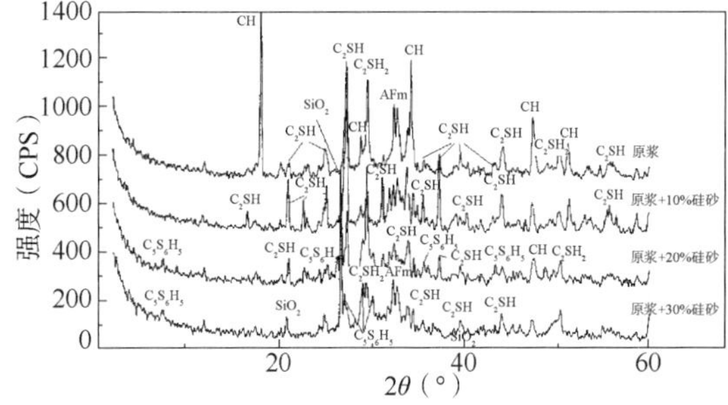

图 3.36　150℃48h G 级原浆及加砂水泥图谱对比

养护温度达到160℃时，在质量分数为10%的硅砂加量条件下，水泥石物相中即出现了少量的硬硅钙石C_6S_6H[$Ca_6Si_6O_{17}(OH)_2$]（XRD峰值：3.080nm），当加砂量增大到20%及30%时，产物中则可见弱的$C_5S_6H_5$峰（XRD峰值：11.300，3.310，2.980nm）和较强的C_6S_6H峰（XRD峰值：4.240，3.240，2.507，1.8384，1.8193，1.654nm），出现了少量$C_5S_6H_5$与大量C_6S_6H共存的现象。此时，CH与C_2SH（XRD峰值：3.302，3.272，2.663，2.418，2.285，2.105，1.829nm）的峰强进一步降低，并有部分峰消失或转变。该条件下仍可见有SiO_2峰（XRD峰值：4.260，3.343，2.282，1.980，1.659nm）的存在。由此可以认为，当加入硅砂的质量分数达到20%以上的时，160℃、20.7MPa养护48h条件下，水化产物主要为：CH、$3CaO\cdot Al_2O_3\cdot CaSO_4\cdot 12H_2O$、$C_6S_6H$、$C_5S_6H_5$、$C_2SH$、$SiO_2$（图3.37至图3.40）。

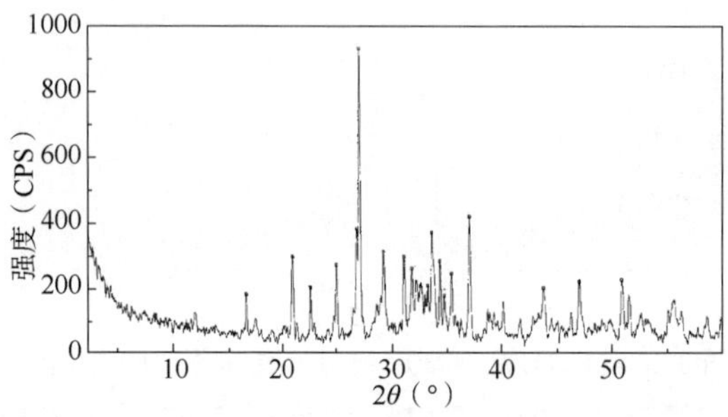

图3.37　160℃48h加10%硅砂G级水泥XRD图谱

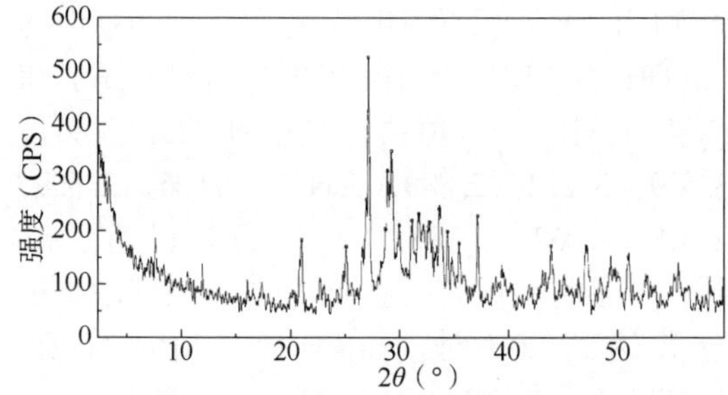

图3.38　160℃48h加20%硅砂G级水泥XRD图谱

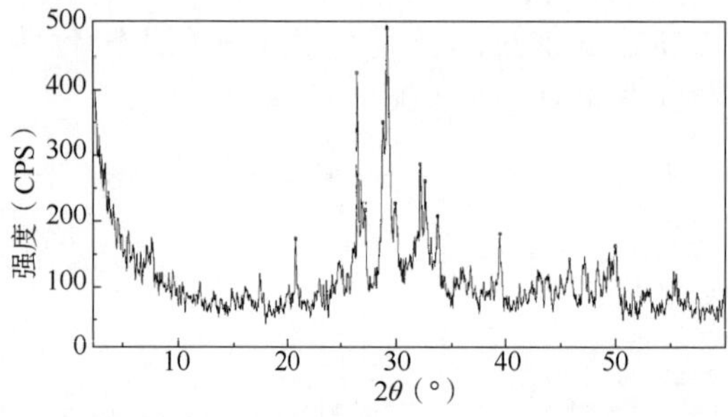

图3.39　160℃48h加30%硅砂G级水泥XRD图谱

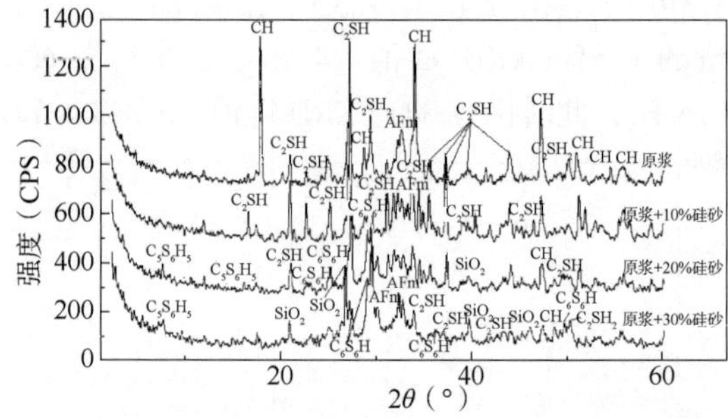

图3.40　160℃48h G级原浆及加砂水泥图谱对比

当养护温度达到170℃时，20.7MPa养护24h及48h条件下，在硅砂质量分数为20%、30%时，物相中可见较强的C_6S_6H峰（XRD峰值：4.240，3.910，3.080，2.822，2.629，1.7776，1.8384，1.654nm）。在硅砂质量分数为30%养护48h条件下，$C_5S_6H_5$峰消失，表明$C_5S_6H_5$已部分或全部转化为C_6S_6H，而且这种转化可在48h内完成。此时，SiO_2峰较弱（XRD峰值：4.260，3.343，2.282nm），CH（XRD峰值：1.927，1.628nm）与C_2SH（XRD峰值：3.302，2.816，2.663，2.285，2.062，1.874，1.819，1.651nm）的峰强进一步降低，并有部分峰消失或转变。该温度条件下主要水化产物组成为：CH、$3CaO\cdot Al_2O_3\cdot CaSO_4\cdot 12H_2O$、$C_2SH$、$SiO_2$、$C_6S_6H$（图3.41至图3.44）。

当养护温度达到190℃时，20.7MPa养护48h条件下，在硅砂质量分数为10%时，XRD图谱中可见C_6S_6H峰（XRD峰值：3.910nm），$C_5S_6H_5$峰消失。随着硅砂质量分数进一步增加，物相中可见较强的 C_6S_6H 峰（XRD 峰值：4.240，3.910，3.080，2.822，2.635，2.507，1.8392nm）。此时，水化产物的组成与 170℃ 相应条件下所获得的产物并没有产生本质上的变化，只是在此温度下随硅砂加量的增加，CH（XRD 峰值：1.927nm）、C_2SH（XRD 峰值：2.663，2.285，2.105nm）、SiO_2（XRD 峰值：4.260nm）更加减弱甚至消失。表明了硅砂参与反应的量及速度有所增加，体现了温度对加速硅砂参与反应速率等的影响作用（图 3.45、图 3.46）。

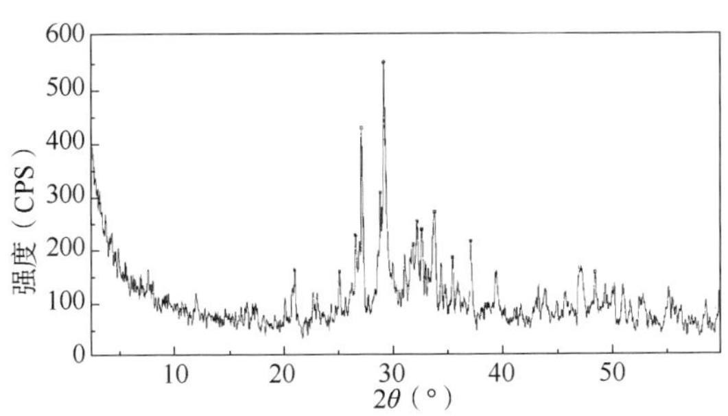

图 3.41　170℃ 24h 加 20% 硅砂 G 级水泥 XRD 图谱

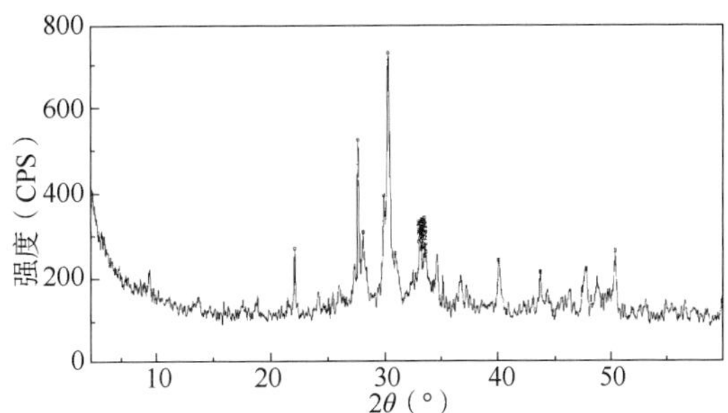

图 3.42　170℃ 48h 加 30% 硅砂 G 级水泥 XRD 图谱

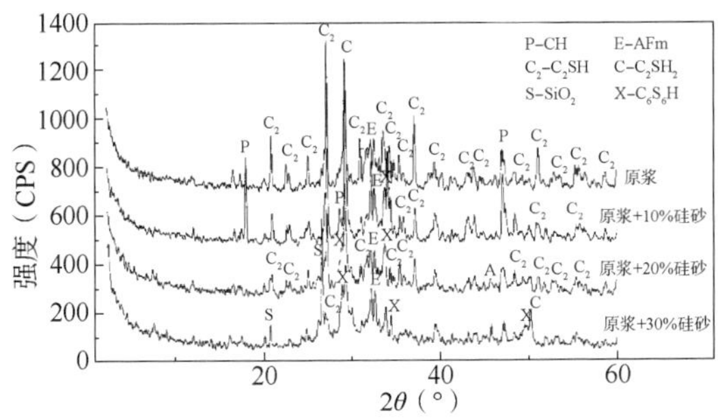

图 3.43　170℃ 24hG 级水泥原浆及加砂水泥图谱对比

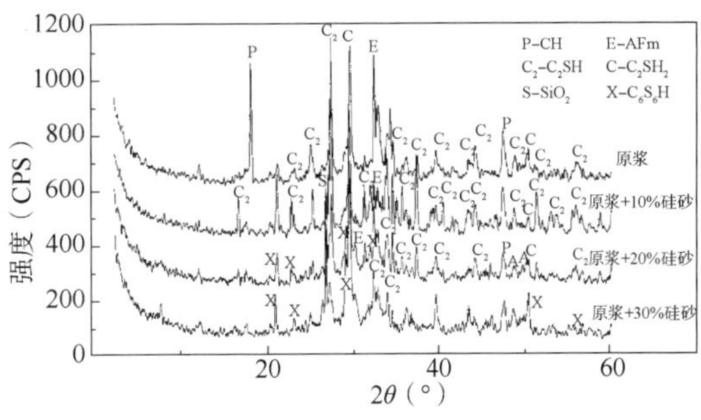

图 3.44　170℃ 48hG 级原浆及加砂水泥图谱对比

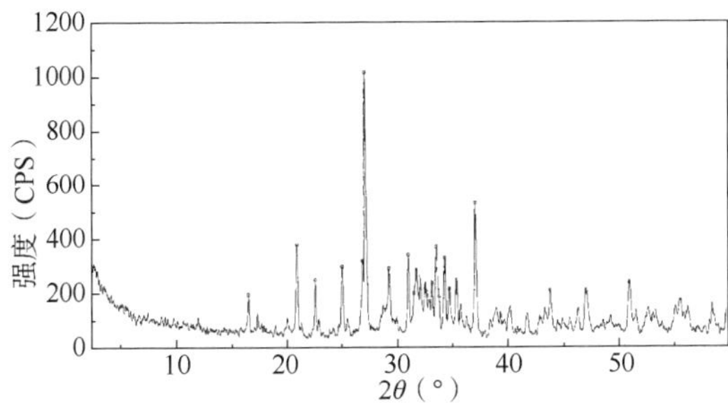

图 3.45　190℃ 48h 加 10% 硅砂 G 级水泥 XRD 图谱

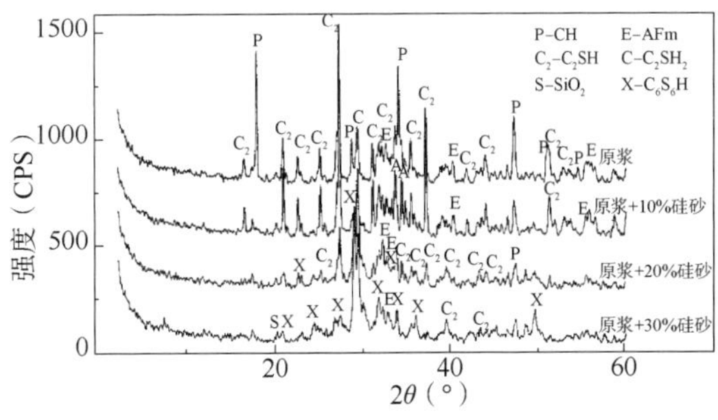

图 3.46　190℃ 48hG 级原浆及加硅砂水泥图谱对比

当养护温度达到 200℃ 时，20.7MPa 养护 48h 条件下，硅砂质量分数为 10% 的大连 G 级水泥浆体硬化体的主要水化产物为：水化硅酸二钙 C_2SH、粒硅钙石 C_5S_2H

$[Ca_5(SiO_4)_2(OH)_2]$、水化硅酸钙 $C_6S_2H_3[Ca_6(Si_2O_7)(OH)_6]$、硬硅钙石 C_6S_6H 和含铝雪硅钙石 $C_5S_5A_{0.5}H_{5.5}[Ca_5Si_5Al(OH)O_{17} \cdot 5H_2O]$[图 3.47(利用 XRD 数据库检索获得)]。这一结果表明，在 200℃及其以上的高温条件作用下，SiO_2 参与反应的速度提高，在养护时间仅达到 48h 时即可以在硬化体中明显检测到 C_6S_6H 和 $C_5S_5A_{0.5}H_{5.5}$ 等新产物的存在，这与以往所研究的 90~150℃温度范围内同等加砂量及养护时间条件下的结果具有明显的差别。然而，需要说明的是，对于 10%的加砂量来说，由于所添加的 SiO_2 含量较低，不足以使所有的 C_2SH 及相关原有产物都被反应掉，因此在产物中仍会存在大量的 C_2SH，体现在图 3.47 中表现在 XRD 图谱上存在较强的 C_2SH 特征峰。

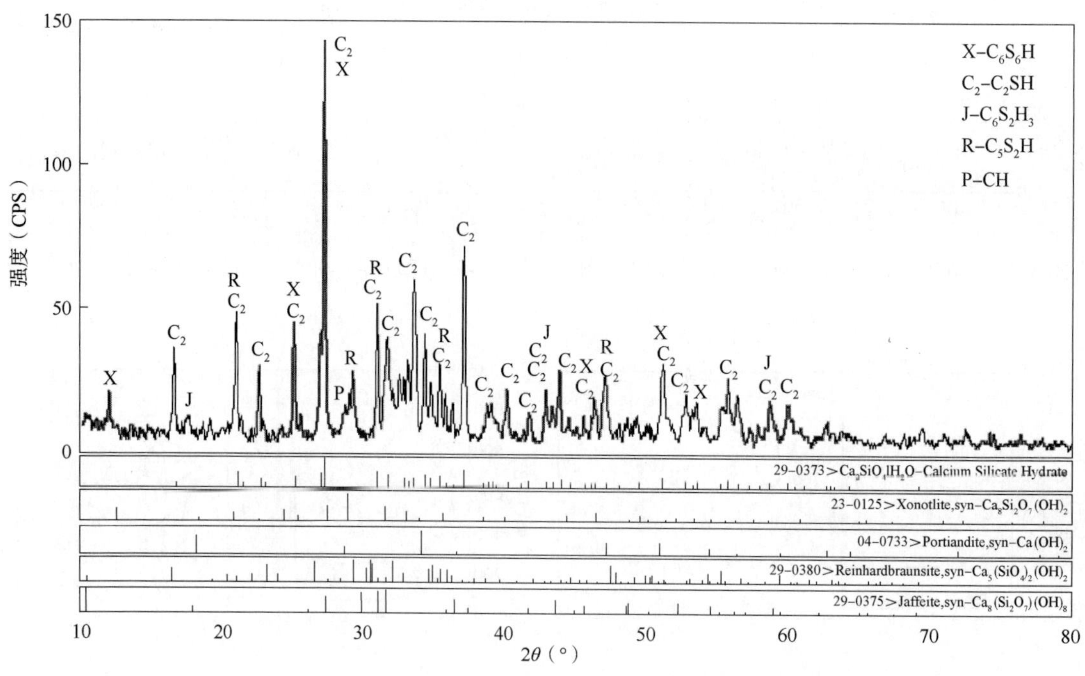

图 3.47　200℃48h 加 10%硅砂 G 级水泥图谱及产物

当硅砂质量分数量为 30%、40%及在原有 30%硅砂基础上在添加 5%微硅养护 48h 时(图 3.48~图 3.50)，主要水化产物与图 3.47 条件下的产物相同，主要水化产物均为：C_6S_6H、$C_5S_5A_{0.5}H_{5.5}$、C_5S_2H、斜水硅钙石 $C_{3.2}S_6H_{0.8}[Ca_{3.2}(H_{0.6}Si_2O_7)(OH)]$和不同硅酸根聚合度的水化硅酸钙 $C_{4.5}S_6H_{3.5}[Ca_{4.5}Si_6O_{15}(OH)_3 \cdot 2H_2O]$、$C_6S_3H[Ca_6Si_3O_{12} \cdot H_2O]$。原浆中的原有产物 C_2SH、CH 和 $C_6S_2H_3$ 峰消失。说明，硅砂的加入改变了原浆水泥石原有的水泥石物相组成。进一步增加硅砂质量分数到 60%时，主要水化产物除存在明显的 SiO_2 特征峰外，其余产物与 30%、40%加砂量基本相同，表明在高质量分数硅砂加量条件下，原有水化产物不能使 SiO_2 在反应过程中全部消耗掉而残存有未反应完全的 SiO_2(图 3.51、图 3.52)。此外，当养护时间增加至 7d 时(图 3.53)，硅砂质量分数 30%的浆体硬化体的产物组成及含量与养护 48h 的情况基本相同，只是个别产物的特征峰强度略有差别。

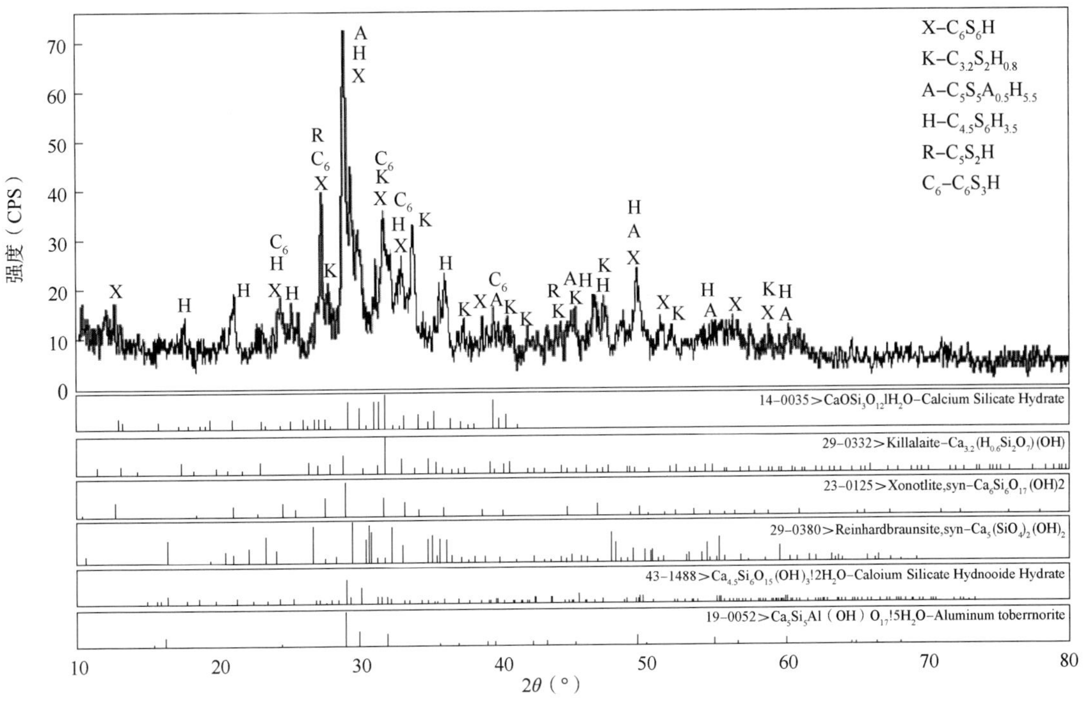

图 3.48　200℃48h 加 30%硅砂水泥 XRD 图谱及产物

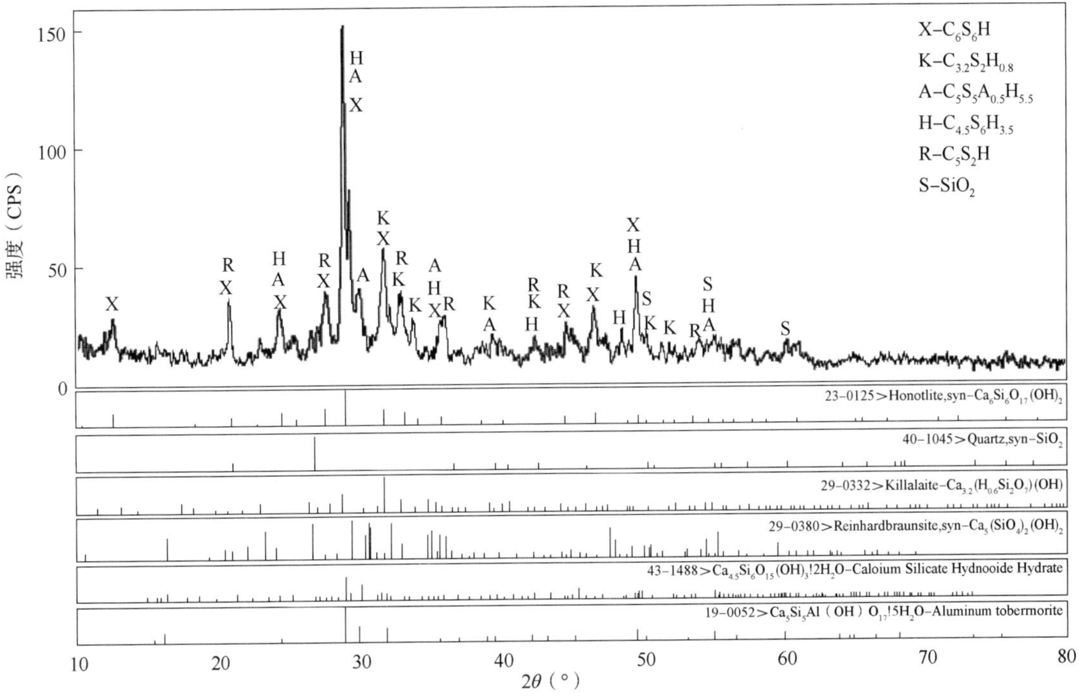

图 3.49　200℃48h 加 40%硅砂水泥 XRD 图谱及产物

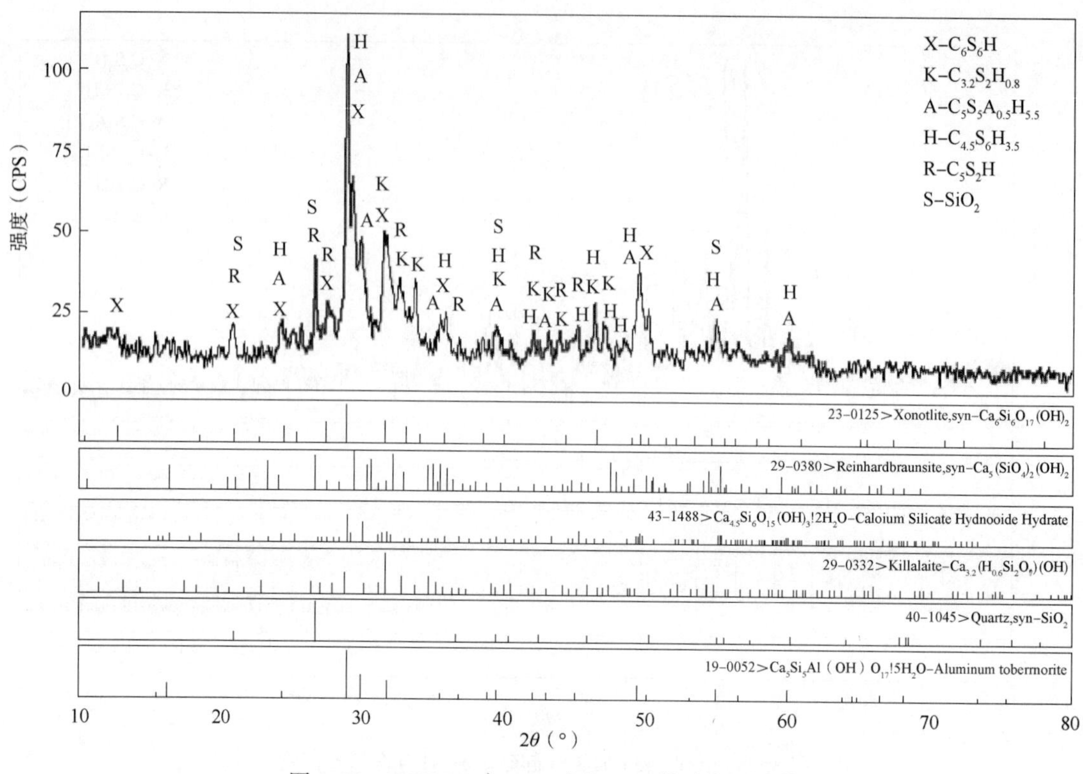

图 3.50　200℃48h 加 30%硅砂、5%微硅水泥图谱

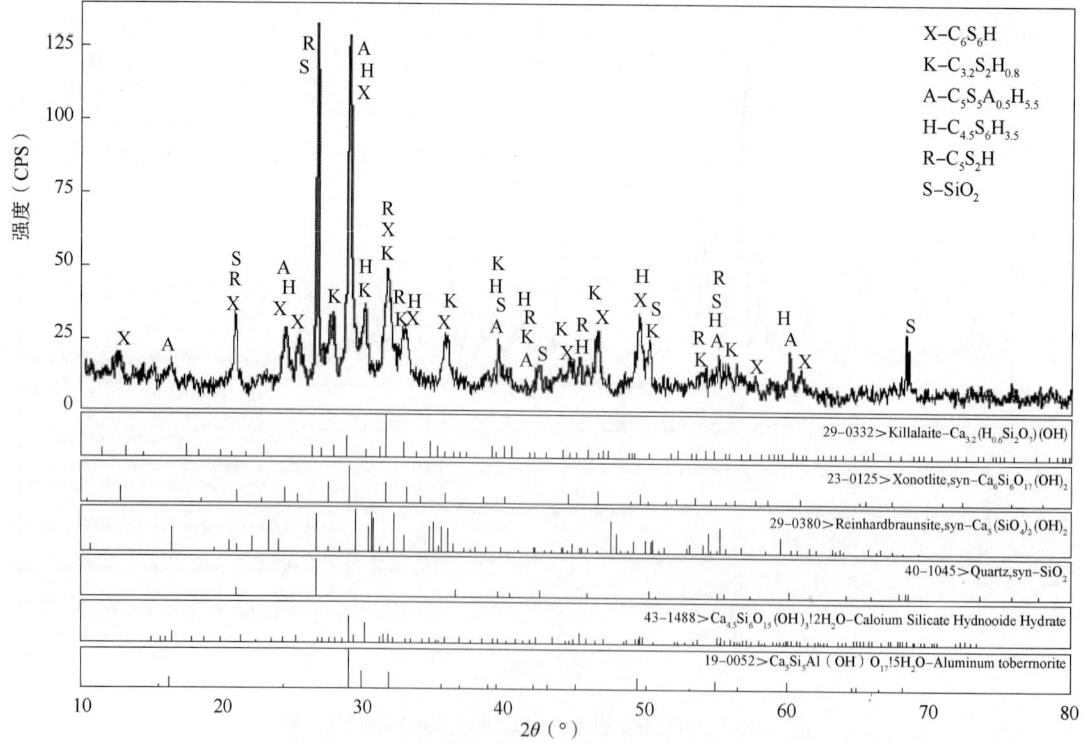

图 3.51　200℃养护 48h 加 60%硅砂水泥 XRD 图谱

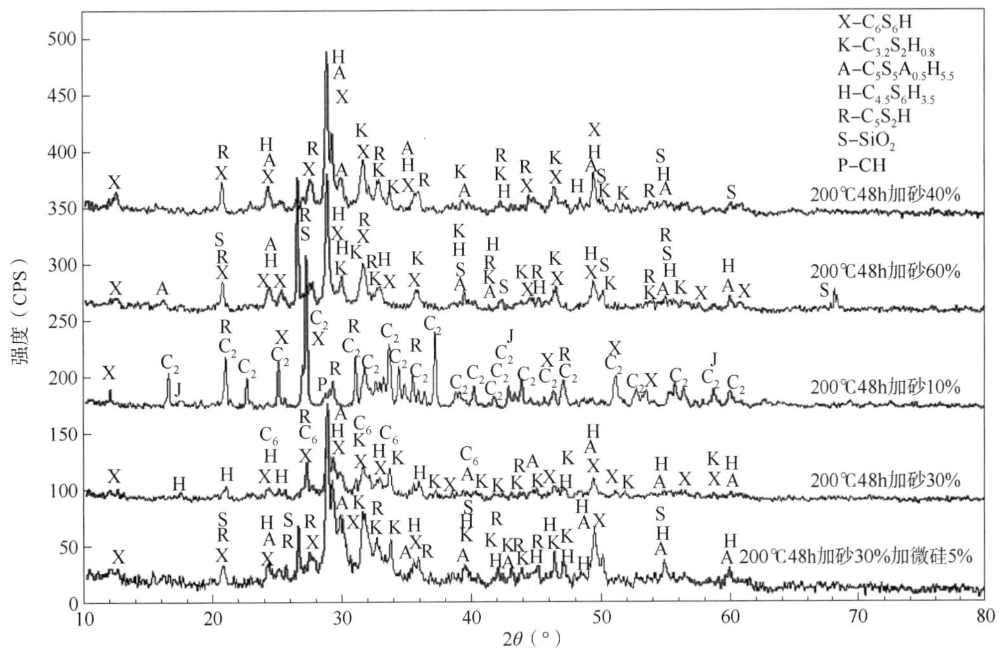

图3.52 200℃48h不同质量分数硅砂水泥图谱对比

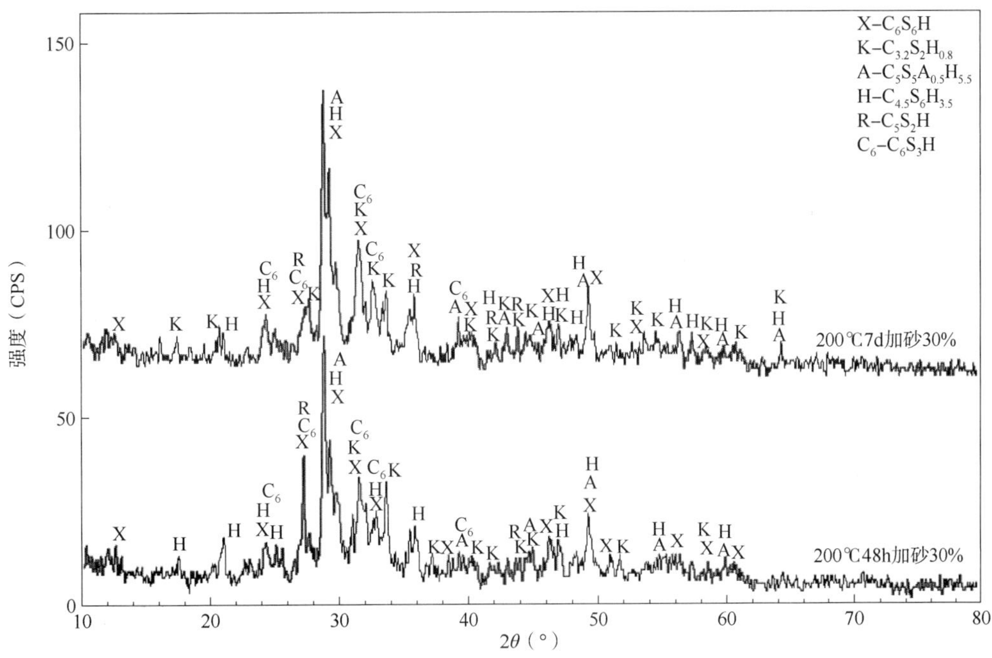

图3.53 200℃不同养护时间加砂30%图谱对比

养护温度升高到210~240℃时，硅砂质量分数为30%、40%、50%的浆体养护48h、甚至15d时，水化产物与200℃养护48h时的产物相同，产物组成不随养护时间、温度的变化而变化(图3.54至图3.56)。

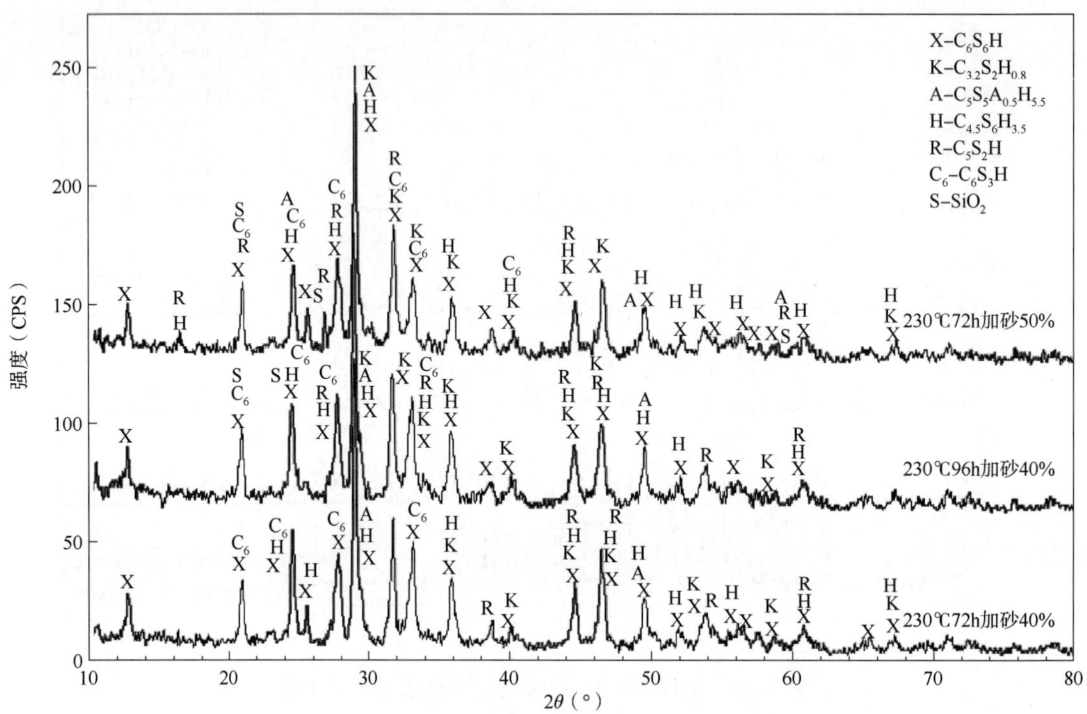

图 3.54　230℃不同养护时间、加砂量水泥图谱对比

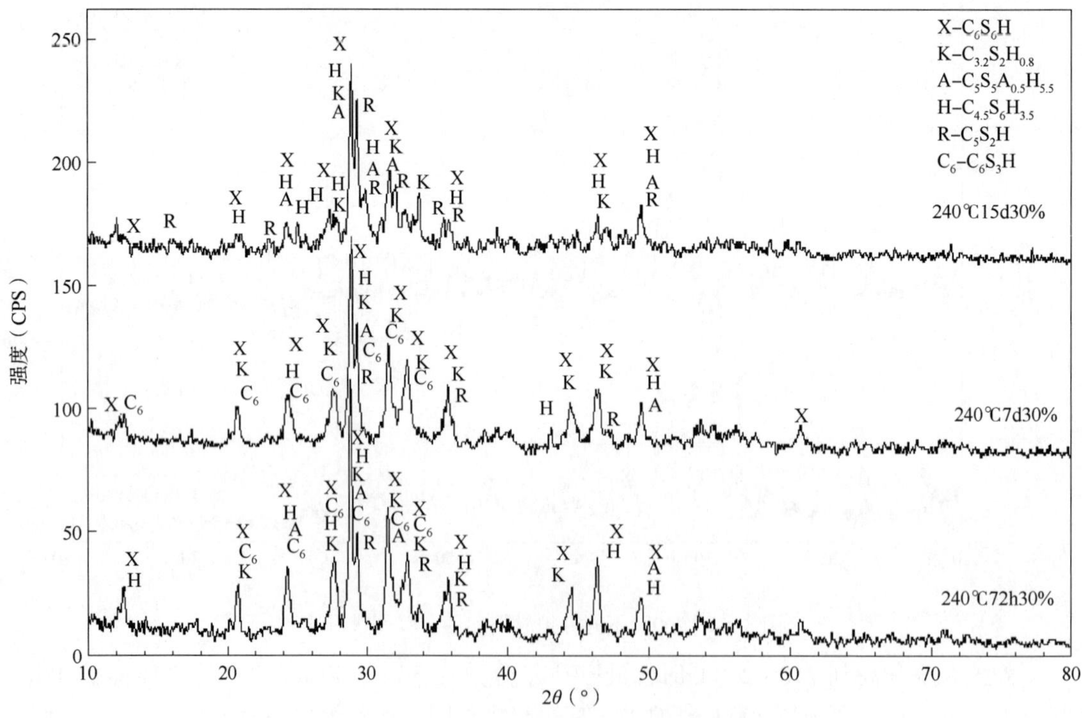

图 3.55　240℃不同养护时间 30%硅砂水泥图谱对比

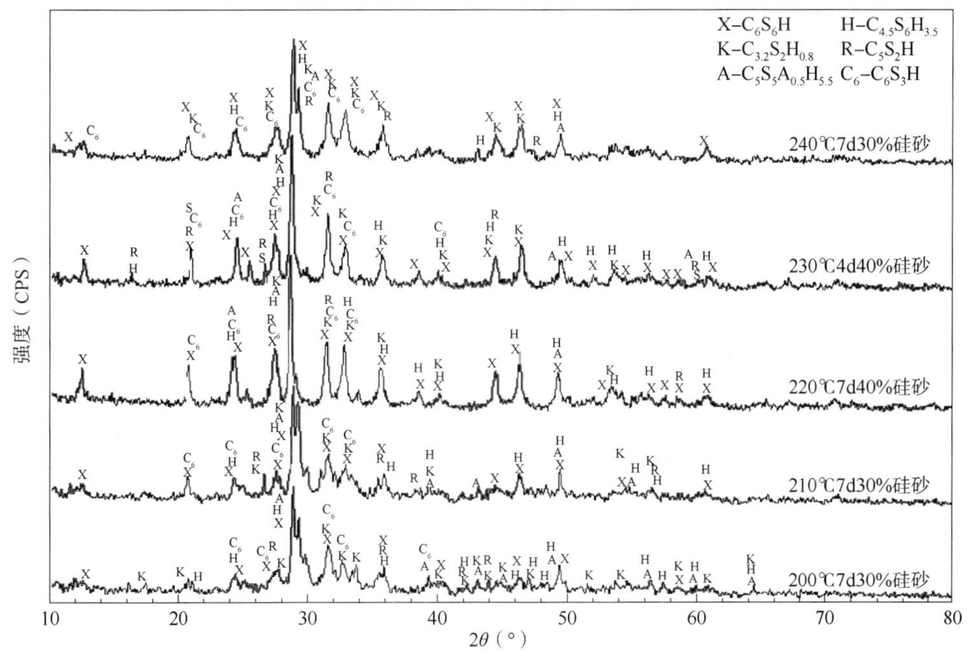

图 3.56　不同温度条件下加硅砂 G 级水泥 XRD 图谱对比

上述结果进一步说明，高温在加硅砂水泥的水化产物演化中起到的两个方面的作用。一方面是高温能有效提高 SiO_2 参与反应速度，在特定的温度及质量分数加量条件下，SiO_2 参与反应快，大致在 48h 左右大部分的 SiO_2 即能够完成与产物的火山灰反应作用，在此前提下从物相组成定性分析的角度来看，单纯增加硅砂质量分数、养护时间并不会对新生产物的物相组成带来根本性改变。另一方作用是高温下 SiO_2 与 C_2SH、CH、$C_6S_2H_3$ 等相关产物发生作用产生多聚硅酸根类产物。如斜水硅钙石 $C_{3.2}S_6H_{0.8}$［$Ca_{3.2}(H_{0.6}Si_2O_7)(OH)$］（二聚硅酸根［$Si_2O_7$］$^{6-}$）、硬硅钙石 C_6S_6H［$Ca_6Si_6O_{17}(OH)_2$］（硅酸根［Si_6O_{17}］$^{10-}$）、含铝雪硅钙石 $C_5S_5A_{0.5}H_{5.5}$［$Ca_5Si_5Al(OH)O_{17}\cdot 5H_2O$］（硅酸根［$Si_6O_{17}$］$^{10-}$）、水化硅酸钙 $C_{4.5}S_6H_{3.5}$［$Ca_{4.5}Si_6O_{15}(OH)_3\cdot 2H_2O$］（硅酸根［$Si_6O_{15}$］$^{6-}$）、$C_6S_3H$［$Ca_6Si_3O_{12}\cdot H_2O$］（硅酸根［$Si_3O_{12}$］$^{6-}$）等产物。含铝雪硅钙石 $C_5S_5A_{0.5}H_{5.5}$ 是由于高温条件下铝离子进入了雪硅钙石 $C_5S_6H_5$ 的网络结构后形成的。当铝进入雪硅钙石的网络结构后，其稳定温度可以达到 250℃。有研究资料表明，多聚合度硅酸根产物的形成与高温条件密切相关，高温下随着温度的增高水泥水化产物硅酸根多聚体增多，这一研究结论与上述结果具有一致性。

研究结果表明，高温条件下水泥的水化产物不仅与添加含有活性 SiO_2 一类物质的加量有关，同时与添加物料的粒度有关，其主要变化在于产物中所生成的硬硅钙石 C_6S_6H 和斜水硅钙石 $C_{3.2}S_6H_{0.8}$ 的含量变化。上述检测试验中所采用的硅砂粒度为 50~100μm，其粒度范围较宽，其中部分颗粒的粒度与所加的微硅在粒度上相近，因此，添加不同粒径硅砂或微硅时（图 3.50、图 3.57、图 3.58），产物的组成并未发生明显变化，只能够观察到 $C_{3.2}S_6H_{0.8}$ 的特征峰强度有所减弱，这可能是由于微硅粒度较细，其所产生对应产物主要为 C_6S_6H 而导致 $C_{3.2}S_6H_{0.8}$ 的含量相对降低所造成的。

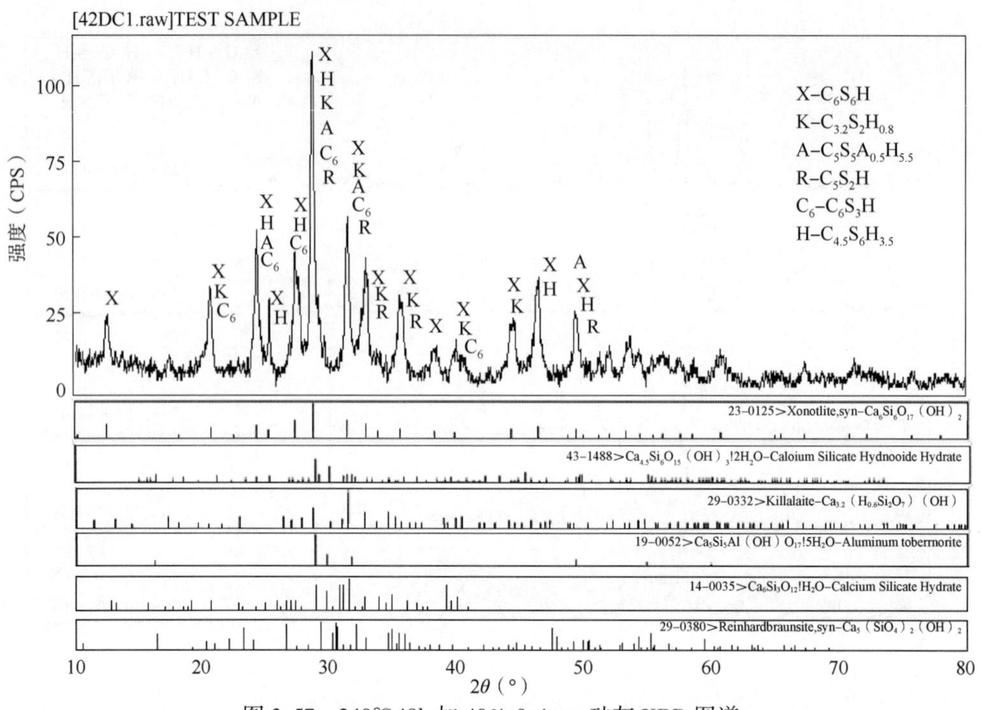

图 3.57　240℃48h 加 40% 0.1mm 硅灰 XRD 图谱

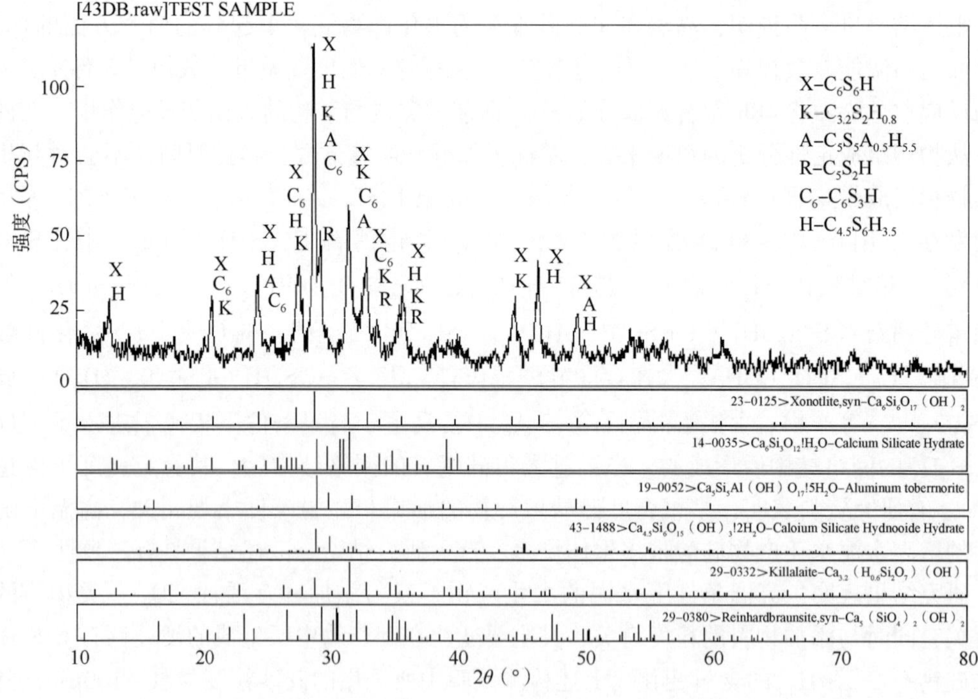

图 3.58　240℃72h 加 30% 50μm 微硅 XRD 图谱

上述结果表明，当向水泥中加入硅砂时，温度对硅砂参与反应的速度影响显著。温度在 90~110℃养护 48h 时间内，硅砂未能有效地参与反应而产生出新的产物，硅砂颗粒以原始形态填充在硬化水泥石内；但在温度 110℃养护 7d 时，硅砂质量分数为 30%加砂条件下，出现了少量的雪硅钙石 $C_5S_6H_5$。在温度达到 150℃养护 48h 条件下，当硅砂质量分数达到 20%时，$Ca(OH)_2$ 和 C_2SH 的含量进一步降低，产生了 $C_5S_6H_5$；当加量为 30%时，大部分 C_2SH 已转化为 $C_5S_6H_5$。雪硅钙石 $C_5S_6H_5$ 的稳定温度为 150℃，温度超过 150℃后雪硅钙石 $C_5S_6H_5$ 将发生脱水而转变为硬硅钙石 C_6S_6H。温度达到 160℃时，在 10%的加砂条件下即出现了少量的硬硅钙石 C_6S_6H，当加砂量增大到 20%时，产物中大部分 $C_5S_6H_5$ 转化为 C_6S_6H，出现了少量 $C_5S_6H_5$ 与大量 C_6S_6H 共存的现象。此后随温度的继续增高至 170℃后，主要产物中并不再存在 $C_5S_6H_5$，表明 $C_5S_6H_5$ 已全部转化为 C_6S_6H（图 3.59）。在更高的温度范围（200~240℃），加硅砂水泥硬化体中多聚硅酸根产物增多，同时由于铝离子嵌入 $C_5S_6H_5$ 内形成含铝雪硅钙石 $C_5S_5A_{0.5}H_{5.5}$ 提高了稳定温度，使该温度范围的主要水化产物组成为：斜水硅钙石 $C_{3.2}S_6H_{0.8}$、硬硅钙石 C_6S_6H、含铝雪硅钙石 $C_5S_5A_{0.5}H_{5.5}$、多聚硅酸根水化硅酸钙 $C_{4.5}S_6H_{3.5}$、C_6S_3H 等产物。上述各条件下加硅砂 G 级油井水泥的主要水化产物随温度的演化情况可汇总于表 3.2。

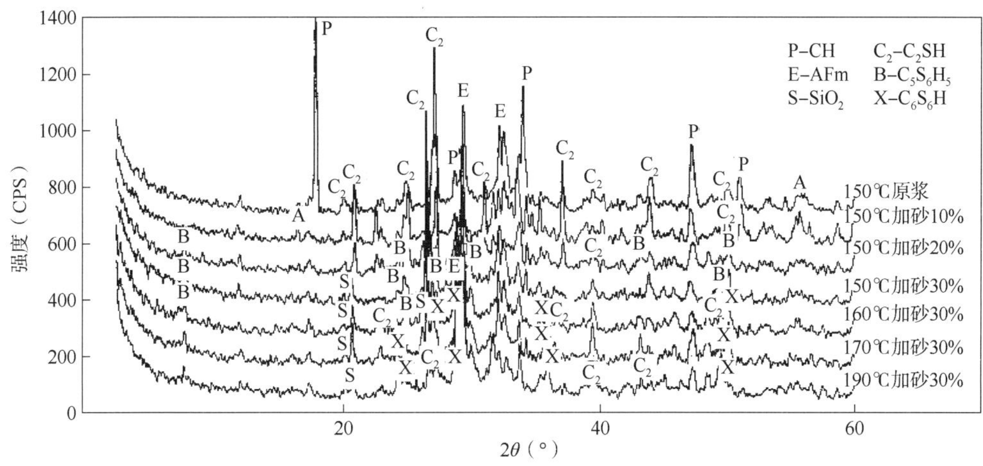

图 3.59　不同温度养护 48h 条件下 G 级水泥原浆及加砂水泥产物图谱对比

表 3.2　不同温度条件下加硅砂 G 级水泥的主要水化产物组成

温度(℃)	养护时间	主要产物组成	加砂量
90	24	CH　AFm　C_2SH_2　CSH(Ⅱ) SiO_2	30%
100	24h	CH　AFm　C_2SH_2　SiO_2	10%、20%、30%
105	24h	CH　AFm　C_2SH_2　SiO_2	10%、20%、30%
	48h	CH　AFm　C_2SH_2　SiO_2	10%、30%
110	24h	CH　AFm　C_2SH_2　$C_3S_2H_3$　CSH(Ⅱ)SiO_2	10%、20%、30%
	48h	CH　AFm　C_2SH_2　$C_3S_2H_3$　CSH(Ⅱ)SiO_2	10%、20%、30%
	48h	CH　AFm　C_2SH_2　$C_3S_2H_3$　CSH(Ⅱ)SiO_2	25%
		CH　AFm　C_2SH_2　$C_3S_2H_3$　CSH(Ⅱ)SiO_2	25%(加胶乳)
	7d	CH　AFm　C_2SH_2　$C_3S_2H_3$　$C_5S_6H_5SiO_2$	30%
150	48h	CH　AFm　C_2SH　SiO_2	10%
		CH　AFm　C_2SH　$C_5S_6H_5SiO_2$	20%、30%
		CH　AFm　C_2SH　$C_5S_6H_5$ SiO_2	35%、25%(加胶乳)

续表

温度(℃)	养护时间	主要产物组成	加砂量
160	48h	CH AFm C_2SH C_6S_6H	10%
		CH AFm C_2SH $C_5S_6H_5$ C_6S_6H SiO_2	20%、30%
		CH AFm $C_2SHC_5S_6H_5$ C_6S_6H SiO_2	35%、25%(加胶乳)
170	24h	CH AFm $C_2SHC_6S_6H$ SiO_2	10%
		CH AFm $C_2SHC_6S_6H$ SiO_2	20%、30%
	48h	CH AFm $C_2SHC_6S_6H$ SiO_2	10%
		CH AFm $C_2SHC_6S_6H$ SiO_2	20%、30%
190	48h	CH AFm $C_2SHC_6S_6H$ SiO_2	10%
		CH AFm $C_2SHC_6S_6H$ SiO_2	20%、30%
200	48h	$C_5S_2HC_2SHC_5S_5A_{0.5}H_{5.5}$ C_6S_6H $C_6S_2H_3$	10%
		C_5S_2H $C_{3.2}S_6H_{0.8}$ $C_5S_5A_{0.5}H_{5.5}$ C_6S_6H $C_{4.5}S_6H_{3.5}C_6S_3H$	20%、30%、30%+5%微硅
		C_5S_2H $C_{3.2}S_6H_{0.8}$ $C_5S_5A_{0.5}H_{5.5}$ C_6S_6H $C_{4.5}S_6H_{3.5}C_6S_3H$ SiO_2	60%
	7d	C_5S_2H $C_{3.2}S_6H_{0.8}$ $C_5S_5A_{0.5}H_{5.5}$ C_6S_6H $C_{4.5}S_6H_{3.5}C_6S_3H$	30%
210	7d	C_5S_2H $C_{3.2}S_6H_{0.8}$ $C_5S_5A_{0.5}H_{5.5}$ C_6S_6H $C_{4.5}S_6H_{3.5}C_6S_3H$	30%
220	7d	C_5S_2H $C_{3.2}S_6H_{0.8}$ $C_5S_5A_{0.5}H_{5.5}$ C_6S_6H $C_{4.5}S_6H_{3.5}C_6S_3H$	40%
230	72h、96h	C_5S_2H $C_{3.2}S_6H_{0.8}$ $C_5S_5A_{0.5}H_{5.5}$ C_6S_6H $C_{4.5}S_6H_{3.5}C_6S_3H$	40%
	72h	C_5S_2H $C_{3.2}S_6H_{0.8}$ $C_5S_5A_{0.5}H_{5.5}$ C_6S_6H $C_{4.5}S_6H_{3.5}C_6S_3H$ SiO_2	50%
240	48h	C_5S_2H $C_{3.2}S_6H_{0.8}$ $C_5S_5A_{0.5}H_{5.5}$ C_6S_6H $C_{4.5}S_6H_{3.5}C_6S_3H$	40%、40%0.1mm、40%50μm
	72h、7d、15d	C_5S_2H $C_{3.2}S_6H_{0.8}$ $C_5S_5A_{0.5}H_{5.5}$ C_6S_6H $C_{4.5}S_6H_{3.5}C_6S_3H$	30%、40%

此外，当向水泥中加入胶乳等一类外加剂时，各不同养护条件下水泥水化产物的组成并未发生改变，但其通过影响水泥水化反应的速度及填充产物间空隙、与产物联结搭桥等作用而改变水泥石的孔隙结构、渗透率及水泥石的韧性等性能(图 3.60)。

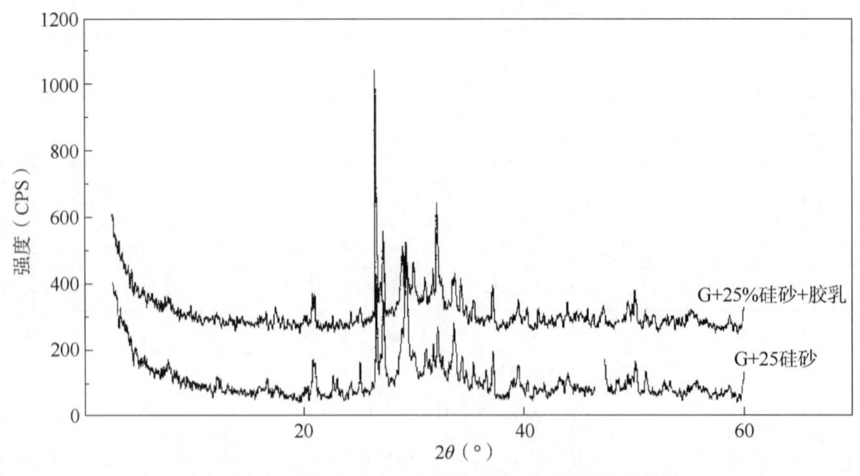

图 3.60　150℃48h25%硅砂水泥加入胶乳前后变化

上述结果表明，对于G级油井水泥原浆，其在110℃以内的主要水化产物为：C_2SH_2、CSH(Ⅱ)、$C_3S_2H_3$、$Ca(OH)_2$、$3C_3A \cdot CaSO_4 \cdot 12H_2O$。当温度超过110℃后，所形成的凝胶产物$C_2SH_2$、CSH(Ⅱ)、$C_3S_2H_3$将不再稳定，随温度升高发生高温脱水、硅酸根聚合等作用而相继转化为水化硅酸二钙C_2SH、水化硅酸三钙$C_6S_2H_3$和粒硅钙石C_5S_2H。

高温条件下，向水泥中添加硅砂、微硅等含有活性SiO_2的材料时，在适宜的温度条件下SiO_2具有较高反应活性，能有效改善溶液组分钙硅比，吸收水泥水化溶液中产生的CH，导致硅砂颗粒表面形成富硅缺钙层，进而通过进一步从溶液中争夺水合钙离子及与初期水化产物反应而形成结晶较紧密的一类CSH凝胶。这种凝胶在高温时是不稳定的(因此可视为一种中间产物)，其将转变成为新生相雪硅钙石$C_5S_6H_5$(稳定温度约为150℃)、硬硅钙石C_6S_6H及含铝雪硅钙石$C_5S_5A_{0.5}H_{5.5}$等。随着SiO_2参与反应及形成的$C_5S_6H_5$、C_6S_6H及$C_5S_5A_{0.5}H_{5.5}$的含量的增加，产物中CH、C_2SH等的含量将极大地削减，原浆水泥石的物相组成得到了改善，因而有效地保证了水泥石的良好胶结结构和强度。这种水泥石物相组成的变化与改善程度与温度、养护时间及添加材料的质量分数等有关。

有关SiO_2参与反应过程中在SiO_2表面最初形成的中间产物CSH凝胶的描述，不同的学者的研究成果略有不同，如：E. Grabowski & J. E. Gilott等认为其结构更适合于用CSH(Ⅰ)型凝胶描述，而丁树修等人则认为该初期水化中间产物为高强度低碱度的CSH(B)凝胶。根据上述水化产物检测分析结果，在超过110℃等温度条件下没有检测出这种中间产物的存在，因而有理由认为其在110℃后即发生了晶相转变，而由于转变的最终产物为$C_5S_6H_5$及C_6S_6H，所以上述条件下很可能产生的最初产物为钙硅比为1~1.5的CSH(Ⅰ)凝胶。

3.2 固井水泥石微观结构高温演化规律

水泥的水化是熟料组分、硫酸钙和水发生交错的化学反应，反应的结果导致水泥浆体发生稠化和硬化。稠化过程是指浆体从浓悬浮液的絮凝系统变为一种能承受一定应力的黏弹性骨架固体，并在短期内不会发生大的变形的结果。随后浆体孔隙率降低并形成一种复杂的弹性和脆性物质，此即为水泥浆体的硬化。水泥浆的稠化和硬化是一种化学—物理过程，这一过程使其基本的力学性能得到发展。

在常温下硬化的水泥石，通常是由未水化的水泥熟料颗粒、水泥的水化产物、水和少量空气，以及由水和空气占有的孔隙所组成。因此硬化水泥是一种黏结的基质材料，它本身就是一种复合材料，属于固—液—气三相多孔体系。水泥石的性能则最终取决于这些组成的性质、相对含量及它们之间的相互作用关系即显微结构。

水化水泥的数量决定于水泥的水化程度。而水化产物的组成和结构又主要决定于水泥熟料矿物的性质及水化硬化的环境。高温条件下，水泥水化物高温脱水与分解以及硅砂外掺料等作用下，不仅直接改变水泥石材料组分，改变水泥石的孔结构、孔隙率和水泥石中的含水量(包括自由水、水化产物层间水、水化产物结合水)，同时必将改变水泥石的微观结构形貌。上述这些改变是造成水泥石材料物理力学性能劣化的根本原因。因此，探究固井水泥石高温劣化与损伤机理，必须以研究和分析水化物变化特征及规律为基础，深入开展水泥石微细观形貌演化规律研究与分析。本节前述有关水化产物及组成分析为基础，利用扫描电子显微镜(SEM)检测结果，分析 80 ~240℃温度范围内水泥石的微观形貌特征，阐述硅砂、胶乳等与其他水化产物的胶结特征。为进一步分析和评价水泥石强度性能劣化提供理论基础。

3.2.1 水泥石物理结构的一般描述

硅酸盐水泥的水化产物按其结晶程度可以粗略地分为两大类：一类是结晶度比较差，晶粒的大小相当于胶体尺寸的水化硅酸钙，它既是微晶质可以彼此交叉和连生，又因为其大小在胶体尺寸范围内而具有凝胶的特性，所以常常根据后者的物理特性，把水化硅酸钙称为凝胶体，简称 CSH 凝胶；另一类为结晶度比较完整、晶粒比较大的一类水化物，如氢氧化钙、水化铝酸钙以及水化硫铝酸钙等。上述两类水化物(凝胶体与晶体)的组成与形态对水泥石的一系列性能有重要影响，凝胶体比率越大，强度越高，反之，毛细孔含量越多，强度越低。

水泥石的孔隙率主要与水泥浆的水灰比、水泥的水化程度有关。而孔隙结构的大小和分布的状况，除与上述因素有关外，还与其他因素如养护温度、养护方法、水泥的矿物组成、外加剂等有关。一般来说按孔隙的大小可以概略地分为凝胶孔、毛细孔以及介于两者之间的过渡孔。凝胶孔是水化硅酸钙胶体粒子内部的孔隙，这种孔隙的尺寸比较小，其孔径一般为 1.5~3nm。凝胶孔一般占凝胶体本身体积的 28%。毛细孔则是水泥—水体系中没有被水化物填充的原来充水空间，这类孔隙的尺寸比较大，其孔径一般大于 200nm。在上述两类孔隙之间有一个从凝胶孔到毛细孔之间的过渡孔，这种过渡孔乃是 CSH 凝胶粒子之间及其他水化物之间的孔隙，其孔径尺寸波动较大。

水泥石中的孔隙通常被各种形式的水填充，一般分为蒸发水和非蒸发水，蒸发水又可分为凝胶水和毛细水，凝胶水填充于凝胶孔中，毛细水则填充于毛细孔中。在持续温升作用下，自由水克服固相表面吸附约束变成水蒸气，逐渐逸出材料，通常在 150℃之前脱水过程会完成。之后随着温度升高，水化物中的化合水脱离化学键束缚，逐渐从材料内部逸出，在 600℃时水化物内各种形式的水大部分释放。

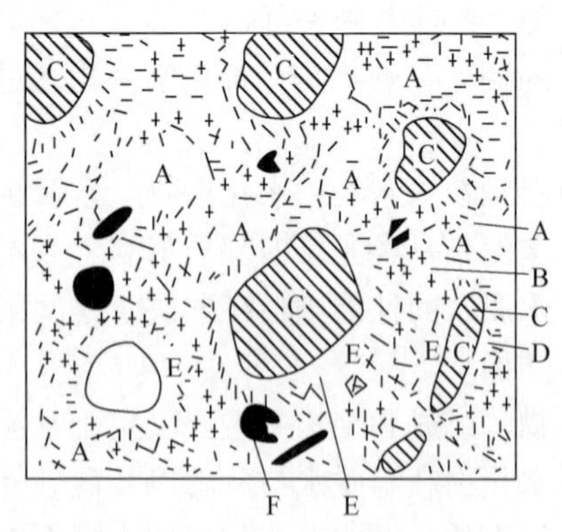

图 3.61 水泥石结构示意图

常温下水泥石的物理结构模型可以用图 3.61 来描述。图中 A 表示毛细孔；B 表示凝胶孔；C 表示水泥未水化部分；D 表示水化凝胶体；E 表示过渡带；F 表示 $Ca(OH)_2$ 等晶体。高温条件下养护所形成的水泥石的物理结构，与图 3.61 所示的常温结构在物理组成上并不会存在本质差别。虽然高温养护条件下，水泥的水化产物有别于常温条件下产生的水化物，并存在水化产物晶型转变、凝胶及晶体脱水等一系列复杂变化，但总体来说仍可视水泥石为由水化产物、孔隙、未水化水泥颗粒组成。

3.2.2 常温下固井水泥石物相的微观结构

固井水泥石的微观结取决于其物相(即水化产物)的组成及结构。水泥石的水化产物及其组成随水化环境及水化时间的不同而发生相应的变化。常温下养护的硅酸盐水泥石的主要水化物组成为 CSH、CH、AFt、AFm、C_xAH_y 等。表 3.3 给出了一种水化龄期为 3 个月(水灰比为 0.5)的水泥石的化学组成。表 3.4 给出了这些水化物之间的大致差别。

表 3.3　水泥石的组成

化　合　物	大概的体积百分比(%)	附　　注
CSH	40	无定形态，包括凝胶内孔
CH	12	结晶相
AFm	16	结晶相
UFC(未水化水泥)	8	
孔隙	24	取决于水灰比

表 3.4　水泥水化产物的比较

化合物	相对密度	典型的形态	典型的尺寸
CSH	2.1~2.6	多变的	约 0.1μm
CH	2.24	等分的晶体	0.01~0.1mm
AFt	约 1.75	棱形针状物	10×1μm
AFm	1.95	薄六边形的片状或不规则的“蔷薇状共晶组织”	1×0.1μm

3.2.2.1　水泥水化物的凝胶相及结构

水泥水化物凝胶相主要是指硅酸盐水泥水化所形成的主要水化产物 CSH 凝胶。浆体水化成所形成的 CSH 凝胶，基本上是无定形的。在相当纯的系统中，水化所形成的 CSH 是短程有序的，因而它与水泥浆体中所形成的 CSH 并不完全相同。水泥浆体中形成的 CSH 可以吸附大量的氧化物杂质而形成固溶体，如硫酸盐可以结合到 CSH 和 CH 中去，从而降低了硫酸盐对其他反应的有效性。同样，在 CSH 中还发现过铝、铁、碱，可能还有其他的物质。现有相关研究结果表明，水泥中的硫酸盐、铝和铁约有总量的 50%结合到 CSH 中，而不是与 AFt 和 AFm 相结合，这一点与由纯矿物研究获得的结果是一致的。因此，CSH 的组成是很不固定的，它随一系列因素的变化而改变。水泥界通常以钙硅比(C/S)和水硅比(H/S)作为表征 CSH 凝胶的化学组成的两个主要指标来表示总体组分，其范围一般为 1.5~1.7。

大量实验研究表明，常温条件下，水化温度对 CSH 凝胶组成的影响并不十分显著；而水灰比对 CSH 凝胶的影响较明显。由于 CSH 凝胶组成的变化与氢氧化钙的进入或脱离有关，因此水固比降低时，CSH 凝胶的 C/S 及 H/S 提高，且 H/S 比 C/S 小 0.5 左右。

水泥水化过程中，由于液相中有铝、铁、硫等离子的存在，因此在 CSH 凝胶中有少量铝离子进入结构代替硅，而且 Al_2O_3 取代 SiO_2 的数量与 CSH 凝胶中 C/S 比等有关(图 3.62)。随着 CSH 凝胶体 C/S 比的提高，Al_2O_3 取代 SiO_2 的量增加。此外，由于石膏的存在，硫酸盐也要进入 CSH 凝胶体的结构中，其进入的量也与凝胶体中 C/S 比有关。SO_3 取代 SiO_2 的量也随 C/S 比的提高而增加(图 3.63)，而水泥浆硬化体的强度则会随着 CSH 凝胶中硫酸盐的含量的提高而降低(图 3.64)。

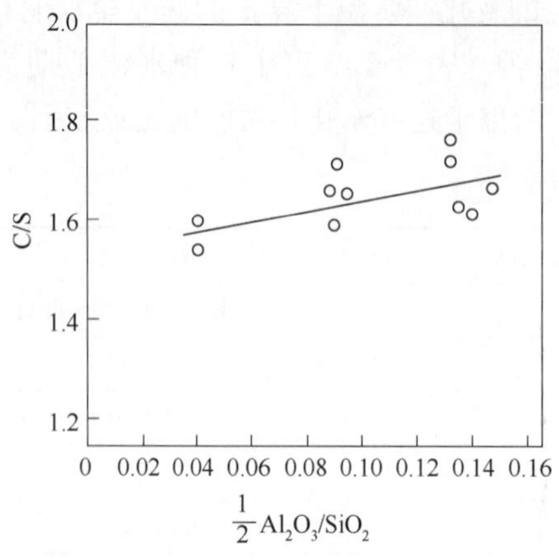

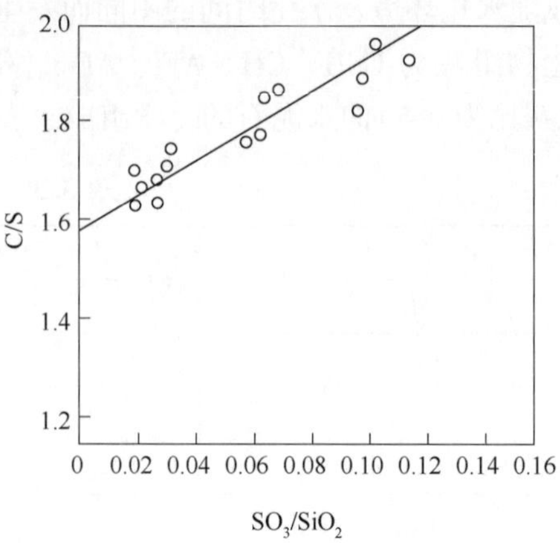

图 3.62 Al_2O_3 取代量与凝胶体 C/S 的关系　图 3.63 SO_3 取代 SiO_2 的量与凝胶体 C/S 的关系

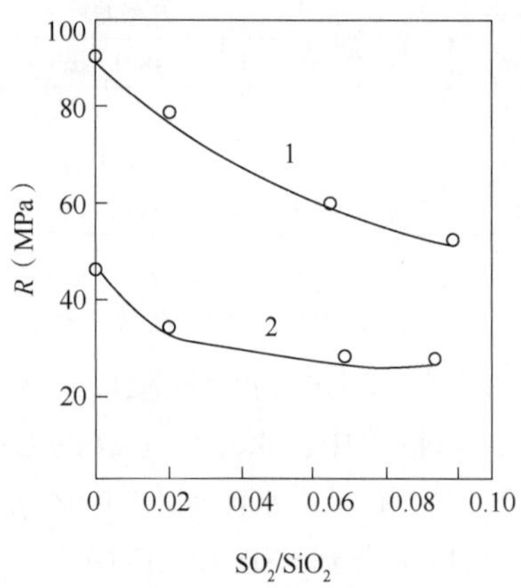

图 3.64 C_3S 浆体的强度与凝胶中 SO_3 含量的关系

1—C_3S 水化程度 90%；

2—C_3S 水化程度 75%

水泥熟料中，C_3S 和 C_2S 水化时，溶液中首先溶出离子和单硅酸根离子，而硅酸根随水化过程的进行而不断聚合，所以，CSH 凝胶是由不同聚合度的硅酸根与钙离子组成的水化物。泰勒(Taylar)等人用三甲基硅烷化法测定了长期水化(1.8~6.3 年)的 C_3S 和硅酸盐水泥浆体中不同聚合度的硅酸根所占的比例(表 3.5)。

影响水泥浆体中硅酸根聚合度的因素有很多，其中最主要的是水化龄期、水化温度及 CSH 的组成。一般的规律是：随着水化龄期的增长，单聚硅酸根迅速减少，多聚硅酸根迅速增加；而在其他条件不变时，随着水化温度的提高，多聚物增多，低聚物减少；当 CSH 中的(C+H)/S 提高时，多聚物减少，而当 CSH 中存在 Al^{3+}、Fe^{3+}、SO_4^{2-} 等掺杂离子时，硅酸根的聚合度也会降低。

表 3.5　长期水化水泥浆体中不同聚合度的硅酸根含量

聚合度	水泥浆体(%)	C_3S 浆体(%)
单聚硅酸根$[SiO_4]^{4-}$	9~11	2
二聚硅酸根$[Si_2O_7]^{6-}$	22~32	36
多聚硅酸根$[Si_xO_y]^{n-}$	40~50	47

用扫描电子显微镜(SEM)观测水泥水化产物微观形貌时，可以发现水泥水化产物中的 CSH 有各种不同的形貌。按照其所呈现的形状、形态，通常将其分为四种类型(图 3.65~图 3.68)，即Ⅰ型、Ⅱ型、Ⅲ型和Ⅳ型 CSH 凝胶，分别表示为：CSH(Ⅰ)、CSH(Ⅱ)、CSH(Ⅲ)和 CSH(Ⅳ)。

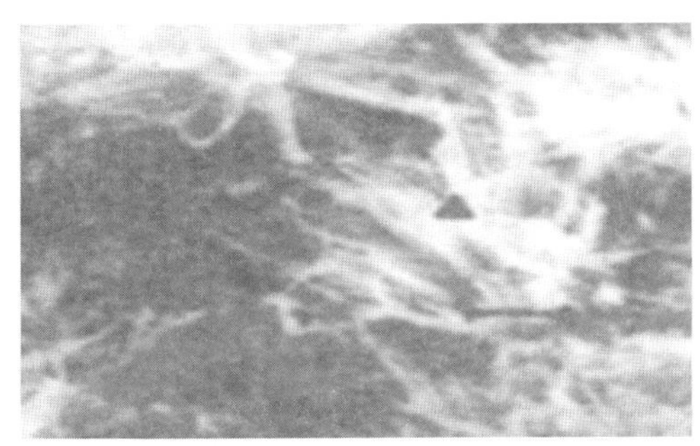

图 3.65　CSH(Ⅰ)型凝胶 SEM 图像

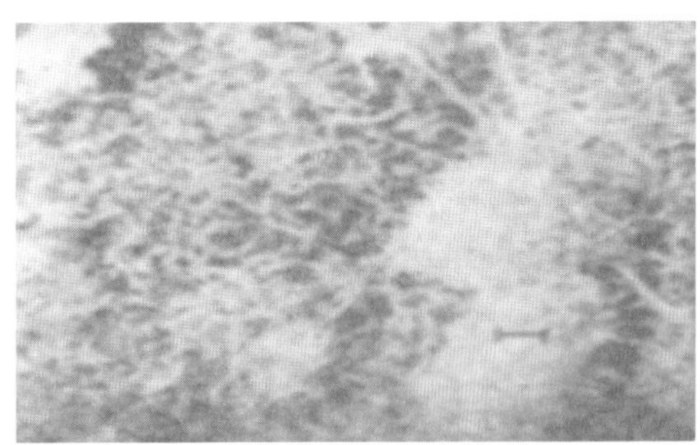

图 3.66　CSH(Ⅱ)型凝胶 SEM 图像

图 3.67　CSH(Ⅲ)型凝胶 SEM 图像

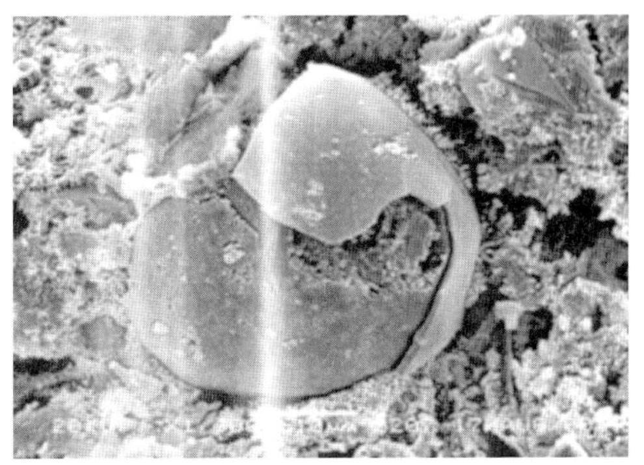

图 3.68　CSH(Ⅳ)型凝胶 SEM 图像

CSH(Ⅰ)为纤维状粒子(图 3.65)，是水化早期从水泥颗粒向外辐射生长的细长条状物质，长 0.5~2μm，宽小于 0.2μm，通常在尖端上有分叉现象。亦可能呈现板条状或卷箔状薄片、棒状、管状等形态。CSH(Ⅱ)为网络状粒子(图 3.66)，它是由许多小的粒子互相接触而形成的互相连锁的网状构造。这些小粒子是具有与Ⅰ型粒子大体相同的长条形粒子，每个粒子在生长过程中往往每隔 0.5μm 就分叉，而叉开的角度相当大，这样，随着粒子的生成，粒子间的叉枝相互交结而形成一个连续的互相连结的三维空间网。CSH(Ⅲ)为大而不规则的等大粒子或扁平粒子(图 3.67)，这种粒子一般≤0.3μm。它在水泥浆体中占有相当数量。这种粒子要到水泥水化进行到相当程度时才出现，而且水泥石中形成的 $Ca(OH)_2$ 结晶(呈六角片状宽约几十微米)常常插入在这类凝胶体中。CSH(Ⅳ)为"内部产物"(图 3.68)，它存在于水泥粒子原来边界的内部，与其他水化产物的外缘保持紧密接触。其外观呈绉状，具有正规的孔隙或紧密集合的等大粒子。典型的颗粒尺寸或孔隙为 0.1μm 左右，这种内部水化产物在水泥石中一般不易观察出。

显然，影响水化硅酸钙凝胶体形态的因素是很复杂的。但是最主要的因素是水泥水化阶段以及水化环境(包括水化温度、水溶液中组成及其他条件)。即水化产物在不同的水化阶段、不同的水化环境中有不同的形态。

前述分析表明，水泥熟料中的阿利特(C_3S)和贝利特($\beta-C_2S$)是高温下稳定常温下介稳的矿物，其水化产物主要是一类结晶度很差，其大小相当于胶体尺寸的水化硅酸钙凝胶(CSH)。它是一种由不同硅酸根聚合度的水化产物组成的近程有序远程无序的层状固态凝胶。当水化温度提高时，水化硅酸钙的半结晶相和结晶相与 C/S 比值有关。可以将

C/S=0.8~1.5的半结晶相较准确地描述为 CSH(Ⅰ)；如果 C/S>1.5，其半结晶相可以表述为 CSH(Ⅱ)。与 CSH(Ⅰ)及 CSH(Ⅱ)在结构上相似的结晶相是托贝莫来石(1.4nm tobermorite)与杰莱特(jenite)它们彼此之间的结构参数十分接近(表 3.6)。泰勒等人对合成的 CSH(Ⅰ)和 CSH(Ⅱ)进行了粉末 X 射线衍射研究，其结果见表 3.7。图 3.69 给出了他们对室温下水化 23 年的 β-C_2S 浆体所做的 XRD 曲线。

表 3.6　凝胶的结构参数

相	摩尔比			晶胞结构参数					
	CaO	SiO_2	H_2O	a(nm)	b(nm)	c(nm)	α	β	γ
Tobermorite (1.4nm)	5	5.5	9	0.5264	0.3670	0.2797	90°	90°	90°
CSH(Ⅰ)	5	5	6	0.560	0.364	0.250	90°	90°	90°
Jenite	9	6	11	0.996	0.364	0.2136	91.8°	101.8°	89.6°
CSH(Ⅱ)	9	5	11	0.993	0.364	0.2036	90°	106.1°	90°

表 3.7　CSH(Ⅰ)和 CSH(Ⅱ)XDR 实验数据

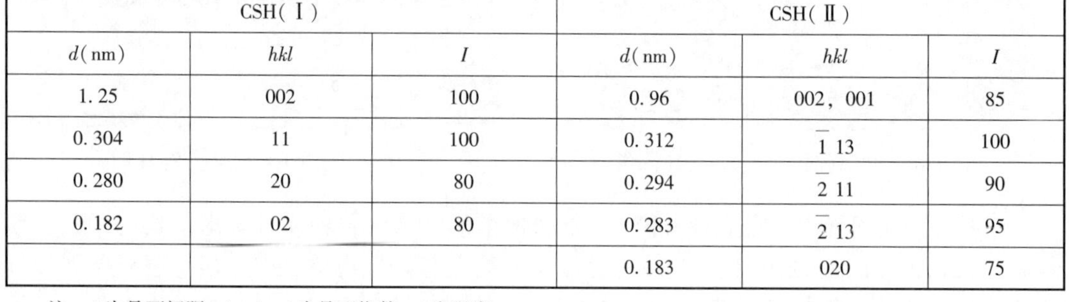

CSH(Ⅰ)			CSH(Ⅱ)		
d(nm)	hkl	I	d(nm)	hkl	I
1.25	002	100	0.96	002，001	85
0.304	11	100	0.312	$\bar{1}13$	100
0.280	20	80	0.294	$\bar{2}11$	90
0.182	02	80	0.283	$\bar{2}13$	95
			0.183	020	75

注：d 为晶面间距；h，k，l 为晶面指数；I 为强度。

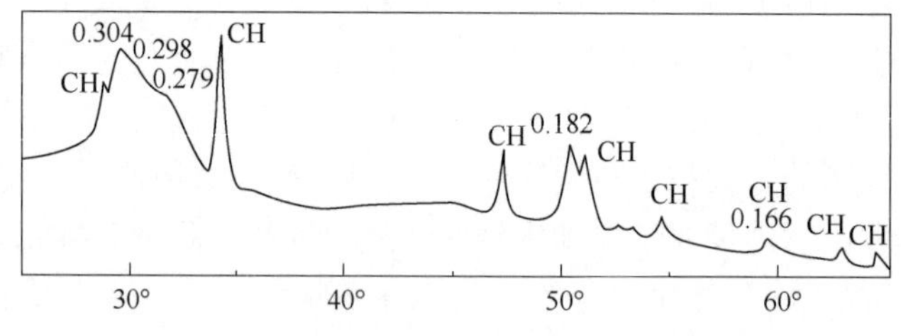

图 3.69　水化 23 年的 β-C_2S 浆体的 XRD 图谱

对比表 3.7 及图 3.69 不难看出，在已水化 23 年的 β-C_2S 浆体中，除了 $Ca(OH)_2$ 的峰值外，表征水化硅酸钙的衍射峰为 0.304、0.298、0.279 及 0.182nm。可以认为它们是 CSH(Ⅰ)(0.304、0.182)和 CSH(Ⅱ)(0.298、0.279)的混合相。因此，泰勒等人把 CSH 凝胶的结构模型描述为托贝莫来石—杰莱特模型。

3.2.2.2　水泥水化物的结晶相及其结构

常温下水泥水化物的结晶相主要有：氢氧化钙 CH[$Ca(OH)_2$]、钙矾石 3CaO · Al_2O_3 · $3CaSO_4$ · $32H_2O$(或 3CaO · Al_2O_3 · $3CaSO_4$ · $31H_2O$)、单硫型水化硫铝酸钙 3CaO · Al_2O_3 · $CaSO_4$ · $12H_2O$ 以及水化铝酸钙如 C_4AH_{13}等。

(1) 氢氧化钙晶体。

水泥石中的氢氧化钙 CH 主要是熟料矿物 C_3S、C_2S 的水化产物。氢氧化钙属于三方晶系，其晶胞尺寸为 $a=0.3593nm$、$c=0.4909nm$。其晶体构造属层状，如图 3.70 所示。该图为 Ca^{2+}、O^{2-} 构成的 CH 八面体框架结构。图 3.70 中每个氧原子周围均由氢原子构成四面体配位(图中没有表示出氢原子的位置)。由于氧原子不在一个平面上，因此采用了两种符号来表示。图 3.70(a)是层状结构中的一个结构层，其构造为彼此联结的 CH 八面体，结构层内为离子键。两个结构层之间为氢键连接，因此连接力较弱。氢氧化钙的层状结构决定了它的片状形态。扫描电子显微镜下，CH 为六角片状晶体。密度为 $2.23g/cm^3$，折射率为 $N_g=1.547$，$N_p=1.547$。由于 CH 的结构和形状，决定了它对水泥石强度贡献是极少的。其层间较弱的连接，可能是水泥石受力时裂缝的发源地。

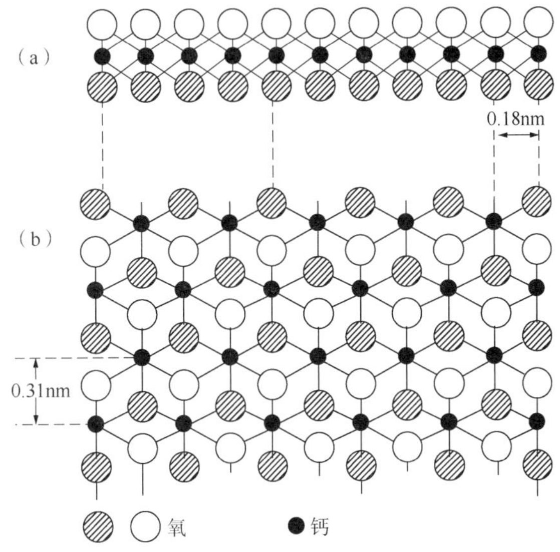

图 3.70　氢氧钙石的结构

(a)正视图；(b)平面图

水泥石中 CH 的扫描电子显微镜 SEM 形貌特征主要有两点：一是呈明显的六角片状形貌，多出现于水泥石的孔坑中，凡露出角必然是 120°(图 3.71)；二是成薄片(或薄板)层状，或有明显平行面呈层状贯穿沉积于 CSH(Ⅲ)凝胶中(图 3.72)。

图 3.71　生长在孔隙中典型的六角片状层状

图 3.72　穿插沉积在 CSH 中的层状 CH 图

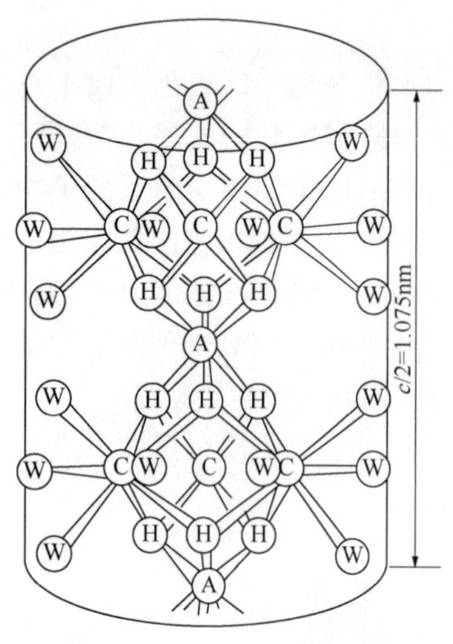

A–Al^{3+}；H–OH^-；C–Ca^{2+}；W–H_2O

图 3.73　钙矾石的结构模型

(2) AFt 相。

钙矾石是典型的 AFt 相，属于三方晶系，层柱状结构，其基本结构单元为$\{Ca_3[Al(OH)_6]\cdot 12H_2O\}^{3+}$，如图 3.73 所示。它是由$[Al(OH)_6]$八面体组成，其周围有三个钙多面体结合。柱状结构单元的可重复的距离为 1.07nm。钙矾石的基本结构是沿轴 c 具有两倍的柱状结构，所以 $c=2.14$nm。平行于轴 c 存在有四个沟槽，在沟槽中含有 SO_4^{2-} 和 H_2O，其中三个沟槽含有 SO_4^{2-}，一个沟槽含有 2 个 H_2O。所以钙矾石的结构式可以写为$\{Ca_6[Al(OH)_6]_2\cdot 24H_2O\}\cdot(3SO_4)\cdot(2H_2O)$，其化学式为：$3CaO\cdot Al_2O_3\cdot 3CaSO_4\cdot 32H_2O$（或 $3CaO\cdot Al_2O_3\cdot 3CaSO_4\cdot 31H_2O$）。其中结构水所占的空间达钙矾石总体积的 81.2%，如以质量计为 45.9%。

从钙矾石的结构式可以看出，钙矾石中的水处于不同的结合状态，因此有不同的脱水温度。钙矾石在约 50℃已开始有少量水脱出，当温度达到 113~144℃后，可变为 8 水钙矾石。当温度升高至 160~180℃，结晶水继续脱出。其完全脱水的温度为 900℃。

在水泥浆体中，有许多阴离子可以与钙、铝、水结合成“三盐”或“高盐”型四元水化物，它们是具有类似钙矾石柱状结构的 AFt 相，其通式为$\{Ca_6[Al(OH)_6]_2\cdot 24H_2O\}\cdot X_n\cdot yH_2O$，式中，X 为沟槽中的离子，$n$ 为离子数，y 为沟槽中的水分子数。见表 3.8。

表 3.8　相的结构$\{Ca_6[Al(OH)_6]_2\cdot 24II_2O\}\cdot X_n\cdot yH_2O$

AFt 相的化合物	沟槽中的离子	n	沟槽中的水分子数 y
$C_3A\cdot 3CaSO_4\cdot 32H_2O$	SO_4^{2-}	3	2
$C_3A\cdot 3CaCl_2\cdot 32H_2O$	$2Cl^-$	3	0
$C_3A\cdot 3Ca(OH)_2\cdot 12H_2O$	$2(OH)^-$	3	0
$C_3A\cdot 3CaCO_3\cdot 30H_2O$	CO_3^{2-}	3	0

图 3.74　孔缝中生长的针状 AFt 相

扫描电子显微镜下 AFt 相的形状多为针状（图 3.74）。它同 CSH 的区别主要可以从尺寸上来判断，AFt 要比 CSH 大得多，长 3~4μm，直径 0.5~1μm。放大后可见等径柱状形貌（图 3.75）。一次钙矾石是以长为 3~4μm 的细棒状出现的，而被外部硫酸盐侵蚀生成的二次钙矾石（亦称次生钙矾石）的形貌还与其生长的条件有关。当晶体生成的空间较大、晶核较少、结晶速度较慢时，可显示出明显的棱柱状形貌，并可见六角形断面（图 3.75）。当晶体生长的环境较复杂，结晶速度较快时，所见钙矾石往往为棱边不明显的等径细长棒（图 3.76）。在熟料水泥中，后一种钙矾石较多。

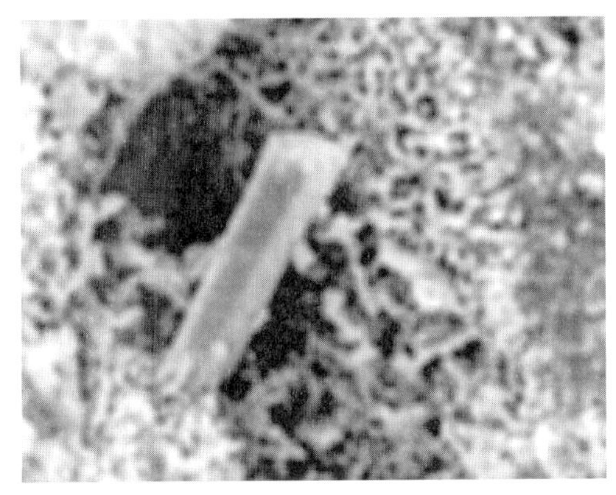

图 3.75　等径棱柱状 AFt 相

钙矾石的形貌还和环境碱度有关。碱度大时，钙矾石生长成为比较细小的晶体，在液相中 CaO 的浓度饱和时甚至其大小可为宽 0.1~0.2μm，长 0.5~1μm 的凝胶颗粒。钙矾石也可以结成网络状，将其放大到足够大时，可见其六棱柱状的断面(图 3.77)。也可呈辐射团状，但其尺寸比 CSH 大得多，在孔缝中容易看到 AFt 的生长(图 3.78)。由于真空、温度等的影响，有大量结晶水的钙矾石可能因局部脱水而变形(图 3.76)。

图 3.76　因脱水等变形棱边模糊的棒状 AFt 相

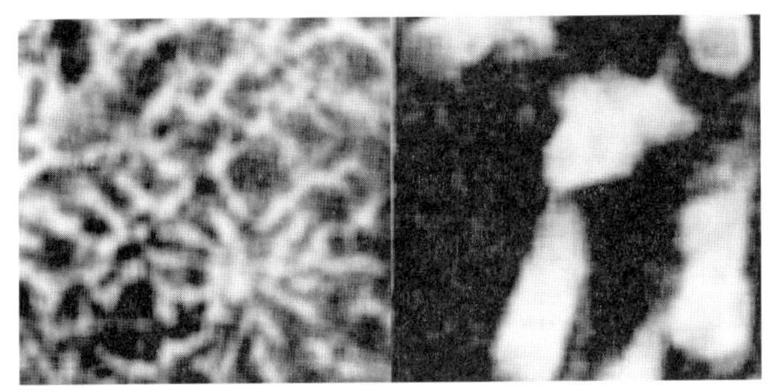

图 3.77　形成网络的 AFt 相及局部放大 SEM 图谱

图 3.78　生长在孔隙内的等径柱状 AFt 相

(3) AFm 相。

AFm 相的典型代表是单硫型水化硫铝酸钙($3CaO \cdot Al_2O_3 \cdot CaSO_4 \cdot 12H_2O$)及其固溶体。属三方晶系，呈层状结构。它与水化铝酸钙(以 C_3AH_{13} 为代表)具有同样的基本层状结构单元：$[Ca_2Al(OH)_6]^+$。在 $3CaO \cdot Al_2O_3 \cdot CaSO_4 \cdot 12H_2O$ 相中，其层间有$\frac{1}{2}$个 SO_4^{2-}、3 个 H_2O 分子，所以其结构式为：$[Ca_2Al(OH)_6](SO_4)_{0.3} \cdot (3H_2O)$。与钙矾石相似，AFm 也有多种阴离子可以占据层间的位置，形成“单盐”型或“低盐”型四元水化物。其通式可以写为$[Ca_2Al(OH)_6]_2 \cdot X_n^{m} \cdot yH_2O$。式中 X^{m-} 表示层间的离子，n 为离子的数量，y 表示层间水分子的数量，不同 AFm 相的结构组成见表 3.9。

表 3.9 AFm 相的结构

AFm 相的化合物	层间离子	n	层间水分子数 y	来 源
C_4AH_{19}	OH^-	2	12	由 C_3A 水化形成
C_4AH_{13}	OH^-	2	6	由 C_4AH_{19} 脱水形成
$2[C_2AH_8]$	$Al(OH)_4^-$	2	6	由 C_3A 水化形成
$C_4A\bar{S}H_{12}$	SO_4^{2-}	1	6	在有硫酸盐的情况下生成
$C_4A\bar{C}H_{11}$	CO_3^{2-}	1	5	在有碳酸盐的情况下生成

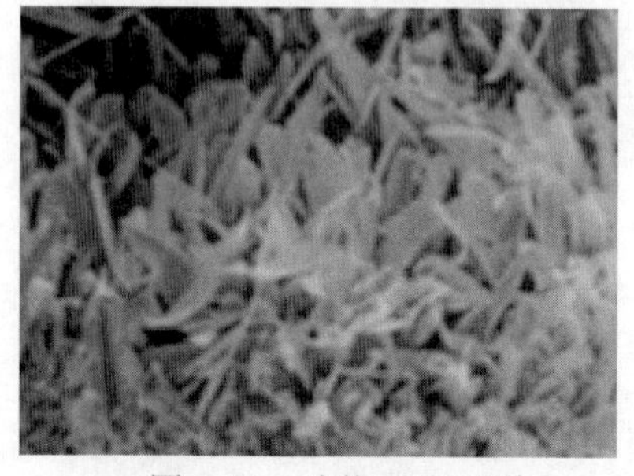

图 3.79 片状 AFm 形貌

与钙矾石($3CaO \cdot Al_2O_3 \cdot 3CaSO_4 \cdot 32H_2O$)相比，AFm($3CaO \cdot Al_2O_3 \cdot CaSO_4 \cdot 12H_2O$)相中的结构水少，占总量的 34.7%。其相对密度达 1.95。如果水泥石中的 AFm 相与各种来源的 SO_4^{2-} 接触而转为 AFt 时，结构水增加，体积膨胀，相对密度减小。因此可能会引起硬化水泥浆体结构的破坏而导致强度下降。单硫型水化铝酸钙 AFm 扫描电子显微镜形貌与钙矾石的明显区别在于，钙矾石为柱状体而单硫型水化铝酸钙 AFm 则具有板状或片状特征(图 3.79)。

3.2.3 固井水泥石物相微观结构高温演化

3.2.3.1 水泥原浆硅酸钙水化物微观结构的变化

温度不仅影响水泥的水化速度，而且影响水化产物的组成、性质及形态。硅酸盐水泥的水化产物中含量最多的是 CSH 凝胶，这种凝胶在常温下对水泥石的强度及外观稳定性起着决定性的作用。大量研究结果表明，即使在升高温度和压力的条件下，水泥初期的水化作用也会产生 CSH 凝胶，当温度达到 40℃时，所得到的水化产物与在一般室温条件下的水化产物相同。但在较高温条件下，CSH 凝胶体的微观结构及形态发生了某些变化，水化产物大多转变为纤维结构，并可观察到较高的硅酸盐聚合度。

前述水泥水化产物分析结果表明，温度为 80~110℃，压力为 20.7MPa，水化 24h、48h 时，G 级水泥原浆水泥石中的水化硅酸钙产物主要为 CSH(Ⅱ)、C_2SH_2 和 $C_3S_2H_3$ 三种。CSH(Ⅱ)为网络状粒子，由许多小的粒子相互接触而形成互相连锁的网状构造，这些粒子间的叉枝能够相互交结形成连续的三维空间网络(图 3.80)。而 C_2SH_2 和 $C_3S_2H_3$ 也是一类纤维状或不规则等大粒子状产物，能够相互连接形成较致密的结构(图 3.81)。上述三种产物在水泥石中相互结网连接和胶结，因而使水泥石具有低孔隙率、低渗透率、高强度的良好机械性能(图 3.82)

图 3.80 CSH(Ⅱ)蜂窝状三维空间网络 SEM 图

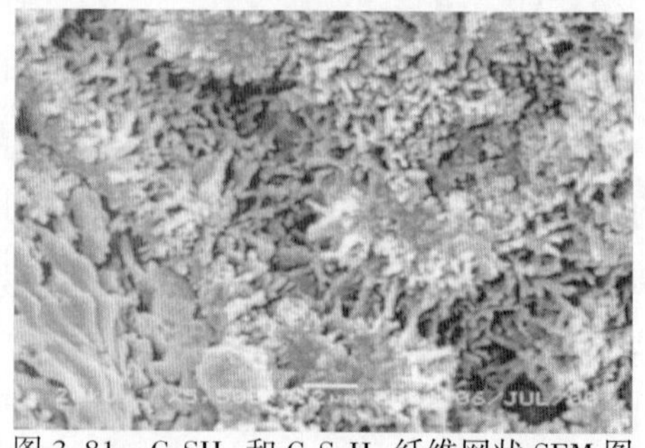

图 3.81 C_2SH_2 和 $C_3S_2H_3$ 纤维网状 SEM 图

图3.82 110℃养护48h CSH(Ⅱ)、C_2SH_2和$C_3S_2H_3$形成的网络胶结及水泥石SEM形貌

当养护温度超过110℃时，由于高温脱水等作用，CSH凝胶不再稳定，会转变为水化硅酸二钙(C_2SH)结晶相。C_2SH是具有低抗压强度(18~19kgf/cm^2)和高渗透率，比CSH凝胶更致密的高晶体。C_2SH的SEM形貌呈板块状结构形态特征(图3.83~图3.86)，一般在水泥中呈不规则块状堆积，块与块之间连接力弱，空隙大，从而劣化水泥石的微细观结构，导致水泥石的强度下降而渗透率增高。而且随着温度的提高，这种水化硅酸钙的结晶将明显变大，水泥的微观结构将进一步劣化，导致硬化浆体的结构应力局部地集中和增加，在不同程度上加剧水泥石的物理力学性能的劣化和损伤。

图3.83 150℃形成的板块状C_2SH

图3.84 160℃形成的块状C_2SH

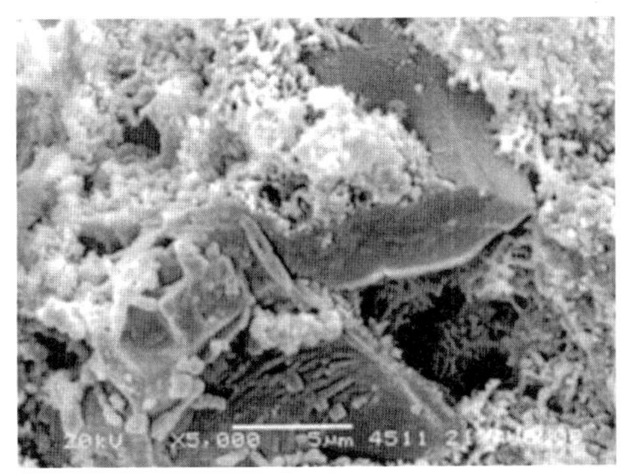

图3.85 块状、板状C_2SH与网状CSH

图3.86 块状C_2SH搭接形成的结构

对于水泥原浆，当温度超过200℃时，高温作用下，C_2SH由于发生高温脱水作用等而转变成硅酸三钙水化物$C_6S_2H_3$与粒硅钙石C_5S_2H，使水泥石中同时存在C_2SH、$C_6S_2H_3$、C_5S_2H三种水化硅酸钙产物物相(图3.87~图3.92)。$C_6S_2H_3$晶相的结晶颗粒较大，呈粗针状结构，同样不利于水泥石强度的发展，会导致水泥石渗透率增加，劣化水泥石物理力学性能。产物C_5S_2H在水泥原浆及加砂水泥中均为少量存在。扫描电子显微镜下呈颗粒状形态，该种产物含量较少，只有当其能够有效填充水泥空隙时，对于提高水泥的强度才是有益的。由此，按照该三种水化物物相组成、形态及对水泥石微观结构的影响程度与特征，从总体上看，该三种水化硅酸钙产物对水泥石的综合影响仍是以劣化物理力学性能为主。

图3.87　200℃48h块状C_2SH及少量针状$C_6S_2H_3$

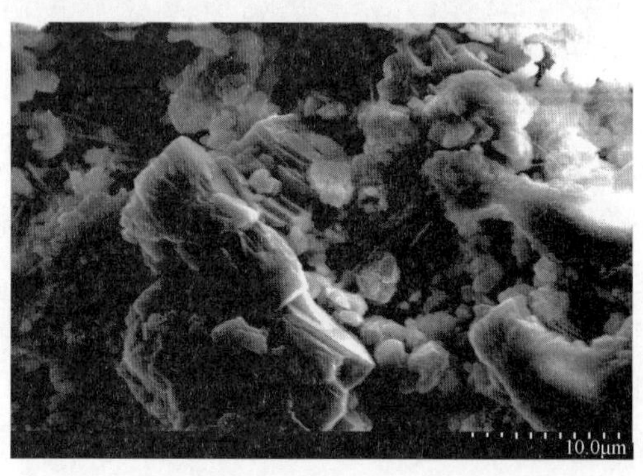

图3.88　240℃7d块状C_2SH、针状$C_6S_2H_3$及粒状C_5S_2H

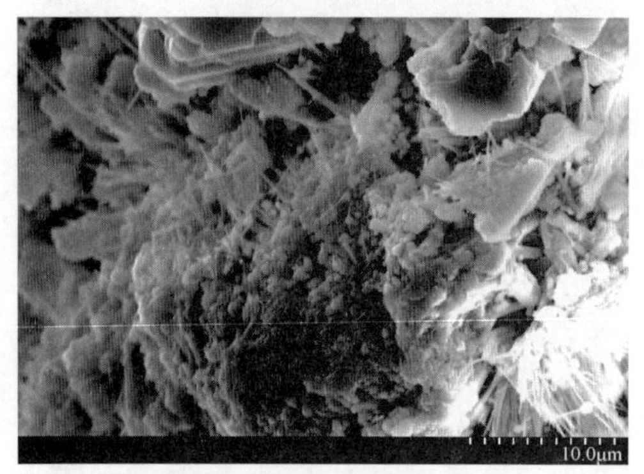

图3.89　240℃7d块状C_2SH、针状$C_6S_2H_3$及片状CH

图3.90　240℃15d针状$C_6S_2H_3$、粒状C_5S_2H及片状CH

上述水泥石SEM结构特征表明，水泥石的微观结构与水泥水化产物组成密切相关。对于G级油井水泥，当温度低于110℃时，形成的硅酸钙水化产物具有搭接形成网络的性质，是良好的胶结材料，能使水泥石具有良好的物理力学性能。但在高温条件下CSH凝胶转化成一系列硅酸钙水合物晶体，改变了水泥石的物相组成，使水泥石孔隙结构及微观结构形貌劣化。且随着温度升高，晶体颗粒结晶更粗大，水泥石内大团块状晶体增多，水泥石整体结构致密性更加变差，水泥石抗压强度和渗透率劣化程度会进一步加大。图3.93给出了90~240℃温度范围内，G级油井水泥浆不同养护温度条件下的水泥石SEM概貌演化情况。

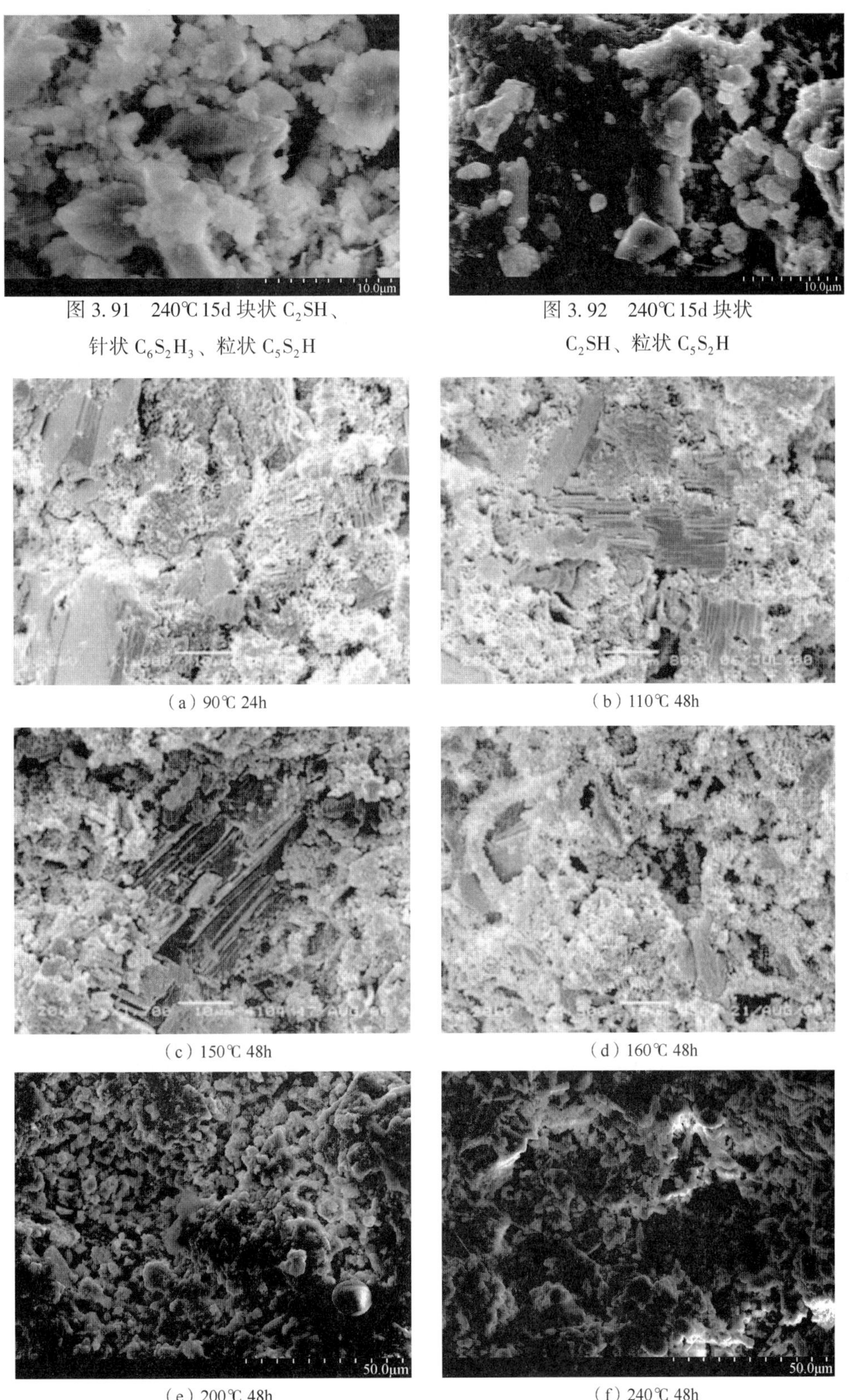

图 3.91　240℃ 15d 块状 C_2SH、针状 $C_6S_2H_3$、粒状 C_5S_2H

图 3.92　240℃ 15d 块状 C_2SH、粒状 C_5S_2H

(a) 90℃ 24h

(b) 110℃ 48h

(c) 150℃ 48h

(d) 160℃ 48h

(e) 200℃ 48h

(f) 240℃ 48h

图 3.93　G 级油井水泥原浆 SEM 概貌随温度及养护时间的变化

(g) 240℃ 7d

(h) 240℃ 15d

图 3.93 G 级油井水泥原浆 SEM 概貌随温度及养护时间的变化(续)

3.2.3.2 加硅砂水泥硅酸钙水化物微观结构的变化

G 油井水泥原浆在高于 110℃高温条件下养护时，由于产物中形成了具有明显的大结晶结构的高钙硅比值(C/S>1.5)的 C_2SH、$C_6S_2H_3$、C_5S_2H，改变了水泥石的微观结构，造成水泥石的强度劣化。当向水泥浆中加入硅砂、硅粉或硅灰等外掺料时，水泥浆体中的 C/S 比得以改善，并通过 SiO_2 参与反应使水泥水化产物组成及形态发生改变。计算结果表明，高温条件下在水泥浆中加入质量分数为 30%~45%(按水泥质量)左右的 SiO_2，可以将 C/S 降到 1 左右，从而防止在 110℃后水化产物 CSH 凝胶转化为 C_2SH 晶体。

依据前述分析结果，当温度超过 110℃后向原浆中加入的硅砂量大于 20%时，养护 24h、48h 所获得的水泥石产物中将明显地出现低钙硅比的 1.1nm 托贝莫来石(tobermorite) $C_5S_6H_5$(通常又称为雪硅钙石)。雪硅钙石是一种结晶度良好的针状晶体，在水泥石中可以彼此相互穿插搭接成较理想的、匀称的网络结构(图 3.94~图 3.96)，能有效地改善水泥的孔隙结构及微观形貌，从而使水泥石保持较高强度和低渗透率，改善水泥石物理力性能被劣化的现象。

图 3.94 150℃养护 48h 条件下加硅砂 20%形成的针状 $C_5S_6H_5$

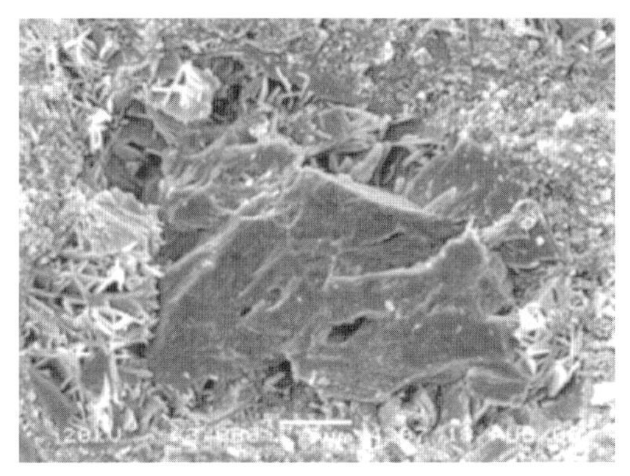

图 3.95　硅砂边缘生长的针状结网 $C_5S_6H_5$

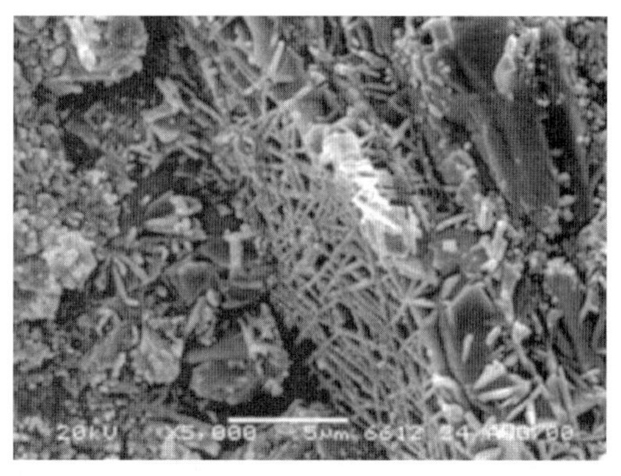

图 3.96　针状 $C_5S_6H_5$ 搭结形成的网络结构

$C_5S_6H_5$ 的稳定温度为 150℃，当养护温度高于 150℃时，$C_5S_6H_5$ 转化成为硬硅钙石 C_6S_6H。C_6S_6H 在结构上是由两条辉石链构成的硅酸盐带$(Si_6O_{17})^{10-}$与 CaO_6 八面体和 CaO_4 三方棱柱体连接，形成了八个四面体构成的环(图 3.97)，其形态呈现为编织较致密的纤维网状结构。因此，硬硅钙石能对水泥性能的衰退作用起到一定的抑制作用，但由于这些纤维状的硬硅钙石相互堆积成较粗大的框架结构(图 3.98、图 3.99)，会在一定程度上削弱水泥石的强度。

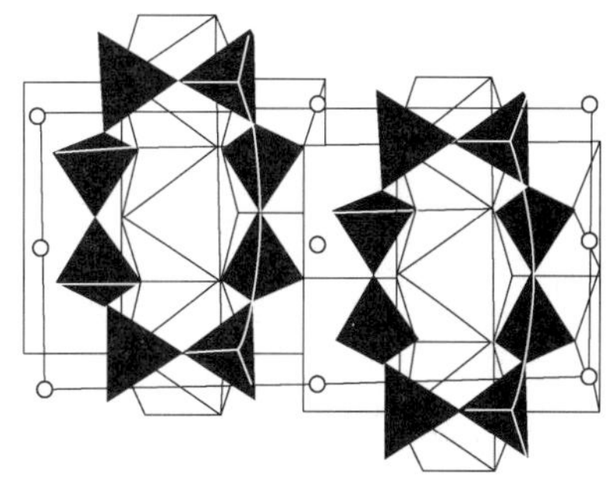

图 3.97　C_6S_6H 的晶体结构模型

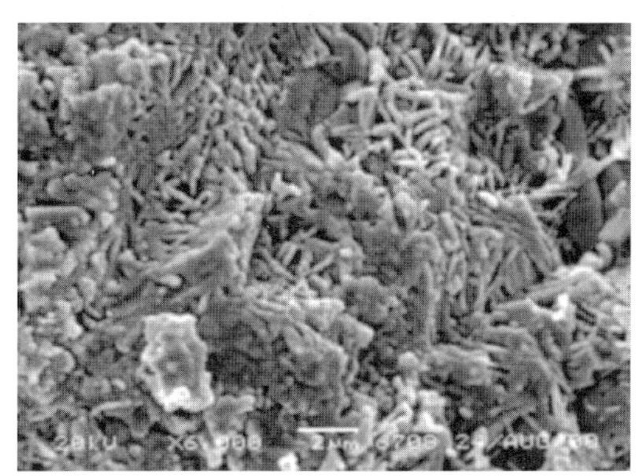

图 3.98　编织较密粗大纤维网状的 C_6S_6H

图 3.99　粗针状 C_6S_6H 与 CH 及 AFm 共生

温度在 200~240℃范围时，水泥石中的硬硅钙石的微观结构会发生改变，扫描电子显微镜下硬硅钙石主要呈两种微观结构形态：其一为短平行针状晶体(图 3.100~图 3.103)，在水泥石中排布相对较紧密，但由于其不能形成良好的网络状结构，因此导致水泥石的强度会略有下降及渗透率有增高的可能；其二为较粗大的纤维结构，能够在水泥中互相搭接有利于网状结构的形成(图 3.104)。上述两种结构中以短平行针状晶体形貌偏多。硬硅钙石的最大稳定温度可接近 400℃，此时 $Ca(OH)_2$ 将脱水而生成 CaO。超过此温度在更高的温度下，硬硅钙石将因脱水而导致水泥石破裂。

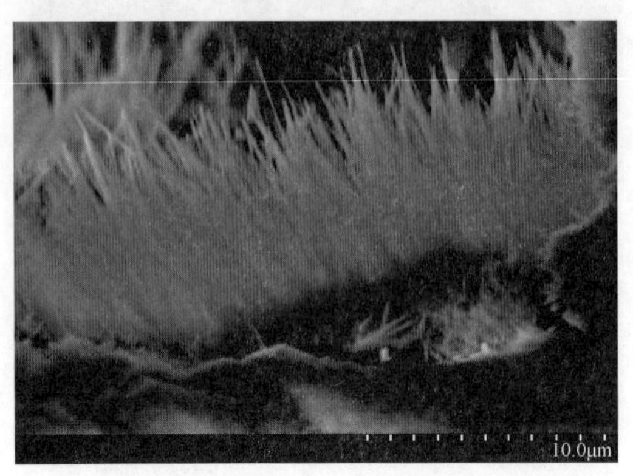

图 3.100　200℃养护 48h 加砂 60%水泥平行针状 C_6S_6H

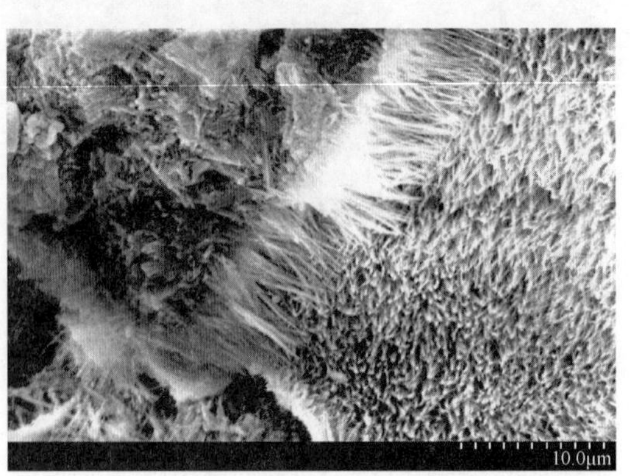

图 3.101　220℃ 7d 加砂 40%水泥平行针状 C_6S_6H

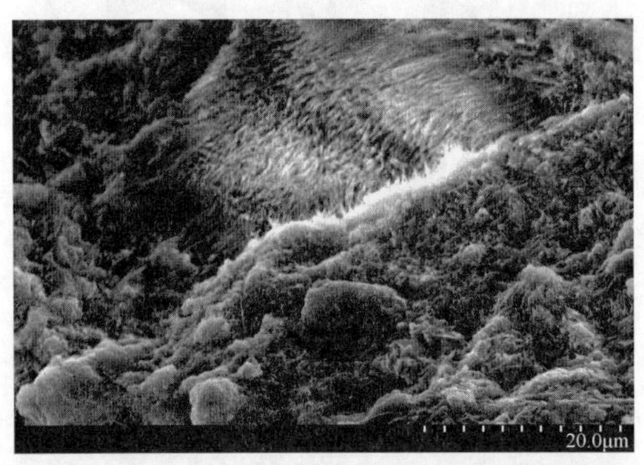

图 3.102　230℃ 72h 加砂 50%水泥平行针状 C_6S_6H

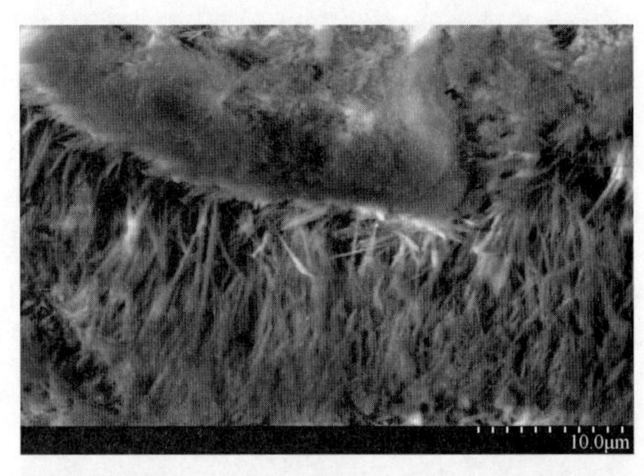

图 3.103　240℃ 15d 加砂 30%水泥平行针状 C_6S_6H

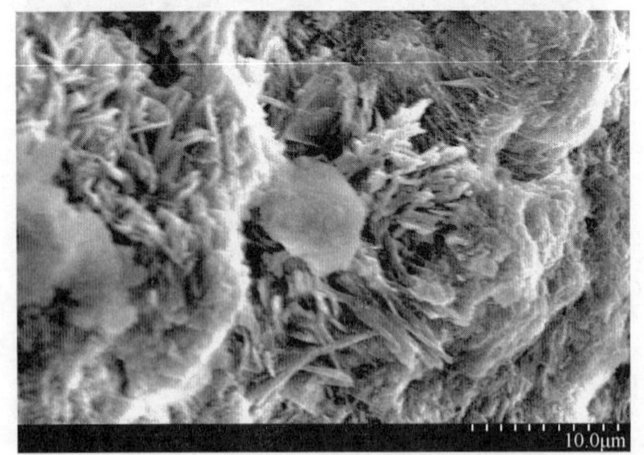

图 3.104　230℃ 96h 加砂 40%水泥粗纤维状 C_6S_6H

在较高的温度条件下，由于铝可进入雪硅钙石的网状结构，而成为铝雪硅钙石 $C_5S_5A_{0.5}H_{5.5}$，其稳定温度能达到 250℃，提高了雪硅钙石的抗温稳定性。扫描电子显微镜下铝雪硅钙石呈纤维状，能够互相搭接成网。因此，铝雪硅钙石的存在有利于保障高温下水泥石的强度（图 3.105 ~ 图 3.108）。

斜水钙石 $C_{3.2}S_2H_{0.8}$ 是水泥水化产物中含量几乎与硬硅钙石 C_6S_6H 相近的产物，这与前述浆体所添加的硅砂、硅粉及微硅粒度有关。Eilers 等人的研究结果表明，当加入的 SiO_2 颗粒尺寸超过 15μm 时，斜水硅钙石将在水泥水化产物中大量出现并取代硬硅钙石，而导致水泥石的抗压强度下降，渗透率增加。斜水钙石 $C_{3.2}S_2H_{0.8}$ 扫描电子显微镜形貌大致呈粒状，并能够聚集成较大的团块(图 3.109 至图 3.112)，团块与团块之间联接力不强，空隙大，因而必然会影响水泥石的强度和渗透率，因此更高温度下考虑添加细度更细的硅灰应该是改善水泥石强度和渗透率的有效措施之一。

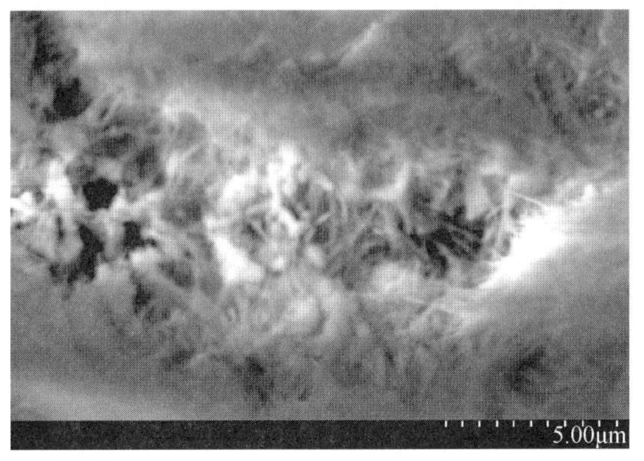

图 3.105　200℃ 48h 加砂 60%水泥纤维状 $C_5S_5A_{0.5}H_{5.5}$

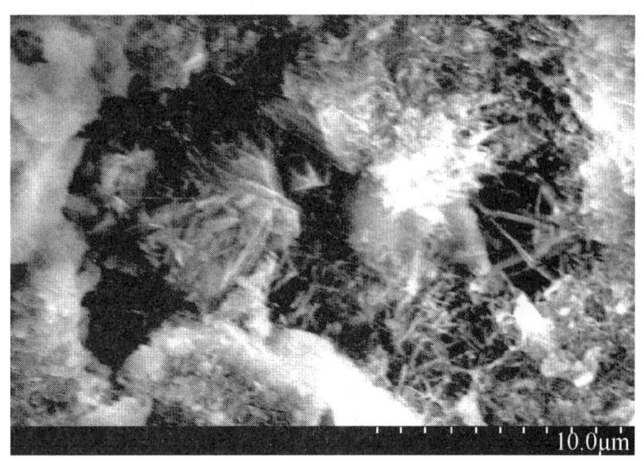

图 3.106　220℃ 7d 加砂 40%水泥纤维状 $C_5S_5A_{0.5}H_{5.5}$

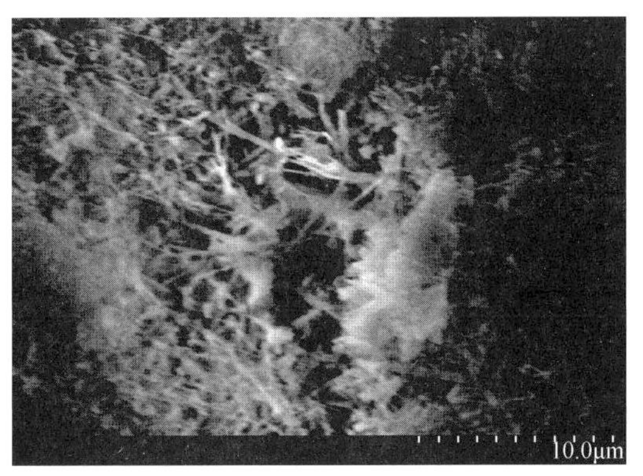

图 3.107　230℃ 72h 加砂 50%水泥纤维状 $C_5S_5A_{0.5}H_{5.5}$

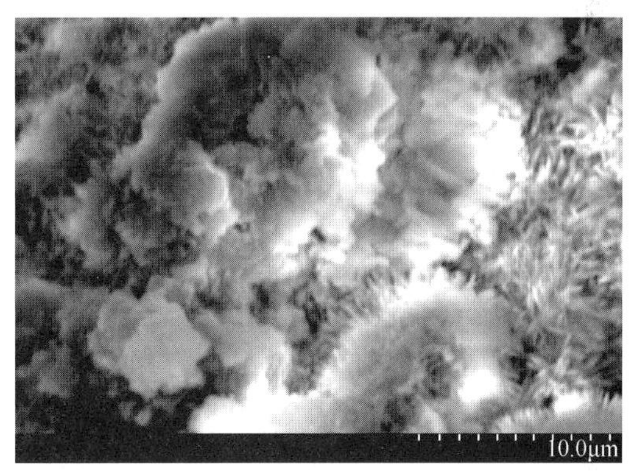

图 3.108　240℃ 72h 加砂 30%水泥纤维状 $C_5S_5A_{0.5}H_{5.5}$

图 3.109　210℃ 7d 加砂 30%团块状 $C_{3.2}S_2H_{0.8}$

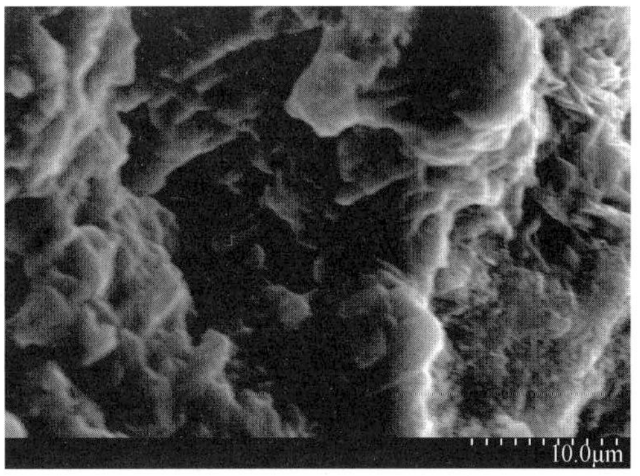

图 3.110　230℃ 96h 加砂 40%团块状 $C_{3.2}S_2H_{0.8}$

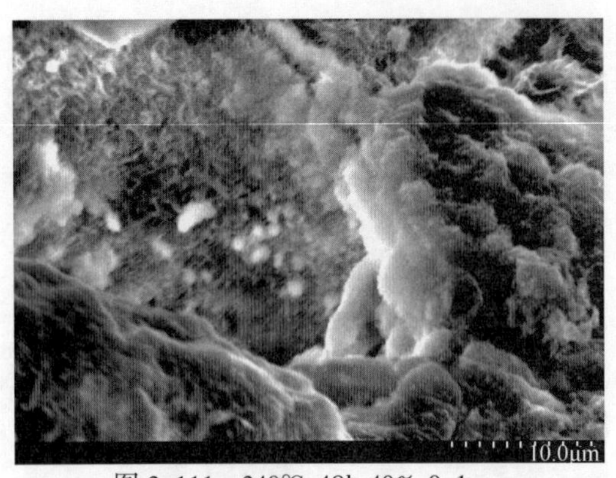

图 3.111　240℃ 48h 40% 0.1mm 砂团块状 $C_{3.2}S_2H_{0.8}$

图 3.112　240℃ 72h 30%砂团块 $C_{3.2}S_2H_{0.8}$与纤维 $C_5S_5A_{0.5}H_{5.5}$

多聚体水化硅酸钙 $C_{4.5}S_6H_{3.5}$和 C_6S_3H 等产物在水泥石中的含量相对较少，是在高温条件下由于硅酸根发生聚合而形成。此外，在升高温度情况下养护时，水泥石中还会出现其他的晶相，如白钙沸石($C_6S_3H_2$)、针钠钙石(NC_4S_6H)、片柱钙石($C_7S_6CH_2$)、铝白钙沸石($KC_{14}S_{24}H_5$)、斜方钙石(近似 C_3S_2H)等，虽然这些晶相形成的数量可能较少，但也会对水泥的性能产生影响。如针钠钙石(一种硅酸钠钙的水合物)伴随着水泥的膨胀而形成，其可增加水泥耐盐水的腐蚀能力；少量的片柱钙石可增加水泥的抗压强度；温度超过400℃后白钙沸石会发生脱水将诱发水泥石破裂等。

3.2.3.3　高温下其他结晶相的形貌

除硅酸盐水合物外，高温下水泥石中的其他结晶相产物成分主要是氢氧化钙 CH[$Ca(OH)_2$]和水化硫铝酸盐(AFt 和 AFm 相)。这些产物的结构与形态对水泥石的外部机械性能也会产生一定的影响。

(1) 氢氧化钙 CH。

$Ca(OH)_2$ 有较高的稳定温度，温度达到 400℃后可分解为 CaO 和 H_2O，在温度为 80~240℃范围内，除少量 CH 会融入其他产物相如结合进入 C_2SH 并最终形成 C_5S_2H 外，并没有出现分解及晶形转变。因此，CH 的 SEM 形态与常温下的形貌相同，即在水泥石孔隙中可以见六角片状 CH 及与硅酸盐水化物穿插层状 CH(图 3.113 至图 3.116)。

图 3.113　160℃层状 CH 与柱状 AFt

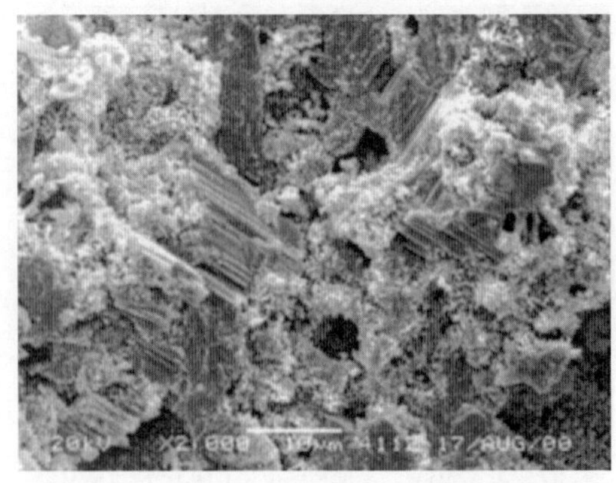
图 3.114　150℃硅酸钙水合物中的层状 CH

图 3.115　240℃ 7d 水泥原浆片层状 CH

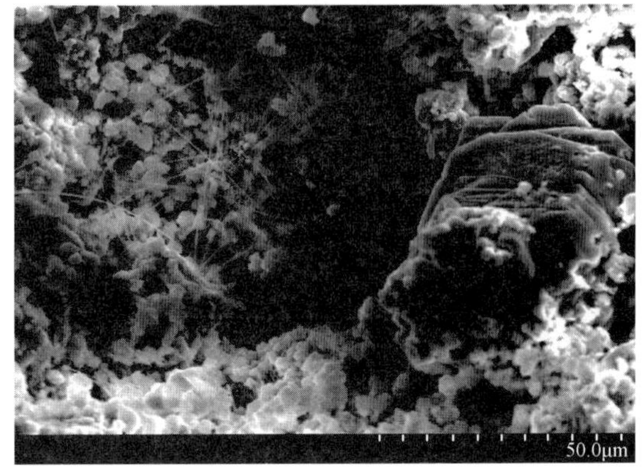

图 3.116　240℃ 15d 水泥原浆层状 CH

（2）水化硫铝酸盐相。

常见的水化硫铝酸盐相主要为 AFt 相和 AFm 相，是由铝酸三钙水化所得到的产物。AFt 相的结构中可以含有不同的结合水，因此在不同的温度范围内会产生不同的脱水效果，改变 AFt 相中结合水的含量。研究结果表明，钙矾石在约 50℃已开始有少量水脱出，当温度达到 70℃时，钙矾石与其类似的硫铁盐分解成 $C_3A \cdot CaSO_4 \cdot H_{12}$ 和 $C_3F \cdot CaSO_4 \cdot H_{12}$，它们与 C_4AH_{13} 和 C_4FH_{13} 生成固溶体（AFm 相）。而当温度达到 100℃时，固溶体也开始分解并出现 X 相。在 113～144℃后，可变为 8 水钙矾石。当温度升高至 160～180℃，结晶水继续脱出。其完全脱水的温度为 900℃。

高温脱水作用下，随结合水含量水化硫铝酸盐相的结晶形态会发生变化，使其在形态上多呈现出不规则、棱边模糊的棒柱状体（图 3.117）、簇形生长粗针状体（图 3.118）、片状及薄板状体等形貌（图 3.119 至图 3.121）。

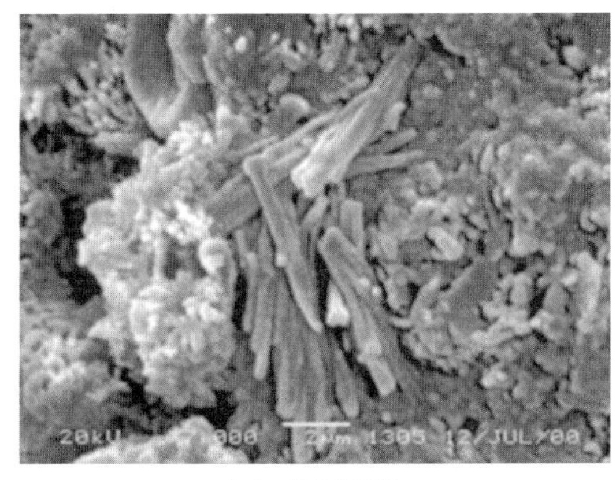

（a）G级水泥原浆

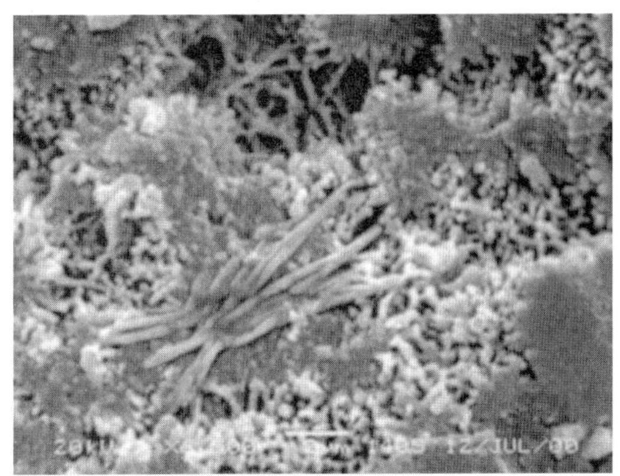

（b）G级水泥+30%硅砂

图 3.117　105℃棱边模糊柱状 X 相

图 3.118　110℃簇形生长粗针状水化硫铝酸盐相

图 3.119　150℃形成的片状 AFm 与 $C_5S_6H_5$

（a）G级水泥+ 35%硅砂

（b）G级水泥+ 25%硅砂

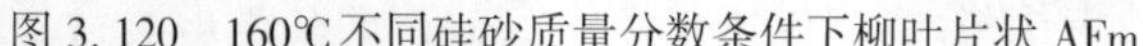

图 3.120　160℃不同硅砂质量分数条件下柳叶片状 AFm

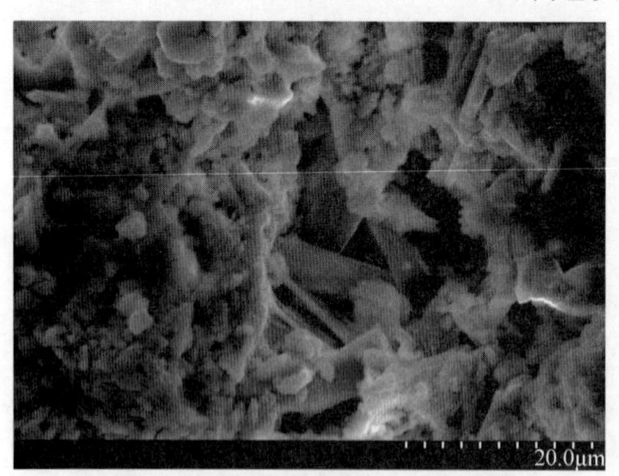

图 3.121　240℃原浆形成的薄板状脱水水化硫铝酸盐相

3.2.3.4　高温下水泥石的微观结构特征

与硅酸盐水化物相比，水泥石中的氢氧化钙、硫铝酸盐水化物是含量较少的产物成分。对于添加硅砂水泥，随温度及硅砂加量等的增加，氢氧化钙还会进一步减少。同时，氢氧化钙、单硫水化硫铝酸钙等物相的微观结构特征在一定温度范围内并没有随温度变化而发生明显转变。基于上述原因，水泥石的形态特征及性能特点随温度的变化规律，在很大程度上取决于硅酸盐水化产物的微观结构、产物间联接形态及孔隙结构形态等对温度的依赖关系。由此，硬化水泥浆体可以看成是由硅酸钙水化物(水化物胶粒或晶体形成的网状结构与孔内的水)与毛细孔组成。而硬化浆体的性能受控于硅酸钙水化物的组成与形态，能形成网络的结构的硅酸钙水化物比率越大，强度越高，反之，毛细孔含量越多，强度越低。

硬化水泥浆体内的水是以吸附水、结晶水和自用水等形式存在。吸附水是在吸附或毛细作用下被附着于固体颗粒表面及孔隙中的水，存在于毛细孔中，包括凝胶水及毛细水。结晶水是水化物的组分之一，依据结合力强弱可分为强结晶水和弱结晶水，如氢氧化钙中的层间水。自由水存在于大孔或粗孔内，分为蒸发水和非蒸发水。蒸发水可用降气压、升温等常规方法干燥，蒸发水和吸附水可作为所有孔隙体积的量度。非蒸发水则不能或很难用常规方法使之干燥，非蒸发水和结晶水可作为水化物存在量的量度，即水化程度的量度。

研究表明，当温度达到 105℃时，吸附水和自由水在温度驱使下发生迁移，变成水蒸气逸出材料外。此后，随着温度的进一步升高，晶格结构被破坏，结晶水逐渐被释放出来。持续升高的温度使水化物发生分解，破坏物质结构，凝胶体内孔特征(孔隙率、孔径分布、形貌和空间排列)发生高温演变使孔隙变大，大幅度提高水泥石中的孔隙体积，削弱水泥石的强度等物理力学性能。水泥石孔隙的这种变化伴随水化物脱水和分解整个过程。按照图 3. 21 结果，随着温度升高，300℃以前仅有水化硅酸钙发生了分解，分解率为 40%，当温度达到 600℃以后，分解率达到 78%，氢氧化钙分解率则达到 90%。

对于 G 级油井水泥原浆，在 80~110℃范围内，所形成的硅酸钙水化物能够结成互相联结的网络状结构，形成的水泥石的孔隙率相对较低。而当温度超过 110℃时，水泥石内发生两方面高温作用：一是孔隙内吸附水和自由水高温脱水；二是水化硅酸钙凝胶发生结晶水高温脱水转变为硅酸二钙水合物结晶体，水泥石的微观结构以较低比表面能的粗大板块状产物晶体间的相互搭接为特征。在此双重因素作用下，温度升高必然会造成水泥石孔隙直径及孔隙率增大，各产物物相间联结力降低，水泥石物理力学性能劣化。图 3. 122 分别给出了通过 SEM 获得的不同温度下 G 级油井水泥原浆水泥石孔隙的大致分布状况。表 3. 10 给出了不同温度条下 G 级油井水泥原浆硬化水泥石孔隙度及渗透率变化情况。

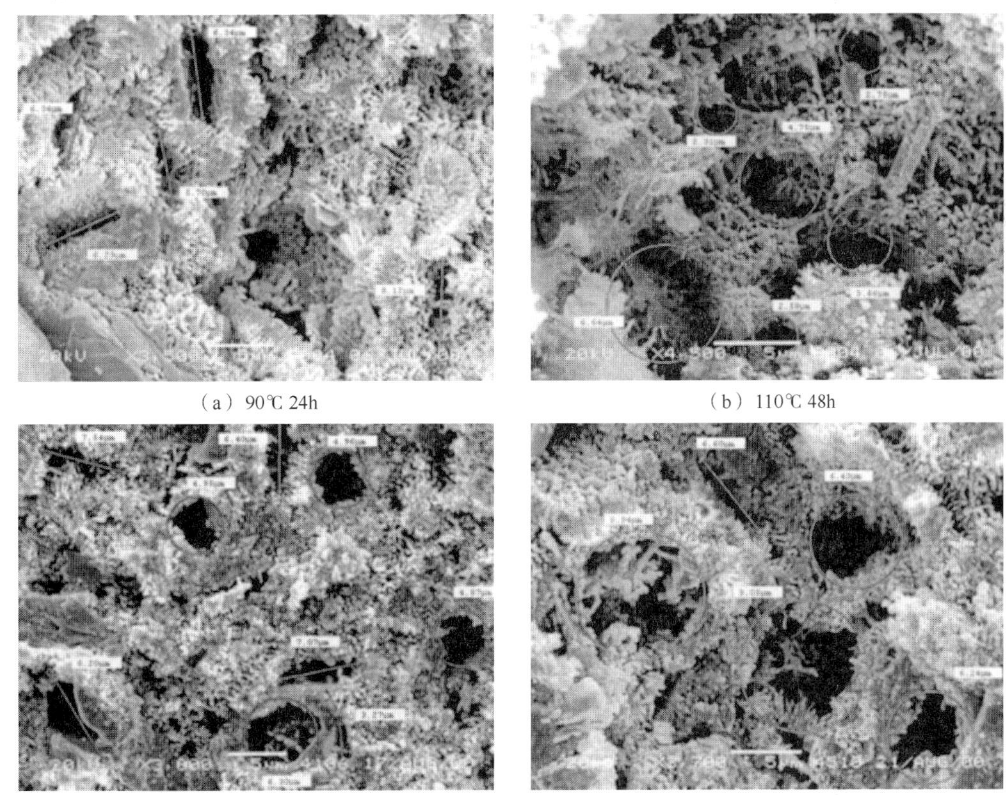

（a）90℃ 24h　（b）110℃ 48h　（c）150℃ 48h　（d）160℃ 48h

图 3. 122　不同温度条件下 G 级油井水泥原浆水泥石孔隙状况

表 3.10　温度对 G 级原浆水泥石孔隙度及渗透率的影响

温度(℃)	时间(h)	孔隙度(%)	渗透率(mD)
110	48	35.6	0.09
150	48	35.9	0.4
170	48	40.4	18.9

当向水泥原浆中加入硅砂时，不同温度及不同养护时间条件下所获得的水泥石的产物物相成分将有很大的变化。对于 110℃及其以下的温度范围内，由于所测试的养护时间 48h 内，硅砂没有能够有效地参与反应，因而水泥石中必将会明显地含有硅砂原始颗粒，这些颗粒或与硅酸钙凝胶胶结或填充水泥石相应尺寸的孔隙，会导致孔隙度及渗透率稍有改善，但由于硅砂本身的联接以及其与水化硅酸钙等的胶结较弱，因而可能还会对水泥石的力学性能等产生一定的影响，如强度有轻微幅度的下降等。表 3.11 给出了此温度范围内硅砂加量对水泥石孔隙度及渗透率的影响情况(表中，S802 是一种具有分散作用的缓凝剂)。

表 3.11　硅砂质量分数对水泥石孔隙度及渗透率的影响

<table>
<tr><th>温度(℃)</th><th>硅砂质量分数(%)</th><th>孔隙度(%)</th><th>渗透率(mD)</th><th>温度(℃)</th><th>硅砂质量分数(%)</th><th>孔隙度(%)</th><th>渗透率(mD)</th></tr>
<tr><td rowspan="5">80</td><td>25</td><td>37.6</td><td>0.25</td><td rowspan="5">110</td><td>25</td><td>35.4</td><td>0.22</td></tr>
<tr><td>30</td><td>36.9</td><td>0.27</td><td>30</td><td>39.2</td><td>0.21</td></tr>
<tr><td>35</td><td>35.6</td><td>0.24</td><td>35</td><td>37.5</td><td>0.2</td></tr>
<tr><td rowspan="2">40</td><td rowspan="2">35.6</td><td rowspan="2">0.21</td><td>40</td><td>38.1</td><td>0.24</td></tr>
<tr><td>25+1%S802</td><td>29.3</td><td>0.16</td></tr>
</table>

对于超过 110℃以上的温度范围时，硅砂能够与产物进行反应致使水泥石中的产物发生转变，进而影响水泥石的微观结构及形态，也因此会改变水泥石的物理力学性能。此时，随着温度的增加及所加硅砂质量分数的不同，水泥石的产物组成及结构将相应地出现以下几种情形：(1)硅砂加量较少时，水泥石中不含有硅砂颗粒，氢氧化钙含量降低，产物中仍以板状结构水化硅酸二钙晶体为主，导致水泥石的结构基本与原浆情况相同；(2)当温度、养护时间及硅砂加量适当时，水泥石结构将由于出现能够相互搭接的针状雪硅钙石或粗针状硬硅钙石结晶而具有网状形态，形成低孔隙率高强度的硬化体，有效地改善水泥石高温结构劣化现象；(3)当硅砂加量过大时，水泥石中必然残存未进行反应的硅砂颗粒，这些颗粒与所形成的水化物胶接较弱，因此会影响水泥石的强度等机械性能。图 3.123 给出了 150℃ 48h 硅砂加量 20%条件下所形成的水泥石 SEM 概貌及其孔隙的大致分布情况。可见，该种加砂量条件下，由于硅砂加量不足以消除板块状硅酸二钙水合物，而致使水泥石中仍明显可见块状产物和针状产物的共存现象。表 3.12 中孔隙度及渗透率测试结果则表明，高温条件下一般随硅砂加量的增加水泥石孔隙度有下降的趋势，但应该认识到这种变化趋势与不同的温度及所测定的加量范围是有密切关系的，并不适合于所有的

温度及加量范围。对于更高硅砂质量分数加量还应依据具体试验结果分析和确定。上述分析充分说明，针对不同温度条件，硅砂加量的合理选择对于调整水泥石孔隙度和调控水泥石渗透性能等具有重要作用。此外，从表 3.11、表 3.12 中同时可以看出具有分散作用的缓凝剂对于改善水泥石孔隙度及渗透率的作用效果。

表 3.12　不同温度下硅砂质量分数对水泥石孔隙度及渗透率的影响

温度(℃)	加砂量(%)	孔隙度(%)	渗透率(mD)	温度(℃)	加砂量(%)	孔隙度(%)	渗透率(mD)
150	25	39.5	0.16	170	25	42.8	0.08
	30	36.7	0.44		30	40	0.06
	35	35.2	0.18		35	37.1	0.07
	40	33	0.61		35+3%S802	34.9	0.05
	30+2%S802	37.4	2.92	200	25	45.3	0.1
160	30	37.5	0.05		30	41.4	0.12
	35	36.5	0.07		35	44.4	0.44
	40	34.9	0.1		40	43.9	0.16

(a) 100℃ 24h G级水泥+10%硅砂

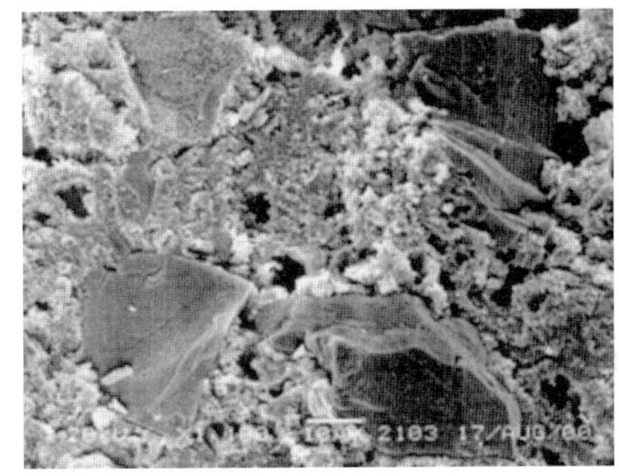
(b) 110℃ 48h G级水泥+20%硅砂

图 3.123　加硅砂颗粒的水泥石 SEM 形貌

此外，通过 SEM 还可以明显地观察出硅砂参与反应的界面行为和特征。硅砂参与反应的主要方式为界面接触及通过最初的产物层扩散接触进行的。当养护温度较低时，由于 SiO_2 的反应活性相对较低，因此其参与反应及产生新产物的速率较慢，在所测试的相关温度和时间的条件下能够明显地观测到硅砂原始颗粒与水泥其他水化产物间的清晰界面接触关系[图 3.123(b)]，该种条件下，硅砂与产物间的联接力一般是依靠凝胶产物与其胶结形成的，所形成的联接力是很低的。而当温度较高时，由于 SiO_2 参与反应的能力增强，形成新生相的速率也相应增快。此时可明显观测到硅砂表面新生产物的形成状况(图 3.95，图 3.124)，残存的硅砂颗粒周围将被针状结网新生相包围，而导致联接能力有所增强。

当向水泥浆中加入胶乳时，水泥的水化产物并没有发生改变。然而，由于胶乳颗粒能

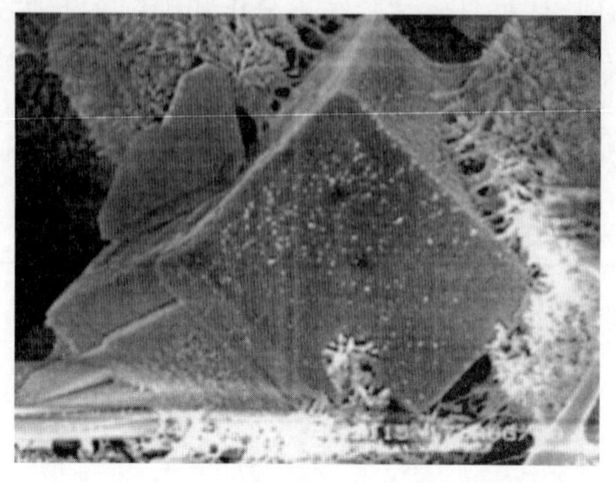

图 3.124　110℃ 48h 硅砂界面反应初期形貌

有效地填充水泥石孔隙，能形成较长胶链并具有良好的胶结性能，与各种水化产物及孔隙建立良好的胶结联接关系等，因而使水泥石变得更加密实，从而有效地降低水泥石的渗透率，尤其能够增强水泥石的抗弯、抗拉强度。图 3.125 给出了 82℃时 G 级油井水泥原浆加入胶乳养护 48h 时胶乳链与产物的胶结形态及与孔隙内生长的氢氧化钙的胶结形态。图 3.126、图 3.127 分别给出了相对较高温度下胶乳与产物的胶结及填充孔隙的状态与形式(图 3.96)。

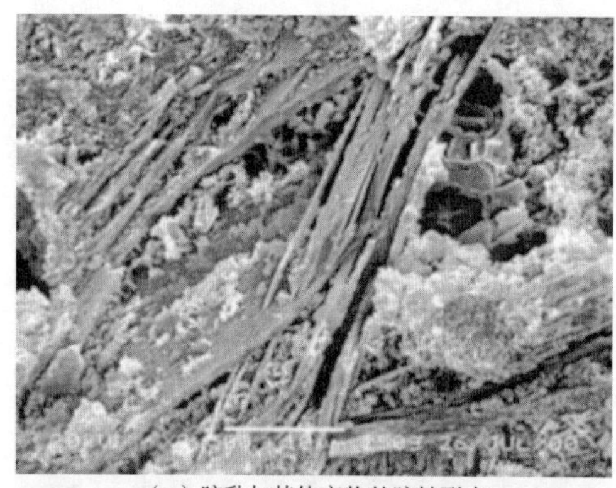

（a）胶乳与其他产物的胶结形态

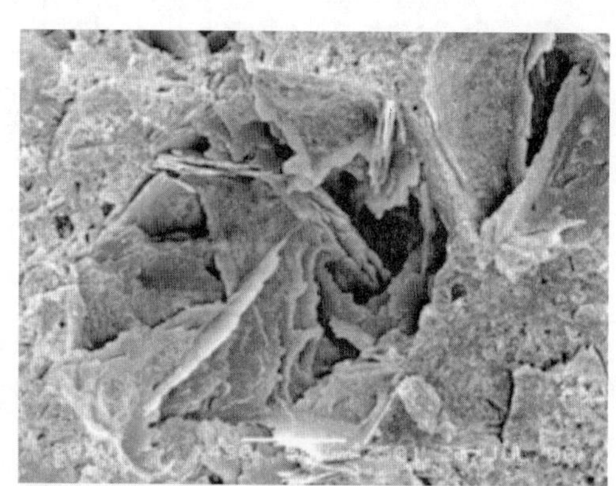

（b）胶乳与孔隙内$Ca(OH)_2$的胶结

图 3.125　82℃水泥石中胶乳胶结形貌

图 3.126　150℃存在胶乳时的水泥石形貌

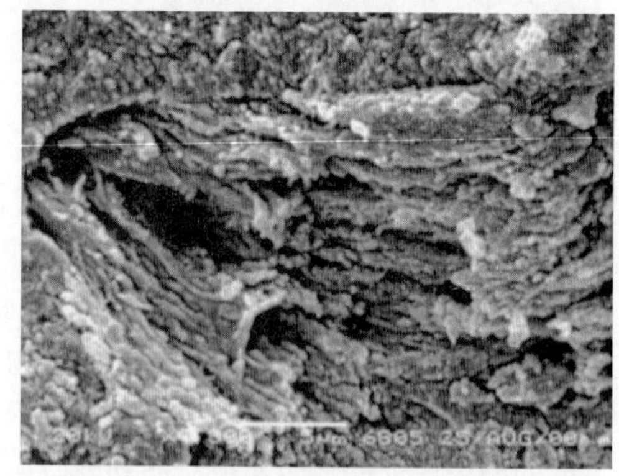

图 3.127　160℃孔隙内填充胶乳的形貌

3.3　固井水泥石高温强度衰退与防护

高温作用下水泥石强度下降的性能劣化现象，通常称为水泥石的“高温强度衰退”。水泥石强度是油井水泥的一项重要工程性能指标，与固井封固质量密切相关。水泥石的强度性能取决于水泥水化产物的组成及微观结构。高温条件下，水泥石物相高温脱水及水化物高温分解，直接改变了水泥石物相材料组分及微观结构形态，造成水泥石物理力学性能劣化。分析和研究水泥石高温强度劣化规律，揭示强度变化与水化产物组成、微观结构间的本质联系，对于从根本上理解和解决水泥石高温性能劣化问题具有重要意义。

3.3.1　固井水泥石高温强度衰退及规律

利用超声波强度测试仪可以对不同温度、压力条件下养护的水泥石抗压强度发育规律实施连续无损检测。图 3.128 至图 3.139 给出了 80~200℃温度范围内，不同温度条件下 G 级油井水泥原浆水化硬化过程中水泥石强度随养护时间的发育变化情况。

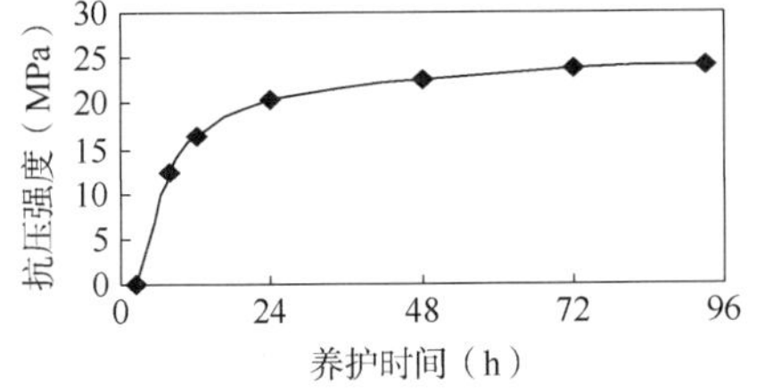

图 3.128　80℃条件下水泥强度发育过程

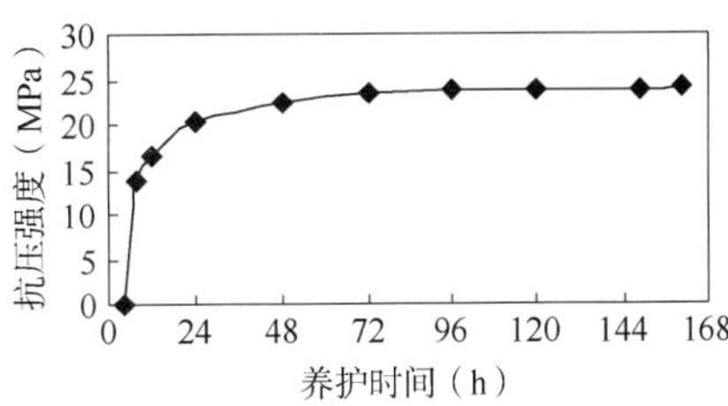

图 3.129　90℃条件下水泥强度发育过程

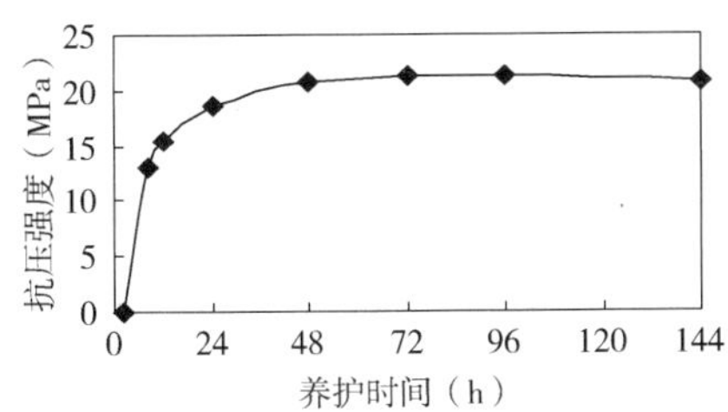

图 3.130　100℃条件下水泥浆强度发育过程

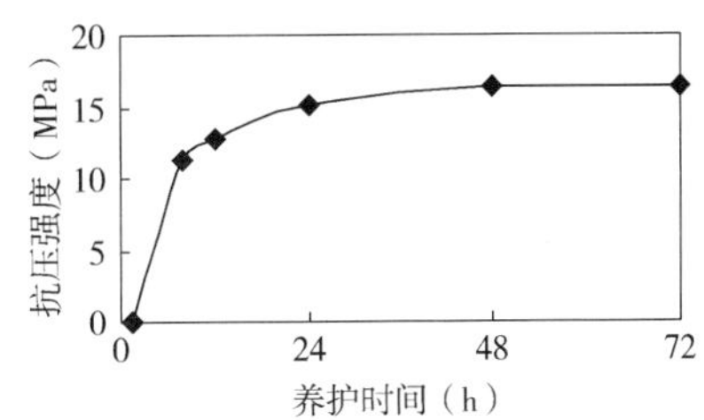

图 3.131　110℃条件下水泥强度发育过程

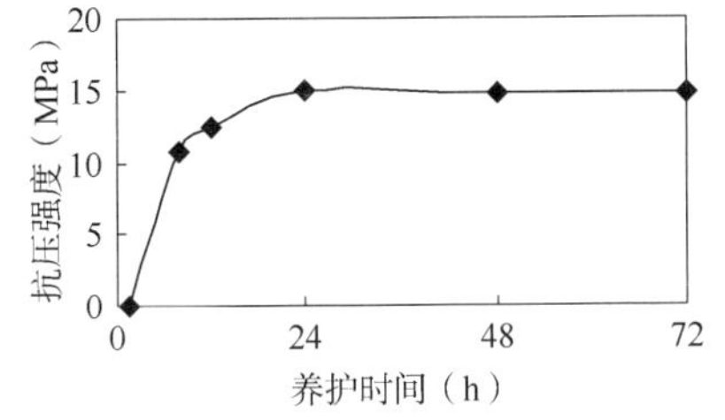

图 3.132　120℃条件下水泥强度发育过程

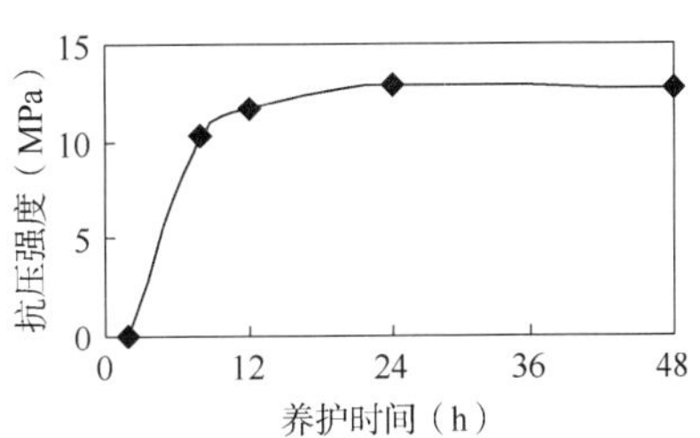

图 3.133　130℃条件下水泥强度发育过程

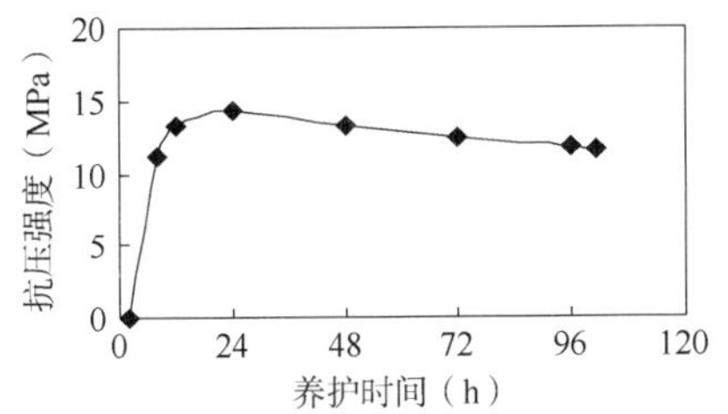

图 3.134　140℃条件下水泥强度发育过程

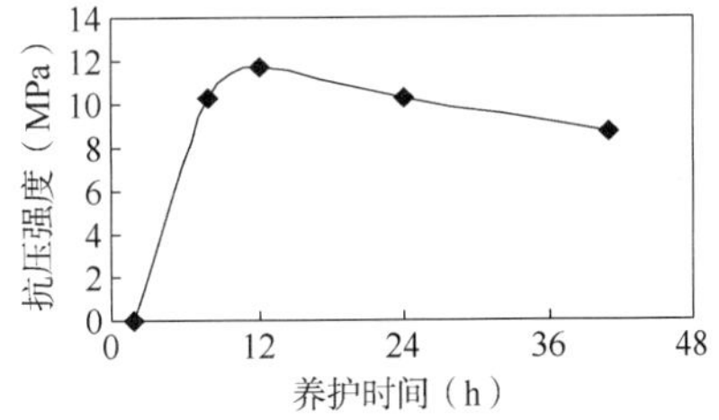

图 3.135　150℃时水泥强度的发育过程

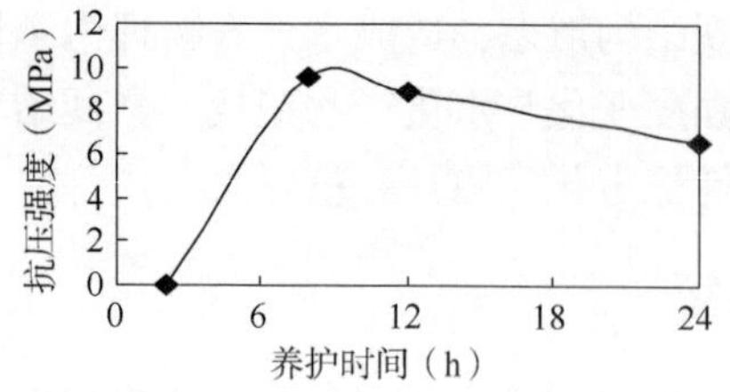

图 3. 136　160℃条件下水泥强度发育过程

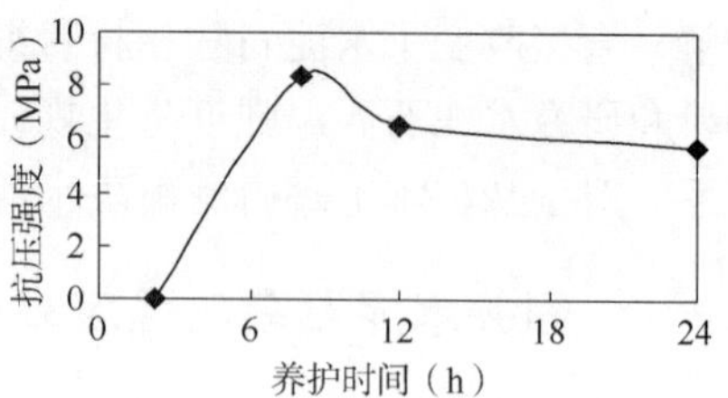

图 3. 137　170℃条件下水泥强度发育过程

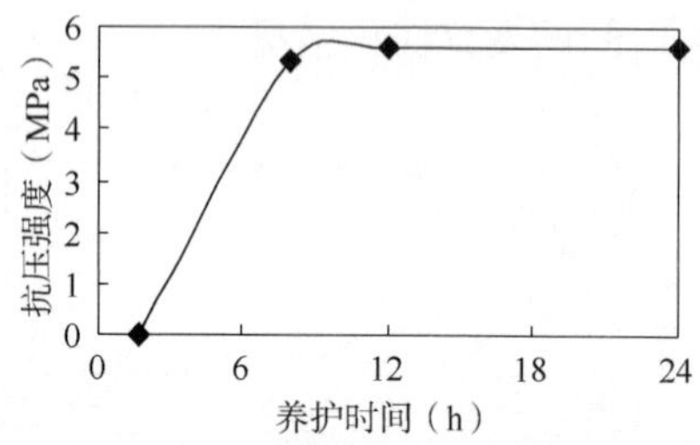

图 3. 138　180℃条件下水泥强度发育过程

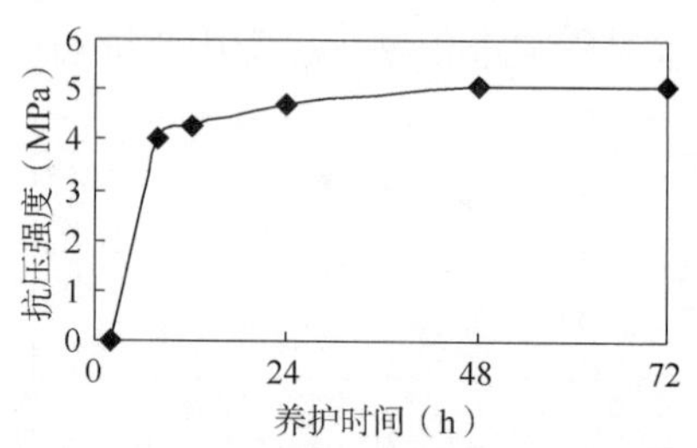

图 3. 139　200℃条件下水泥强度发育过程

常温状态下，水泥石的强度随着养护时间的增长呈平缓的上升趋势，一般在 28 天时，水泥石的强度才达到终期水化的 90%左右。而当温度提高后，这一规律将由于水泥石高温脱水、产物高温分解等发生改变。在一定温度后，由于产物组成变化，微观结构及孔隙率等劣化，诱发强度衰退现象。

图 3. 128 及图 3. 139 结果表明，当温度在 110℃以下范围内时，G 级水泥原浆水泥石强度随养护时间的发展变化规律与常温下的规律在趋势上是大体相近，即随养护时间的增长，水泥石强度呈平缓的上升趋势，后期强度不衰减。但可以明显看出不同温度条件下水泥石强度发育存在的细微差别。如 80℃、90℃条件下养护 48h 左右达到一个较高强度值后强度仍平缓增长，这种增长趋势一直到延续到接近 96h 后，增长程度有所减缓，强度值稳定在一个相对较高的水平。当温度达到 100℃养护 48h 后，强度值只是略有增长，且在 72h 左右达到一定值后呈稳定不变的方式发育。在温度达到 110℃养护 48h 时，强度即达到一定值，且直至 72h 强度值未发生变化。上述结果体现了提高温度对水泥熟料水化硬化的加速作用结果，这种趋势在温度继续增高时表现得更为明显。

当温度超过 110℃后，养护温度提高，水泥石的强度发展曲线出现了先增后降的较明显的规律性变化。即，在水泥浆凝固早期，强度随养护时间的增长而增大，达到一定强度值后则随养护时间的继续增长而开始衰退降低。产生这种强度衰退的起始时间随温度的增高而提前，强度衰退的程度随温度的增高而增强。如 130℃条件下养护 48h 左右开始产生衰退，150℃条件下 14h 左右开始出现衰退趋势，而在 170℃时其衰退点则提前至 6h 左右，且强度衰退幅度大。在 180℃、200℃温度条件下，水泥石达到较高强度值的时间有所提前，但所获得的最高强度值均很低。

强度的上述变化规律，与高温加速水泥浆体水化、高温脱水、水化产物高温分解等系列作用密切相关。依据有关温度对水泥石产物组成、微观结构、水泥石孔隙率等影响方面的研究结果，不难找出强度产生变化的内在原因。温度作为影响水泥浆、水泥石性能的重要因素，不仅影响水泥熟料的水化速率和水化进程，影响水泥浆的流变性、稠化时间、凝结时间等浆体性能，而且能对水泥石产生高温脱水及产物分解作用，改变水泥石的物相组成和微观结构，劣化水泥石物理力学性能。当温度低于 110℃时，水泥水化形成的水化硅酸钙凝胶产物能够搭接成网络，使水泥石具备了良好的微观结构，保持了良好的胶结材料物理力学性能，强度发育趋势良好。但当温度超过 110℃时，在高温作用下，水泥石内自由水、结晶水脱出，凝胶产物 CSH 向 C_2SH、$C_6S_2H_3$、C_5S_2H 硅酸钙水合物转变等现象相继发生，具有较大结晶颗粒的晶体物相继出现，改变水泥石的物相组成，破坏了原有凝胶产物间的紧密连接形态，劣化水泥石孔隙结构及微观结构，导致水泥石强度衰退。温度越高，水泥石整体结构致密性越差，水泥石抗压强度和渗透率劣化程度越高。同时，温度越高，脱水作用、产物转化作用反应速度越快，强度下降速度也越快。

高温条件下水泥石强度发育随养护时间增长产生强度降低的同时，特定的养护时间条件下，水泥石强度还会随温度升高而降低。图 3.140、图 3.141 给出了温度对的水泥石抗压强度的影响曲线。该曲线是利用高温高压养护釜对试样养护 24h、48h 后再利用压力试验机测试获得。实验结果表明，对于养护 24h、48h 的水泥石，随温度提高，水泥石抗压强度曲线存在两个明显的衰退点。当温度增加时，在 110℃之前强度基本呈增加趋势，而当超过 110℃后，随温度增加强度开始下降；当温度达到 150℃后再一次产生较明显的衰退变化。据此，可以将 110℃和 150℃分别看作为水泥石产生强度衰退的两个临界温度点。

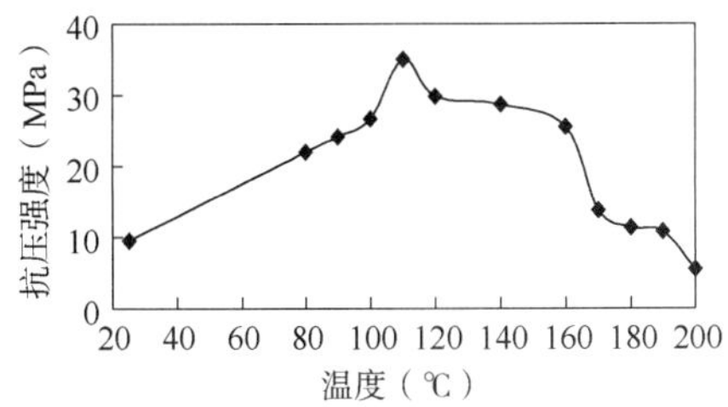

图 3.140　24hG 级水泥强度随温度的变化

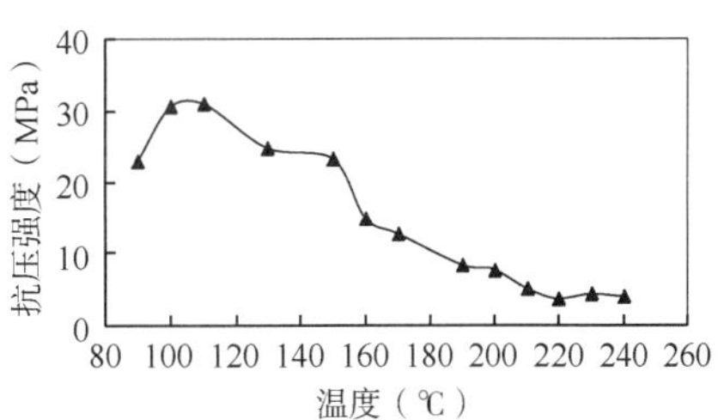

图 3.141　48hG 级水泥强度随温度的变化

上述变化规律与水泥水化产物组成、微观结构变化规律是相适应的。当硬化水泥经受高温作用时，会发生高温脱水和化学分解两种作用，导致各相材料产生包括化学组成、物理结构和含水量等一系列变化，造成水泥石物理力学性能劣化。水泥石内吸附水和自由水发生迁移和逸出的起始温度为 105℃左右，在 150℃之前脱水过程会完成。此后，随着温度的进一步升高，结晶水逐渐脱出，晶格结构被破坏，持续升高的温度还会使水化物发生分解，破坏物质结构。基于上述温度的作用，温度升高过程中，硬化水泥孔隙结构、物质组成、微观结构相继发生高温演变，持续削弱水泥石的强度。由此，出现以上两个水泥石强度衰退临界温度的原因可粗略归纳为如下两方面：温度在 110℃后出现的强度衰退，可认为主要是因 CSH 凝胶转变为结晶尺寸较大、渗透率高、强度低的板块状物料水化硅酸二钙 C_2SH 所造成；而温度在 150℃后再次出现的强度衰退，则主要是因水泥石自由水、吸附水完全脱水，孔隙结构高度劣化所造成。

3.3.2 抑制固井水泥石高温强度衰退的途径与方法

高温下水泥强度的衰退现象可以通过向水泥浆中加入硅砂等能够有效改善 C/S(钙硅比)的物质得以改变。当水泥中加入适量的二氧化硅后，在相应较高温度下进行养护时，水泥中能够形成结晶度良好、搭接成较理想的网络结构的硅酸钙水合物，抑制水泥石的强度衰退现象，改善水泥石抗渗透的能力。

3.3.2.1 加硅砂水泥石高温强度发育规律

加入硅砂后，各温度条件下水泥石的强度均得到了不同程度的提高，图 3.142 ~ 图 3.146 给出了添加质量分数为 30%硅砂的 G 级水泥在不同温度条件下水泥石强度发育测试曲线。仅就时间对强度的影响规律进行分析，大致可按不同的温度范围分为以下两种情况讨论:

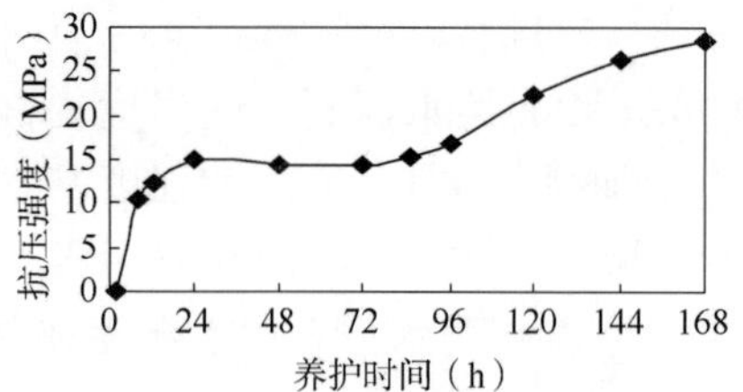

图 3.142 110℃加 30%硅砂 G 级水泥强度发育过程

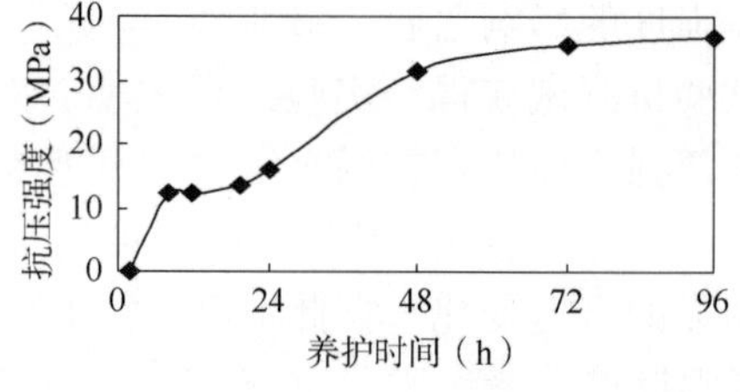

图 3.143 130℃加 30%硅砂 G 级水泥强度发育过程

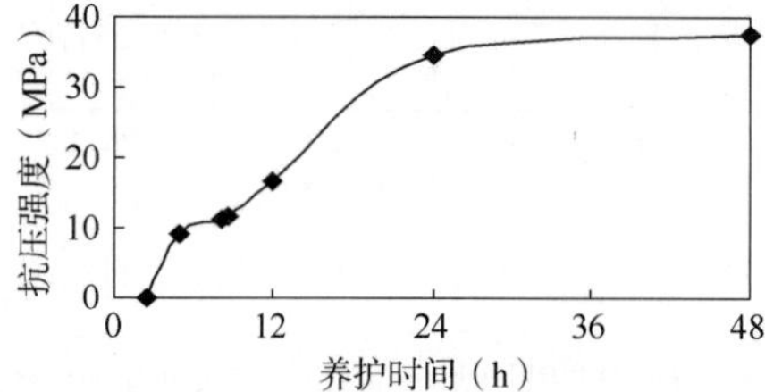

图 3.144 150℃加 30%硅砂 G 级水泥强度发育过程

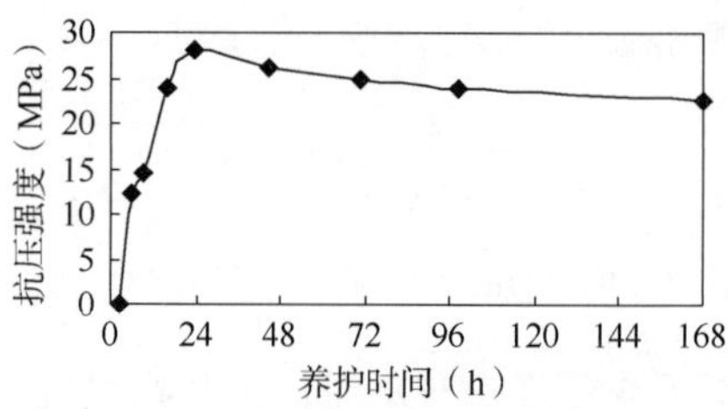

图 3.145 160℃加 30%硅砂 G 级水泥强度发育过程

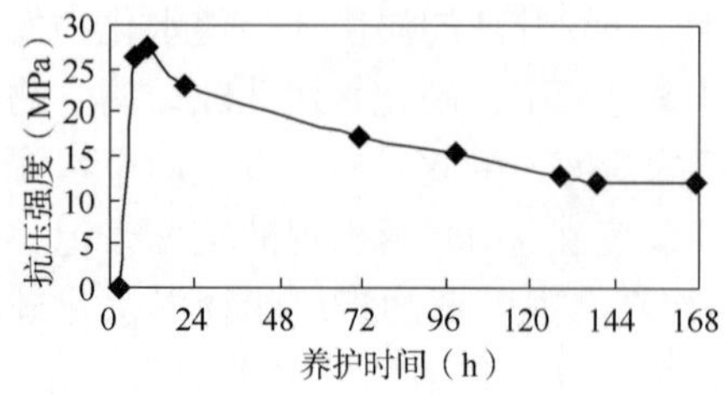

图 3.146 190℃加 30%硅砂 G 级水泥强度发育过程

(1) 当温度在 110 ~ 150℃ 范围时，水泥石强度发展以明显的二级台阶式持续增长。即在曲线形状上表现为：在早期养护时间内，水泥石强度随时间增长而增大，但增大到一定程度后，随时间的继续延长，水泥石强度基本保持原有水平或保持微弱的上升趋势(一级台阶)；达到某一时间后，强度值再一次随着时间的增加而显著增大，直至发展到一定程度后继续平缓增长(二级台阶)。

(2) 当温度在 160~240℃范围时，早期强度发展迅速，几乎在 24h 内即达到最高值，此后，养护时间增长，强度以不同幅度下降，温度越高下降幅度越明显，未表现出上述二级台阶发育形式。

加入硅砂后，之所以能够改善水泥石的强度，其根本原因在于，在适宜的温度条件下加入的硅砂能够与水泥形成的水化产物发生反应而得到C/S比接近 1 的雪硅钙石 $C_5S_6H_5$、硬硅钙石 C_6S_6H(150℃后)等，改变水泥石的化学组成，改善水泥石的微观结构，使水泥石高温强度衰退现象的发生得到了抑制，保持了较高的抗压强度。

需要说明的是，硅砂与水化产物间的反应是通过参与反应的物质的界面接触及扩散作用而进行的。温度增高有助于这种反应的进行，温度越高反应越快，生成新产物的量越多。而在温度较低时，硅砂参与反应的速度低，产生新产物所需的时间都较长。温度的影响作用体现在水泥石强度发育的外在形式上，表现为不同的温度条件下产生强度的起始时间、强度增长的时间存在差别。上述两个不同温度范围内的强度发育规律充分地说明了这一点。在 110~150℃温度范围内，由于硅砂参与反应的速度并不十分快，因此最初所获得的强度增长可能仍是由水泥早期水化所形成的产物而造成的，而产生第二次强度增长则主要是因为硅砂反应生成了新产物，改善了水泥石物相组成、微观结构及强度的结果。如在 110℃时，48h 条件下，加 30%硅砂的水泥的 XRD 图谱中存在明显的 SiO_2 峰和 C_2SH 峰，无 $C_5S_6H_5$ 特征峰，说明无新生相产生。该温度下水泥石强度产生二次增长的时间约为 84.5h，这一时间点与 XRD 图谱 7d 时检测出 $C_5S_6H_5$ 峰的结果是吻合的。此外，130℃时水泥石强度产生二次增长的时间约为 22h，150℃时约为 10h，这些结果同样与前述产物分析结果相吻合，说明了提高温度对于加速硅砂参与反应速度的作用。而对于 160~200℃温度范围，硅砂参与反应的速度比较快，与水泥的水化几乎同时进行，因此反映在强度曲线上并不存在明显的强度再增长的迹象，同时由于高温脱水等作用，后期强度有下降的趋势。

3.3.2.2　硅砂的合理加量

高温下向水泥浆中加入硅砂等含有活性 SiO_2 的材料能够改善水泥强度的高温衰退现象，改善的效果与温度及添加的硅砂质量分数有关。合理的硅砂质量分数可通过水泥石强度性能检测试验进行分析确定。

图 3.147 及图 3.148 分别给出了温度及加硅砂质量分数对养护 24h 时的水泥石强度的影响曲线。由图 3.147 可见，当温度低于约 120℃时，各质量分数加砂量的水泥石强度均低于水泥原浆强度，而当温度高于约 140℃时，所有质量分数加砂量的水泥石强度又均高于水泥原浆强度。对于不同的硅砂加量，水泥石 24h 强度随温度的变化规律不同。质量分数为 0(水泥原浆)、10%时，强度在约 110℃时达到最高值，此后，温度升高，强度下降；质量分数为 20%、30%时，温度升高(100~110℃)，强度增大，温度为 110℃时达到最高值，此后，温度继续升高，强度呈先减小后增大的趋势变化，且各温度下质量分数为 30%的强度始终高于质量分数为 20%强度。对于各给定的养护温度(图 3.148)，硅砂质量分数对强度的影响规律也存在差别。当温度为 100℃、110℃时，硅砂质量分数为 0 时强度最高，硅砂质量分数为 10%强度最低，此后，硅砂质量分数增加，强度稍增加；当温度为 130℃、170℃时，硅砂质量分数增加，强度持续增大，温度越高，增

加幅度越大。上述结果进一步体现了温度、加入硅砂的质量分数对硬化水泥石性能的重要影响作用。

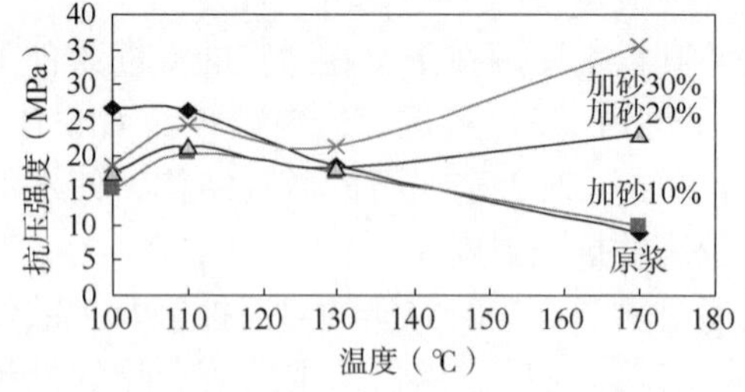

图 3.147　不同硅砂质量分数下强度随温度的变化

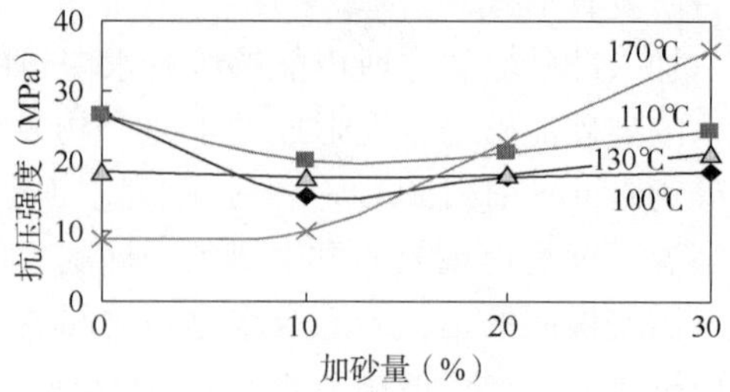

图 3.148　不同温度下强度随加硅砂质量分数的变化

图 3.149 及图 3.150 分别给出了不同温度及加砂量条件下浆体水化 48h 时的强度变化情况。实验结果表明，对于水灰比为 0.5 的配浆条件，与上述 24h 时的强度变化情况相近，不同温度、硅砂质量分数条件下，水泥石强度的影响变化规律也是不同的。对于质量分数为 10%的硅砂加量，其强度随温度的变化形式与原浆在形状上基本没有差别，在最初的温度变化范围内，强度低于原浆，在温度近 190℃后强度高于原浆。硅砂质量分数为 20%时，在 100~130℃范围内，强度低于原浆，而超过此温度后强度值均高于原浆且随温度的增高而增大，直到 150℃后开始产生明显的降低，170℃后强度曲线平缓，略呈减低的趋势。硅砂质量分数为 30%时，其强度值都相对高于加量为 20%时的强度，在 110℃时强度与原浆基本相同，超过 110℃后，强度随温度增高而增大，后续发展变化情况与加量 20%的情况基本相同。对于 100~190℃的温度范围(图 3.150)，除 100℃外，其余温度条件下，硅砂质量分数增加，水泥石强度均呈先下降后增加的趋势变化，最低强度对应的硅砂质量分数约为 10%，在硅砂质量分数为 30%时达到强度最大值。

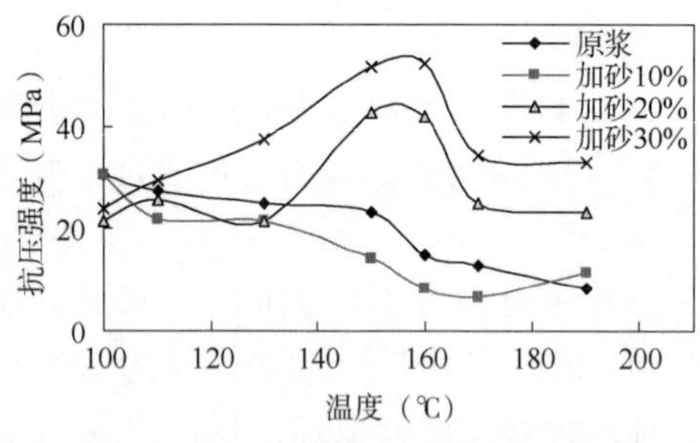

图 3.149　48h 不同加砂量下强度随温度的变化

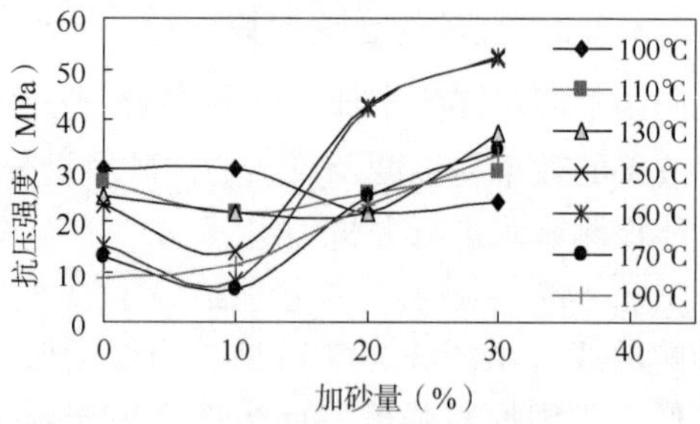

图 3.150　48h 不同温度下强度随质量分数的变化

上述结果反映了高温下硅砂对水泥石强度的作用本质、特征和规律，进一步说明了可通过水泥石强度影响试验分析与评价，确定出抑制和改善水泥石高温强度衰退的合理的硅砂加量，为改善水泥石高温强度衰退提供了可行的技术途径与方法。图 3.151、图 3.152 分别给出了水灰比为 0.55 时不同温度养护 48h 条件下硅砂质量分数对水泥石强度的影响结果。

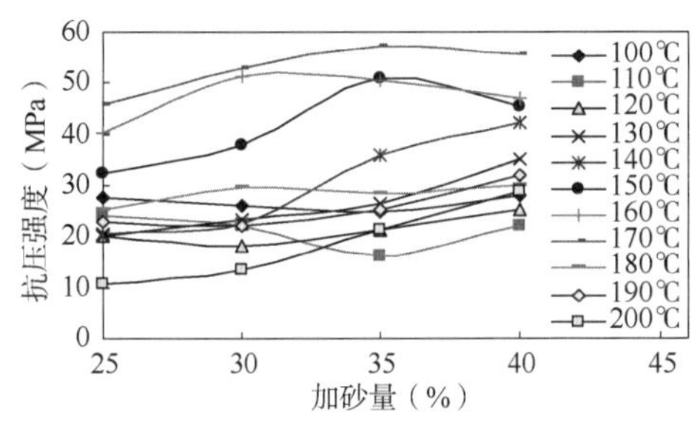

图 3.151 100~200℃硅砂质量分数对强度的影响

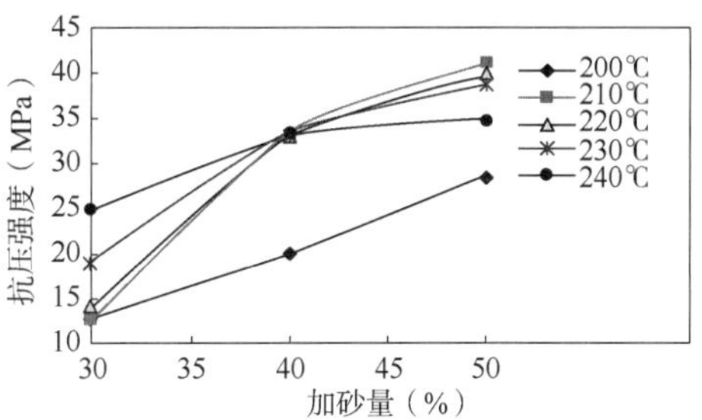

图 3.152 200~240℃硅砂质量分数对强度的影响

实验结果进一步表明，不同的温度范围，获得最大水泥石强度的硅砂质量分数存在差别，大体上可以概括为：150~180℃范围内，对应硅砂质量分数为 30%或 35%时出现最大强度值后，随加量进一步增加强度下降；而对于 120~140℃及 190~240℃的温度范围，强度则随加量的增大而略呈持续增加的趋势。因此可以将 30%~45%定义为较优加砂量。

上述分析结果进一步表明，硅砂对水泥石强度的影响作用同时受控于温度、添加硅砂的质量分数及养护时间，其作用的内在本质在于改变水泥石产物物相组成与微观结构。具体可概括为如下四方面：(1) 温度对硅砂参与反应的速度与进程有较大影响，制约硅砂对水泥石强度的影响程度。温度较低时，养护 24h、48h 条件下，质量分数低于 20%硅砂加量的浆体硬化水泥石的强度低于原浆，起不到改善水泥石强度的作用。(2) 高温条件下，硅砂质量分数较低时(如 10%)，也很难达到改善水泥石强度的目的，甚至会引起水泥石强度的降低。这主要是由于小的硅砂加量难以满足改善水泥石产物的 C/S≈1 的条件，产生的 $C_5S_6H_5$ 及 C_6S_6H(160℃后)等的数量极少，而致使水泥石中原有的 C_2SH 仍占主导地位，水泥石微观结构上不能得到改善。(3) 高温条件下，硅砂质量分数较高时，加硅砂水泥石的强度得以改善，加硅砂水泥石的强度高于原浆水泥石强度。在强度随温度的变化中存在最高强度临界温度点约为 150℃。这一结果与超过 150℃后 $C_5S_6H_5$ 转变为 C_6S_6H、$C_5S_5A_{0.5}H_{5.5}$等产物组成及微观结构变化是吻合的。(4) 高温条件下，存在改善水泥石强度的合理或最优硅砂质量分数。对于特定的油井水泥，各熟料成分具有一定的质量分数与配比，决定所生成的产物相及数量。因此，硅砂作为获得 $C_5S_6H_5$、C_6S_6H 等改变产物组成的反应原料，其最优加量必然应与水泥的熟料矿物组成相匹配。过多的加量，将导致水泥石中残存因反应过剩的未反应硅砂颗粒，这硅砂颗粒与水泥水化产物的联结力不强，因而破坏了水泥石的结构完整性，必然造成强度的减退。理论研究结果表明，对于 G 级油井水泥的熟料配比，满足水泥浆中 C/S≈1 的 S_2O 加量一般在 30%~45%。这一理论计算结果与上述以实验为基础确定出的合理硅砂质量分数的结果是一致的。

3.3.3 外加剂对水泥石强度的影响

高温作用下，水泥水化速率加快，水泥浆稠化时间缩短。因此高温固井水泥浆体系选择与设计时在考虑抑制水泥石高温强度衰退的同时，必须向水泥浆中加入缓凝剂等相关外加剂配伍，调配好浆体稠化性能、失水性能、流变性能及稳定性等。一般来说由于外加剂的加入，除通过吸附、沉淀、成核及络合等作用改变水泥的水化速率外，其可能与浆体及水泥水化物之间相互作用而造成产物胶结形态及孔隙率等发生某些相应的变化，因而造成对水泥石强度的改变。工程中一般依据固井施工井下温度等环境条件通过室内试验开展水泥浆配方的优选和设计工作，一般要求所选择的外加剂对浆体硬化水泥石的强度的影响或干扰应尽量小。

图 3.153、图 3.154 分别给出了 110℃、170℃条件下，含硅砂及缓凝剂水泥浆强度发育变化曲线。分析可见，由于缓凝剂的加入，浆体产生强度增长的起始时间均明显滞后，滞后的程度与缓凝剂加量密切相关。一般规律是，缓凝剂加量增加，强度发育的起始时间时间增长。此外，在缓凝剂的作用下，不同温度范围内加砂水泥的强度发育特征也产生了某些变化。在相对较低温度下(如 110℃)最初 12h 内强度值非常低(几乎接近于 0)，直到达到一定时间后强度迅速增加，达到一最大值后强度发展平缓。其强度发育曲线在形状上明显有别于不含缓凝剂的加硅砂水泥的发育特征。这可能是由于缓凝剂的缓凝作用致使水泥浆水化速度减慢，尤其是限制了 C_3S、C_2S 水化作用，为硅砂中 SiO_2 从溶液中争夺 Ca^{2+} 创造了条件，从而当达到稠化时间后，水泥水化得以加速进行的同时硅砂也有效地参与了反应而导致强度发育曲线不再表现为二级台阶式发展特征。而对于相对较高温度条件下(如 170℃)，含有缓凝剂的浆体强度发育特征与只含有硅砂的水泥浆强度变化特征基本相同，即达到一定时间后强度由最低值迅速增大到最高值，而后随养护时间的继续增加强度略呈下降的趋势，但强度衰退的程度与只含有硅砂的浆体相比有所减弱。这很可能与该种缓凝剂的缓凝作用机理及同时具有的分散性能有关。表 3.13 给出了各温度条件下添加不同外加剂的水泥浆硬化水泥石所获得的 48h 强度的变化情况。

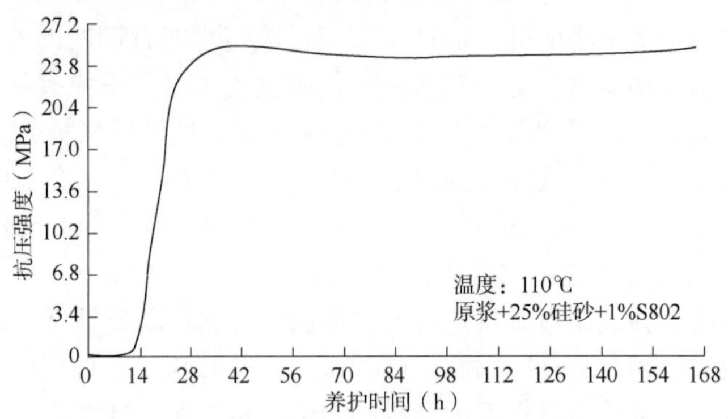

图 3.153　110℃加硅砂、缓凝剂浆体强度发育曲线

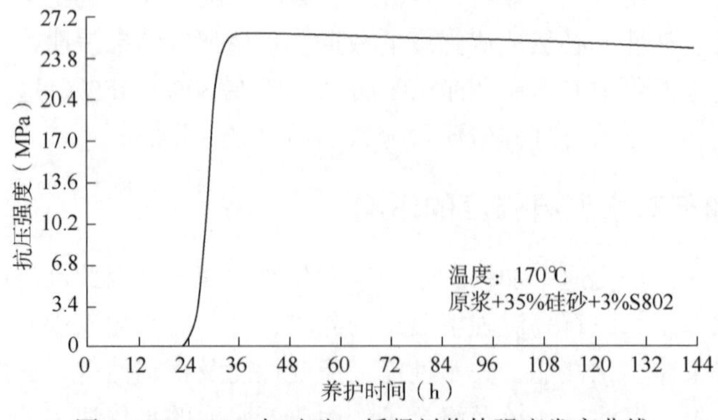

图 3.154　170℃加硅砂、缓凝剂浆体强度发育曲线

表3.13　不同浆体、不同温度条件下48h水泥石抗压强度

序号	试验温度（℃）	试验压力（MPa）	养护时间（h）	水泥配方	水灰比	抗压强度（MPa）
1	170	20.7	48	原浆	0.44	12.69
2				原浆+0.8%酒石酸		7.99
3				原浆+1.0%酒石酸		7.85
4				原浆+1.2%酒石酸		6.72
5	160	20.7	48	原浆	0.44	14.93
6				原浆+0.8%酒石酸		6.70
7				原浆+1.0%酒石酸		6.78
8				原浆+1.2%酒石酸		5.59
9	170	20.7	48	原浆+20%硅砂+0.8%酒石酸	0.50	33.48
10				原浆+20%硅砂+1.0%酒石酸		29.88
11	170	20.7	48	原浆+30%硅砂+1.0%酒石酸	0.50	36.51
12				原浆+30%硅砂+1.2%酒石酸		31.11
13	150	20.7	48	原浆+40%硅砂	0.55	45.52
14				原浆+40%硅砂+1%S802		45.39
15				原浆+40%硅砂+2%S802		44.77
16	200	20.7	48	原浆+40%硅砂+4%S802	0.55	32.15
17	110	20.7	48	原浆+25%硅砂+10%胶乳+2.0%缓凝剂+0.4%Hc+0.5%Sxy	0.50	24.76
18				原浆+25%硅砂+20%胶乳+2.0%缓凝剂+0.4%Hc+0.5%Sxy		26.47
19	150	20.7	48	原浆+30%硅砂+10%胶乳+2.0%缓凝剂+0.4%Hc+0.3%Sxy	0.50	23.55
20				原浆+30%硅砂+20%胶乳+2.0%缓凝剂+0.4%Hc+0.3%Sxy		26.77
21	170	20.7	48	原浆+40%硅砂+20%胶乳+2.0%缓凝剂+0.5%Hc+0.3%Sxy	0.55	31.68
22				原浆+40%硅砂+10%胶乳+2.0%缓凝剂+0.5%Hc+0.3%Sxy		28.76
23	200	20.7	48	原浆+40%硅砂+10%胶乳+2.0%缓凝剂+0.4%Hc+0.5%Sxy	0.55	33.15

对比分析表3.13中数据，不难评价外加剂对水泥石强度的影响状况及规律。表3.13中1#~12#试验浆体的有关数据表明，在各温度条件下当向水泥原浆中加入酒石酸类缓凝剂时，其获得的强度低于原浆强度，表明酒石酸可能具有削弱水泥石强度的作用，一般随

加量的增加强度下降。表3.13中9#~12#浆体的测试结果进一步为上述结论提供了有利的证据。分析可知，不论水泥浆体中是否含有硅砂等物质，酒石酸对水泥石强度都会产生不同程度的削弱作用，且随着酒石酸加量的增加产生的影响程度加大。因此，在选择酒石酸作为高温缓凝剂时应充分注意酒石酸对水泥石强度的降低作用，优化酒石酸的加量范围保证获得较高的水泥石强度。应该说明的是，按照API标准，表3.13中的9#~12#浆体所获得的强度是能够满足工程要求的。S802具有良好的分散作用，其对水泥石强度应该是有利的。同等条下S802对水泥石强度基本没有影响，且随着加量的变化对强度所产生的影响并不十分明显。因此，可以认为S802的加入对水泥石强度的发展无害，有利于调整浆体稠化时间及流变性能，是一种能够适用于高温的较理想的缓凝剂，通过优选加量能够满足注水泥施工要求。

综合对比17#~23#浆体，可以分析得出以下结论：胶乳具有较宽范围的适用温度(表3.13中100~200℃)，由于其能够有效地吸附在水泥颗粒及水化产物表面，并能够有效填充孔隙、与水化产物发生良好的胶结等性能特点，因此，其既能够延缓水泥的水化，又具有良好的控制浆体失水的性能，同时能够改善水泥的胶结状况而提高水泥石的强度。表3.13中17#~22#试验数据充分表明，当浆体其他条件不变时，随着胶乳含量的增加，水泥石强度得到了较明显的改善。添加胶乳的水泥浆硬化体中，由于胶乳能够与水化产物相互胶结及自身具有的长胶链结构，因而其能够更有效地提高水泥石的抗拉、抗弯强度，提高水泥石的抗冲击韧性，避免射孔作业中产生水泥石脆性破裂。因此，选择胶乳作为高温条件下浆体降失水剂是一条可行的技术方按，但仍要注意胶乳本身的高温稳定性及与其他外加剂的配伍性，优选合理的加量范围，以保证浆体具有良好的流动性能。

分散剂Sxy为磺化醛酮缩合物，其在保证水泥浆体具有良好流动性能的同时，没有对水泥石强度产生不良的影响。对于17#、19#、21#、23#浆体，随着Sxy加量的增加，有使浆体强度增加的趋势。

实际上，适合于现场固井施工的水泥浆体系，应在稠化性能、流变性能、强度性能等方面均满足施工及井筒完整性的要求。因此，合适的固井水泥浆体系配方，必须以对稠化、流变性、强度等性能指标进行综合评价为基础进行选择和设计。依据相关实验结果评价，可以选择19#、21#、23#为相应温度范围条件下的固井水泥浆体系基础配方或配方。

第 4 章　固井水泥石 CO_2 腐蚀与防护

早在 1924 年，有关 CO_2 腐蚀问题就有研究结果报道，认为在相同的 pH 值下 CO_2 水溶液的腐蚀性比盐酸强。20 世纪 70 年代以来，随着含 CO_2 深层油气开发、CO_2 驱三次采油、CO_2 开采及埋存利用等工业生产需求的不断增加，CO_2 腐蚀问题日益引起工业界的普遍重视。二氧化碳（CO_2）作为独立资源或天然气和石油伴生组分存在于地层中，湿环境下，在合适的温度及压力条件下，CO_2 不仅能对钢质管材产生较严重的腐蚀，同样会对固井水泥石产生腐蚀作用。CO_2 腐蚀作用下，水泥石的碱性降低，水泥中胶结组分被破坏，水泥石结构发生劣化，孔隙度变大，渗透率增高，抗压强度严重衰退，破坏井筒完整性，诱发地层流体窜流、套管腐蚀、塑性地层的井壁垮塌等事故，影响井的正常生产，缩短井的生产寿命，造成巨大的经济损失。为此，深入了解和掌握 CO_2 对固井水泥石产生的腐蚀作用机理及规律，探索科学防止 CO_2 腐蚀技术的途径及方法，对于保障井的安全生产、生产寿命及经济效益具有重要意义。

4.1　CO_2 的基本特性及其密度和相态分布

4.1.1　CO_2 的基本特性

二氧化碳是无色、无臭的气体，分子式为 CO_2，分子量为 44，相对密度约为空气的 1.5 倍。CO_2 在不同温度和压力条件下可以气、液、固三种状态存在。当温度高于临界温度（31.1℃）时，纯 CO_2 为气相；当温度低于临界温度（31.1℃）与压力低于临界压力（7.383MPa）时，CO_2 为液相；当温度低于-56.6℃、压力低于 0.535MPa 时，CO_2 呈现固态。固体二氧化碳也叫干冰，其密度可达 1512.4kg/m^3，随着外界温度的升高，固态（干冰）又升华转变为气相。液态和气态的 CO_2 密度见表 4.1。

表 4.1　液态和气态 CO_2 密度

温度（℃）	31	20	10	0	-10	-20	-30	-40	-50	-56.6
压力（MPa）	7.38	5.70	4.50	3.48	2.65	1.97	1.43	1.00	0.70	0.49
液体密度（kg/m^3）	463.9	770.7	858.0	924.8	980.8	1029.9	1074.2	1115.0	1153.5	1177.9
气态密度（kg/m^3）	463.9	190.2	133.0	96.3	70.5	55.4	37.0	26.2	18.1	13.8

二氧化碳的化学性质不活泼，既不可燃，也不助燃。二氧化碳可在水中溶解，其水溶

液显弱酸性，可使石蕊试纸变红。由此可知，二氧化碳在水中有一部分变为碳酸。碳酸可以看作二氧化碳的水化合物，或直接写成 H_2CO_3。碳酸在水中可离解为离子：

$$H_2CO_3 \rightleftharpoons H^+ + HCO_3^- \tag{4.1}$$

$$HCO_3^- \rightleftharpoons H^+ + CO_3^{2-} \tag{4.2}$$

上述两步反应的离解常数在 25℃时分别为 $K_1 = 445\times10^{-7}$，$K_2 = 5.7\times10^{-11}$。

在 4.56MPa、273.15K 条件下，二氧化碳和水能形成水合物，其结构形式为 $CO_2 \cdot 8H_2O$ 或 $CO_2 \cdot 6H_2O$。这种结构形成的化合物是不稳定的结晶体，在 0℃，降压至 1.25MPa 时就分解。

二氧化碳的临界性质临界状态是纯物质的一种特殊状态，在临界状况时，气相和液相的性质非常接近，两相之间不再存在分界面。临界点的参数叫作临界常数，包括临界温度、临界压力、临界体积等。其临界温度和临界压力为气液两相共存的最高温度和压力。在临界温度以上，不管施加多大压力，都不能使气体液化。图 4.1 所示为二氧化碳的 p—T 相图。图中蒸汽压曲线 I_g 始于三相点(气、液、固三种状态共存点) T_r，终于临界点 C。在三相点上，$T_{T_r} = -56.42$℃，$p_{T_r} = 0.519$MPa，气液固三相呈平衡状态。而在临界点 C 附近，气液两相形成连续的流体相区(用虚线画出的区域)。流体相既不同于一般的液相，也有别于一般的气相。C 点所对应的温度 $T_0 = 31.16$℃，压力 $p_c = 7.16$MPa，其临界体积 $V_c = 94$mL · mol。I_s 作为熔化压力曲线始于三相点 T_r，随温度、压力的增加一直向上延伸，在-40℃时压力曲线可达 709MPa 左右。g_s 为升华曲线，其压力为固体二氧化碳在某些温度下的蒸汽压，对应数值为：-183℃，8.00×10^{-4} MPa；-179.6℃，2.60×10^{-3}MPa；-175.37℃，1.06×10^{-2} MPa；-171.01℃，4.18×10^{-2} MPa；-168.83℃，7.91×10^{-1}MPa；-167.04℃，1.31×10^{-1}MPa。

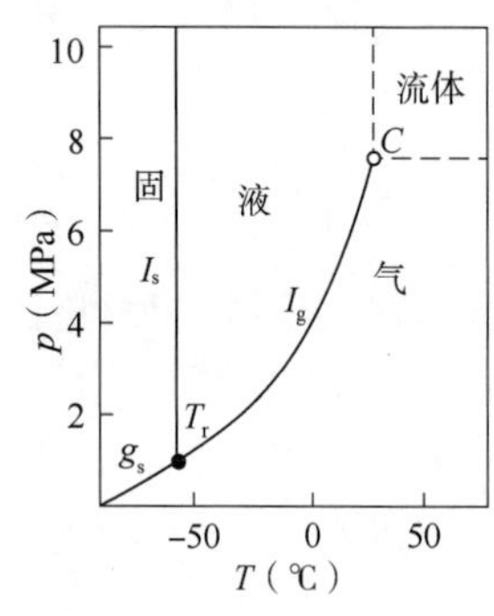

图 4.1 CO_2 相图

4.1.2 CO_2 在水中的溶解度

CO_2 溶于水后，才会对钢铁及水泥基材料产生腐蚀。CO_2 在水中的溶解度与温度、压力有关，其对应关系见表 4.2。

表 4.2 CO_2 在水中的溶解度

压力(1.013×10^5Pa)	溶解度(cm^3/g)				
	0℃	25℃	50℃	75℃	100℃
1	1.79	0.75	0.43	0.307	0.231
10	15.92	7.14	4.095	2.99	2.28
25	29.30	16.2	9.71	6.82	5.37
50	—	—	17.25	12.59	10.18
75	—	—	22.53	17.04	14.29
100	—	—	25.63	20.61	17.67

续表

压力(1.013×10^5Pa)	溶解度(cm^3/g)				
	0℃	25℃	50℃	75℃	100℃
125	—	—	26.77	—	—
150	—	—	27.64	24.58	22.73
200	—	—	29.14	26.66	25.69
300	—	—	31.34	29.51	29.53
400	—	—	33.29	31.88	32.39
600	—	—	36.73	—	—
700	—	—	38.34	37.59	33.85

可见，一定压力条进下，温度增加，CO_2 在水中的溶解度降低。在温度为 0~60℃范围内溶解度降低幅度较大，而在温度高于 60℃以上时，CO_2 在水中的溶解度随温度增加的变化幅度较小。给定温度条件下，压力增大，CO_2 在水中的溶解度增大。CO_2 的这种特性决定了在井下条件下，随着井深的增加，其在水中的溶解度及 CO_2 分压会有所差异。

4.1.3　CO_2 在油井中的密度及相态分布

CO_2 气藏在地下岩层的孔隙或裂缝中储集，由于其温度和压力均高于的 CO_2 临界温度和临界压力，故 CO_2 在气层中是一种高密度的气体，其密度可达 500~800kg/m³，近似于液相。在气层开采过程中，从气层到气体产出(地面)，随着压力降低，CO_2 会产生连续的相态变化：由气相变为饱和蒸气相，吸热后再转变为过热蒸气相(不饱和蒸气相)，由于相态变化，其密度也有较大变化。

表 4.3、表 4.4 给出了某气井关井及开井流动过程中井深 2050m 处气层测试数据。关井时，该气井处于压力恢复过程，随关井时间增加，压力上升，温度上升，偏差系数 Z 先下降而后上升，密度上升(表 4.3)。该井处于开井流动状态时，该气井处于压力降低过程，随着流体流动时间增长，压力下降，温度下降，偏差系数 Z 上升，密度下降。将表 4.3 和表 4.4 中的压力、温度交会于图 4.2，可直观显示该气井关井压力恢复、开井压力降低、垂直井筒内的压力梯度与温度梯度，描述从气层到井口构成的 4 组循环以及相态、密度、温度和压力的变化[图中 AD：虚线表示气层开井(25h)的密度变化；实线表示关井(96h)的密度变化；BA：静止状态下垂直井筒内不同深度的密度变化；DC：流动状态下垂直井筒内不同深度的密度变化]。

表 4.3　关井压力恢复过程中 CO_2 气层测试结果

测试时间(h：min)	压力(MPa)	温度(℃)	偏差系数 Z	密度(kg/m^3)
0：00	3.715	56.97	0.86	72
1：36	8.878	61.77	0.62	233
3：10	11.664	65.20	0.50	375

续表

测试时间 （h：min）	压力 （MPa）	温度 （℃）	偏差系数 Z	密度 （kg/m³）
8：10	16.112	71.41	0.47	541
15：37	19.917	75.20	0.49	633
24：41	21.569	77.10	0.52	642
47：31	22.101	78.58	0.53	643
57：31	22.134	78.90	0.53	643
96：00	22.162	79.62	0.53	643

表 4.4　开井流动压力降低过程中 CO_2 气层测试结果

测试时间 （h：min）	压力 （MPa）	温度 （℃）	偏差系数 Z	密度 （kg/m³）
0：00	22.171	80.65	0.53	643
0：24	17.552	77.70	0.50	543
1：21	13.794	76.00	0.53	405
2：21	10.073	72.52	0.63	252
3：30	6.838	67.88	0.75	146
4：51	4.787	63.53	0.83	94
9：51	3.881	60.00	0.86	75
14：51	3.703	58.80	0.86	72
24：00	3.705	57.52	0.86	72

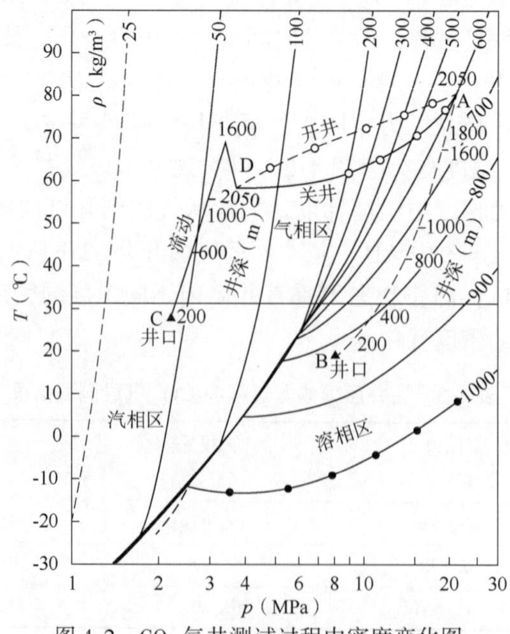

图 4.2　CO_2 气井测试过程中密度变化图

4.2　CO_2 对固井水泥石的腐蚀作用机理

CO_2 对固井水泥石的腐蚀作用由一系列复杂的物理、化学过程组成，主要体现为湿相 CO_2 渗入到水泥石中与水泥石水化产物发生不同的化学反应，产生不同的化学物质，最终导致水泥石的物相组成与微观结构发生变化，劣化了固井水泥石的孔隙度、渗透率和强度。

不同温度下油井水泥的水化产物及微观结构不同，因此，CO_2 对水泥石的腐蚀作用与温度密切相关。低温下 CO_2 对水泥石的腐蚀作用主要表现为 H_2CO_3 与 $Ca(OH)_2$、水化硅酸钙(CSH)、钙矾石(AFt)等主要水化产物间发生化学作用生成 $CaCO_3$ 和 SiO_2，具体的反应及过程为：

$$CO_2 + H_2O \longrightarrow H_2CO_3 \longrightarrow H^+ + HCO_3^- \tag{4.3}$$

$$Ca(OH)_2 + H^+ + HCO_3^- \longrightarrow CaCO_3 + 2H_2O \tag{4.4}$$

$$CSH + H^+ + HCO_3^- \longrightarrow CaCO_3 + SiO_2(\text{无定型}) + H_2O \tag{4.5}$$

水泥石表面初始碳化后即生成 $CaCO_3$(图 4.3、图 4.4)。其钙原子的摩尔体积($0.0369nm^3$)大于 CSH($0.0327nm^3$)，碳化结果是初期水泥石的孔隙度降低、抗压强度增大。

图 4.3　水泥石 CO_2 腐蚀试件及表面

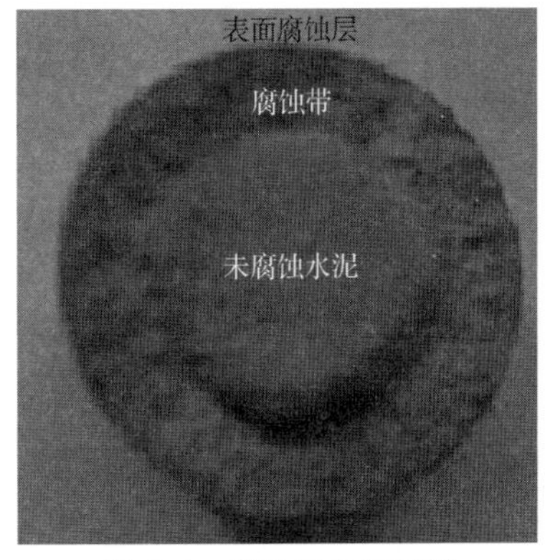

图 4.4　腐蚀后水泥试样

随着富含 CO_2 地层水与水泥石的不断作用，会持续发生下列反应：

$$CO_2 + H_2O + CaCO_3 \longrightarrow Ca(HCO_3)_2 \tag{4.6}$$

$$Ca(HCO_3)_2 + Ca(OH)_2 \longrightarrow 2CaCO_3 + H_2O \tag{4.7}$$

$CaCO_3$ 在 CO_2 作用下转变为$Ca(HCO_3)_2$，从而不断消耗水泥石中的$Ca(OH)_2$，并因继续发生式(4.7)反应而生成水，水又不断地溶解 $Ca(HCO_3)_2$ 形成淋滤作用。随着腐蚀的不断进行，固井水泥石的结构劣化，致密性明显降低，孔隙度和渗透性增大，水泥石的抗压强度也相应下降(图 4.5)。比较严重的淋滤作用产生较大孔隙。同时，在腐蚀过程中，CO_2 通过上述反应争夺 $Ca(OH)_2$，抑制

图 4.5　腐蚀水泥石的孔隙

AFt 的生成，破坏原有的水泥石的微观结构，能造成水泥石体积收缩，进而可能诱发产生微间隙，为富含 CO_2 的地层水打开通道，加剧 CO_2 的渗透作用，加剧对水泥石的腐蚀。

当 $Ca(OH)_2$ 被消耗完之后，CO_2 又与 CSH 反应生成非胶结性的 SiO_2，破坏水泥石的整体胶结状态，水泥石被 CO_2 溶蚀后溶蚀孔随处可见(图 4.6)，并造成水泥石体系 pH 值降低，为腐蚀性气体继续渗入提供了条件，造成水泥石的进一步腐蚀，最终导致水泥环失去对钢套管的保护作用，破坏井筒完整性。

图 4.6　CO_2 腐蚀后水泥石的孔坑

地层水的协同作用将加剧上述腐蚀作用。如高矿化度的地层水使 $CaCO_3$ 的溶解度增大，增强淋滤作用；地层水中含有多种腐蚀性离子(如 Mg^{2+}、SO_4^{2-}、Cl^-)以及腐蚀性组分 H_2S 共存时，这些组分会对水泥石产生协同作用，加剧 CO_2 对水泥石的腐蚀。

当环境温度超度过 110℃时，为抑制水泥石产生高温强度衰退，一般都向水泥中加入含有活性 SiO_2 的材料，水泥石的物相组成主要为氢氧化钙 $Ca(OH)_2$、雪硅钙石($C_5S_6H_5$)、硬硅钙石(C_6S_6H)、残余的水化硅酸二钙 C_2SH 等物质，因此，湿环境下 CO_2 与固井水泥石主要发生下列反应：

$$CH + CO_2 \longrightarrow CaCO_3(\text{方}) \tag{4.8}$$

$$C_5S_6H_5 + CO_2 \longrightarrow CaCO_3 + \text{硅胶} \tag{4.9}$$

$$C_6S_6H + CO_2 \longrightarrow C_7S_6\overline{C}H_2 \quad (\text{重结晶}) \tag{4.10}$$

$$C_6S_2H_3 + CO_2 \longrightarrow CaCO_3(\text{文}) + SiO_2 \tag{4.11}$$

$$\alpha - C_2SH + CO_2 \longrightarrow CaCO_3(\text{文}) + SiO_2 \tag{4.12}$$

CO_2 腐蚀水泥石的主要产物方解石、文石，分子式均为 $CaCO_3$，晶体结构会因温度不同而存在差异，具有不同的结晶形态，均为无胶结性的块状晶体物质。SEM 检测结果表明，水泥石中方解石产物呈现出晶簇状、致密粒状(图 4.7、图 4.8)等。文石的晶体则呈现出纤维状及柱状(图 4.9、图 4.10)，其横切面为假六边形，解理平行面不完全，有闪突起。方解石与文石的主要区别是：文石为二轴晶及其解理不清晰，并且呈现出纤维状、无棱形解理；方解石则为棱形解理。SiO_2 在水泥石中呈现出六方柱与棱面体的聚形，呈长柱状，柱面上有横条纹，其集合体多为粒状或致密块状。

高温下添加 SiO_2 的水泥浆的主要水化产物为雪硅钙石 $C_5S_6H_5$、硬硅钙石 C_6S_6H。高

温条件下 $C_5S_6H_5$ 是最易受 CO_2 腐蚀的晶相。表 4.5 给出了雪硅钙石、硬硅钙石、方解石、文石等物质的强度、渗透率、钙原子摩尔体积等性能参数。对比分析可见，腐蚀前水泥石水化产物中雪硅钙石、硬硅钙石的钙原子摩尔体积(分别为 0.0567nm³ 和 0.04413nm³)高于碳化产物方解石和文石的钙原子摩尔体积(分别为 0.03693nm³ 和 0.03423nm³)。这就意味着水泥水化产物碳化后所占据的体积比碳化前的小，因此，腐蚀后必然引起体积收缩而造成水泥石内部孔隙率增大，渗透率增大。同时，由于水泥石被 CO_2 腐蚀后的主要产物方解石、文石本身的抗压强度低，且晶体间联接力弱、堆积不致密等，进一步加剧水泥石抗压强度及抗渗性能的降低，最终，诱导腐蚀向水泥石纵深发展，导致腐蚀程度的加重。

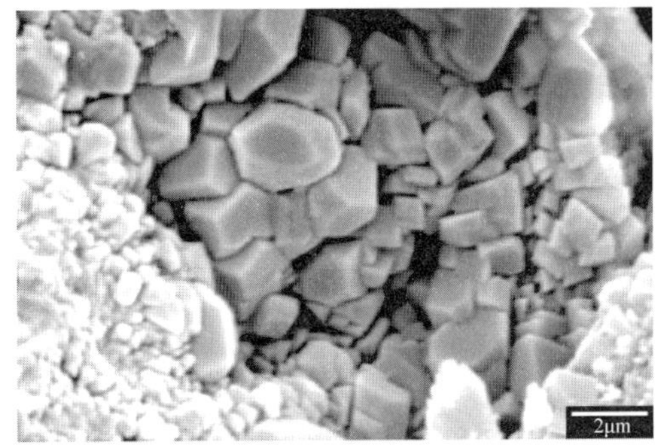

图 4.7　CO_2 腐蚀产物致密粒状方解石

图 4.8　CO_2 腐蚀产物鲕状方解石

图 4.9　CO_2 腐蚀产物纤维状文石

图 4.10　CO_2 腐蚀产物柱状文石

表 4.5　水泥石主要水化产物及碳化产物的性质

水化产物	组成	强度	渗透性	钙原子摩尔体积($10^{-30}m^3/mol$)	生成温度(℃)
文石	$CaCO_3$(文)	低	高	34.2	常温
方解石	$CaCO_3$(方)	低	低	36.9	常温
碳硅钙石	$C_7S_6CH_2$	中等	高	35.2	215~315
雪硅钙石	$C_5S_6H_5$			56.7	110~150
硬硅钙石	C_6S_6H			44.13	150

上述分析表明，湿相 CO_2 在不同的温度条件下与油井水泥的水化产物之间可以发生系列化学反应，产生了不同结晶种类的 $CaCO_3$ 等物质，从而改变了原有水泥石的物相组成，破坏了水泥石的微观结构，劣化了水泥石渗透率、强度等物理力学性能(图 4.11、图 4.12)。

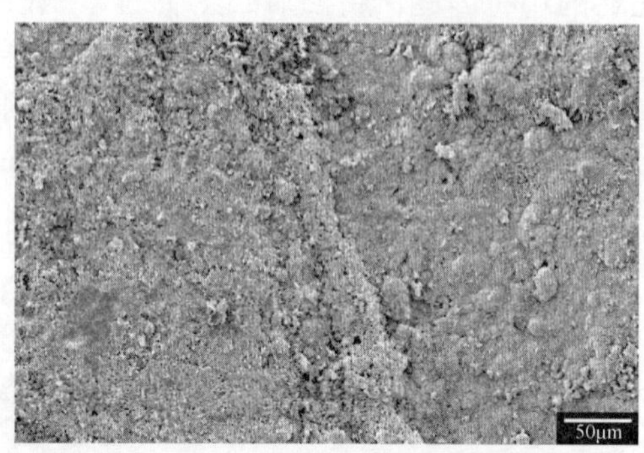

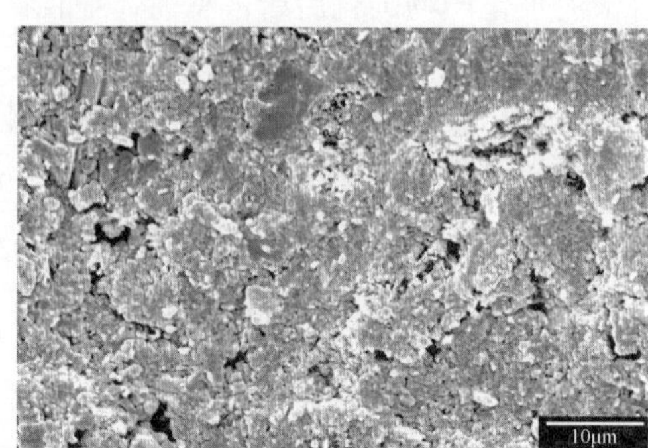

图 4.11　腐蚀前水泥石的内部结构

图 4.12　腐蚀后水泥石的内部结构

CO_2 对固井水泥石产生腐蚀是通过系列复杂的物理、化学作用实现的，其主要标志是腐蚀产物 $CaCO_3$ 晶体的生成。因此，通过对不同腐蚀时间、不同腐蚀环境条件下所产生的 $CaCO_3$ 含量的变化，可以近似地分析 CO_2 对固井水泥石的腐蚀过程。

研究结果表明，在碳酸液相与水泥石表面开始接触时，经过一段时间，只要周围环境没有大的变化，水泥石与腐蚀产物 $CaCO_3$ 之间就会建立平衡。随后溶液中的一部分侵蚀性碳酸和碳酸氢盐化合，而另一部分侵蚀性碳酸则以平衡碳酸的形式保留下来，这就建立了体系的平衡。当然，这种平衡一方面取决于周围溶液环境溶解固体 $CaCO_3$ 的能力，另一方面取决于固体 $CaCO_3$ 的溶解速度。由此，水泥石表面的碳化腐蚀表现为一开始反应进行很快，而后一阶段就逐渐缓慢下来。

水泥石表面上的碳化层通常很薄，并在侵蚀性组分的作用下逐渐遭到破坏。图 4.13 给出了水泥石表面碳化层的扫描电子显微镜微观形貌。水泥石表面碳化层的密度首先取决于生成 $CaCO_3$ 时固相体积的增加，其次取决于 $CaCO_3$ 的生成量。水泥石中 $Ca(OH)_2$ 碳化时，生成的 $CaCO_3$ 体积比原 $Ca(OH)_2$ 体积大约增加了 12%左右，致使表面碳化层结构致密性增加。这种密实的碳化层最初在一定程度上能阻止置换反应的进行，但随着腐蚀作用的持续进行，表面碳化层的密实结构被破坏，会诱使腐蚀向水泥石内部发展。

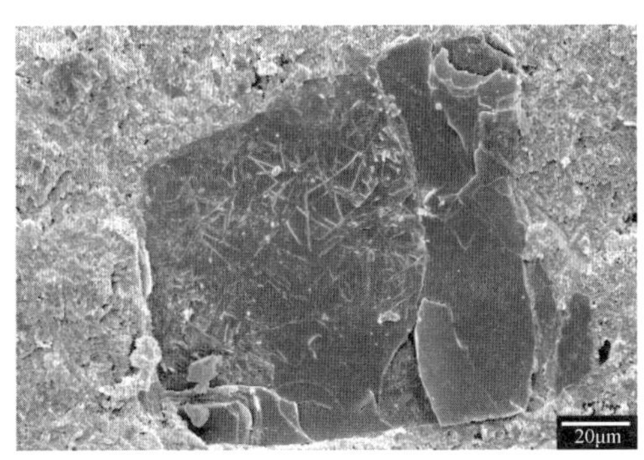

图 4.13　水泥石表面腐蚀后的碳化薄层

从微观结构上看，碳化层中有很多充满水的孔隙和毛细孔，水泥石中的 $Ca(OH)_2$ 组分借助这些孔隙由水泥石的内层向表面扩散，并进入周围环境中。湿环境中 OH^- 的出现与增加，改变了最初建立的平衡，并使相当数量的碳酸氢盐以 $CaCO_3$ 的形式附着在水泥石的表面。如果湿度很低，湿相环境中很快就会出现 $Ca(OH)_2$，而所有的 CO_2 与碳酸盐化合后便沉淀下来。侵蚀性碳酸与 $CaCO_3$ 之间的反应进行得很快，而 $Ca(OH)_2$ 的扩散却进行得很慢，因此，在水泥石与碳酸接触之前，暴露在外的所形成的碳酸盐层已逐渐遭受破坏。这种破坏一直要进行到 $Ca(OH)_2$ 的扩散速度与碳化层的碳酸腐蚀速度相等时为止。但是，在后一种情况下，当 OH^- 过剩时，水泥石表面上就开始形成固体 $CaCO_3$，然后再以碳酸氢盐的形式进入周围湿环境中去。

分析可知，随着腐蚀时间的推移及温度、CO_2 分压的变化，水泥石外层受到湿相 CO_2 腐蚀后其渗透率比内层未受腐蚀的水泥石要大得多，所以湿相 CO_2 向水泥石内部渗透的速度和程度也逐渐增加，当腐蚀达到一定程度后水泥石也就失去了保护套管的作用，湿相 CO_2 便直接对套管钢进行不同程度的侵蚀。因此，为了制定出合理有效的防腐蚀措施及设计合适的防腐蚀水泥体系，进一步深入研究 CO_2 腐蚀水泥石的影响因素及影响规律，建立腐蚀预测模型是十分必要的。

4.3　固井水泥石 CO_2 腐蚀与防护

CO_2 对固井水泥石产生的腐蚀作用主要表现为 H_2CO_3 或 HCO_3^- 渗入水泥石并与水泥水化产物发生化学反应产生了 $CaCO_3$ 等腐蚀产物，最终导致水泥石的微观结构发生变化，破坏油井水泥石的抗压强度和抗渗性能。从腐蚀作用的本质及过程来看，影响 CO_2 对水泥石的腐蚀作用的主要因素应包括水泥材料及地质环境条件 2 个方面。

地质环境因素主要指水泥石所处地层环境介质的相对湿度、温度、压力、CO_2 质量分数及 CO_2 分压等。水泥材料主要是指固井水泥的种类、外加剂、外掺料等配浆材料等。上述 2 方面因素中，环境因素取决于井下地质条件，是客观存在无法改变的因素，而水泥材料则可以根据地层条件要求进行优选和设计。为此，在了解和掌握固井水泥石 CO_2 腐蚀作用机理的基础上，研究和分析环境因素、水泥材料中主要因素对 CO_2 腐蚀固井水泥石的影响规律，是依据环境地质条件优选和设计抗 CO_2 腐蚀水泥浆体系的根本途径。

4.3.1 水泥材料对腐蚀的影响及试验浆体设计

4.3.1.1 水泥材料对腐蚀作用的影响

水泥的种类、外加剂、外掺料等配浆材料直接关系到水泥石的水化产物物相组成、微观结构、强度和渗透性能，因而对 CO_2 腐蚀水泥石的作用产生直接影响。深入了解这些因素对腐蚀产生的影响特点是科学设计抗腐蚀水泥浆体系的重要基础。

（1）水泥种类与熟料矿物组成。

水泥种类不同，熟料矿物组成会存在差别，形成的水泥石的水化产物组分也会存在差异，使水泥石微观结构、强度、渗透性能等发生变化。这些差异与变化对 CO_2 腐蚀速度、程度等都会产生影响。

（2）水泥浆密度及水泥石渗透率。

采用降低水灰比的方法提高水泥浆密度，或采用密集堆积方法设计水泥浆，可以使水泥石的结构更加致密，初始渗透率降低，能在一定程度上抑制 CO_2 的腐蚀速度。而水泥浆密度减小及水泥石渗透率的增大都有利于加速 CO_2 对水泥石的腐蚀。

（3）游离 $Ca(OH)_2$ 含量。

碳化腐蚀程度与水泥石中 $Ca(OH)_2$ 的含量直接相关。由于碳化产物方解石的体积比 $Ca(OH)_2$ 大 17%，有堵孔增强作用，因此，在水泥石孔隙内存在一定量 $Ca(OH)_2$ 对阻止进一步碳化是有好处的。另外，游离的 $Ca(OH)_2$ 可与加入的适量的活性硅粉发生火山灰反应生成 CSH，结果使油井水泥石渗透率降低的同时，削弱和消除了溶蚀离子的交换源，增大了水泥石中胶结性组分的含量，能够改善水泥石的抗腐蚀能力。

（4）外加剂。

降失水剂、缓凝剂及抗窜剂等外加剂的加入会影响 CO_2 对水泥石的腐蚀速度，这种影响主要通过改变或控制某些水化产物的生成速度而实现水泥石微观结构的变化来实现。如抗窜剂是由速凝、膨胀、抗渗、减阻、消泡等外加剂复配而成，主要含有水溶性有机醇氨化合物。能生成络合物，在水泥颗粒上形成许多可溶性区间，使水泥熟料中 C_3A 和 C_4AF 水化速度加快，使水泥浆胶凝强度发展迅速，同时还含有钙、铝等化合物，在水泥中发生反应生成柱状和针状的水化硫酸钙。使得固相体积比反应前增加 1.22~1.75 倍，从而引起水泥石膨胀，而且这种柱状和针状晶体首先向阻力小的孔隙中生长，有助于形成致密的水泥石结构，因而从某种程度上能够抑制 CO_2 对水泥石的腐蚀速度。

（5）硅砂的质量分数。

加入硅砂的质量分数也会影响 CO_2 对水泥石的腐蚀。当加入过量石英砂而消耗 $Ca(OH)_2$ 时，便失去了堵孔物质。大量的实验及研究结果表明，当加入石英砂的含量大于 20%时，$Ca(OH)_2$ 便可能被消耗完，CO_2 就直接与 α-C_2SH 和 $C_5S_6H_5$ 反应，生成的产物的渗透率很大，这对碳化和保护套管均不利。

当温度高于 150℃时，当向水泥浆中加入石英砂、硅砂等含有活性 SiO_2 的外掺料时，由于在较高温度下 SiO_2 的活性被激发，在水泥快速水化的同时 SiO_2 便与 $Ca(OH)_2$ 发生火山灰作用，以及与水化硅酸钙产物发生化学反应，导致硬化体系强度增长较快，而硬化体

中游离 $Ca(OH)_2$ 含量急剧减少或消失。因此，高温条件下 CO_2 对水泥石的腐蚀应主要取决于水化硅酸钙类水化产物的组成及性质，生成物的渗透性将极大地影响 CO_2 的腐蚀速度。因此，在考虑抑制水泥高温强度衰退的同时，应充分考虑石英砂加量对腐蚀的影响。

4.3.1.2　腐蚀试验浆体配方设计

水泥石本身的物相组成及微观结构是制约 CO_2 腐蚀作用的关键性因素。水泥石越致密，越能够阻止 H_2CO_3 或 HCO_3^- 的渗入，越能够保持高的抗腐蚀能力。因此，以增加水泥石结构致密性，提高水泥石的抗压强度和降低渗透率为技术目标，合理选择水泥外加剂、外掺料，优化设计水泥浆体系组成是改善水泥石性能，提高固井水泥石抗 CO_2 腐蚀能力最为直接和有效的途径与方法。

地质环境因素是影响 CO_2 腐蚀作用的客观因素。为此，在进行抗腐蚀固井水泥浆体系设计时，必须面向固井及生产施工所处的地质环境条件，有针对性地开展一系列探索性试验。通过不断选择和调整填充剂、缓蚀助剂、缓凝剂、胶乳、无机硅、降失水剂等外加剂及加量，实现改善水泥水化产物及微观结构，增强水泥石致密性，降低渗透率的目的，优选或设计出具有良好抗腐蚀能力的水泥浆体系配方。

为了进一步阐述水泥石 CO_2 腐蚀规律及抗腐蚀的水泥浆体系配方设计方法，本章以表 4.6 试验浆体的试验检测结果为基础展开分析与讨论。

表 4.6　CO_2 腐蚀试验浆体配方

试样序号	浆体配方	试样序号	浆体配方
1	G+25%S	9	G+35%S
2	G+25%S+5%DCR	10	G+35%S+5%DCR
3	G+25%S+DSJ	11	G+35%S+5%DCR+DHL
4	G+25%S+5%DCR+DSJ	12	G+35%S+4%DCR+DHL
5	G+25%S+4%DCR+DSJ	13	A 级水泥
6	G+25%S+DHL	14	A 级水泥+5%DCR
7	G+25%S+5%DCR+DHL	15	A 级水泥+5%DCR+DSHJ
8	G+25%S+4%DCR+DHL	16	A 级水泥+5%DCR+DSJ

应该说明的是，表 4.6 中的浆体配方是用于开展 CO_2 腐蚀评价及抗腐蚀水泥浆体系优选试验的样本浆体，是针对某油田地质环境条件通过大量的先期探索性试验筛选出的。提供的是以 G 级油井水泥、A 级油井水泥为基材，以优配抗腐蚀剂（DCR）、有机硅材料（DSJ）及水泥外加剂（DHL、HSHJ）为配浆主要外掺料的遴选方案。

在表 4.6 浆体配方设计中，考虑了浆体对环境温度的适应性问题。按配浆水泥基材及温度适应条件，可将表 4.6 中 16 种水泥浆试验配方划分为 2 个类别 3 个组别。其中，一类是以 G 级水泥为基材的高温水泥浆体系（1#～12#），作为温度超过 110℃环境条件下进行试验与备选的配方系列。配浆过程中考虑了水泥石高温强度的衰退的抑制问题。该系列中，按照不同的硅砂质量分数加量又分别以适用温度 120℃左右和 150℃左右为代表分为 2 个组别（1#～8#和 9#～12#）。另一类是为以 A 级水泥为基材的中温或常温水泥浆体系（13#～

16#），作为环境温度低于110℃条件下进行试验与备选配方系列，以适应环境温度60℃左右为代表设置了1个组别。

抗腐蚀剂DCR是水泥抗腐蚀填充材料，是由粉煤灰、白炭黑、硅灰等多种材料混配而成，其主要成分以活性SiO_2为主，在水泥浆中能够起到防沉降及活性补强等作用，具有高比表面积、高活性、特殊的表面特性和颗粒形态结构及独特的物理化学特性，能使水泥石结构密实，渗透率下降，抗压强度提高，因此能够阻止外部腐蚀介质侵入，达到防腐蚀的目的。

有机硅材料DSJ是含硅的高分子材料。其主链是由硅原子与氧原子交替组成的硅—氧链节，似无机物SiO_2的结构，侧链通过硅原子与其他有机基团相连。这种特殊的组成和分子结构使其兼有无机物和有机物的双重特性。DSJ具有稳定性好、结合性强、耐酸、耐碱、耐电解质等特点。

DHL、HSHJ是具有防气窜、降低自由水、稳定浆体等特性的水泥外加剂，由于其具有降低自由水、稳定浆体的特点，因此，其具备降低水泥石的渗透率的功能。为此，选用这两种外加剂来提高水泥石密实度以及减少由于自由水而形成的水泥石原生孔隙具有可行性。

4.3.2 地质环境因素对腐蚀的影响

当水泥的组成确定时，影响CO_2腐蚀的因素则主要来自地层环境。地质环境因素主要包括环境介质的相对湿度、温度、压力、CO_2质量分数及CO_2分压等。CO_2分压是环境压力与CO_2质量分数的乘积，是综合表征环境压力与CO_2含量状况的因素指标，在CO_2腐蚀问题研究和分析中经常使用。

相对湿度直接影响水泥石的润湿状态和抗腐蚀性能。在环境相对湿度较大的情况下，水泥石的毛细管处于相对饱和状态，使气体渗透性大大降低，水泥石的CO_2腐蚀速度则大大降低。但是，当周围介质的相对湿度达到某个范围时，水泥石的腐蚀速度会达到最快，这个范围值随不同的地质条件而各不相同。

当考虑含有CO_2的地层水液体介质与水泥石直接接触(如在腐蚀仪内以液体为介质进行的腐蚀试验)的环境条件，环境条件对水泥腐蚀产生的影响则主要是地层水质组成、温度、CO_2分压和腐蚀时间。可通过水泥石腐蚀试验检测和分析这些因素对腐蚀产生的影响。

开展腐蚀试验的主要设备为高温高压腐蚀仪，腐蚀液体介质可采用配制的地层水模拟液。水泥试样为圆柱形，直径和高均为25mm。水泥试样按API标准制备，放置于高温高压养护釜中养护，取出脱模。再将制备好的水泥试样放入配制有CO_2腐蚀介质的腐蚀仪内，保持腐蚀仪的压力、温度为某设定条件。一定腐蚀时间后取出腐蚀水泥石试样，测定不同腐蚀条件下腐蚀试样的抗压强度、渗透率、腐蚀深度。

4.3.2.1 温度、CO_2分压对水泥石强度的影响

水泥石被CO_2腐蚀后工程性能的主要变化在于强度降低和渗透率增大。因此，可根据水泥受腐蚀后的强度及渗透率的变化对水泥石的CO_2腐蚀程度进行分析和评价。

图 4.14～图 4.17 分别给出了表 4.6 中浆体水泥石试样在腐蚀 28d 时温度、CO_2 分压对水泥石强度影响的试验结果。

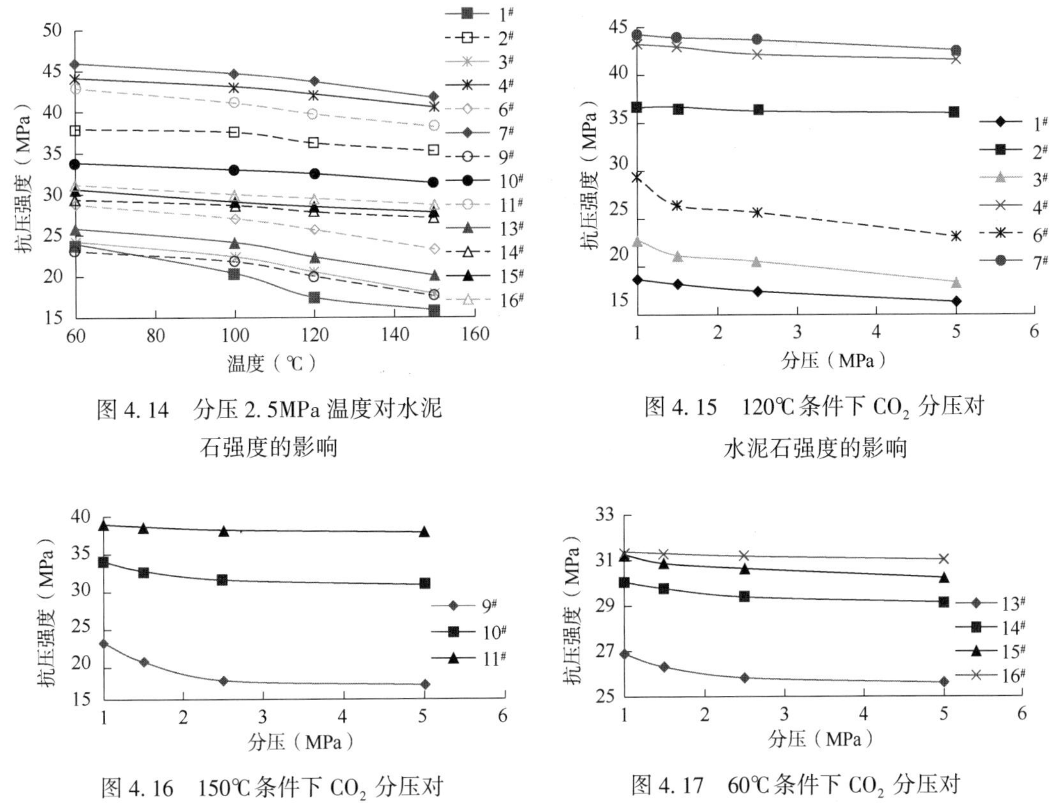

图 4.14　分压 2.5MPa 温度对水泥石强度的影响

图 4.15　120℃条件下 CO_2 分压对水泥石强度的影响

图 4.16　150℃条件下 CO_2 分压对水泥石强度的影响

图 4.17　60℃条件下 CO_2 分压对水泥石强度的影响

可见，水泥石受 CO_2 腐蚀 28d 后，所有试验试样的抗压强度都随温度及 CO_2 分压的增高而降低，但水泥浆组成不同，腐蚀后水泥石的强度及强度下降的程度存在差别。这可能是由于更高的温度、CO_2 分压更加有利于加快 CO_2 与水泥石水化产物的化学反应速率，加速碳化产物的生成，造成在特定的养护时间内腐蚀产物量增加，水泥石结构劣化程度增大等结果造成的。同时也充分反映了水泥材料自身对腐蚀存在影响的本质。此外，仅从温度、CO_2 分压 2 个因素比较而言，温度对腐蚀水泥石强度的影响程度相对比 CO_2 分压产生的影响更明显。

4.3.2.2　腐蚀时间对强度的影响

腐蚀环境条件下水泥石工程性能随时间的变化规律能够直观反映水泥浆体系的抗腐蚀能力，是体系设计和优选的重要依据。图 4.18～图 4.33 分别给出了表 4.6 各种浆体试样在 CO_2 分压为 5MPa 和特定温度养护条件下腐蚀前后强度变化曲线。图中，虚线为各试样未腐蚀时的强度变化曲线，实线为各试样腐蚀后的强度随时间变化曲线。图 4.18～图 4.25 的环境温度为 120℃，图 4.26～图 4.29 的环境温度为 150℃。图 4.30～图 4.33 的环境温度为 60℃。图 4.34～图 4.36 分别给出了上述各组别水泥石试样腐蚀后强度变化的对比情况。

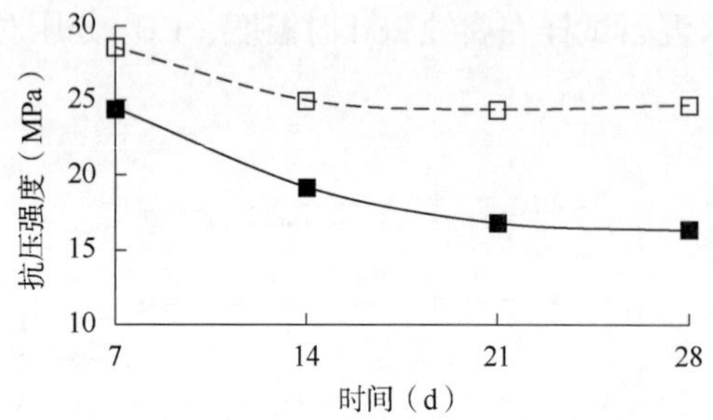

图 4.18　1#试样腐蚀前后强度变化曲线

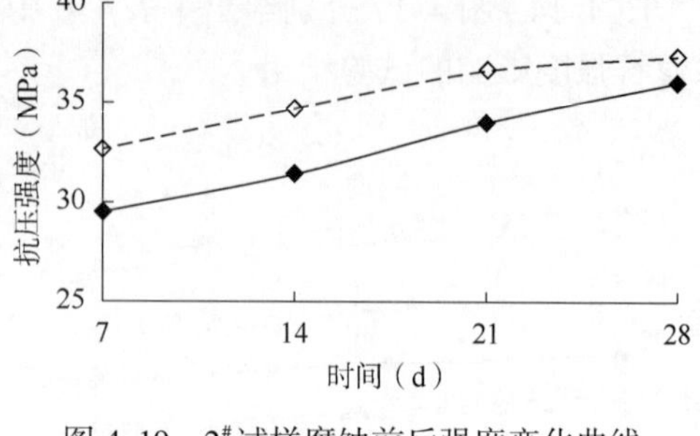

图 4.19　2#试样腐蚀前后强度变化曲线

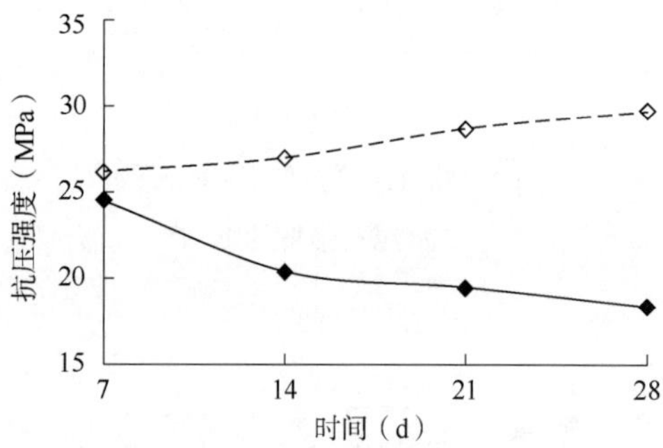

图 4.20　3#试样腐蚀前后强度变化曲线

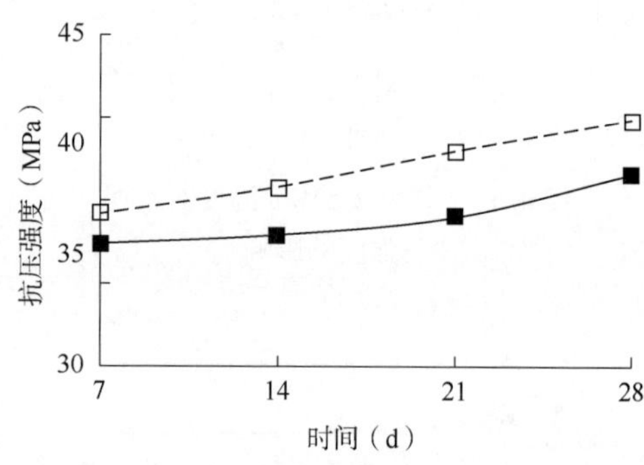

图 4.21　4#试样腐蚀前后强度变化曲线

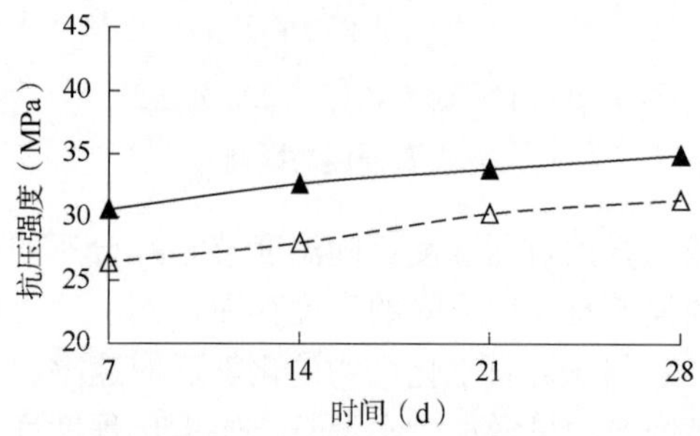

图 4.22　5#试样腐蚀前后强度变化曲线

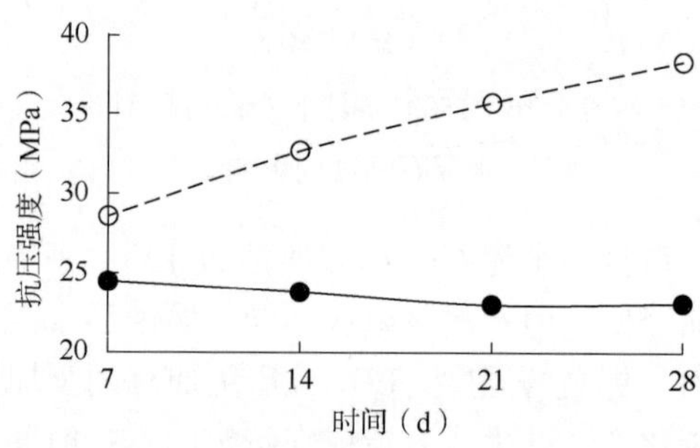

图 4.23　6#试样腐蚀前后强度变化曲线

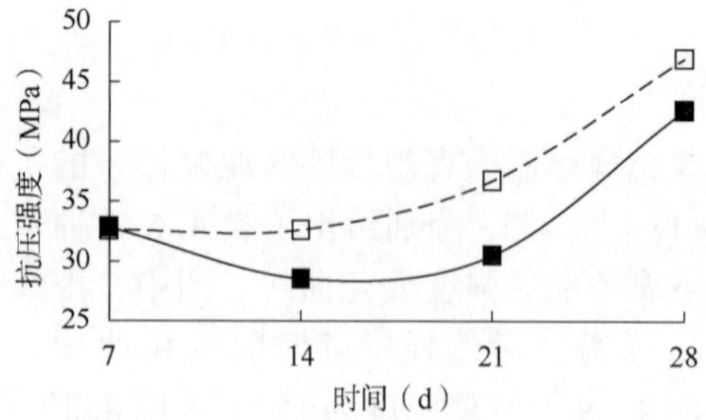

图 4.24　7#试样腐蚀前后强度变化曲线

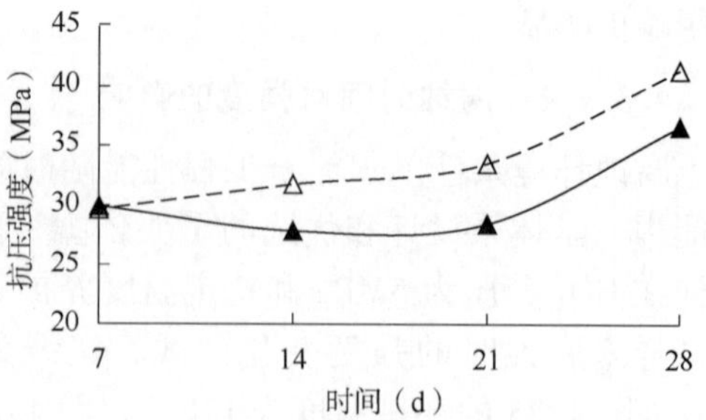

图 4.25　8#试样腐蚀前后强度变化曲线

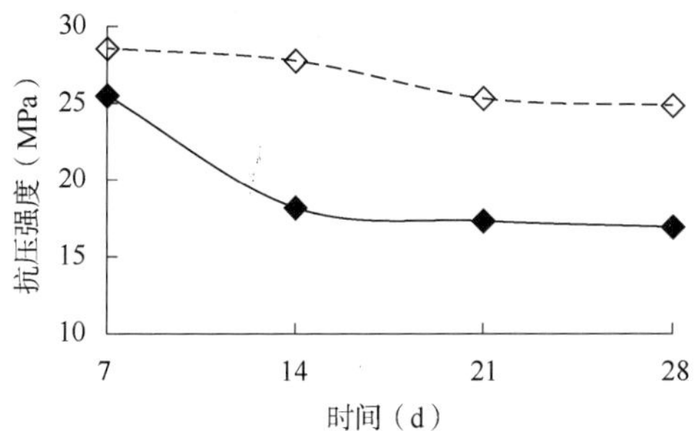

图 4.26　9#试样腐蚀前后强度变化曲线

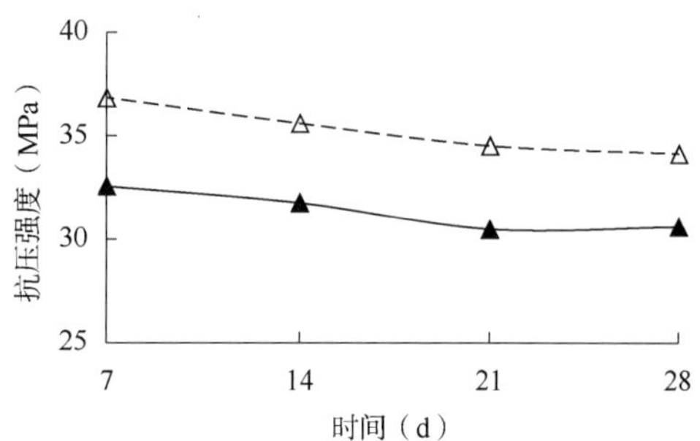

图 4.27　10#试样腐蚀前后强度变化曲线

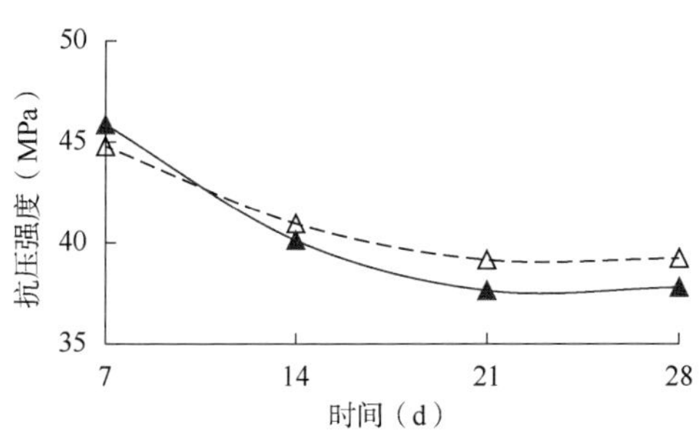

图 4.28　11#试样腐蚀前后强度变化曲线

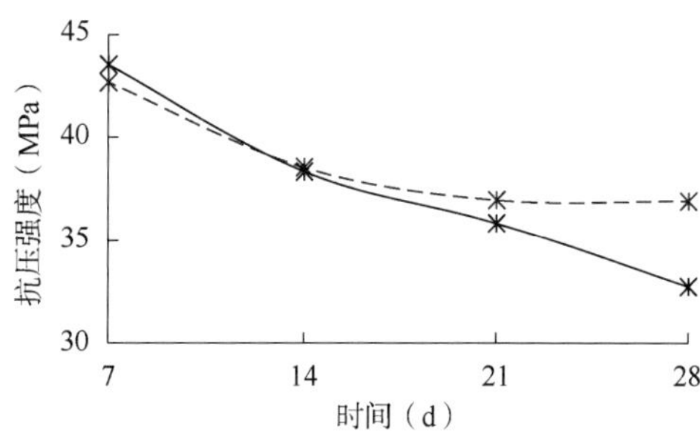

图 4.29　12#试样腐蚀前后强度变化曲线

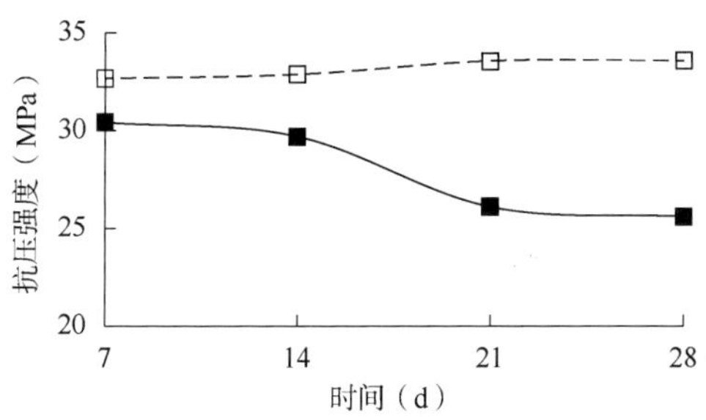

图 4.30　13#试样腐蚀前后强度变化曲线

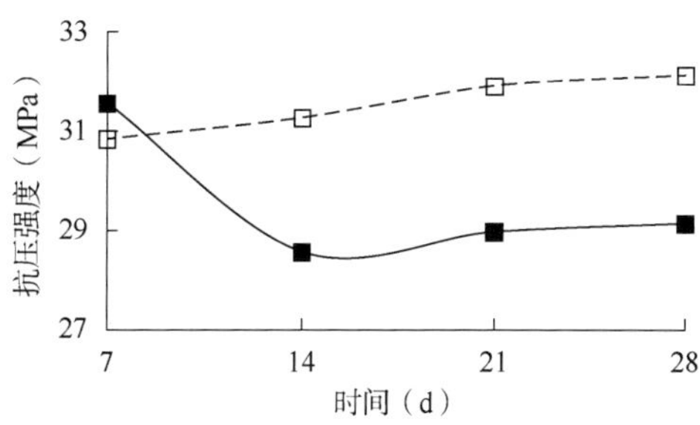

图 4.31　14#试样腐蚀前后强度变化曲线

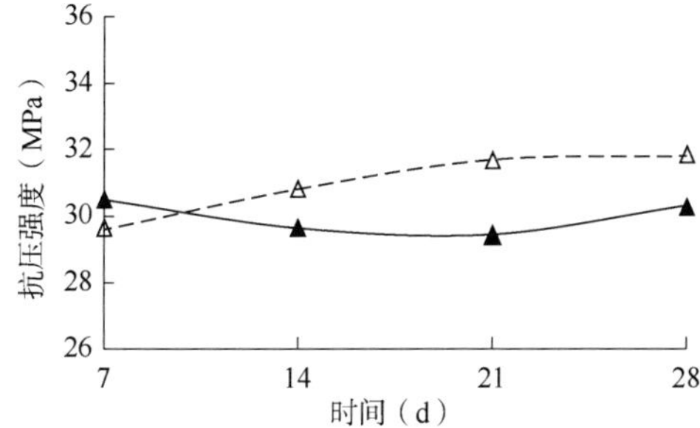

图 4.32　15#试样腐蚀前后强度变化曲线

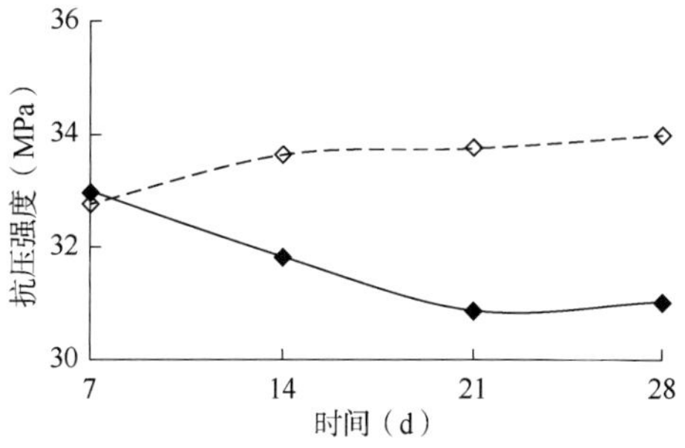

图 4.33　16#试样腐蚀前后强度变化曲线

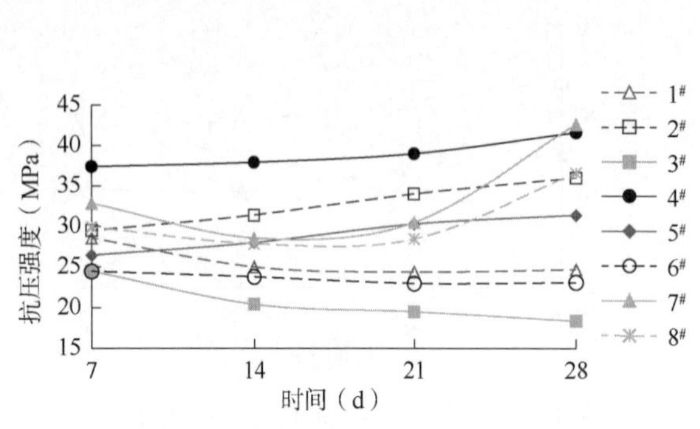

图 4.34　120℃5MPa 条件下 1#～8#试样腐蚀后强度对比

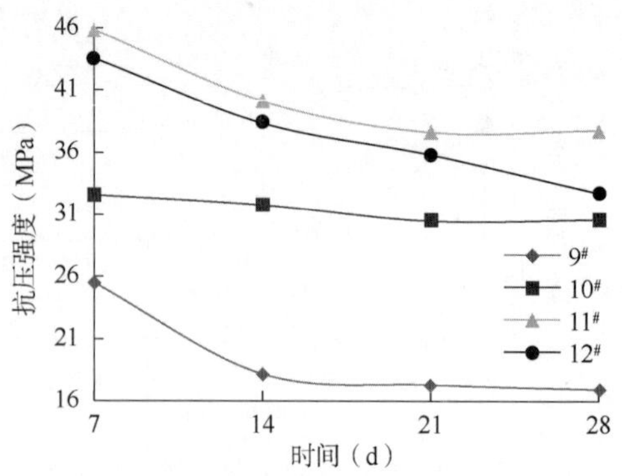

图 4.35　150℃5MPa 9#～12#试样腐蚀后强度对比

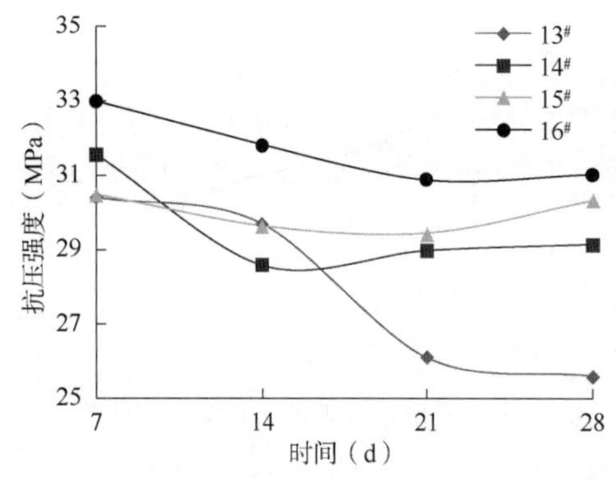

图 4.36　60℃5MPa 13#～16#试样腐蚀后强度对比

试验结果表明，水泥石试样在腐蚀环境中腐蚀 7 天以内时，很难检测到强度的变化。腐蚀时间超过 7 天后，1#～16#水泥石试样的抗压强度都低于未受腐蚀的水泥石，且随着腐蚀时间的增长，强度降低的幅度增大。但对于不同的浆体组成，强度下降的幅度不同，强度数值及强度变化趋势也不同，这主要与水泥浆体中外加剂、外掺料以及加入的质量分数存在差别有关，充分反映了外加剂、外掺料等对水泥石强度发育及其抗腐蚀能力的影响作用。

对于不加抗腐蚀材料 DCR 的水泥浆体系(1#、3#、6#、9#、13#)，在各不同的温度条件下，随腐蚀时间增加腐蚀后水泥石强度呈降低趋势，腐蚀时间越长，强度降低的幅度越大(图 4.18、图 4.20、图 4.23、图 4.26、图 4.30)。充分说明了对于 CO_2 腐蚀环境，设计水泥浆体系时，只采取抑制强度衰退、降低失水等措施，而不考虑腐蚀防护问题，水泥石的后期强度及结构完整性将可能遭受到较严重的破坏。

对于添加抗腐蚀材料 DCR 的水泥浆体系，各种温度条件下，各水泥石试样腐蚀前后的强度变化曲线基本上具有大致相同的趋势，且后期随腐蚀时间增长，强度仍能够保持平稳上升趋势。但不同的外加剂、外掺料组成的水泥石试样，其强度的变化过程以及腐蚀 28 天后强度降低的程度不同。当配浆中所采用的降失水剂相同时，在实验检测的 DCR 质量分数变化范围内，DCR 的质量分数增加有利于提高腐蚀水泥石的强度，但并不改变腐蚀后水泥石强度变化形式。这一结果说明，DCR 作为一种复配的外加剂，当其加入水泥浆体时，能够有效改善水泥石的抗腐蚀能力，但 DCR 加入的量并非越高越好，适当的加量有助于提高体系的抗腐蚀能力，而过高的加量也会导致水泥石致密性变差，抗腐蚀能力减弱，强度降低，且配浆成本增高。

降失水剂等水泥外加剂同样会对水泥石的强度产生影响，但影响程度及形式与温度相关。在 120℃、60℃温度条件下，对于加入相同质量分数的 DCR 试样，不同的降失水剂会导致强度变化过程存在差别。加入 DSJ 的体系后期强度发展较平缓甚至存在下降趋势(图

4.33)，而加入DHL、DSHJ的体系后期强度发育上升趋势明显，28d时腐蚀后强度下降的幅度低。而对于150℃的温度条件，加入DHL的试样腐蚀后的强度随腐蚀时间增长呈下降趋势。

前述已知，由于添加硅砂所获得的产物雪硅钙石的稳定温度为150℃，超过此温度后，雪硅钙石将转化为具有粗大晶体结构的硬硅钙石，水泥石结构变成以粗框架网络结构为主的硬化体，导致强度将进一步衰退。因此，在150℃条件下，随着养护时间的增加，原浆及添加外加剂试样的强度都有所降低，充分反映了水泥石内部晶体转化随时间增长而增多的本质。但仍可以看出添加DCR对于抑制腐蚀的作用，以及添加降失水剂对水泥石试样强度的改善作用。

4.3.2.3 温度、CO_2 分压对渗透率的影响

渗透率是水泥石工程性能的一个重要指标，其直接关系到水泥环的封固质量和井筒完整性。井下环境条件下水泥石被腐蚀的程度及抗腐蚀的能力与水泥石渗透率有密切关系。图4.37～图4.42给出了120℃和 CO_2 分压为5MPa条件下几种试样腐蚀前后渗透率随时间的变化曲线。图中，虚线为试样腐蚀前的渗透率曲线，实线为试样腐蚀后的渗透率曲线。

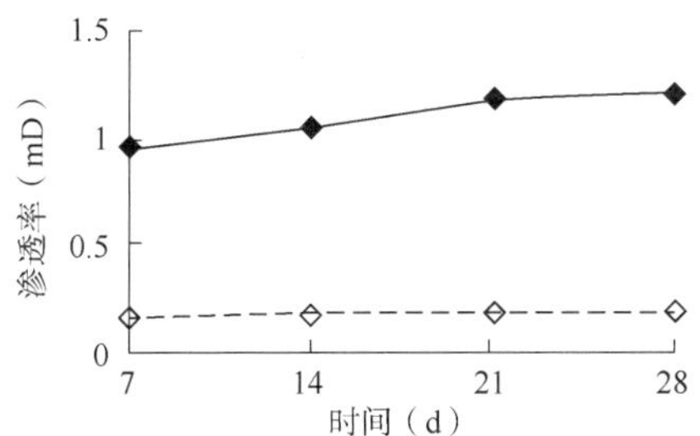

图4.37 1#试样腐蚀前后渗透率对比

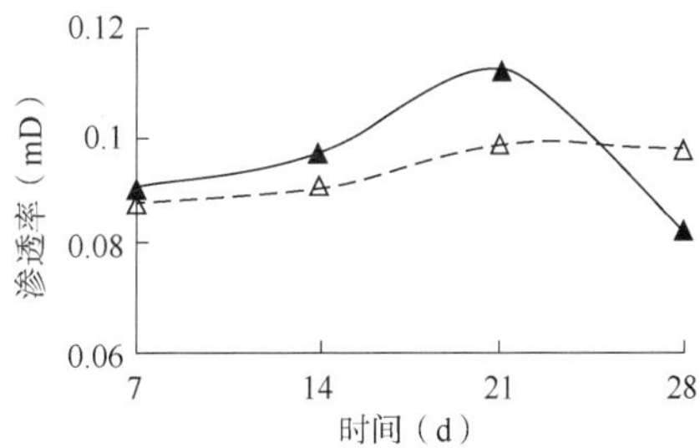

图4.38 2#试样腐蚀前后渗透率对比

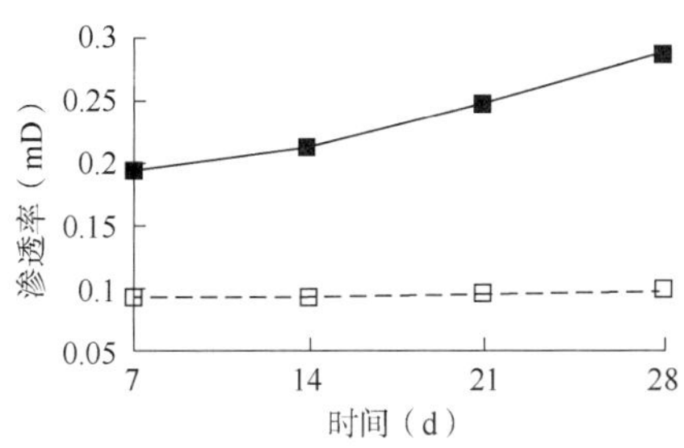

图4.39 3#试样腐蚀前后渗透率对比

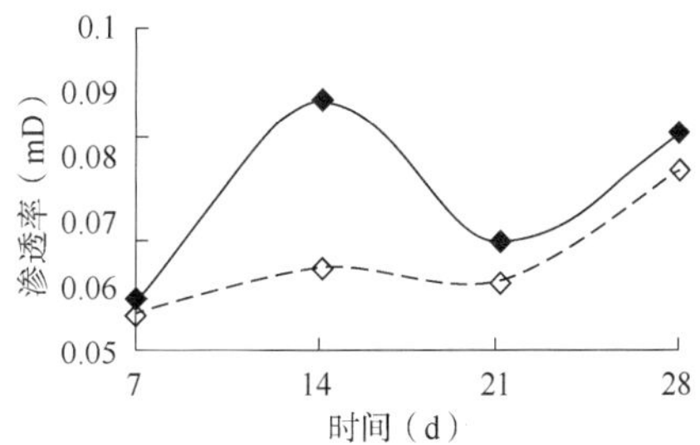

图4.40 4#试样腐蚀前后渗透率对比

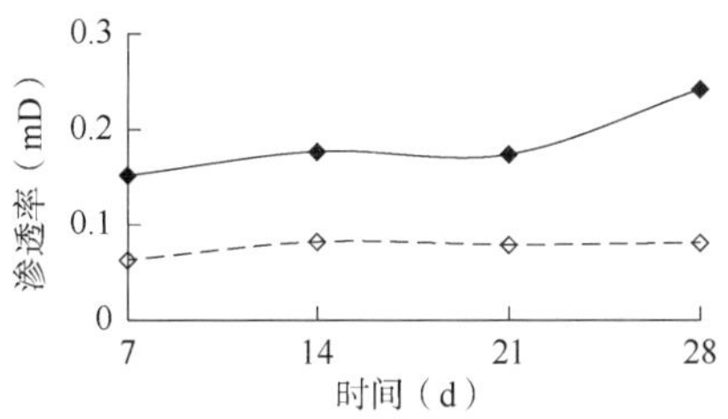

图4.41 6#试样腐蚀前后渗透率对比

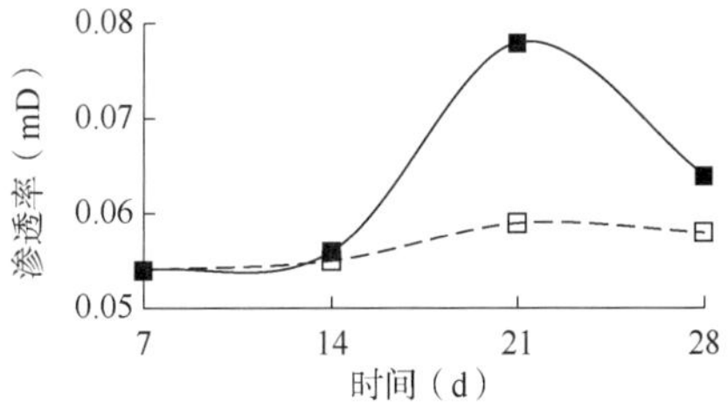

图4.42 8#试样腐蚀前后渗透率对比

可以看出，不同腐蚀时间条件下腐蚀后水泥石渗透率均有所增大，但增大的幅度和趋势不同。对于不添加 DCR 的 1#、3#、6#试样，腐蚀后渗透率随腐蚀时间的增加呈增加趋势，特别是对于只添加硅砂的 1#试样体系，腐蚀后渗透率增加幅度最大。当浆体中添加 DCR 时，腐蚀时间增加，腐蚀初期渗透率有增大趋势，但当达到一定腐蚀时间后，随腐蚀时间的继续增长水泥石渗透率迅速下降，且 28d 时的部分试样的渗透率比甚至未腐蚀水泥石的渗透率还低。

此外，相关实验表明，在相同的腐蚀条件下，随着腐蚀温度和 CO_2 分压的增大，腐蚀后的水泥石的渗透率也随之增大。这与温度、CO_2 分压的增高能促进 CO_2 与水泥石水化产物的化学反应，增加产生的碳化产物 $CaCO_3$ 的量及体积等有关。

4.3.3 腐蚀深度变化规律

一般来说，随着腐蚀时间的增长，H_2CO_3 或 HCO_3^- 渗入水泥石的量增多，腐蚀产物的量也会随之增多，使水泥石强度、渗透率进一步劣化，腐蚀程度增大。按照 CO_2 对水泥石由表及里的腐蚀作用过程特点，可依据水泥石内腐蚀产物存在的分布状况划定水泥石的腐蚀波及范围。该腐蚀范围的几何尺度即为腐蚀层厚度，可用腐蚀深度来表征。由此，腐蚀深度是由于水泥石受到腐蚀后碳化产物的不断生成与增长而形成的，不同的腐蚀条件导致不同的腐蚀产物生成量及波及范围，从而形成不同的腐蚀深度，导致水泥石的抗压强度和渗透率发生相应变化。因此，腐蚀深度作为水泥石腐蚀程度的几何指标，能综合反映水泥石抗压强度和渗透率等工程性能的变化情况，是评价腐蚀程度最直观的综合指标。

4.3.3.1 腐蚀深度的变化规律

实验结果表明，环境温度对水泥石腐蚀深度有明显影响。温度升高，腐蚀深度增加。腐蚀深度随环境温度的变化关系近似为线性关系。图 4.43 给出了 CO_2 分压为 2.5MPa、腐蚀 28d 后环境温度对表 4.6 中相关水泥石试样腐蚀深度的影响曲线。

利用数值回归分析方法，腐蚀深度与温度间的数学关系可以用下式描述：

$$\delta_h = A_T T + C_T \tag{4.13}$$

式中：δ_h为腐蚀深度，mm；T 为环境温度，℃；A_T为环境温度对腐蚀深度的影响系数，与浆体组成有关；C_T为回归系数。

特定腐蚀时间和温度条件下，随着 CO_2 分压的增加，水泥石腐蚀深度增加。图 4.44 给出了 120℃腐蚀 28d 后 CO_2 分压对表 4.6 中相关水泥石试样腐蚀深度的影响曲线。

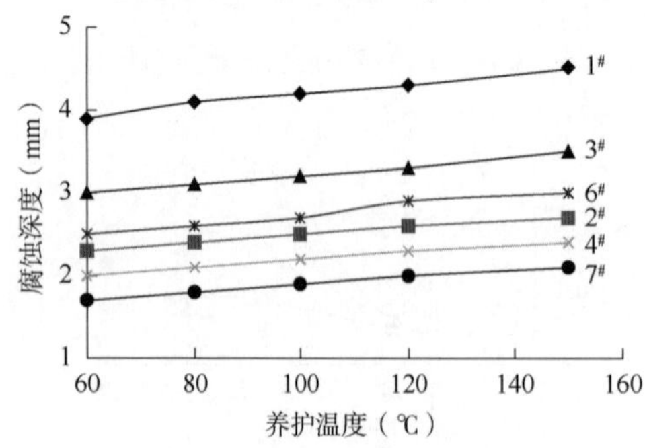

图 4.43 环境温度对水泥石腐蚀深度的影响

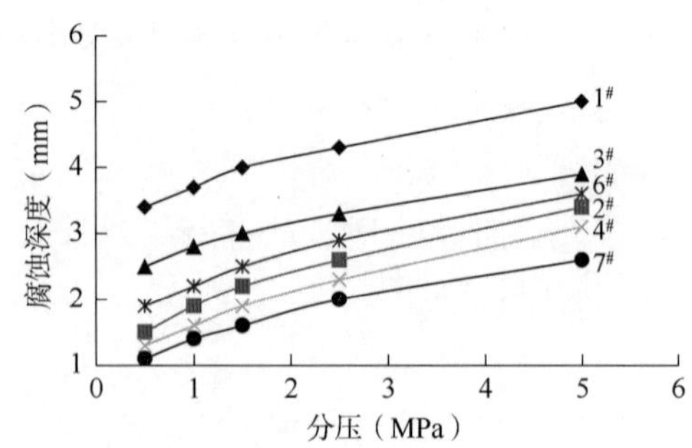

图 4.44 CO_2 分压对水泥石腐蚀深度的影响

利用线性回归分析，可以证实腐蚀深度与 CO_2 分压二者间的变化可近似采用平方根关系进行描述：

$$\delta_h = A_p\sqrt{p} + C_p \tag{4.14}$$

式中：p 为 CO_2 分压，MPa；A_p 为 CO_2 分压对腐蚀深度的影响系数，与浆体组成有关；C_p为回归系数。

图 4.45 给出了温度为 120℃ 分压为 2.5MPa 条件下腐蚀时间对表 4.6 中相关水泥石试样腐蚀深度的影响曲线。可见，各试样腐蚀深度均随腐蚀时间的增长而增加。腐蚀深度与腐蚀时间之间的变化关系可近似采用对数关系进行描述：

$$\delta_h = A_t\ln t + C_t \tag{4.15}$$

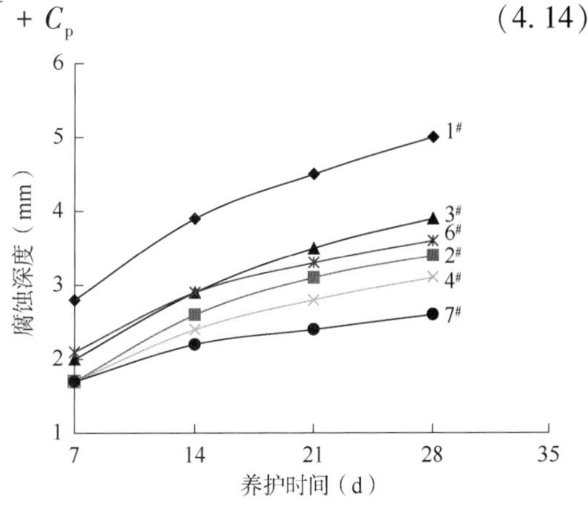

图 4.45　腐蚀时间对水泥石腐蚀深度的影响

式中：t 为腐蚀时间；A_t为腐蚀时间对腐蚀深度的影响系数，与浆体组成有关；C_t为回归为回归系数。

上述结果表明：对于温度、CO_2 分压及腐蚀时间三种因素，各水泥石试样的腐蚀深度随某一项因素而变化的规律基本相同。当其中两项因素一定时，腐蚀深度随另一项因素的增加(或增长)均呈增加的趋势，但温度、CO_2 分压及腐蚀时间与腐蚀深度间的关系并不完全相同，可利用数值回归分析方法建立不同的函数关模型进行描述。

对于特定腐蚀条件，不同水泥石试样的腐蚀深度值存在差别。1#、3#、6#试样腐蚀深度较大，而 2#、4#、7#试样的腐蚀深度较小，进一步反映了水泥浆组成对水泥石腐蚀深度存在的影响。按照表 4.6，1#试样是由 G 级油井水泥加入了质量分数为 25%的硅砂配制而成，仅考虑了抑制高温条件下水泥石强度衰退问题，为高温固井水泥浆的基本配方。硅砂的加入能有效改善高温条件下水泥石的产物组成及微观结构，对于有效保障水泥石的强度性能是有利的。但由于浆体中没有对失水及微观结构加以控制，导致水泥可能存在水化不完善，胶结结构不良，以及缺乏微细颗粒的孔隙填充作用等，造成水泥石致密度和抗腐蚀能力低，腐蚀深度偏高。3#试样和 6#试样是从考虑控制水泥浆失水的角度，在 1#试样物质组成的基础上再分别加入 DSJ 和 DHL 两种不同的降失水剂形成的。二者均具有降低自由水、稳定浆体性能及降低水泥石渗透率等作用，能有效提高水泥石初始抗渗透能力，使水泥石的抗腐蚀能力有所增强，因而腐蚀深度相对较低。但由于 DSJ 与 DHL 的组成不同，二者对水泥石结构影响作用有差别，导致水泥石的腐蚀深度并不相同。如添加 DHL 的 6#试样的腐蚀深度低于添加 DSJ 的 3#试样的腐蚀深度。2#试样是以 1#试样组成为基础，再加入抗腐蚀添加材料 DCR 构成的。DCR 在水泥浆中能够起到活性补强、增加水泥石致密性的作用，能有效抑制外部腐蚀介质的侵入，因而能降低水泥石腐蚀早期的腐蚀深度，但随腐蚀时间的增加腐蚀深度增加的幅度较大。说明在选择固井水泥浆物质组成时，只考虑对水泥石的充填和补强作用而不考虑对浆体进行失水控制，形成的水泥石可能不具备长期稳定的抗腐蚀效果，腐蚀较长时间条件下腐蚀深度可能仍达到较大值。为此，4#试样和 7#试样可看成是在 3#试样和 6#试样物质组成的基础上再进一步添加 DCR(或以 2#试样为基础分别加入 DSJ 与 DHL)构成。在特定腐蚀条件下，这 2 种试样的腐蚀深度比 1#试样、2#试样、3#试样、6#试样的腐蚀深度都低(其中，6#试样的腐蚀深度最低)，这可能与 2 种样品充分发挥了降失水剂与 DCR 对水泥浆控制失水、增强结构致密性，以及有效提高硬化体的抗渗透能力有关。

4.3.3.2 腐蚀深度与工程性能的关系

受 CO_2 腐蚀后，水泥石在几何外观上产生腐蚀深度变化，而在工程性能方面则表现为强度降低和渗透率增加。可以通过实验等建立二者之间的联系，为进一步理解水泥石腐蚀深度与工程性能的关系，优选抗腐蚀水泥浆体系，探索建立腐蚀深度与工程性能的关系模型提供基础。图 4.46、图 4.47 分别是表 4.6 中相关试样在温度为 120℃、CO_2 分压为 5MPa 条件下，腐蚀深度与抗压强度下降率、渗透率增量的关系曲线。

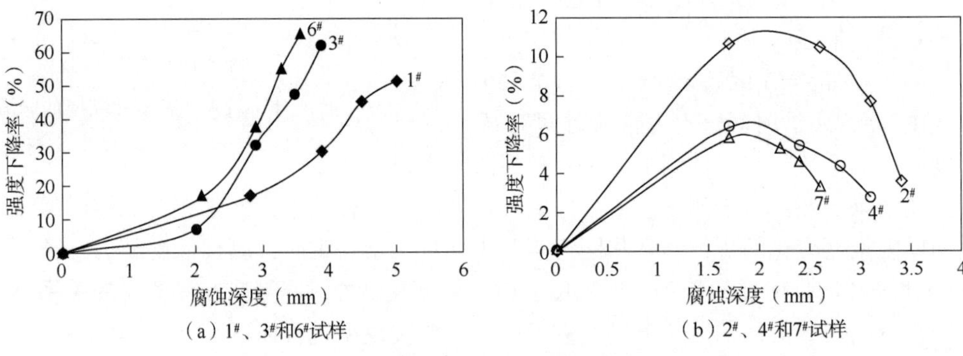

图 4.46　腐蚀深度与强度下降率的关系曲线

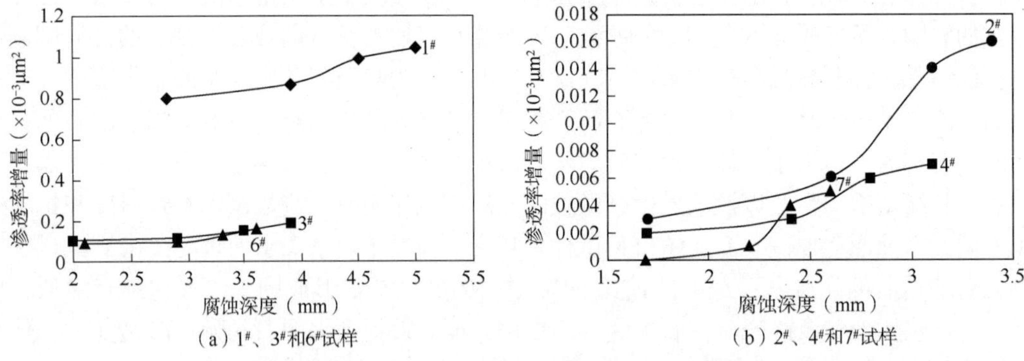

图 4.47　腐蚀深度与渗透率增量的关系曲线

由图 4.46、图 4.47 可见，不同水泥浆体系，腐蚀后水泥石的强度、渗透率随腐蚀深度的变化关系存在明显差别。按照变化形式可将上述试样分为 2 类：

一类为不加抗腐蚀填充材料 DCR 的 1#、3#、6#试样[图 4.46(a)]。这类水泥石试样腐蚀后强度下降率及渗透率增量均随腐蚀深度增加而增大，腐蚀 28d 时水泥石试样强度下降率均超过 50%，1#试样的渗透率增量最大(1.047mD)；3#、5#试样中加入的 DSJ、DHL 降低失水的同时，使水泥石具有抗渗透能力，对腐蚀产生了抑制作用，因而水泥石的腐蚀深度较低，腐蚀后渗透率变化相对也较低。但由于 DSJ 和 DHL 均具有降低强度的副作用，因此，3#、6#试样体系腐蚀后的强度下降率比1#试样高。

另一类为添加抗腐蚀填充材料的2#、4#、7#试样。该类水泥石试样的强度下降率及渗透率增量随腐蚀深度的变化有2个方面特征。一是，2#、4#、7#试样的强度下降率和渗透率增量明显低于1#、3#、6#试样，其中2#试样的强度下降率及渗透率增量均最高，分别约为10.7%和0.016mD。表明这3类试样受腐蚀后工程性能被破坏的程度较小。二是，该类试样的强度下降率及渗透率增量随腐蚀深度的变化形式与1#、3#、6#试样不同。具体表现为，腐蚀深度增加初期，2#、4#、6#试样的强度下降率增加，当腐蚀深度达到一定值后，腐蚀深度继续增加，强度下降率存在下降趋势。虽然渗透率增量随腐蚀深度增加的变化趋势总体呈上升的趋势，但渗透率值均维持在相对较低的水平，且后期渗透率增量上升幅度有减小或趋于平稳的趋势。

4.3.4 水泥石 CO_2 腐蚀深度预测模型

工程实际环境条件下，地层介质中的 CO_2 对井下的水泥石将产生长期、持续的腐蚀作用，直接威胁固井水泥石的结构完整性及井的生产寿命。因此，如何实现固井水泥石的长远期腐蚀程度分析和评价，对于及时了解井下水泥的腐蚀状况、优选抗腐蚀水泥浆体系及评估井的生产寿命具有重要意义。限于室内及现场腐蚀试验开展的周期及难度等实际困难，以有限的实验室试验数据为基础，建立既能够充分体现各条件因素的腐蚀作用规律，又能够综合反映多因素对腐蚀程度产生协同作用的预测模型，是实现井下水泥石腐蚀状况和腐蚀程度评价和预测的有效途径。

目前相关腐蚀预测模型大多是针对钢铁等金属材料建立的。关于金属材料腐蚀预测，目前应用较广泛的是De Waard模型。该模型是De Waard等人于1975年经过大量的试验研究后提出的半经验公式，是以失重实验数据为基础建立的腐蚀速率预测模型，通常称为DWM模型：

$$\lg v_c = 7.96 - \frac{2320}{T + 273} - 5.55 \times 10^{-3} T + 0.6711 \lg p_{CO_2} \tag{4.16}$$

式中：v_c 为腐蚀速率，以钢材表面每年的腐蚀厚度表示，mm/a；T 为温度，℃；p_{CO_2} 为 CO_2 分压，MPa。

在 CO_2 腐蚀钢材问题中，该模型只考虑了温度、压力的影响，没有考虑腐蚀产物膜的保护作用，预测结果偏离实际腐蚀速率较大，是一种比较保守的模型。

前述结果表明，CO_2 对水泥石的腐蚀深度分别与腐蚀时间、温度及 CO_2 分压呈对数、线性和平方根的大致规律，考虑到多因素对腐蚀深度的综合影响，借鉴DWM模型的形式，采用单因素线性叠加的方式可构建水泥石腐蚀深度同时受腐蚀时间、温度和 CO_2 分压3个因素影响的数学关系模型：

$$\delta = a\ln t + b \times T + c \times \sqrt{p} + d \tag{4.17}$$

式中：δ 为腐蚀深度，mm；t 为腐蚀时间，d；T 为环境温度，℃；p 为 CO_2 分压，MPa；a、b、c、d 可分别称为时间影响系数、温度影响系数、分压影响系数及综合影响系数，依据试验确定。

为使腐蚀深度模型计算或预测结果更准确，需要根据大量的实验数据确定出式(4.17)

中的各待定常数项。由于不同组成试样的腐蚀深度存在差别，式(4.17)中各项常数也存在差别，所以，应根据不同组成试样的具体实验数据进行分析。

针对某一种组成的水泥石的腐蚀深度计算模型式(4.17)，符合非线性回归模型中的非标准线性回归模型，可采用多元非线性回归分析方法确定各项系数。非线性回归模型的一般形式为：

$$Y=\beta_0+\beta_1 f_1(X_1, X_2, \cdots, X_k)+\beta_2 f_2(X_1, X_2, \cdots, X_k)+\cdots+\beta_p f_p(X_1, X_2, \cdots, X_k)+u \tag{4.18}$$

式中：β_0，β_1，…，β_p是未知参数，称为回归系数；f_1，…，f_p是关于X_1，…，X_k的p个已知的非线性函数，它是关于未知参数β_0，β_1，…，β_p的线性函数；u为随机误差项，是包含在Y里面但不能被k个解释变量X_1，…，X_k的线性组合解释的变异性。

对于这种类型的模型，可作变量替换

$$\begin{cases} Z_1=f_1(X_1, X_2, \cdots, X_k) \\ Z_2=f_2(X_1, X_2, \cdots, X_k) \\ \quad\vdots \\ Z_p=f_p(X_1, X_2, \cdots, X_k) \end{cases} \tag{4.19}$$

则可将非标准线性回归模型(4.18)转化为一个标准的多元线性回归模型：

$$Y=\beta_0+\beta_1 Z_1+\beta_2 Z_2+\cdots+\beta_p Z_p+u \tag{4.20}$$

式中：Z_1，Z_2，…，Z_p是替换后的新变量。对于给定的样本观测值(X_1，…，X_k)，可以通式(4.19)做变量替换求得相应的新变量(Z_1，Z_2，…，Z_p)，并把它们作为变换后的标准线性回归模型的样本观测值。于是，利用多元线性回归分析方法，求出未知参数β_0，β_1，…，β_p的估计值，从而得到模型(4.20)的样本回归方程

$$\hat{Y}=\hat{\beta}_0+\hat{\beta}_1 Z_1+\hat{\beta}_2 Z_2+\cdots+\hat{\beta}_p Z_p \tag{4.21}$$

将非线性回归模型转换为式(4.20)多元线性回归模型后，模型的分析即成为研究一个随机变量Y与两个或两个以上一般变量Z_1，Z_2，…，Z_p之间相依关系的统计分析方法。

设(Z_{1i}，Z_{2i}，…，Z_{pi}；Y_i)($i=1, 2, \cdots, n$)是对被解释变量Y和原解释变量X_{1i}，X_{2i}，…，X_{ki}，的n次独立样本观测值，将它们代入多元线性回归模型，得

$$Y_i=\beta_0+\beta_1 Z_{1i}+\beta_2 Z_{2i}+\cdots+\beta_p Z_{pi}+u_i \quad (i=1, 2, \cdots, n) \tag{4.22}$$

上式是样本数据结构形式的多元线性回归模型，它是由n个方程和p+1个未知参数，β_0，β_1，…，β_p组成的一个线性方程组，即

$$\begin{cases} Y_1=\beta_0+\beta_1 Z_{11}+\beta_2 Z_{21}+\cdots+\beta_p Z_{p1}+u_1 \\ Y_1=\beta_0+\beta_1 Z_{12}+\beta_2 Z_{22}+\cdots+\beta_p Z_{p2}+u_2 \\ \quad\vdots \\ Y_1=\beta_0+\beta_1 Z_{1n}+\beta_2 Z_{2n}+\cdots+\beta_p Z_{pn}+u_n \end{cases} \tag{4.23}$$

表示成矩阵形式为

$$Y=\beta Z+u \tag{4.24}$$

$$\boldsymbol{Y}=\begin{Bmatrix} Y_1 \\ Y_2 \\ \vdots \\ Y_n \end{Bmatrix} \quad \boldsymbol{Z}=\begin{Bmatrix} 1 & Z_{11} & Z_{21} & \cdots & Z_{p1} \\ 1 & Z_{12} & Z_{22} & \cdots & Z_{p2} \\ \vdots & & & & \\ 1 & Z_{1n} & Z_{2n} & \cdots & Z_{pn} \end{Bmatrix} \quad \boldsymbol{\beta}=\begin{Bmatrix} \beta_0 \\ \beta_1 \\ \beta_2 \\ \vdots \\ \beta_k \end{Bmatrix} \quad \boldsymbol{u}=\begin{Bmatrix} u_1 \\ u_2 \\ \vdots \\ u_n \end{Bmatrix}$$

式中：$\boldsymbol{Y}$ 为被解释变量样本观测值的 $n\times1$ 阶列向量；$\boldsymbol{Z}$ 为变换后的新解释变量样本观测值的 $n\times(p+1)$ 阶矩阵向量，它的每个元素 Z_{ij} 都有两个下标，第一个下标 i 表示相应的列，第二个下标 j 表示相应的行（第 i 个变量的第 j 个观测值），$\boldsymbol{Z}$ 的每一列表示一个解释变量的 n 个观测值向量，β_0 为截距项对应的观测值都等于 1；$\boldsymbol{\beta}$ 为回归参数的 $(p+1)\times1$ 阶列向量；$\boldsymbol{u}$ 为随机误差项的 $n\times1$ 阶列向量。

样本回归方程的矩阵形式为：

$$\hat{Y}=Z\hat{\beta} \tag{4.25}$$

$$\hat{\boldsymbol{Y}}=\begin{Bmatrix} \hat{Y}_1 \\ \hat{Y}_2 \\ \vdots \\ \hat{Y}_n \end{Bmatrix} \quad \hat{\boldsymbol{\beta}}=\begin{Bmatrix} \hat{\beta}_0 \\ \hat{\beta}_1 \\ \hat{\beta}_2 \\ \vdots \\ \hat{\beta}_k \end{Bmatrix}$$

式中：$\hat{\boldsymbol{Y}}$ 为被解释变量样本观测值 $\boldsymbol{Y}$ 的 $n\times1$ 阶列向量阶估计值列向量；$\hat{\boldsymbol{\beta}}$ 为回归参数 $\boldsymbol{\beta}$ 的 $(p+1)\times1$ 阶估计值列向量。

可利用最小二乘法评估回归方程，使全部样本观测值的残差平方和达到最小，来确定未知参数 β_0，β_1，…，β_p 估计量的准则，即

$$\min\sum e_i{}^2=\min\sum(\bar{Y}_i-\ddot{Y}_i)^2 \tag{4.26}$$

未知参数 $\boldsymbol{\beta}=(\beta_0, \beta_1, \beta_2, \cdots, \beta_k)$ 的最小二乘估计量 $\hat{\boldsymbol{\beta}}=(\hat{\beta}_0, \hat{\beta}_1, \hat{\beta}_2, \cdots, \hat{\beta}_k)$ 的计算公式为：

$$\hat{\boldsymbol{\beta}}=(\boldsymbol{ZZ})^{-1}\boldsymbol{ZY} \tag{4.27}$$

对于式（4.24）及相应试验样本数据，分析计算过程需要注意，被解释变量 $\boldsymbol{Y}$、原变量 $\boldsymbol{X}$、转换后的新变量 $\boldsymbol{Z}$ 及回归参数 $\boldsymbol{\beta}$ 分别为：

$$\boldsymbol{Y}=\boldsymbol{\delta} \tag{4.28}$$

$$\boldsymbol{X}=\begin{cases}X_1=t\\X_2=T\\X_3=P\end{cases} \tag{4.29}$$

$$\boldsymbol{Z}=\begin{cases}Z_1=\ln t\\Z_2=T\\Z_3=\sqrt{P}\end{cases} \tag{4.30}$$

$$\boldsymbol{\beta}=\begin{cases}\beta_0=d\\\beta_1=a\\\beta_2=b\\\beta_3=c\end{cases} \tag{4.31}$$

由此，根据大量的腐蚀深度与腐蚀时间、腐蚀温度及 CO_2 分压的试验样本数据，利用上述数理统计方法可确定回归方程中各个回归系数，可以确定出各种组成的水泥石试样腐蚀深度的预测模型。当然，腐蚀数据越多、越准确，得到的腐蚀深度的预测模型也就越精确。

当通过试验能够测定[式(4.17)]中各单一解释变量样本观测值与被解释变量样本观测值 δ 之间的对应数据时(图 4.43~图 4.45)，也可以采用如下简要方法确定回归参数，建立腐蚀深度的预测模型。

对于某一种组成的水泥石试样，在进行腐蚀深度计算模型[式(4.17)]的回归计算分析时，可基于以下两点考虑：(1)回归参数 a、b、c、d 为常数；(2)时间影响系数 a、温度影响系数 b、分压影响系数 c 只与相关的单一解释变量有关，综合影响系数 d 与多因素解释变量协同作用有关。

在特定腐蚀时间 t_f 及 CO_2 分压条件 p_f 下，当已知温度 T 的第 i 及第 $i+1$ 个测点($i=1$，2，…，n)所对应的腐蚀深度分别为 δ_i 和 δ_{i+1} 时，由式(4.17)可知：

$$\delta_i = a\ln t_f + b_j \times T_i + c \times \sqrt{p_f} + d \tag{4.32}$$

$$\delta_{i+1} = a\ln t_f + b_j \times T_{i+1} + c \times \sqrt{p_f} + d \tag{4.33}$$

$$\delta_{i+1} - \delta_i = b_j \times (T_{i+1} - T_i) \tag{4.34}$$

$$b_j = \frac{\delta_{i+1} - \delta_i}{T_{i+1} - T_i} \tag{4.35}$$

式中：b_j 为由第 i 及第 $i+1$ 测点确定的温度影响系数。当已知 n 组温度 T 与腐蚀深度 δ 数据值时，利用式(4.35)可计算出 $n-1$ 个 b_j，可采用平均数的计算方法获得温度对腐蚀深

度的影响系数 b：

$$b = \frac{1}{n-1}\left(\sum_{j=1}^{n-1} b_j\right) \tag{4.36}$$

采用同样的方法，对于在特定的腐蚀时间 t_f 及温度 T 条件下获得的试验样本，可以利用第 i 及第 $i+1$ 测点试验样本值确定对应观测段的分压影响系数 c_j 及 CO_2 分压对腐蚀深度的影响系数 c：

$$c_j = \frac{\delta_{i+1} - \delta_i}{\sqrt{p_{i+1}} - \sqrt{p_i}} \tag{4.37}$$

$$c = \frac{1}{n-1}\left(\sum_{j=1}^{n-1} c_j\right) \tag{4.38}$$

对于特定的温度 T 及 CO_2 分压条件件 p_f 条件，观测段的时间影响系数 a_j 及腐蚀时间 t 对腐蚀深度的影响系数 a：

$$a_j = \frac{\delta_{i+1} - \delta_i}{\ln t_{i+1} - \ln t_i} \tag{4.39}$$

$$a = \frac{1}{n-1}\left(\sum_{j=1}^{n-1} a_j\right) \tag{4.40}$$

各影响系数 a，b，c 确定后，利用上述 m 组试验样本数据由式(4.17)计算出各组对应的 $d_j(j=1, 2, \cdots, m)$，再采用求取平均值的方法获得腐蚀深度综合影响系数 d：

$$d_j = \delta_j - (a\ln t_j + b \times T_j + c \times \sqrt{p_j}) \tag{4.41}$$

$$d = \frac{1}{m}\left(\sum_{j=1}^{m} d_j\right) \tag{4.42}$$

由此，依据试验样本值，可利用式(4.35)～式(4.42)对水泥石试样腐蚀深度预测模型中的回归参数进行简要回归分析和计算。表 4.7 给出了按照图 4.43～图 4.45 试验样本获得的各回归参数计算结果。

表 4.7　相关水泥石试样腐蚀深度预测模型中的回归参数

试样序号	回归参数			
	a	b	c	d
1	0.0065	1.0141	1.5490	-3.2450
2	0.0048	1.2317	1.2287	-4.0254
3	0.0053	0.8817	1.3895	-3.3629
4	0.0038	1.1897	0.9799	-3.3029
6	0.0057	1.1338	1.1062	-3.3070
7	0.0031	0.9780	0.6406	-2.0997

误差分析结果表明，各不同组成水泥石试样腐蚀深度预测模型计算结果与试验测试值间的相对误差较小，如 1#、2#、3#、4#、6#、7#试样相对误差分别约为 1.5%、4.2%、1.7%、2.1%、3.6%、2.4%。说明采用该回归方法获得的模型能较准确地用于水泥石腐蚀深度进行模拟计算及预测估算，如：对于环境温度为 120℃，CO_2 分压为 5MPa 的井下条件，当水泥石处于井下 10 年时，具有 1#、2#、3#、4#、6#、7#试样组成的水泥石的腐蚀深度分别约为 12.5mm、9.4mm、10.6mm、7.9mm、9.0mm、5.7mm；而在环境温度为 150℃，CO_2 分压为 5MPa 条件下，腐蚀 50 年时，腐蚀深度分别约为 15.2mm、11.5mm、13.0mm、9.5mm、10.9mm、6.8mm。

上述分析结果表明，腐蚀环境条件下水泥石的腐蚀深度由环境条件因素等多因素共同影响。图 4.48 以 7#试样为代表给出了温度、CO_2 分压及腐蚀时间对水泥石腐蚀深度的综合影响的空间曲面关系。图中，模拟计算条件参数范围为：环境温度为 100~150℃，CO_2 分压为 1MPa、2MPa、5MPa，腐蚀时间为 10~50 年；纵坐标 z 轴为腐蚀深度，水平坐标 y 轴为环境温度，水平坐标 x 轴为 CO_2 分压和腐蚀时间。作图时，采用以特定的 CO_2 分压数值区间对 x 轴进行划分，再以划分出的分压区间为限定反映腐蚀时间对腐蚀深度的影响。

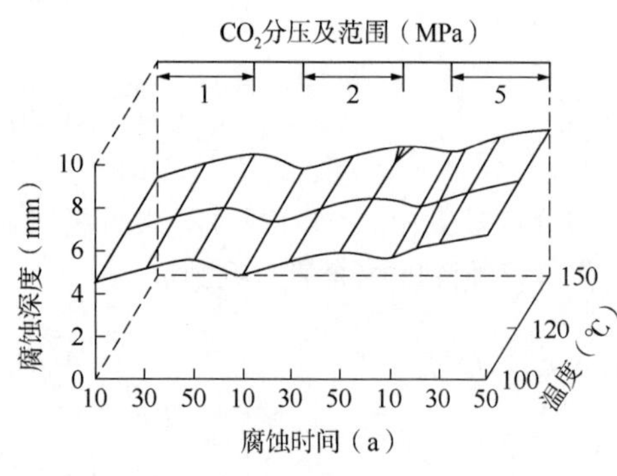

图 4.48　腐蚀深度综合影响曲面

图 4.48 能同时反映出温度，CO_2 分压及腐蚀时间 3 个因素对腐蚀深度的共同作用结果，可以较直观地用于分析和评价井下腐蚀环境条件下水泥石的腐蚀状况及程度。

综上所述，通过试验测试与分析，可以建立起腐蚀深度与各主要影响因素间的数学关系模型，并可藉此对处于井下长期腐蚀环境中的水泥石的腐蚀状况及程度进行分析和评价。然而，需要说明的是，井下实际地质环境条件十分复杂，地层流体介质其他因素等也对水泥石的腐蚀产生影响。因此，在建立特定组成的水泥石腐蚀深度预测的具体模型时必须具备如下两方面基础：一方面，试验测试条件能有效反映或模拟井下实际环境条件；另一方面，在保证试验测试结果有足够的精度前提下，要具有大量的实测数据结果作为观测样本值。该两方面基础缺一不可，至关多元回归预测模型的准确性和适用性。因测试环境条件不符合实际，或由于观测样本值不准、样本值量不充分，均不能获得准确反映井下实际的模型结果，由此确定的预测模型就毫无意义。因此，要想得到不同水泥浆体系在不同地质条件下的腐蚀深度的预测模型，首先必须取得该地区井下地质条件的准确资料，然后针对一定的浆体组成开展现场或室内实验，获得大量可靠的实验数据，并以此为基础建立特定水泥浆体系的腐蚀深度预测模型，才能够实现对水泥石腐蚀深度的有效预测，并籍此作为水泥浆体系抗腐蚀能力评价和优选防腐蚀水泥浆体系的依据。

4.3.5　抗 CO_2 腐蚀固井水泥浆体系优选与设计

CO_2 腐蚀环境中，固井水泥石结构完整性、工程力学性能的腐蚀劣化及腐蚀深度变化等与水泥浆物质组成、水泥自身的水化硬化作用及 CO_2 腐蚀作用过程有密切关系。对于特定的腐蚀环境条件，一方面，水泥石在腐蚀介质的不断侵蚀作用下，其腐蚀深度会随腐蚀时间的增长而增加，相应地由于水泥石结构不断劣化，腐蚀后水泥石的强度将降低，渗透率增高；而另一方面，尽管处于腐蚀环境中，水泥自身水化硬化过程仍会不断地进行，因而其内部结构随养护时间的增长也将得到逐渐完善和发展，导致其强度逐渐增加(一般在 28d 时达到较稳定的数值)，抵御腐蚀的能力也相应增加。水泥石腐蚀后腐蚀深度、抗压强度、渗透率等的变化正是在上述 2 方面共同作用下所产生的综合结果。但对于不同的浆体组成，通过其自身的水化而影响结构发展、强度发育、渗透率变化存在差别，导致腐蚀后水泥石的腐蚀深度、强度及渗透率变化也存在差别，体现了不同的水泥浆物质组成具有不同的抗腐蚀的能力。因此，可以认为水泥浆的组成是决定抗腐蚀能力的关键性因素，对于水泥石的长期抗腐蚀能力具有至关重要的影响。

综上所述，不同的物质组成的水泥石在特定的腐蚀环境下所产生的腐蚀程度是不同的，改善水泥浆配浆组成，改善水泥石微观结构，提高水泥石初始强度及抗渗透性能，是提高水泥石抗 CO_2 腐蚀能力的主要技术途径。而建立腐蚀评价指标，针对设计水泥浆组成开展腐蚀试验优选评价，是获取或确定优良抗腐蚀水泥浆体系配方的基本手段和方法。

针对表 4.6 设计提出的水泥石试样的腐蚀试验结果，以综合评价试样腐蚀后腐蚀深度、强度、渗透率等指标为基础，可以优选出适合于不同井下温度条件的抗 CO_2 腐蚀固井水泥浆体系配方。

对于 120℃ 左右的温度环境条件下，1#～8#试样中，7#水泥石试样抗腐蚀能力最强，其在温度为 120℃、CO_2 分压为 5MPa 条件下，腐蚀 28d 时的腐蚀深度仅为 2.6mm，强度下降率仅为 3.3%，预测腐蚀 10 年时的腐蚀深度为 5.7mm；甚至在 150℃、CO_2 分压 5MPa 条件下腐蚀 50 年时，其腐蚀深度预测值也仅为 6.8mm。因此，以 7#水泥石试样的物质组成(G+25%S+5%DCR+DHL)配制的水泥浆适用于环境温度为 120℃ 左右的深井固井。

同理，对于 150℃ 左右的温度环境条件，9#～12#试样中，11#水泥石试样抗腐蚀能力最强，因此，以物质组成 G+35%S+5%DCR+DHL 配制的水泥浆适用于环境温度为 150℃ 左右的深井固井。而对于 60℃ 左右的中温环境条件，13#～16#试样中，15#水泥石试样抗腐蚀能力最强，因此，以物质组成 A+5%DCR+DSHL 配制的水泥浆适用于环境温度为 60℃ 左右的中温井固井。

第5章　多元介质协同作用下水泥石的腐蚀劣化

当固井水泥石与含有 Cl^-、HCO_3^-、SO_4^{2-}、H_2S 等腐蚀介质的地层流体接触时，在各种腐蚀介质协同作用下，水泥石会受到较严重的腐蚀，而产生腐蚀作用的机理及程度与地层流体中腐蚀介质的种类及其质量分数密切相关。

随着油田进入中、高含水开发期，以提高采收率为手段的聚合物、三元复合驱三次采油技术在油田全面开展，调整井生产区域，由于注采不平衡、注采液带有腐蚀性离子等进入地层，使地层压力环境、储层流体介质发生较大变化。原本低渗高压地层转为高渗低压地层，中低矿化度地层水转为富含聚驱、三元复合驱注入液的中高矿化度地层流体，采出液中侵蚀性介质如 SO_4^{2-}、HCO_3^-、Cl^- 及 Na^+、K^+、Mg^{2+} 等的浓度增高，加剧对井下固井水泥石的腐蚀，使水泥石结构完整性等问题成为影响三次采油作业区调整井固井封固质量的重要因素。因此，针对上述介质共存地质环境条件，分析和研究 SO_4^{2-}、Cl^-、HCO_3^- 等多元介质协同作用对固井水泥石产生的腐蚀作用机理和规律，是解决科学设计固井水泥浆体系问题的基础，对于提高固井封固质量及井的生产寿命具有重要意义。

本章以油田调整井三次采油作业区井下温度、地层水及采出液水质等条件为背景，以室内腐蚀试验检测结果为基础，分析 SO_4^{2-}、Cl^-、HCO_3^- 等单一介质对水泥石腐蚀作用，阐述多元介质协同作用下固井水泥石的腐蚀问题。

5.1　采出液组成及腐蚀试验

以聚合物驱、三元复合驱为主的三次采油试验区，由于新型驱油介质的注入，改变了地层流体的矿化度。表5.1、表5.2给出了油田部分区块地层水、采出液水质分析结果。

表5.1　区块1地层水、采出液取样对比分析(mg/L)

项目	注入液	采出液	自来水
K^+	0	0	197(K^+、Na^+)
Ca^{2+}	400.80	264.53	40.1
Mg^{2+}	24.3	116.64	12.6
Cl^-	1418.00	886.25	70.6
SO_4^{2-}	614.72	230.52	69.2
HCO_3^-	854.00	3660	498
Na^+	3925.5	1539.87	—
CO_3^{2-}	0	0	0
总矿化度	14923	6697.77	887
pH值	—	—	7.02

表 5.2　不同区块采出液取样分析结果(mg/L)

项目	区块1	区块2	区块3	区块4	区块5
Ca^{2+}	264.53	22.22	29.86	24.05	14.73
Mg^{2+}	116.64	10.30	9.24	7.29	6.84
Cl^-	886.25	472.45	473.92	735.6	972.33
SO_4^{2-}	230.52	12.01	27.27	14.41	15.57
HCO_3^-	3660	1687.34	1711.06	3020.5	2239.74
K^+、Na^+	1539.87	1035.24	—	1581.3	1448.54
CO_3^{2-}	—	172.21	70.37	—	203.56
总矿化度	6697.77	3411.76	3309.88	5383.1	4887.02
pH值	—	—	7.43	8.04	—

表5.1、表5.2中地层水及采出液检测、调查结果表明，在三次采油试验区，采出液中均不同程度的含有 Cl^-、HCO_3^-、CO_3^{2-}、SO_4^{2-}、Mg^{2+}等离子。这些离子可以通过物理和化学两方面对固井水泥石产生腐蚀作用。物理作用方面主要表现为各种离子随溶液渗透到水泥石中，水泥石物相通过吸附等作用吸附各种离子到原水泥水化产物表面，改变了结构；而化学作用主要体现为各种离子与水泥水化产物发生化学反应产生新物相，从而改变了水泥石原有物质组成，导致微观结构发生明显改变，造成水泥石膨胀、产生裂隙、结构疏松、强度下降等不良后果。

不同的腐蚀性离子，对水泥石产生的腐蚀作用是不同的。因此要准确把握多元腐蚀介质对水泥石的协同腐蚀作用规律，首先必须明确各离子与固井水泥石间的相互作用特点及规律。

腐蚀试验采用大连G级油井水泥(化学成分见表5.3)为水泥浆配浆基材，配制成水灰比(质量分数)为0.45的浆体，用搅拌器充分搅拌后，装入直径和高均为25mm的圆柱形养护模具中。按照API标准将装有浆体的养护模具放置于高温高压养护釜中养护24h，取出脱模。冷却风干后，将试样安装在特制的腐蚀试样架上放入高温高压腐蚀仪，按照试验条件要求分别加入不同类型及浓度的模拟腐蚀液。模拟腐蚀液是根据油田采出液中 SO_4^{2-}、HCO_3^-、Cl^-等含量条件配制的 Na_2SO_4、$NaHCO_3$、NaCl 及多元介质混合溶液模拟液(表5.4、表5.5)。对腐蚀仪进行除氧和密封处理，水泥石试样高温高压养护釜及腐蚀仪的养护温度依据调整井井下条件设定为38~60℃。

表 5.3　大连G级油井水泥的主要化学组成

成分	SiO_2	CaO	Fe_2O_3	Al_2O_3	MgO	SO_3	K_2O
质量分数(%)	20.69	63.85	2.60	4.57	2.24	2.49	0.76

表 5.4　模拟腐蚀溶液

模拟腐蚀溶液序号		溶液组成	模拟腐蚀溶液序号		溶液组成
SO_4^{2-}	S-1	5% Na_2SO_4	HCO_3^-	C-1	5% $NaHCO_3$
	S-2	10% Na_2SO_4		C-4	10% $NaHCO_3$
	S-3	15% Na_2SO_4		C-3	15% $NaHCO_3$
	S-4	20% Na_2SO_4		C-4	20% $NaHCO_3$
Cl^-	Cl-1	0.585% NaCl	Cl^-	Cl-3	11.7% NaCl
	Cl-2	5.85% NaCl		Cl-4	23.4% NaCl
SO_4^{2-}+ HCO_3^-	SC-1	5% $NaHCO_3$+5% Na_2SO_4	Cl^-+ HCO_3^-	ClHA	0.84% $NaHCO_3$+0.585% NaCl
	SC-2	10% $NaHCO_3$+10% Na_2SO_4		ClHB	8.4% $NaHCO_3$+5.85% NaCl
	SC-3	15% $NaHCO_3$+15% Na_2SO_4		ClHC	16.8%$NaHCO_3$+11.7% NaCl
	SC-4	20% $NaHCO_3$+20% Na_2SO_4		ClHD	33.6%$NaHCO_3$+23.4%NaCl

表 5.5　地层水与采出液模拟腐蚀溶液组成

模拟腐蚀溶液序号	介质组成(mg/L)						总矿化度(mg/L)
	HCO_3^-	Cl^-	SO_4^{2-}	Ca^{2+}	Mg^{2+}	K^++Na^+	
Ⅰ	1799.57	578.83	17.85	23.33	9.86	1143.85	3573.29
Ⅱ	1863.56	483.79	23.65	28.58	6.89	1301.25	3707.72
Ⅲ	2124.03	562.09	26.01	24.84	11.36	1264.54	4012.87
Ⅳ	2572.26	648.85	20.83	25.01	11.86	1133.22	4412.03
Ⅴ	3020.50	735.59	25.02	26.28	13.12	1367.94	5188.45

5.2　SO_4^{2-} 对固井水泥石的腐蚀

酸性离子对水泥的腐蚀研究，起源于在含有腐蚀性离子的液体中长期浸泡的堤坝、桥墩等混凝土的失效作用。实践结果表明，对于不做任何处理的普通混凝土构件，当其处于腐蚀环境条件下，混凝土内的水泥结构将被逐渐破坏，内部的钢筋也会受到较为严重的腐蚀，腐蚀的结果最终导致混凝土结构的严重破坏而丧失其应有的作用效能。

当固井水泥石同含有硫酸钠、硫酸镁等硫酸盐的地层流体或采出液接触时，流体介质可以通过物理和化学两种作用途径对水泥石产生腐蚀。按照腐蚀作用生成的产物类型，通常将水泥石的硫酸盐腐蚀方式大致划分为钙矾石型腐蚀、石膏型腐蚀、不同阳离子型腐蚀及混合型腐蚀。腐蚀的后果是水泥石产生膨胀性裂纹，严重时甚至会造成水泥石的破裂，丧失强度及支撑效能，产生严重的结构完整性和耐久性问题。

硫酸盐对固井水泥石的腐蚀作用程度与井下温度有关。温度对硫酸盐腐蚀的影响作用比较复杂，同时涉及水泥水化硬化作用反应速度、腐蚀作用反应速度以及钙矾石等水化产物脱水与分解等多方面，导致不同的温度范围条件下的腐蚀作用特征存在差异。曾有试验研究结果表明，低温(27~49℃)条件下硫酸盐的腐蚀作用最强，而在温度为 82℃时硫酸盐的腐蚀作用就微弱了。油田现场调查结果也表明，温度较低的浅井中水泥石的腐蚀比温度超过 93℃的深井中水泥石的腐蚀严重得多。

5.2.1　钙矾石型腐蚀

水泥石是由各种水泥水化产物形成的连续胶凝性基体，主要物质组成包括水化硅酸钙(CSH)凝胶、氢氧化钙[$Ca(OH)_2$]晶体、水化铝酸钙($3CaO \cdot Al_2O_3 \cdot 6H_2O$)、水化硫铝酸钙晶体、未水化水泥颗粒以及不同尺度的孔隙孔洞等。当水泥石同含有硫酸盐的地层流体或采出液接触时，硫酸盐会浸入水泥中与 $Ca(OH)_2$、$3CaO \cdot Al_2O_3 \cdot 6H_2O$ 等发生化学反应：

$$Ca(OH)_2 + Na_2SO_4 + H_2O \longrightarrow CaSO_4 \cdot 2H_2O + 2NaOH \tag{5.1}$$

$$\begin{aligned} &3CaO \cdot Al_2O_3 \cdot 6H_2O + 3(CaSO_4 \cdot 2H_2O) + (18 \sim 20)H_2O \longrightarrow \\ &3CaO \cdot Al_2O_3 \cdot 3CaSO_4 \cdot (30 \sim 32)H_2O \end{aligned} \tag{5.2}$$

渗入到水泥石内的 SO_4^{2-} 与水泥水化物发生化学作用的结果是，在固结的水泥石中产生钙矾石($3CaO \cdot Al_2O_3 \cdot 3CaSO_4 \cdot 32H_2O$)，通常称其为二次(次生)钙矾石。当溶液中的 SO_4^{2-} 不足时，钙矾石继续与水化铝酸钙发生作用转化为单硫铝酸钙($3CaO \cdot Al_2O_3 \cdot CaSO_4 \cdot 12H_2O$)。图 5.1、图 5.2 分别给出了温度为 38℃条件下未腐蚀、受 SO_4^{2-} 腐蚀后水泥石物相 XRD 图谱。图中，P、E 和 S 分别代表 $Ca(OH)_2$、$3CaO \cdot Al_2O_3 \cdot 3CaSO_4 \cdot 32H_2O$ 和 $CaSO_4 \cdot 2H_2O$ 的特征峰。

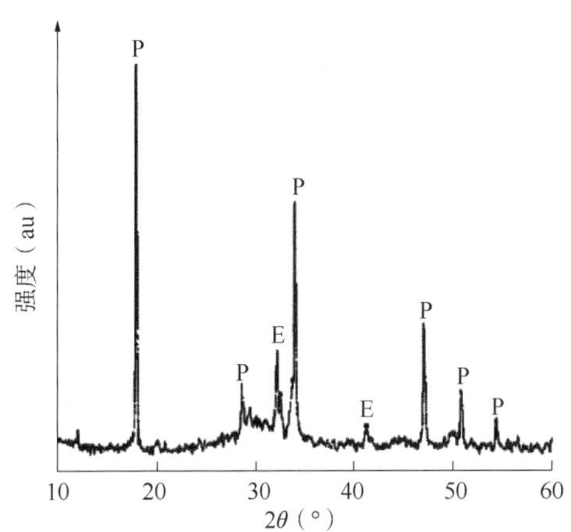

图 5.1　未腐蚀水泥石 XRD 图谱

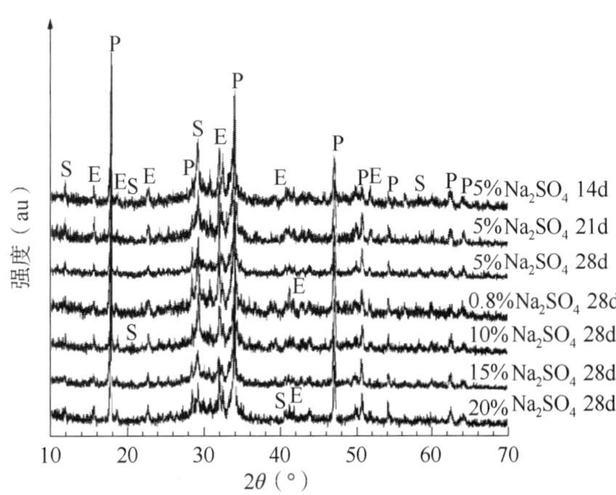

图 5.2　硫酸盐溶液腐蚀水泥石 XRD 图谱

SO_4^{2-} 与 $Ca(OH)_2$、C_3A、$3CaO \cdot Al_2O_3 \cdot 6H_2O$ 等反应生成钙矾石的过程中结合了大量的结晶水，其晶格比 $3CaO \cdot Al_2O_3 \cdot 6H_2O$ 所占的空间大 2~3 倍。图 5.3~图 5.6 分别给出了温度为 38℃条件下腐蚀水泥石、未腐蚀水泥石微观形貌 SEM 图。在水泥浆正常水化条件下，钙矾石能够填充水泥石孔隙，增强水泥的致密性及早期强度。但当次生钙矾石(图

5.3)在硬化水泥石基体内生成时，伴随钙矾石晶核的生长，在水泥石内产生膨胀应力(已有实验表明这种由于钙矾石晶体生长对已凝固水泥石造成的体系内应力可达345MPa)。当膨胀应力超过水泥石的抗拉强度时，将造成水泥石内出现微裂纹甚至结构膨胀开裂，进一步加速腐蚀性离子的浸入与扩散，水泥机体腐蚀破坏程度加剧，最终导致水泥石破裂，丧失封固能力，致使套管裸露在腐蚀性环境中，造成严重的腐蚀后果。由于水泥浆正常水化过程中氢氧化钙晶体或钙矾石晶体等很容易在水化孔坑、界面过渡区处形成(图5.4)，当用SEM检测硫酸盐腐蚀后的水泥石形貌时，通常很容易在水泥石孔坑处观察到棱边模糊的棒状钙矾石。

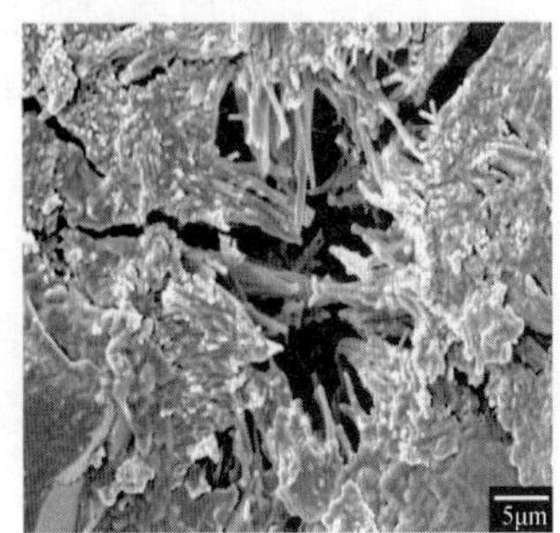

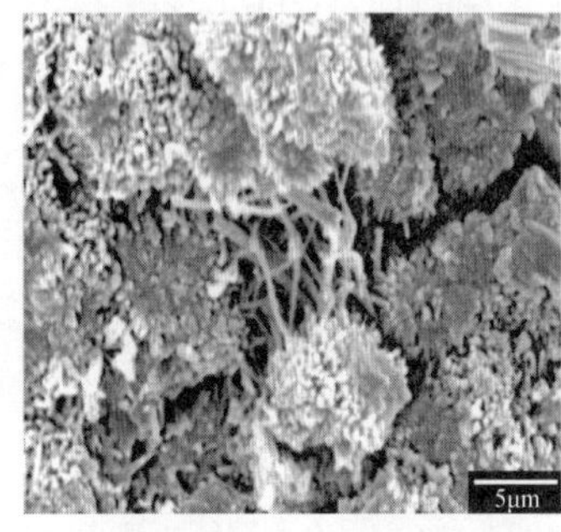

图5.3　SO_4^{2-} 腐蚀后水泥石孔坑中的再生钙矾石

图5.4　未腐蚀水泥石孔坑中的钙矾石

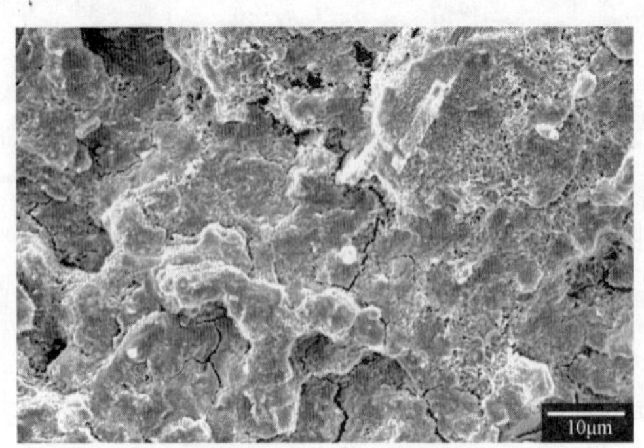

图5.5　未腐蚀水泥石概貌SEM图

图5.6　SO_4^{2-} 腐蚀水泥石概貌SEM图

5.2.2 石膏型腐蚀和混合型腐蚀

硬化水泥石的石膏型硫酸盐腐蚀又称酸性硫酸盐腐蚀，在低 pH 值下发生（pH 值<10.5），腐蚀反应产物为石膏，外观表现为硬化水泥石成为无胶结性能的颗粒或片状物质，逐层剥落。

石膏一般分为单斜晶系和斜方柱晶类。单斜晶系，$a_0=0.576$nm，$b_0=1.515$nm，$c_0=0.628$nm，$\beta=113°50'$。晶体结构由 SO_4^{2-} 四面体与 Ca^{2+}联结成的双层，双层间通过 H_2O 分子联结，其完全解理即沿此方向发生。Ca^{2+}的配位数为 8，与相邻的 4 个 SO_4^{2-} 四面体中的 6 个 O^{2-}和 2 个 H_2O 分子联结。斜方柱晶类，晶体常发育成板状，有时也呈粒状。晶体常为近菱形板状，有时呈燕尾双晶；一般晶体集合体多呈致密粒状或纤维状，少见由扁豆状晶体形成的似玫瑰花状集合体，亦有土状、片状集合体。

硫酸盐中的 SO_4^{2-} 与水泥石中的 $Ca(OH)_2$ 反应生成石膏，由于石膏的溶解度较大，在石膏饱和溶液中，200mg/L<SO_4^{2-}<300mg/L 时，石膏不能产生沉淀。此时，石膏将与水化产物水化铝酸钙发生反应，生成次生钙矾石，当钙矾石晶体达到一定数量后，使水泥石内部产生膨胀应力，应力超过限值时，水泥石结构膨胀开裂。这是由“次生钙矾石”造成的结果，即为 SO_4^{2-} 对水泥石产生的钙矾石型腐蚀。工程上有时又称这种“延迟生成的钙矾石”为“水泥杆菌”。

当 SO_4^{2-}>300mg/L 时，石膏将沉淀出来，形成硫铝酸钙与石膏的混合腐蚀。例如，当硫酸钠浓度较高，反应生成较多的 NaOH 时，NaOH 将与水化铝酸钙作用，生成可溶的铝酸钠，使形成硫铝酸钠所必须的水化铝酸钙被破坏，硫铝酸盐腐蚀停止，变为单一的石膏腐蚀。其反应方程式如下：

$$Ca(OH)_2 + SO_4^{2-} + 2H_2O \longrightarrow CaSO_4 \cdot 2H_2O + 2OH^- \tag{5.3}$$

$$3CaO \cdot 2SiO_2 \cdot 3H_2O + 3SO_4^{2-} + 8H_2O \longrightarrow 3(CaSO_4 \cdot 2H_2O) + 6OH^- + 2SiO_2 \cdot H_2O \tag{5.4}$$

实验结果表明，当将水泥石试件浸泡在 5%的 Na_2SO_4 溶液中，保持溶液 pH 值在 8.5 左右，腐蚀 120 天后，可观察到试件表面出现龟裂，并布满大小贯通的裂缝，试件表面已经软化。扫描电子显微镜下可见，未受到硫酸盐腐蚀的水泥石 CSH 凝胶结构完整密实，$Ca(OH)_2$ 结晶完整。硫酸盐腐蚀溶液中的水泥石试样，腐蚀到 28 天时，其结构形貌发生了变化，SEM 检测中 $Ca(OH)_2$ 晶体已很难找寻，在水泥石中可见棱边模糊的棒状钙矾石和颗粒状石膏晶体，并能观测到大的孔隙结构特征（图 5.7、图 5.8）。当腐蚀到 120 天时，CSH 凝胶变得非常的松散，水泥石裂缝增多，局部可见贯通的裂缝，孔隙中有大量的石膏晶体（图 5.9 和图 5.10）。

图 5.7　未腐蚀水泥石 CSH 凝胶微观结构

图 5.8　腐蚀 28d 水泥石中石膏和钙矾石

图 5.9　腐蚀 120d 水泥石中的石膏晶体

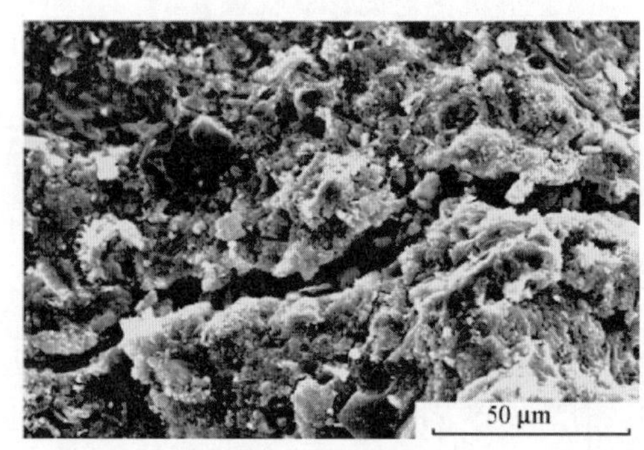

图 5.10　腐蚀 120d 水泥石表面的贯通裂缝

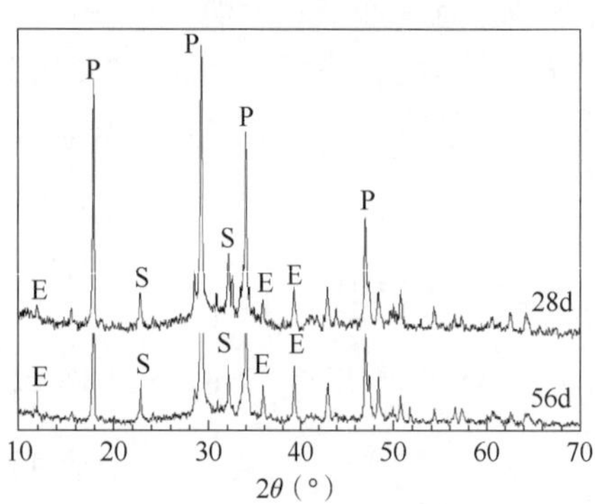

图 5.11　38℃硫酸盐腐蚀 28d、56d 条件下水泥石 XRD 图谱

图 5.11 给出了硫酸盐溶液中腐蚀 28d、56d 的水泥石试样的 XRD 图谱(图中 P、E、S 符号意义同图 5.1)。可见，水泥石受硫酸盐溶液侵蚀后，原水化产物 $Ca(OH)_2$ 特征峰强降低，石膏和钙矾石特征峰增强，表明侵蚀反应消耗了部分 $Ca(OH)_2$，生成了钙矾石和石膏。

石膏型腐蚀的过程可分为四个阶段：(1) SO_4^{2-} 从水泥石外部向内部扩散和水泥石孔隙溶液中的 $Ca(OH)_2$ 逐渐向外部的溶出；(2) 钙矾石的形成，石膏作为中间产物存在；(3) $Ca(OH)_2$ 消耗完毕，可溶性碱溶出或形成低溶解度碱，水泥石碱度减低，CSH 凝胶分解，石膏作为反应产物存在；(4) 钙矾石分解，CSH 凝胶继续分解，更多石膏生成。

5.2.3　不同阳离子型硫酸盐腐蚀

硫酸盐溶液中阳离子不同，水泥石试样的腐蚀程度和腐蚀形态也有所不同。Na^+、K^+ 硫酸盐腐蚀生成的氢氧化物为易溶物，由于易溶物的流失，使得液相中的 OH^- 浓度平衡破坏，能促使腐蚀继续进行，加剧腐蚀程度。

Mg^{2+}硫酸盐腐蚀，生成的 $Mg(OH)_2$ 的溶解度极小，它从溶液中沉淀出来，使得腐蚀反应继续向着生成 $Mg(OH)_2$ 的方向进行。同时由于 $Mg(OH)_2$ 饱和溶液的 pH 值约为 10.5，低于稳定的水化硅酸钙饱和溶液的 pH 值，促使其分解。由于生成的水化硫铝酸钙饱和溶液的 pH 值为 10.8，略高于 $Mg(OH)_2$ 饱和溶液的 pH 值，所以在 $MgSO_4$ 溶液作用下，除产生硫酸盐腐蚀外，同时还生成镁离子腐蚀，称为镁盐腐蚀，其最终产物是石膏、不溶性氢氧化镁、氧化硅及氧化铝的水化物凝胶。

5.2.4 硫酸盐腐蚀作用下水泥石的性能变化

当水泥组分确定时，影响硫酸盐腐蚀程度的主要因素包括水灰比、腐蚀溶液的浓度、腐蚀时间、腐蚀温度等。

(1) 水灰比对腐蚀水泥石抗压强度的影响。

水灰比是影响水泥浆、水泥石工程性能的重要因素。水灰比通过影响水泥浆、水泥石自身性能而影响腐蚀水泥石的性能。水灰比不同，受 SO_4^{2-} 腐蚀的水泥石的抗压强度也不同。图 5.12 给出了温度为 38℃条件下不同质量分数 SO_4^{2-} 硫酸盐溶液中水灰比对腐蚀 28d 的水泥石的抗压强度影响结果。

对于给定质量分数的腐蚀溶液，水灰比为 0.40~0.55 范围内，腐蚀 28d 的水泥石的抗压强度随水灰比的增加呈现出先增后降的变化规律，在水灰比为 0.45 时抗压强度最高。产生这种结果的主要原因在于，水灰比为 0.45 时，既能够保证水泥水化需水量，又能够在有效控制自由水的基础上，保证水泥浆具有良好的流动性和水泥石的密实程度，为提高自身抗压强度及抗渗透能力提供了保障。

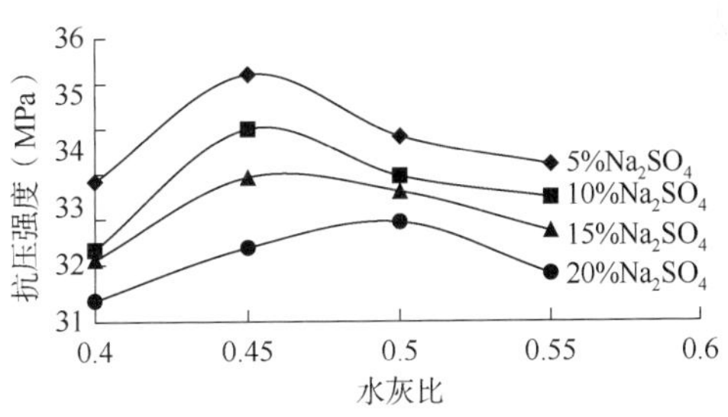

图 5.12 水灰比对腐蚀水泥石抗压强度的影响

由此，在抗硫酸盐腐蚀水泥浆体系选择与设计时最优水灰比可选为 0.45。本节后续相关其他影响因素的腐蚀试验中所有水泥石试样的配浆水灰比均选择为 0.45。

(2) 腐蚀时间对腐蚀水泥石抗压强度的影响。

抗压强度是水泥的主要工程性能指标。图 5.13 给出了不同质量分数的 Na_2SO_4 溶液中养护温度为 38℃条件下水泥石试样强度的发育情况。分析可见，清水中未腐蚀水泥石的强度随养护时间的增长持续增高，在 28d 内强度增幅明显，接近 120d 时强度增长发育平缓。当水泥石在 Na_2SO_4 溶液中养护时，水泥石抗压强度发育的形式发生了改变。Na_2SO_4 溶液中水泥石腐蚀 7d 时，水泥石的强度比清水中未腐蚀水泥石的同期强度高；腐蚀 14d 时，水泥石强度与清水中未腐蚀水泥石的同期强度相近；当腐蚀时增至 21d 时，水泥石强度均低于未腐蚀水泥石的同期强度。水泥石试样在 Na_2SO_4 溶液中腐蚀初期(养护时间≤21d)，水泥石抗压强度随腐蚀时间的增长而增大，但当腐蚀时间超过 21d 后，腐蚀时间继续增加，水泥石抗压强度下降。

(3) SO_4^{2-} 质量分数对腐蚀水泥石抗压强度的影响。

对于特定的温度及腐蚀时间，水泥石抗压强度随 SO_4^{2-} 质量分数的变化情况可以以腐蚀时间 21d 为界限分为两类：当腐蚀时间超过 21d 时，SO_4^{2-} 质量分数增加，水泥石抗压强度下降；而当腐蚀时间小于 21d 时，SO_4^{2-} 质量分数增加，水泥石抗压强度不呈现下降趋势。图 5.14 给出了温度为 38℃，水泥石试样腐蚀一定时间条件下，硫酸盐(SO_4^{2-})质量分数对抗压强度的影响状况。

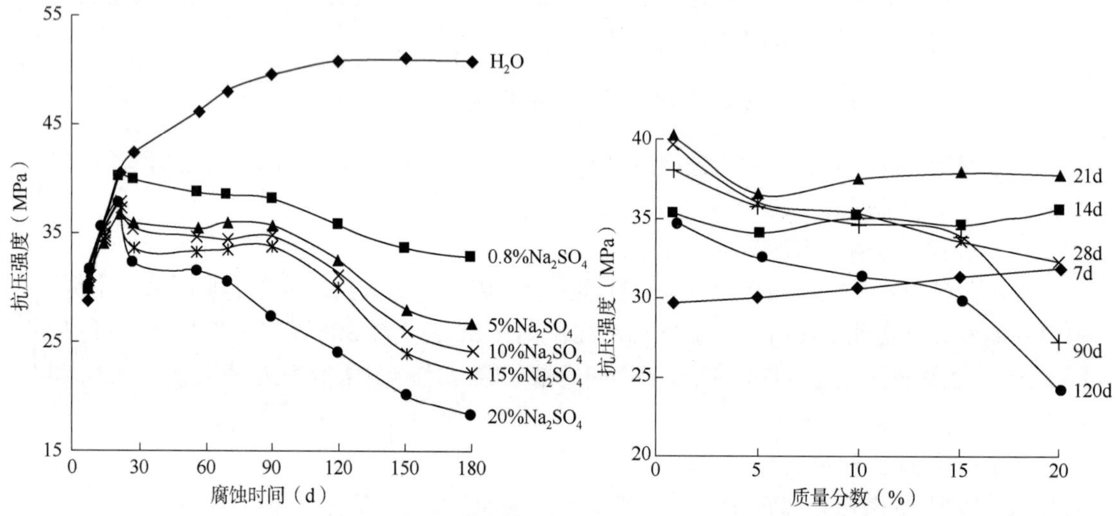

图 5.13 腐蚀时间对腐蚀水泥石强度的影响

图 5.14 Na_2SO_4 质量分数对腐蚀水泥石强度的影响

水泥石受 SO_4^{2-} 腐蚀后，腐蚀时间和 SO_4^{2-} 质量分数对水泥石抗压强度的影响趋势以腐蚀时间 21d 为转折点发生变化。因此，可以近似将 21d 用作为 SO_4^{2-} 腐蚀水泥石的抗压强度变化的临界腐蚀时间。当腐蚀时间超过临界腐蚀时间时，SO_4^{2-} 质量分数增加，腐蚀水泥石的抗压强度大幅度下降。

事实上，处于腐蚀溶液中的水泥石，其抗压强度的发育变化结果是由水泥自身水化硬化和 SO_4^{2-} 腐蚀两方面作用共同造成的。在水泥自身水化硬化作用下，水泥石强度随养护时间增长持续增高。而在 SO_4^{2-} 腐蚀作用下，水泥石中产生腐蚀产物，腐蚀时间增长，腐蚀产物量增加，导致水泥石微观结构劣化，强度下降。由于 SO_4^{2-} 对水泥石的腐蚀反应依赖于腐蚀溶液对水泥石的渗透作用，腐蚀初期，腐蚀溶液中的 SO_4^{2-} 渗入水泥石的量不多，产生的次生钙矾石晶体尺寸未发育长大、数量不多，对水泥石孔隙尚具有填充作用，增强水泥石结构致密性，导致水泥石腐蚀初期的抗压强度甚至比未腐蚀水泥石的抗压强度还要高。然而，随着腐蚀时间和腐蚀溶液中 SO_4^{2-} 质量分数的增加，浸入到水泥石内的 SO_4^{2-} 量增多，腐蚀产物次生钙矾石晶体尺寸生长，晶体体积增大至原来的 2~3 倍，产生腐蚀产物的数量越来越多，甚至出现了石膏，造成了更为严重的复杂的混合型腐蚀。在这些腐蚀产物晶格生长膨胀应力作用下，水泥石产生微裂缝，水泥石胶结质量及结构致密性被破坏，因此，腐蚀后期水泥石强度下降。

（4）温度对腐蚀水泥石抗压强度的影响。

在温度范围为 38~60℃ 条件下，温度对腐蚀水泥石强度的影响状态与腐蚀时间有关(图 5.15)。当水泥石试样腐蚀时间分别为 7d、14d 和 21d 时，水泥石抗压强度随环境温度的升高而增大，而当水泥石腐蚀时间为 28d 时，环境温度在 38～55℃范围内，温度升高，水泥石抗压强度增大，温度超过 55℃后，温度继续升高，水泥石抗压强度增加趋势减缓，甚至强度随温度升高而下降。

上述结果进一步说明，水泥石受 SO_4^{2-} 腐蚀后的抗压强度同时取决于两种作用：其一是水泥自身的水化硬化作用；其二是 SO_4^{2-} 对水泥石的腐蚀作用。图 5.15 中抗压强度的变化特点真实地体现了这两种作用的结果。对于给定的温度范围，在水泥水化过程中，温度升高，水化速度加快，有助于水泥石早期强度、致密性的发育，相应地水泥石抵抗腐蚀的能力也增强。在 SO_4^{2-} 腐蚀水泥石的作用过程中，腐蚀反应同样会随温度升高而加速，而倾向于增加腐蚀产物的生成数量。但由于较高温度下硬化早期的水泥石强度相对较高，微观结构较致密，在一定程度上抑制或阻止腐蚀介质相水泥石内的渗透，限制腐蚀产物的数量及晶体的增长，甚至在一定的腐蚀时间时，由于腐蚀产物能填充水泥石孔隙，造成短期腐蚀作用下水泥石的抗压强度增高。SO_4^{2-} 长期腐蚀作用下(腐蚀 28d 及以后)，温度升高，腐蚀作用产生的腐蚀产物量增加，水泥石微观结构将随之发生改变。由此，腐蚀初期水泥石的抗压强度增长幅度较高，而腐蚀后期强度增长幅度变低，甚至在更长期、更高温度作用下，腐蚀水泥石的强度最终会下降。

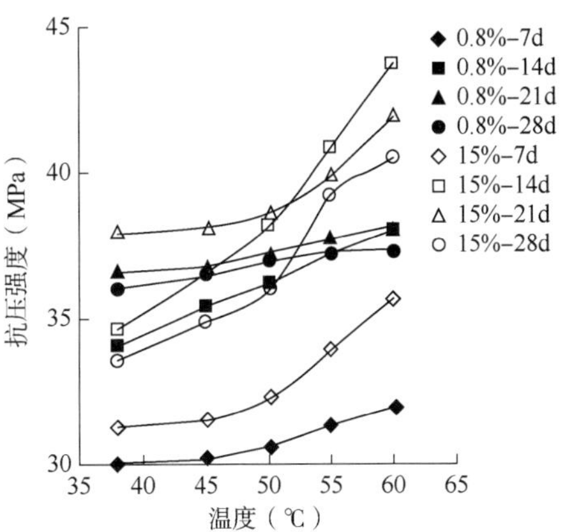

图 5.15　环境温度对腐蚀水泥石强度的影响

上述结果表明，当井中采出液或地层流体含有 SO_4^{2-} 时，SO_4^{2-} 对固井水泥石产生腐蚀，当腐蚀超过 21d 时，水泥石结构劣化，抗压强度将大幅度下降。因此，在固井水泥浆体系设计中必须考虑抗 SO_4^{2-} 腐蚀问题。对于温度、SO_4^{2-} 质量分数及腐蚀时间等固井水泥石井下面对的客观因素，以提高水泥石早期强度、结构致密性为目标，优化设计水泥组成是提高水泥石抗腐蚀能力、抗腐蚀水泥浆体系设计的最有效的技术途径。

5.3　HCO_3^- 对固井水泥石的腐蚀

当地层水和采出液中含有碳酸钠或碳酸氢钠等碳酸盐时，碳酸钠或碳酸氢钠在水溶液中发生水解作用生成 HCO_3^- 和 H_2CO_3：

$$Na_2CO_3 \longrightarrow 2Na^+ + CO_3^{2-} \tag{5.5}$$

$$NaHCO_3 \longrightarrow Na^+ + HCO_3^- \tag{5.6}$$

$$CO_3^{2-} + H_2O \longleftrightarrow OH^- + HCO_3^- \tag{5.7}$$

$$HCO_3^- + H_2O \longleftrightarrow OH^- + H_2CO_3 \tag{5.8}$$

由此，当固井水泥石同含有碳酸钠的地层水或采出液接触时，HCO_3^- 会随溶液浸入水泥石，并与水泥的水化产物发生化学反应，产生 $CaCO_3$ 等腐蚀产物。图 5.16~图 5.19 分别给为不同质量分数碳酸盐溶液中腐蚀不同时间条件下水泥石试样的 XRD 图谱。图中 P 和 C 分别为 $Ca(OH)_2$ 和 $CaCO_3$ 特征峰。可见，碳酸盐溶液中水泥石被腐蚀后，腐蚀时间、碳酸盐质量分数增加，$Ca(OH)_2$ 特征峰的峰强下降，而 $CaCO_3$ 特征峰相应增强。体现了碳酸盐侵蚀反应中消耗 $Ca(OH)_2$ 等水化物而产生 $CaCO_3$ 的化学作用结果，反映了腐蚀时间越长，碳酸盐质量分数越高，腐蚀程度越高的腐蚀作用本质。

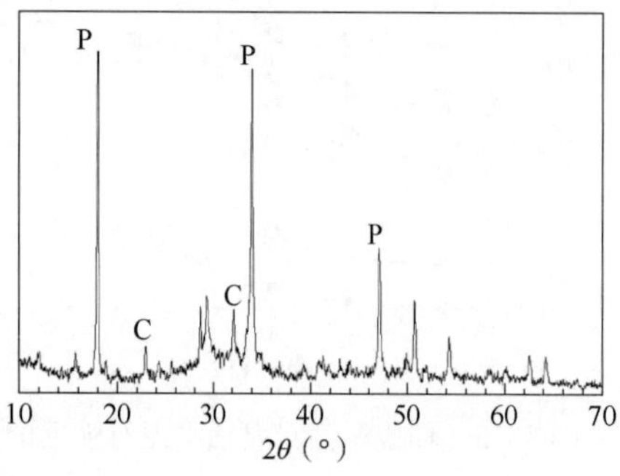

图 5.16　10%$NaHCO_3$ 溶液腐蚀 14d 水泥石 XRD 图谱

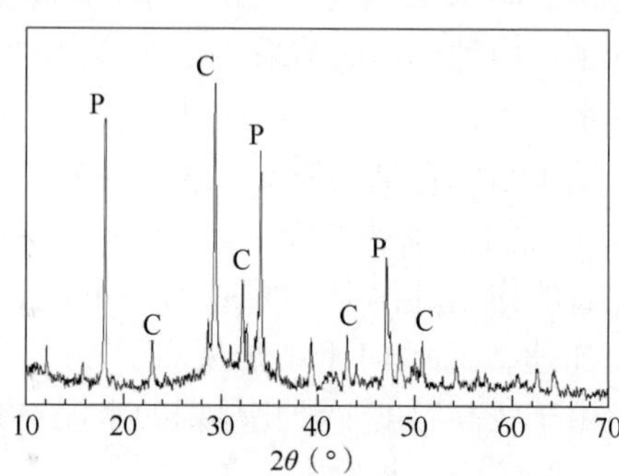

图 5.17　10%$NaHCO_4$ 溶液腐蚀 28d 水泥石 XRD 图谱

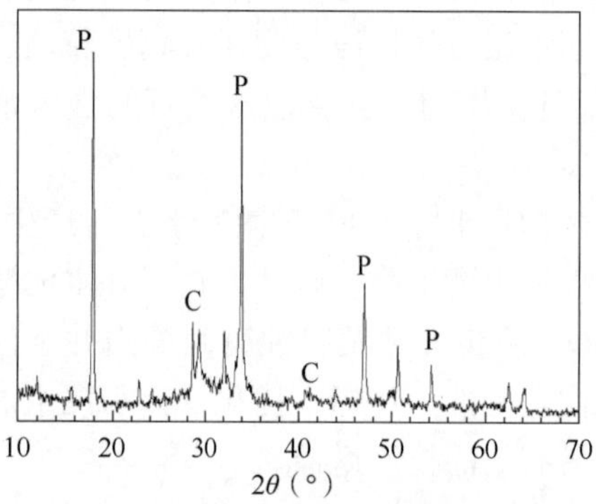

图 5.18　20%$NaHCO_3$ 溶液腐蚀 14d 水泥石 XRD 图谱

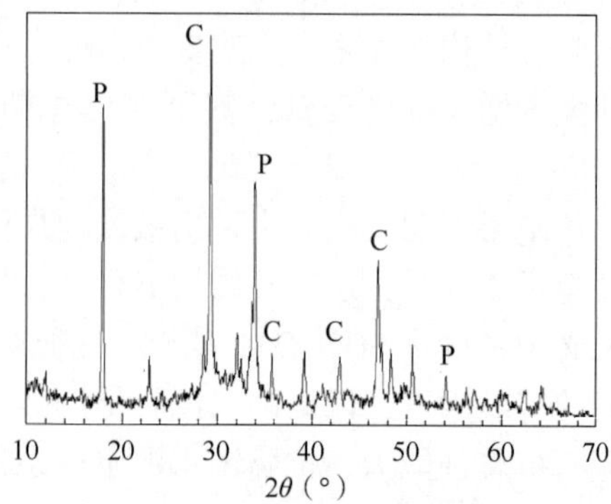

图 5.19　20%$NaHCO_3$ 溶液腐蚀 28d 水泥石 XRD 图谱

水泥石的碳酸盐腐蚀与 CO_2 腐蚀作用机理相同，主要表现为 HCO_3^- 与水泥石水化物间的化学作用，有关水泥石 CO_2 腐蚀作用机理、微观结构变化及相关规律在 4.2 节已进行过阐述，本节不再赘述。本节着重介绍调整井环境条件下，腐蚀时间、碳酸盐质量分数、温度等对腐蚀水泥石抗压强度的影响规律，为分析研究水泥石多元介质协同腐蚀作用规律提供基础。

水泥石在 HCO_3^- 侵蚀作用下产生了 $CaCO_3$ 等腐蚀产物，改变了水泥石原有的物质组成，使水泥石微观结构、强度与渗透率等劣化，对水泥石封固与保护作用产生一系列不良影响。当水泥组分确定时，影响碳酸盐腐蚀程度的因素主要是水灰比、腐蚀时间、腐蚀溶液的碳酸盐质量分数、腐蚀温度等。

（1）水灰比对腐蚀水泥石抗压强度的影响。

水灰比通过影响水泥浆、水泥石自身性能而影响腐蚀水泥石的性能。各种质量分数 $NaHCO_3$ 溶液中腐蚀水泥石的抗压强度因水灰比不同而存在差异。图5.20为不同质量分数 $NaHCO_3$ 溶液中环境温度为38℃条件下水灰比对腐蚀水泥石抗压强度影响曲线。与前述水灰比对硫酸盐腐蚀水泥石强度规律相近，腐蚀28d的水泥石的抗压强度随水灰比的增加呈现出先增后降的变化规律，其中水灰比为0.45时强度最高，其余过高或过低的水灰比都将出现相对较严重的腐蚀作用后果。由此，可以选择水灰比0.45作为抗碳酸盐腐蚀水泥浆体系选择与设计的最优水灰比。后续相关腐蚀试验中和水泥石的配浆水灰比均选择为0.45。

（2）腐蚀时间对水泥石抗压强度的影响。

与湿相 CO_2 对水泥石产生的腐蚀作用结果相类似，水泥石在各质量分数 $NaHCO_3$ 溶液中腐蚀7d后，抗压强度均低于清水中未腐蚀水泥石的强度，腐蚀时间越长，水泥石强度降低的幅度越高。图5.21为不同质量分数 $NaHCO_3$ 溶液中环境温度为38℃条件下水泥石试样的强度发育曲线。可见，腐蚀水泥石的强度随腐蚀时间的变化呈先增后降的规律性变化。腐蚀7~28d时间内，随时间增长，水泥石抗压强度增加。腐蚀时间达到28d后，腐蚀时间继续增长，腐蚀水泥石的抗压强度大幅度降低，各不同质量分数 $NaHCO_3$ 溶液腐蚀作用下，水泥石腐蚀后的残余强度均远低于未腐蚀水泥石的强度及自身的初始强度。上述强度变化结果反映了溶液中水泥石强度发育同时取决于水泥水化硬化和 $NaHCO_3$ 溶液腐蚀双重作用的本质。

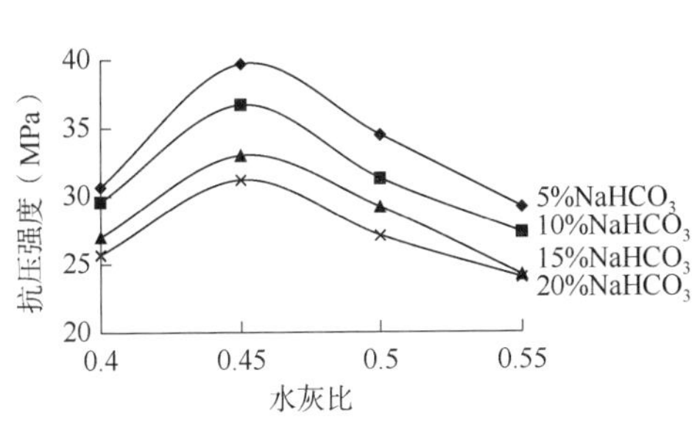

图5.20　28d不同水灰比的水泥石抗压强度

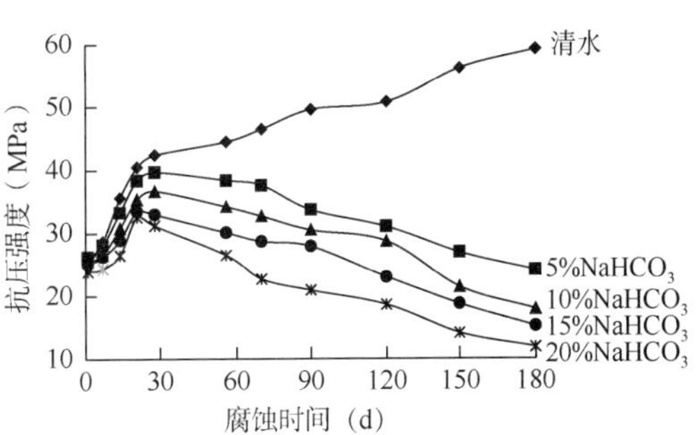

图5.21　$NaHCO_3$ 溶液中腐蚀时间对水泥石强度的影响

（3）HCO_3^- 质量分数对水泥石抗压强度的影响。

在相同的养护温度、水灰比的条件下，对于特定的腐蚀时间，水泥石的抗压强度随 $NaHCO_3$ 质量分数的增加而降低，$NaHCO_3$ 质量分数越高，腐蚀越严重。图5.22为温度38℃、不同时间条件下 $NaHCO_3$ 质量分数对水泥石试样强度的影响试验结果。

对于不同的腐蚀阶段，腐蚀水泥石强度随 $NaHCO_3$ 质量分数变化的幅度存在差异。在腐蚀时间低于28d的腐蚀初期，腐蚀水泥石强度随 $NaHCO_3$ 质量分数增加而下降的幅度相对较小，而当腐蚀时间达到28d后，腐蚀水泥石强度随 $NaHCO_3$ 质量分数增加而下降的幅度相对较大。上述结果表明，水泥石在长期经受高 HCO_3^- 质量分数的地层水或采出液浸泡时，水泥石抗压强度劣化严重，甚至造成结构破坏，使水泥石封固失效，因此，调整井水泥浆体系优选与设计中必须同时考虑 HCO_3^- 腐蚀作用下固井水泥石的耐久性问题。

(4) 环境温度对水泥石抗压强度的影响。

$NaHCO_3$ 溶液中，在试验的温度范围内，腐蚀水泥石抗压强度的变化幅度并不大。图 5.23 给出了环境温度对腐蚀水泥石抗压强度影响的试验结果。图中，10% 1d、15% 1d、10% 56d、15% 56d 表示为水泥石试样分别在 10%、15%$NaHCO_3$ 溶液中腐蚀 1d、56d 的相关试验条件。实验结果表明，环境温度对腐蚀水泥石抗压强度的影响与腐蚀时间有关。腐蚀初期，各质量分数 $NaHCO_3$ 溶液中，水泥石抗压强度随温度升高而增加。腐蚀后期，受 $NaHCO_3$ 溶液长期腐蚀水泥石的强度随温度升高而下降低，$NaHCO_3$ 质量分数越高，腐蚀越严重。上述腐蚀作用结果同样反映了水泥石在 $NaHCO_3$ 溶液中存在水泥自身水化硬化作用和 HCO_3^- 腐蚀作用的双重作用本质。

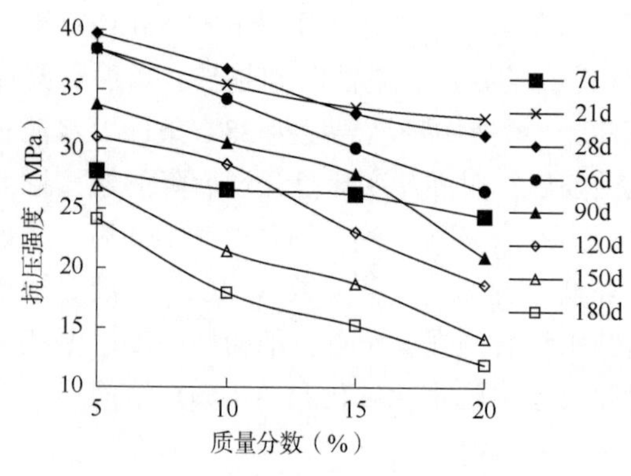

图 5.22 38℃条件下 $NaHCO_3$ 质量分数对水泥石强度的影响

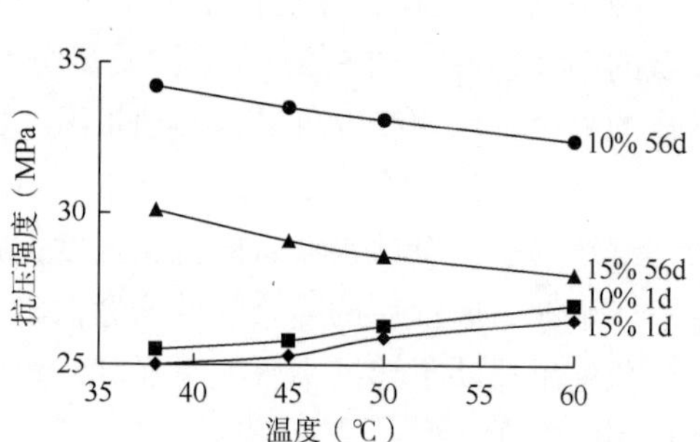

图 5.23 不同质量分数和腐蚀时间下温度对强度的影响

5.4 Cl^- 对固井水泥石的侵蚀

Cl^-侵入水泥石的方式有由两种：一种是作为外加剂、外掺料在配制水泥浆时加入；另一种则是由地层流体或采出液等环境介质渗入。Cl^-侵蚀固井水泥石的危害是诱发和加速套管锈蚀，同时对水泥石本身也具有一定的影响。

固井水泥石的主要作用是支撑和保护套管及井壁，封堵地层流体，防止层间窜流，并提供一定的碱性环境，防止套管的腐蚀。水泥水化后初始碱度 pH 值在 12 以上，能够使套管钢表面迅速形成一层厚为 200~600nm 的 $\gamma-Fe_2O_3$ 钝化膜。它是致密、稳定的共格结构，能阻止水和氧气向套管表面的渗透，同时也能阻挡铁离子的逸出，避免电化学反应的发生。然而，当地层流体中含有的氯离子(Cl^-)渗透入水泥石，迁移至套管表面并聚集到一定浓度时，钢表面局部钝化膜处 pH 值下降，钝化膜被破坏，使活化的钢表面形成一个小阳极，未活化的钢表面成为阴极。阳极的铁溶解形成腐蚀坑，称为点腐蚀。$Fe(OH)_2$ 沉积于钢阴极区周围，同时放出 H^+ 和 Cl^- 回到阳极，使得阳极区附近局部酸化，Cl^-再带出更多的 Fe^{2+}，在此期间 Cl^-起到了催化作用。在富氧条件下 $Fe(OH)_2$ 又进一步被氧化成 $Fe(OH)_3$，失水后就变成疏松、多孔、非共格结构的 $\alpha-Fe_2O_3$(红锈)，体积膨胀 4 倍。在少氧条件下，$Fe(OH)_2$ 的氧化不完全，形成 Fe_3O_4(黑锈)，体积膨胀约 2 倍。由于铁锈是疏松、多孔的结构，极易透气和渗水，同时铁锈所产生的膨胀压力将诱发水泥石出现裂缝和引起剥落。这又进一步促使氧、水溶液等更容易渗入水泥石并与套管发生接触。腐蚀反应就会持续循环进行，直到套管、水泥石被严重腐蚀，油气井失去生产能力。

地层流体等外部环境中的 Cl^- 渗入水泥石后将发生系列复杂的物理、化学作用，一部分 Cl^- 被水泥石固化，而另一部分则存在于水泥石孔隙并向深部迁移。研究结果表明，只有溶解在水泥石孔隙中的 Cl^- 才能迁移至套管并产生锈蚀作用，而 Cl^- 的固化作用能有效延缓套管的腐蚀。但由于 Cl^- 的固化作用而在水泥石内生长出新的氯盐相，同时会造成水泥石物质组成、水泥石结构及性能的变化。

由此，地层流体中的众多腐蚀性介质中，Cl^- 的侵蚀既是诱发套管腐蚀的重要介质，也会对固井水泥石产生一定的影响。掌握 Cl^- 在水泥石中的渗透扩散和固化作用原理，以及 Cl^- 的侵蚀对水泥石产生的影响规律，对于指导固井水泥浆体系优化设计，提高固井水泥石封固可靠性性有重要意义。

5.4.1　Cl^- 在水泥石内的扩散与迁移

注水泥后，地层流体中的氯离子(Cl^-)对套管产生的诱导腐蚀是通过 Cl^- 渗入水泥石向套管表面扩散实现的。这种扩散作用实质上取决于水泥石的组成、致密性、渗透率、孔隙溶液中 Cl^- 与 OH^- 的相对浓度，以及这些离子穿过水泥石的离子迁移率。

有关定量表征 Cl^- 扩散性能的研究源于混凝土耐久性问题，研究成果主要集中在水泥基材料中 Fick 第二定律的应用及其修正方程建立。

当假定 Cl^- 在水泥基材料中的扩散是在半无限均匀介质中的一维问题时，按照 Fick 第二定律：

$$\frac{\partial C(x,\ t)}{\partial t} = D\frac{\partial^2 C(x,\ t)}{\partial x^2} \tag{5.9}$$

式中：$C(x,\ t)$ 为在氯盐环境中侵蚀 t 时间后，水泥基材料表面 x 处的 Cl^- 占水泥质量的质量分数,%；D 为 Cl^- 的扩散系数，m^2/s。

Fick 第二定律适用于稳态扩散过程，应用于水泥石中 Cl^- 扩散问题的计算分析时应满足以下三个条件：(1)水泥石为均质材料；(2)Cl^- 不与材料发生化学反应；(3)水泥石中 Cl^- 的扩散系数是恒定的。事实上，由于随着水泥的持续水化，水泥石的微观结构、孔隙结构及致密程度都将发生变化，水泥石材料本身既不是均质材料，Cl^- 在水泥石中的扩散系数 D 又并非固定不变的常数，同时，Cl^- 还会与材料发生化学反应产生固化。因此，Fick 第二定律在模型建立条件与实际水泥基材料相差很远，导致其数学解会与实际产生偏差。

事实上，水泥基材料中 Cl^- 的侵蚀并不是一个简单理想化的 Fick 扩散过程，侵蚀过程中还有许多物理、化学作用会影响 Cl^- 的渗透扩散速度及水泥基材料内不同深度处 Cl^- 的质量分数。这些影响作用包括 Cl^- 与水泥水化产物组分间的吸附作用、液压下氯盐溶液向低压区的流动渗透作用、氯盐溶液向水泥石内干燥部位的毛细管作用和 Cl^- 的固化作用等。

考虑 Cl^- 侵蚀过程中物理、化学作用等多因素的影响，Boddy 等建立了 Cl^- 在混凝土中的扩散方程：

$$\frac{\partial C_f(x, t)}{\partial t} = D \cdot \frac{\partial^2 C_f(x, t)}{\partial x^2} - V \cdot \frac{\partial C_f(x, t)}{\partial x} + \frac{\rho}{\varphi} \cdot \frac{\partial C_b}{\partial t} \tag{5.10}$$

$$V = \frac{Q}{\varphi A} - \frac{k}{\varphi} \cdot \frac{\partial p}{\partial x} \tag{5.11}$$

$$D = D(t, T) = D_e \left(\frac{t_e}{t}\right)^m \exp\left[\frac{U}{R}\left(\frac{1}{T_e} - \frac{1}{T}\right)\right] \tag{5.12}$$

$$k = k(t, T) = \frac{k_e}{Z}\left(\frac{t_e}{t}\right)^\varphi \tag{5.13}$$

式中：$C_f(x, t)$为在氯盐环境中侵蚀t时间后距水泥基材料表面x处的自由Cl^-的质量分数；C_b为固化Cl^-的质量分数；ρ混凝土密度；φ为混凝土孔隙率；V为氯盐溶液流动的平均线速度；Q为流量；A为过流断面面积；p为静液压力；D为Cl^-的扩散系数，$D(t, T)$为t时刻、温度为T时的扩散系数，是考虑时间和环境温度时D的修正值；D_e为t_e时刻、温度为T_e时的扩散系数；m为混凝土扩散系数时间依赖性常数，对于普通硅酸盐水泥混凝土m=0.2~0.3；U为Cl^-扩散的激活能；R为气体常数，T为绝对温度；k为渗透系数，$k(t, T)$为t时刻、温度为T时的渗透系数；k_e为参考渗透系数；Z为黏性的温度修正系数。

方程式(5.10)为自由Cl^-的质量分数变化速率计算模型，模型中考虑了：Cl^-扩散系数的时间依赖性，外部氯盐环境静液压力，混凝土表面Cl^-质量分数变化，1年内每月温度变化，毛细管作用等。方程式(5.10)等式右边三项分别描述三种不同的传输机理：第一项为Cl^-的扩散项，采用Fick第二定律公式(5.9)；第二项为因对流产生的Cl^-质量分数的变化项；第三项为水泥水化物固化结合Cl^-的作用项。

Cl^-的固化能力可采用Langmuir等温方程或Freundlich等温方程描述：

$$C_b = \frac{\alpha C_f}{1 + \beta C_f} \tag{5.14}$$

$$C_b = \alpha C_b^{-\beta} \tag{5.15}$$

式中：α、β为与混凝土胶结材料有关的常数。

Cl^-的迁移率是一个重要因素，当套管表面附近处于碱性环境时，如果水泥石能有效地阻止Cl^-的扩散，那么腐蚀点将趋于重新钝化而不继续扩大。由此，固井水泥石的Cl^-结合能力就显得非常重要，因为对套管产生锈蚀的并非是扩散进水泥石的Cl^-总量，而是水泥石孔隙溶液中的游离Cl^-量。当游离Cl^-浓度超过临界值，套管的钝化膜便开始锈蚀。水泥石的Cl^-结合性越强，则孔液游离Cl^-浓度就越低，套管被腐蚀的危害就越小。因此，深入研究Cl^-在水泥石内的迁移规律，建立较全面考虑各种影响因素的Cl^-迁移率数学计算模型，对于分析和评价井筒结构完整性具有重要意义。目前，有关水泥基材料Cl^-扩散与渗透性研究尚依赖经验性，所建立的模型仍具有特定的使用条件，模型中很多参数尚需通过试验、研究等进一步确定。

套管、水泥石的腐蚀总是和水泥石的孔隙结构和孔隙率密切相关。孔隙结构极大地影响腐蚀介质向水泥硬化体内部渗透的速度。水泥石孔隙特别是贯通孔道，构成了腐蚀介质的通道。因此孔隙大小和结构影响腐蚀介质进入水泥石内部的速度和能力。水泥石的孔隙分三种类型：胶凝孔（1~3nm）、毛细孔（<100nm）、宏观孔（>10000nm）。研究表明：水泥石的渗透性主要由毛细孔和宏观孔决定，腐蚀流体穿过胶凝孔的渗透速度非常小，胶凝孔对大多数液体实际上是不渗透的。化学外加剂及外掺料、水化温度、水泥组成对水泥石的孔隙率和渗透性有很大影响，它们能改变各种孔隙的分布、毛细孔壁的性质，从而影响腐蚀介质对孔隙的渗透性。因此，以优选水泥组成、化学外加剂及外掺料为核心提高水泥石抗渗透能力是解决固井水泥石抗腐蚀问题的根本途径。

5.4.2 水泥石对 Cl^- 的固化作用

在水泥基材料中的 Cl^- 有两种存在形式：一是水泥石孔隙溶液中的游离（自由）的 Cl^-；二是被水泥组分或水化产物结合的 Cl^-，称为固化的 Cl^-。区别于游离的 Cl^-，固化的 Cl^- 即指任何在水泥石或水泥混凝土孔溶液中无法自由移动的 Cl^-。水泥基材料中 Cl^- 的固化作用主要有化学固化与物理固化两种形式。水泥石中固化的 Cl^- 和游离的 Cl^- 同时存在，并保持化学平衡。

水泥基材料中 Cl^- 的固化作用包括3个方面。一是 Cl^- 与水泥水化产物发生化学作用；二是进入CSH凝胶结构；三是被材料内部孔隙表面物理吸附。

5.4.2.1 Cl^- 化学固化

Cl^- 的化学固化，指的是 Cl^- 与某一水泥组分或水化相之间发生了化学反应，从而使得一部分 Cl^- 被固化，不再游离于孔隙溶液中。研究表明，Cl^- 向套管表面的扩散，实质上取决于是水泥石的化学成分和物理性质，同时也取决于孔隙度和溶液中的 Cl^- 的含量。大多数的油井水泥都含有 C_3A（2%~8%）。在室温条件下，富含 C_3A 的水泥水化产物能与 Cl^- 结合生成氯铝酸钙络合盐，称为“弗里得尔盐”（Friedel 盐），简称F盐，其化学表达式的氧化物形式为 $3CaO \cdot Al_2O_3 \cdot CaCl_2 \cdot 10H_2O$，F盐在水泥石中的生成机理有两种：直接反应生成和离子交换方式生成。

M. H. Roberts（1962年）报道了水泥石中水化产物结合 Cl^- 的研究结果，此后对于水泥结合氯化物能力的问题开展了更深入研究。普通硅酸盐水泥主要由5种成分组成：SiO_2、Al_2O_3、CaO、Fe_2O_3、SO_3。这些成分在水泥完全水化后会形成5种主要相态：CSH，CH，AFm（单硫型硫铝酸钙，Monosulphate），AFt（钙矾石，即三硫型硫铝酸钙，Ettringite）和孔溶液。在 Al_2O_3/SO_3 比例不同时，某些化合物的状态会发生改变。这其中结合 Cl^- 的主要成分是水泥的 C_3A 及其水化物，生成的产物为F盐（单氯型氯铝酸钙）。氯铝酸钙分为单氯型氯铝酸钙（$3CaO \cdot Al_2O_3 \cdot CaCl_2 \cdot 10H_2O$）和三氯型氯铝酸钙（$3CaO \cdot Al_2O_3 \cdot 3CaCl_2 \cdot 32H_2O$）。关于F盐的生成机理研究者们有以下两种解释。

（1）Cl^- 直接与 C_3A 反应生成F盐。

Cl^- 先与 C_3S 水化产生的CH反应生成 $CaCl_2$，然后 $CaCl_2$ 再与 C_3A 共同水化反应生成F盐。当水泥 C_3A 含量丰富时，先生成三氯型氯铝酸钙，而反应后期 C_3A 含量降低时，生成单氯型氯铝酸钙。

$$C_3S + 3H_2O \longrightarrow C_2SH_2 + Ca(OH)_2 \tag{5.16}$$

$$Ca(OH)_2 + 2\,Cl^- \longrightarrow CaCl_2 + 2\,OH^- \tag{5.17}$$

$$C_3A + 3\,CaCl_2 + 32H_2O \longrightarrow 3CaO \cdot Al_2O_3 \cdot 3CaCl_2 \cdot 32H_2O \tag{5.18}$$

$$C_3A + CaCl_2 + 10H_2O \longrightarrow 3CaO \cdot Al_2O_3 \cdot CaCl_2 \cdot 10H_2O \tag{5.19}$$

该说法主要针对水泥浆体中内掺Cl^-的情况，Cl^-参与了水泥的早期水化反应，直接与未来得及水化的C_3A共同进行水化反应生成F盐。

F盐的生成与C_3A的水化过程关系密切。胶凝材料中的C_3A与水反应生成水化铝酸化合物，如C_4AH_{13}及其衍生物。C_4AH_{13}的结构是以配位阳离子$[Ca_2Al(OH)_6]^+$八面体层状结构为基础，在八面体之间填有氢氧根和水分子，因而分子式可写成$2[Ca_2Al(OH)_6 \cdot OH \cdot H_2O]$。也就是先形成八面体层状结构的配位阳离子$[Ca_2Al(OH)_6]^+$，在碱性环境下，配位阳离子$[Ca_2Al(OH)_6]^+$能通过电荷吸附氢氧根，形成$C_4AH_{13}$及其衍生物。如果孔隙溶液中含有$Cl^-$，$Cl^-$就会与$C_3A$反应生成F盐。但是，如果在$SO_4^{2-}$共存的条件下，$SO_4^{2-}$也会与$C_3A$发生反应，生成硫铝酸盐消耗部分$C_3A$。由此，实际水泥水化过程中，$OH^-$、$SO_4^{2-}$和$Cl^-$会相互竞争，分别和$C_3A$反应生成相应的盐。

(2) Cl^-置换AFm，AFt中的SO_4^{2-}形成F盐。

该理论认为，水泥水化早期，C_3A与$CaSO_4 \cdot 2H_2O$反应生成三硫型水化硫铝酸钙(钙矾石，AFt)，水化后期，由于$CaSO_4 \cdot 2H_2O$的含量逐渐减少，已经反应生成的三硫水化硫铝酸钙又与多余的C_3A继续反应，生成单硫水化硫铝酸钙(AFm)[参见式(2.16)~式(2.20)]。

A. K. Suryavanshi对于置换理论提出了两种假说：离子交换假说和吸收沉淀假说。离子交换假说认为，水泥硬化体中浸入NaCl时，相当于引入了Na^+、Cl^-两种离子。Cl^-被OH-AFm结合生成Cl-AFm即F盐沉淀，作为电平衡补偿，释放出等量的OH^-。由此，随着氯盐的浸入，孔溶液中的pH值反而会升高。吸收沉淀假说认为，NaCl浸入后，Cl^-被$[Ca_2Al(OH)_6]^+$夺取，生成F盐沉淀。为了保持电平衡，Na^+必须被清除出孔溶液，例如被固相CSH凝胶吸附等，这样并不会改变孔溶液的pH值。

水泥水化过程中，C_3A会先形成配位阳离子$[Ca_2Al(OH)_6]^+$八面体层状结构，通过电荷吸附孔隙溶液中OH^-，形成C_4AH_{13}及其衍生物，分子式为$2[Ca_2Al(OH)_6 \cdot OH \cdot H_2O]$。结构式中的$OH^-$是通过离子间的电荷引力维持稳定的，离子键相对较弱，八面体以外的OH^-团会被其他的阴离子所取代，生成其他相应的盐。游离的Cl^-可以置换出C_4AH_{13}的原子内层的OH^-，生成F盐。同时释放出的OH^-，使滤液碱性增强。这便是F盐的离子交换结合方式。当溶液中的OH^-达到一定浓度时，孔隙溶液的pH值很高，就会抑制这种置换作用的发生，使这种离子交换处于一种动态平衡状态。

水泥石中钙矾石一般为棒状或针状晶体(图5.24、图5.25)。F盐为六方片状晶体(图5.26、图5.27)，大小为2~3μm，并伴有层柱状结构。C_4AH_{13}及其衍生物也是六方片状晶体，但其明显比F盐小，不到1μm，分部比较密集。上述物相微观结构通过扫描电子显微镜(SEM)检测可明显辨别。

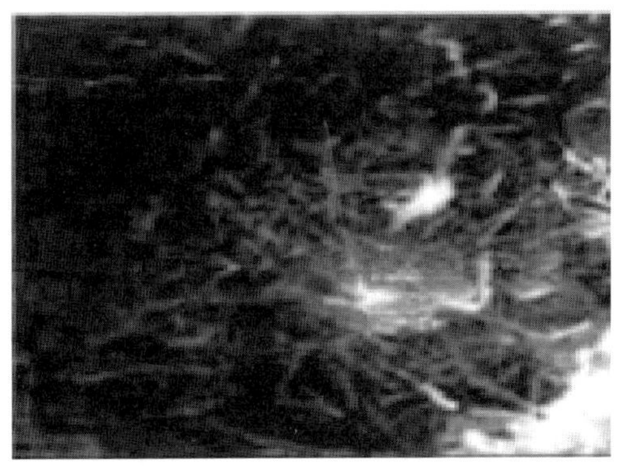

图 5.24　钙矾石和 F 盐形貌

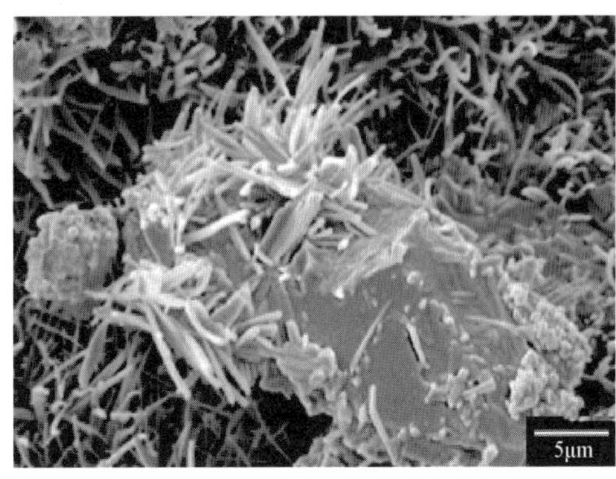

图 5.25　钙矾石与单硫水化硫铝酸钙形貌

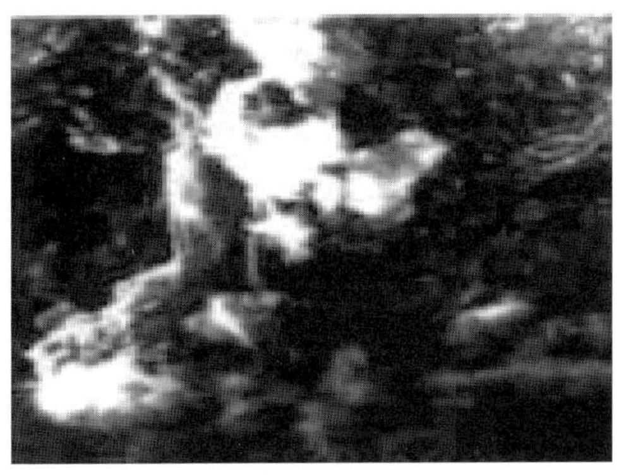

图 5.26　F 盐形貌

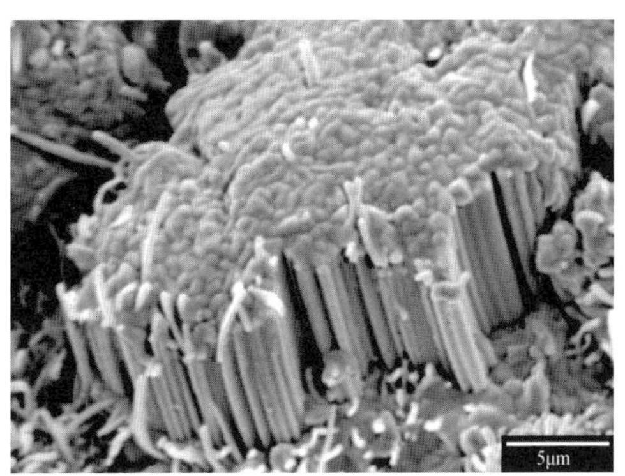

图 5.27　片层柱状 F 盐形貌

5.4.2.2　Cl^-的物理固化

Cl^-的物理固化主要是指水泥石对 Cl^-的物理吸附作用，如水化硅酸钙(CSH)凝胶表面吸附 Cl^-。目前有关 Cl^-的物理固化或吸附的相关机理研究尚不十分完整。研究成果多集中在利用双电层理论来解释 Cl^-在 CSH 凝胶表面被固化的现象。

Larsen 等人认为，水化物因吸附了溶液中的阳离子(如 Ca^{2-}，Na^+等)而带正电，并使带负电的 Cl^-被吸附在其上。双电层的电位与所吸附阳离子的价数、温度和孔溶液中的 Cl^-质量分数均有关系，特别是后者，具有决定性的影响。此外，还有文献报道了其他形式的 Cl^-与 CSH 凝胶的固化情况。Diamond 通过观察背散射电子的扫描电子显微镜图像，发现内掺 Cl^-可存在于 CSH 结构内部。Ramachandran 通过研究 $CaCl_2$ 与 C_3S 水化物的作用机理，成功区分了三种不同反应类型。根据 Ramachandran 的研究，Cl^-可以存在于水化硅酸钙的化学吸附层上，渗透进入 CSH 层间孔隙，还可被紧紧固化在 CSH 微晶点阵中。

水泥石对 Cl^-的物理吸附作用可以用双电层理论解释。

(1) 漫散双电层的基本理论。

1879 年，双电层的概念便由亥姆霍兹首先提出。后来由古依(Gouy)和斯特恩(Stern)等人研究建立了漫散双电层理论。他们认为，与固体表面离子带相反电荷的离子(或称异电离子)并不是全部整齐地排列在一个面上，而是有一定的浓度分布，如图 5.28 所示。双电层分为两部分：一部分为紧靠固体表面的不流动层，称为紧密层，其中包含了被吸附的离子和部分过剩的异电离子，其厚度大约为几个水分子的大小；另一部分从AB到CD，称为漫散层(或扩散层)。在这层中过剩的异电离子逐渐减少为零，这一层是可流动的。

双电层中存在电位差ζ，对异电离子运动有影响。ζ的绝对值的大小与异电离子在双电层中的分布有关。异电离子分布在紧密层越多，中和固相表面的电荷就越多，则ζ电位的绝对值越小。如果在外界环境加入电解质，离子浓度增大，电解质中与异电离子符号相同的离子会把异电离子挤入紧密层，这样，紧密层的异电离子就会增加，而漫散层内过剩的异电离子则会减少，漫散层变薄，ζ电位降低，如图5.29所示。漫散层被压缩后，总电位Φ仍保持不变，而ζ电位却随之降低，双电层的厚度d也随之降低。

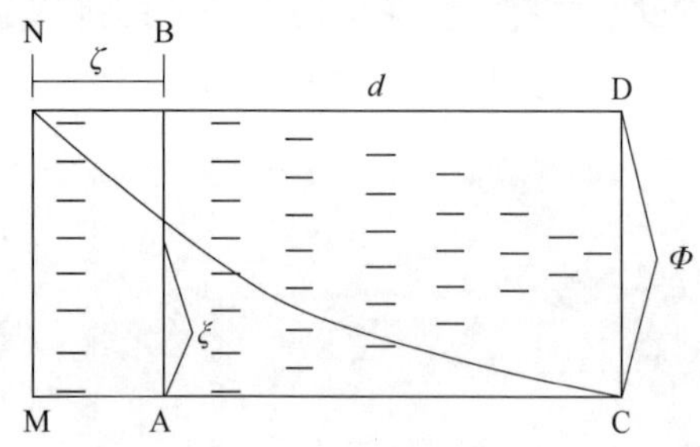

图5.28　双层异电离子分布图

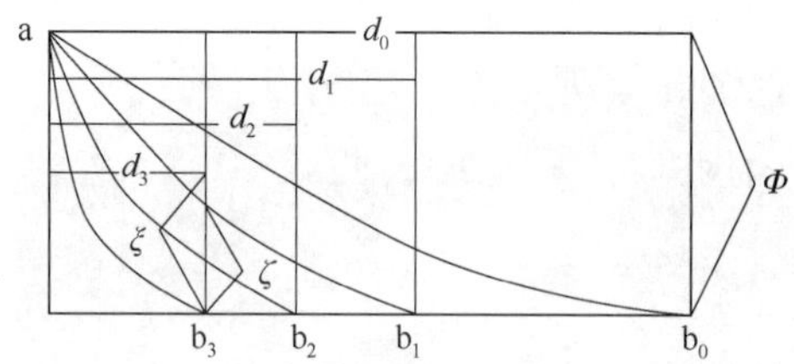

图5.29　电解质对动电位和分散层厚度的影响

(2) 双电层能有效减弱Cl^-的扩散。

胶凝材料的水化产物能有选择性的吸附一些带电离子和部分过剩的异电离子，形成紧密层，总电位为Φ。在漫散层里吸附另一部分过剩异电离子，其电位为ζ，这便在水泥石的水化产物中形成了双电层。

对于水泥石周围的地层水，地层水中的Cl^-会扩散进水泥石的孔隙溶液中。扩散进来的Cl^-相当于图5.28中的电介质。Cl^-会把异电离子挤入水泥水化产物所形成的双电层的紧密层，使双电层的厚度d和电位ζ都减少了。但是这种过程必然会受到双电层的电荷斥力，从而阻碍Cl^-向水泥石深层扩散，减缓了Cl^-的扩散速度。显然，这种斥力与Cl^-距紧密层的远近有密切的关系，距离越近，Cl^-受到双电层的电荷斥力就越大，扩散就越困难；反之，距离越远，Cl^-受到双电层的电荷斥力就越小，扩散就相对比较容易。当Cl^-在双电层厚度d以外，双电层的电位ζ为0，则双电层对Cl^-扩散的影响就相当微弱。

因此，Cl^-的扩散-5双电层的厚度d和电位ζ，以及水泥石毛细孔隙的孔径大小关系非常密切。当毛细孔隙的孔径相对双电层的厚度d越小，则双电层的影响就越大，Cl^-的扩散速度就越小。在给定的毛细孔径条件下，环境Cl^-质量分数必须达到某一最小值时才能扩散到水泥石中。也就是说，在给定的Cl^-质量分数条件下，Cl^-只能扩散到大于某一孔径的毛细孔隙中，更小的孔径是扩散不进去的。

(3) 双电层能增强对Cl^-的物理吸附能力。

固井水泥石的Cl^-结合能力非常重要，因为对套管产生锈蚀的并非是扩散进水泥石的Cl^-总量，而是水泥石孔隙溶液中的游离Cl^-量。当游离Cl^-质量分数超过临界值，套管的钝化膜便开始锈蚀。在开始进入的Cl^-总量一定时，水泥石的Cl^-结合性越强，则孔液游离Cl^-质量分数就越低，套管被腐蚀的危害就越小。

按照上述分析，固井水泥石对 Cl^-的物理吸附主要是通过双电层吸附来完成的。扩散进水泥石的 Cl^-势必会挤入紧密层或漫散层，游离的 Cl^-通过电荷作用稳定下来，形成了新的相对稳定的双电层。这一方面对 Cl^-的扩散起了阻碍作用；另一方面也对 Cl^-产生了物理吸附作用，降低了水泥石孔液中游离 Cl^-的质量分数。但是，这种物理吸附毕竟是靠电荷引力来维持平衡，这种电荷引力相对较微弱，容易被破坏。随着水泥石的使用时间的增长，扩散进来的 Cl^-数量会越来越多，而能挤入紧密层的异电离子是有限的，双电层对 Cl^-的这种吸附能力会越来越弱。但是，当水泥石的孔结构细化孔径分布趋于优化，则这种物理吸附作用可保持相对持久。

5.4.2.3　影响 Cl^-固化的因素

水泥的组成是影响固化 Cl^-能力的主要因素。研究表明，水泥固化 Cl^-的能力与各矿物成分的关联度从大到小依次是 C_3A、C_3S、C_4AF 和 C_2S。水泥内掺氯盐时，C_3A 的含量越高，固化 Cl^-的能力越大。随着氯盐掺量的增大，各种 C_3A 含量的水泥固化 Cl^-与自由 Cl^-之比值逐渐接近。

孔溶液 pH 值、水灰比等都对水泥石固化 Cl^-的能力有影响。低 OH^-质量分数下，F 盐的溶解度降低，更加稳定，双电层对 Cl^-的吸附力增强，从而使得总的 Cl^-固化量上升。水灰比是影响水泥浆体及硬化水泥石性能的一个重要参数，硬化水泥石中的孔结构与水化产物的生成量均与水灰比有关系，因而会影响 Cl^-的固化与渗透性。

粉煤灰作为掺合料等量掺入水泥中时，能够增强对 Cl^-的化学结合与物理吸附能力。这主要是因为一方面参加水化的粉煤灰生成了更多可以与 Cl^-产生化学反应的水化铝酸盐相及其衍生物，并通过改善水泥石孔结构与孔隙率提高物理吸附能力；另一方面因粉煤灰中的高铝组分增加了对 Cl^-的吸附作用，未水化的粉煤灰颗粒由于其自身的特点，也能吸附部分 Cl^-，降低水泥石中游离 Cl^-的质量分数。上述作用与粉煤灰的细度、活性等因素有关。

建立外加剂固化 Cl^-效应评价方法与指标体系能够定量的反映水泥和外加剂各自的贡献大小，指导水泥浆组成优化设计。煤矸石能够提高水泥基材料固化 Cl^-的能力，当将其掺入高胶凝性水泥(C_3S 含量大于 70%)中时，其固化 Cl^-的能力比掺入 C_3S 含量在 60%的普通硅酸盐水泥中要大。

XRD 和 DSC-TG 分析结果表明，水泥浆体经过一段时间水化后，再受到外渗 Cl^-的侵蚀，仍然有 F 盐生成。而且随着煤矸石掺量的增大，F 盐的生成量增大，但是掺量大于 30%后，F 盐的增长量降低。粉煤灰和矿渣均能提高水泥石对 Cl^-的化学固化能力，在相同掺量的条件下，对于化学固化能的贡献大小依次是矿渣>煤矸石>一级粉煤灰>二级粉煤灰。

环境因素对水泥石固化 Cl^-能力有很大影响。在 0~40℃温度范围内，温度升高，固化 Cl^-的能力增大，尤其对掺有矿物外加剂的材料，其效果更显著。氯盐的阳离子类型对水泥基材料固化 Cl^-的能力影响较大。水泥基材料在各种氯盐中的固化 Cl^-能力大小依次是 $CaCl_2$>KCl>NaCl。硫酸根离子的存在不利于水泥基材料固化 Cl^-；侵蚀液 pH 值增大，将降低水泥基材料固化 Cl^-的能力。

5.4.3 Cl^-侵蚀下水泥石的强度变化

上述分析结果表明，当地层水或采出液中含有Cl^-时，浸入水泥石的Cl^-一部分能够与固井水泥石通过复杂的物理、化学作用与水化物发生吸附或结合为F盐，成为水泥石中固化的Cl^-，而另一部分未固化的Cl^-则以游离态存在于孔隙内。游离的Cl^-通过进一步渗透作用迁移至套管表面诱发套管腐蚀。而固化在水泥石内的Cl^-或吸附于CSH凝胶，或生成为F盐，导致水泥石物相组成、微观结构等发生变化(图5.30)，从而改变水泥石性能，影响水泥石的致密程度和封固效果。

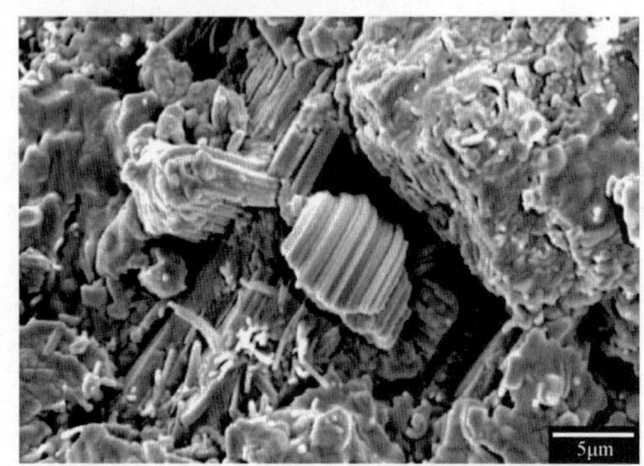

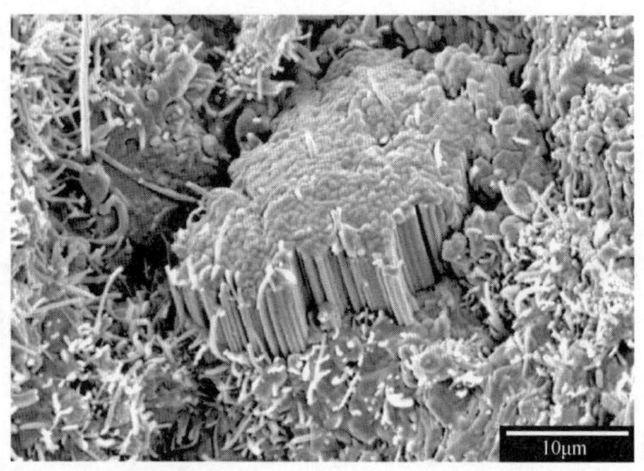

图5.30 存在F盐的水泥石微观SEM图

水泥石在环境温度为38℃的NaCl溶液中浸泡7d后，可以检测到Cl^-侵蚀作用下水泥石抗压强度的变化。图5.31、图5.32分别给出了Cl^-侵蚀时间、Cl^-质量分数影响水泥石抗压强度的试验结果。可见，经Cl^-侵蚀7d后，不同侵蚀时间水泥石的抗压强度均低于清水中养护的水泥石的同期强度。随侵蚀时间增长，强度总体呈下降趋势，侵蚀时间越长，抗压强度降低幅度越大；Cl^-质量分数增加，抗压强度下降，Cl^-质量分数越高，强度降低幅度越大。

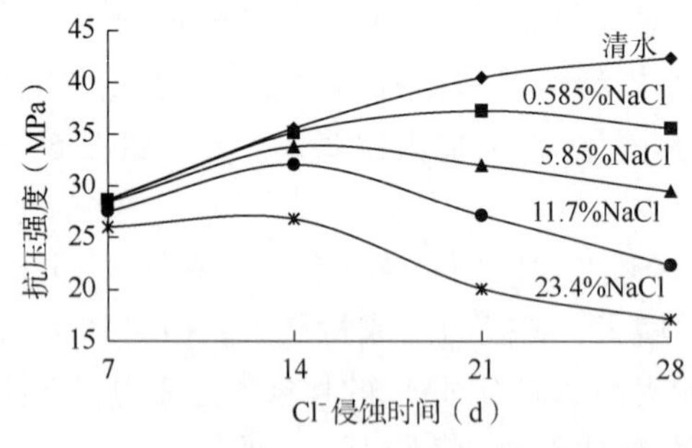

图5.31 Cl^-侵蚀时间对水泥石抗压强度的影响

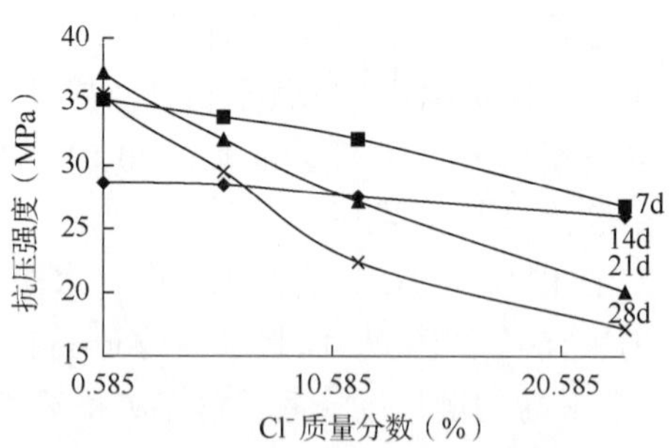

图5.32 Cl^-质量分数对水泥石抗压强度的影响

5.5 SO_4^{2-}和HCO_3^-共同作用下固井水泥石的腐蚀

含有SO_4^{2-}、HCO_3^-等多种离子的地层水或采出液与固井水泥石长期接触时，这些腐蚀性离子会对固井水泥石产生更加复杂的协同腐蚀作用，造成水泥石微观结构和强度劣化，甚至导致固井水泥石对环空的封固失效。因此，理解 SO_4^{2-} 和 HCO_3^- 对固井水泥石产生的协同腐蚀作用机理，掌握多介质共同腐蚀下固井水泥石强度等工程性能的变化规律，是面向复杂流体环境条件合理设计抗腐蚀固井水泥浆体系的重要基础。

5.5.1 SO_4^{2-} 和 HCO_3^- 对固井水泥石的协同腐蚀作用

5.5.1.1 碳化引起 SO_4^{2-} 的迁移和浓缩

当水泥基体与含有 SO_4^{2-} 和 HCO_3^- 的流体接触时，孔隙溶液被 HCO_3^- 中和而导致结垢，即生成 $CaCO_3$，这一过程称为碳化作用。对固井水泥石来说，碳化最低的危害是由于孔液的 pH 值下降，破坏水泥石微观结构及套管表面的钝化膜，劣化水泥石物理力学性能及引发套管锈蚀。水泥石碳化时，由于 HCO_3^- 对水泥石基体和孔液中的硫酸盐、碱金属盐等的影响，使腐蚀因子在水泥石内产生迁移和浓缩，促进 SO_4^{2-} 对水泥石的腐蚀，加剧水泥石劣化，甚至在碳化尚未达到套管表面时就可能已经发生套管锈蚀。

水泥石中所含有的硫酸钠、生成钙矾石或单硫型硫铝酸钙大致均匀分布。随着外界含有 HCO_3^- 和 SO_4^{2-} 的地层水不断地侵入，水泥石的碳化反应不断进行，腐蚀溶液中的 SO_4^{2-} 和盐类分解后产生的 SO_4^{2-} 溶解在孔隙溶液中，溶解的 SO_4^{2-} 通过浓度扩散作用向水泥石内迁移。随着碳化反应的进行这种分解与生成的循环反应使碳化锋面向水泥石深部发展。

水泥石试样断面的碳化区、未碳化区和碳化前沿浓缩区的 XRD 图谱检测结果真实地反映了这种腐蚀作用过程（图 5.33）。随着含有 SO_4^{2-} 和 HCO_3^- 腐蚀溶液的不断侵蚀，HCO_3^- 开始对水泥石发生腐蚀作用，水泥石由表及里形成了一个碳化区，该区域内 $Ca(OH)_2$ 因碳化反应而消耗，腐蚀产物以 $CaCO_3$ 为主。随着碳化的进行，SO_4^{2-} 不断向水泥石内迁移产生浓缩现象。该区域内 HCO_3^- 与 SO_4^{2-} 同时对水泥石产生腐蚀作用，其中 SO_4^{2-} 与水泥石中铝酸盐及其水化物等发生反应生成钙矾石和单硫型硫铝酸钙等，而 HCO_3^- 与水泥石中 $Ca(OH)_2$ 等反应产生 $CaCO_3$，导致该区域出现了 $CaCO_3$、次生钙矾石甚至硅灰石膏等腐蚀产物共存的现象。未碳化区以存在强峰 $Ca(OH)_2$ 为特征，体现该区水泥石尚未被碳化。

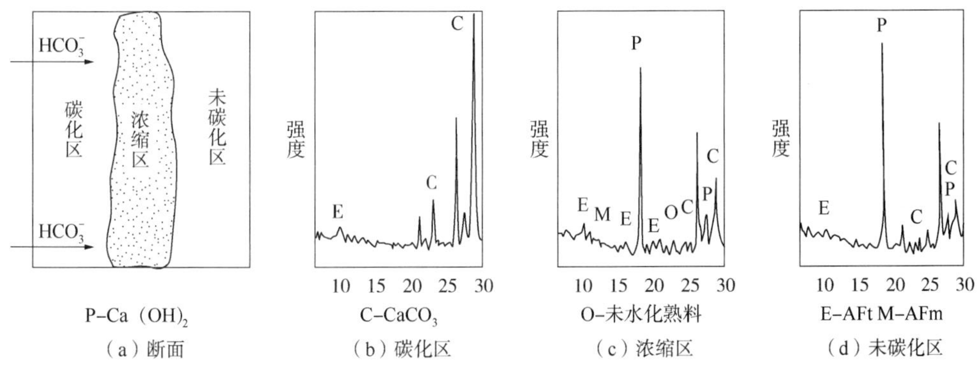

P-Ca（OH）$_2$ C-$CaCO_3$ O-未水化熟料 E-AFt M-AFm

（a）断面 （b）碳化区 （c）浓缩区 （d）未碳化区

图 5.33 碳化时水泥石断面 XRD 图谱

综上，在 SO_4^{2-} 和 HCO_3^- 的协同作用下水泥石腐蚀加剧。HCO_3^- 对水泥石的碳化作用引起 SO_4^{2-} 的迁移和浓缩，加快 SO_4^{2-} 向水泥石内扩散速度；而浸入水泥石的 SO_4^{2-} 可以提高孔隙溶液中碱含量，加快碳化速度。同时，在硫铝酸盐分解和再生循环过程中碳化锋面的钙矾石含量过高，可能会导致加速水泥石产生膨胀性破坏作用。

5.5.1.2 TSA 侵蚀

有关硫酸盐和碳酸盐对水泥基材料侵蚀问题的研究最早起源于堤坝、桥墩等水工建筑工程领域。研究结果表明，低温条件下，在硫酸盐与碳酸盐协同腐蚀作用下，水泥基材料腐蚀后产生了硅灰石膏[又称碳硫硅钙石(thaumasite)，$Ca_3SiSO_4CO_3(OH)_6 \cdot 12H_2O$]，因此将该类破坏形式称为硅灰石膏(碳硫硅钙石)型硫酸盐侵蚀，通常又称为 TSA(Thaumasite form of sulfate attack)侵蚀。与硫酸盐独立侵蚀所造成的胀裂性破坏相比，由于碳酸盐协同腐蚀作用的加入，TSA 侵蚀可以直接使水泥石中的水化硅酸钙凝胶解体，严重破坏水泥石的微观结构和固化体强度，因此 TSA 侵蚀的破坏作用更强。

碳硫硅钙石(硅灰石膏)的结构式为 $Ca_6[Si(OH)_6]_2 \cdot 24H_2O[(SO_4)_2 \cdot (CO_3)_2]$，钙矾石的结构式为 $Ca_6[Al(OH)_6]_2 \cdot 24H_2O[(SO_4)_3 \cdot 2H_2O_3]$，两者极为相似。一般认为钙矾石是碳硫硅钙石形成的基质，即碳硫硅钙石是由钙矾石转变而成的。

碳硫硅钙的基本单元结构为 $\{Ca_3[Si(OH)_6] \cdot 12H_2O\}^{4+}$，属六方晶系，晶胞参数 α=1.0054nm，c=1.0410nm，呈柱状结构，如图 5.34 所示。它是由 $[Si(OH)_6]^{2-}$ 八面体链组成，其周围与 3 个钙多面体结合，CO_3^{2-} 和 SO_4^{2-} 有序排列在柱状沟槽中，结构式为 $\{Ca_3[Si(OH)_6] \cdot 15H_2O\}(SO_4^{2-})(CO_3^{2-})$。当钙矾石中的 Al^{3+} 被 CSH 凝胶中的 Si^{4+} 取代，硅与羟基是 6 配位结合，钙矾石中的 $(3SO_4^{2-}+2H_2O)$ 被 $(2CO_3^{2-}+2SO_4^{2-})$ 取代，在 CO_3^{2-} 和 SO_4^{2-} 的作用下形成了扭曲的 $[Si(OH)_6]^{2-}$ 八面体基团，同时 C 轴松弛，形成了碳硫硅钙的分子结构，即变成碳硫硅钙石。当钙矾石中的 Al^{3+} 被 Si^{4+} 取代，Al^{3+} 将重新释放到孔隙溶液中去，与 SO_4^{2-} 和体系内的水化铝酸钙反应生成钙矾石，再重复上述反应，致使水泥石中起主要胶结作用的 CSH 凝胶被不断消耗，改变了水泥石原有的致密结构，胶凝材料逐渐变成“泥质”，失去强度。

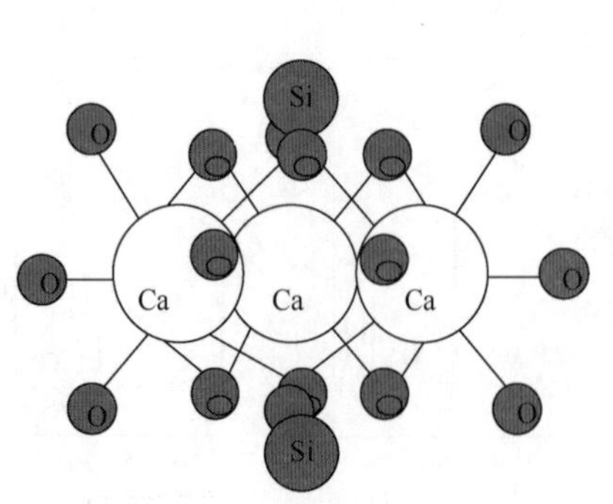

图 5.34 平行于 C 轴的碳硫硅钙结构单元

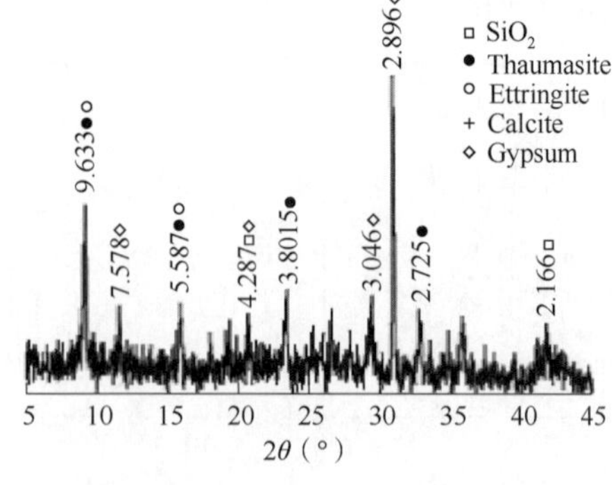

图 5.35 碳硫硅钙石 XRD 图谱

碳硫硅钙石的 XRD 图谱与钙矾石的 XRD 图谱接近，甚至部分 XRD 峰值相同(图 5.35)。扫描电子显微镜下碳硫硅钙石的结构与钙矾石的结构也非常相近，都是针状晶体。

SEM 图谱中可见一些长径比约为 3 : 1 的短而粗的晶体，这些是结晶完好的棒状钙矾石晶体(图 5.36)，而局部放大后的碳硫硅钙石的形貌为大量平行排列的针状晶体，这些晶体棱角清晰，表面平直光滑，直径大约为 0.5μm 以下，长度为 3~4μm(图 5.37)。这些针状晶体的能谱微区元素分析结果(图 5.38)表明，晶体的主要组成元素为 Ca，S，Si，Al，Na 等，换算成氧化物的质量比值为：41.26 : 27.91 : 12.91 : 3.95 : 3.92。SO_3 与 SiO_2 的质量比为 2.16，大于碳硫硅钙石中的理论值 1.33，其中过剩的 SO_3 参与形成了钙矾石和少量的石膏。

图 5.36　钙矾石晶体 SEM 图

图 5.37　碳硫硅钙石晶体

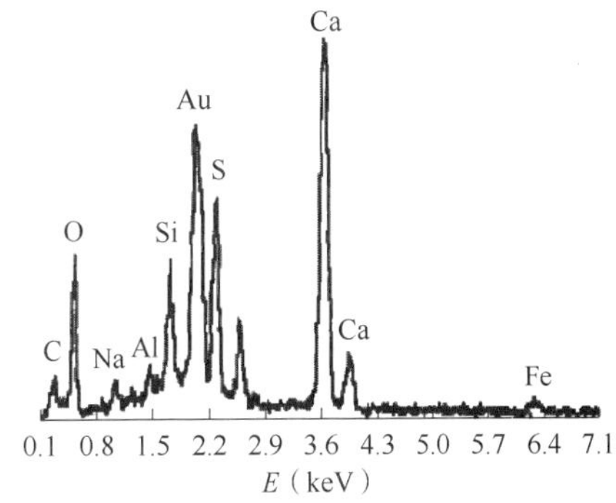

图 5.38　图 5.37 能谱图

5.5.1.3　调整井环境条件下 HCO_3^- 和 SO_4^{2-} 对固井水泥石的腐蚀

研究结果表明，水泥基材料的 TSA 侵蚀多发生于温度低于 15℃的低温条件。对于油田调整井井下温度(38~60℃)及采出液水质条件，图 5.39 给出了 38℃下，不同质量分数 Na_2SO_4 与 $NaHCO_3$ 混合溶液对水泥石侵蚀不同时间时水泥石试样的 XRD 图谱。图中，C 为方解石(Calcite)特征峰，E 为钙矾石(Ettringite)特征峰，G 为石膏(Gypsum)特征峰，P 为氢氧化钙(Portlandite)特征峰；5%H、10%H、15%H、20%H 分别表示为 5% Na_2SO_4 + 5% $NaHCO_3$、10% Na_2SO_4 + 10% $NaHCO_3$、15% Na_2SO_4 + 15% $NaHCO_3$、20% Na_2SO_4 + 20% $NaHCO_3$ 的混合溶液。图 5.40 分别给出了 38℃条件下，在不同质量分数 Na_2SO_4 与 $NaHCO_3$ 混合溶液中腐蚀 28d 时水泥石试样的 SEM 图。

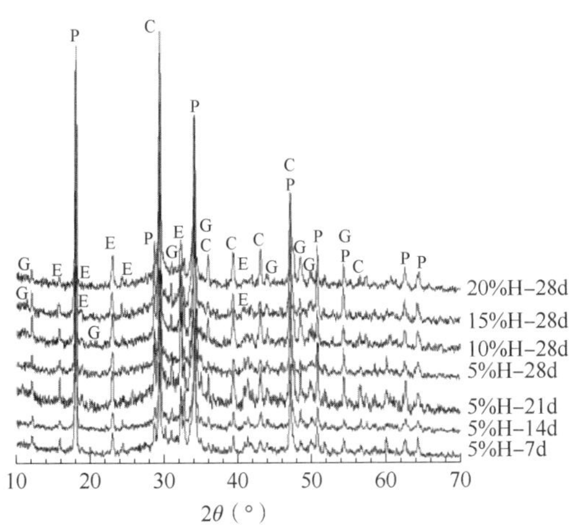

图 5.39　HCO_3^-、SO_4^{2-} 协同侵蚀下水泥石 XRD 图谱

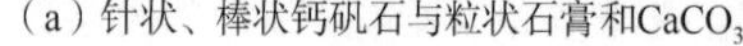
(a)针状、棒状钙矾石与粒状石膏和$CaCO_3$

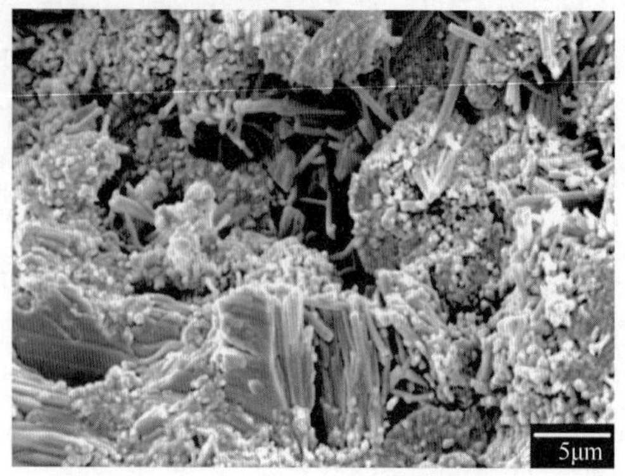
(b)针状钙矾石、片状$Ca(OH)_2$与粒状石膏和$CaCO_3$

图 5.40　10%Na_2CO_3+10%Na_2SO_4 混合溶液腐蚀 28d 时水泥石试样 SEM 图

图 5.39、图 5.40 表明，当水泥石受硫酸盐和碳酸氢盐混合溶液侵蚀达到或超过 7d 后，水泥石 XRD 图谱中同时出现了钙矾石、石膏和方解石特征峰，且随着腐蚀时间及混合液质量分数增加，钙矾石和石膏的衍射峰强度有所增强，而氢氧化钙的衍射峰强度有所减弱，说明随着腐蚀时间和腐蚀液质量分数的增加，腐蚀反应不断消耗水泥石中的 $Ca(OH)_2$，而腐蚀产物钙矾石、石膏与方解石的量有所增多。SEM 图谱显示的水泥石微观结构中明显可见针状与棒状钙矾石晶体、粒状及致密粒状石膏晶体及方解石晶体。混合液质量分数越高，则粒状晶体数量越多，晶体尺寸越大。

对比分析 XRD 图谱(图 5.35 与图 5.39)、SEM 照片(图 5.36 与图 5.40)可见，调整井井下温度条件下，在硫酸盐和碳酸氢盐混合溶液侵蚀作用下，水泥石中只生成了石膏、钙矾石与方解石，未发现硅灰石膏生成的充分证据。说明此种井下环境温度条件下，硫酸盐与碳酸氢盐混合溶液对固井水泥石的侵蚀类型不属于 TSA 型侵蚀。硫酸盐与碳酸氢盐协同侵蚀作用下水泥石的劣化与破坏作用，与低温下水泥基材料产生的 TSA 侵蚀破坏是存在区别的。

上述 SO_4^{2-} 和 HCO_3^- 对水泥石产生协同腐蚀的化学作用可用如下反应描述：

$$Ca(OH)_2 + SO_4^{2-} + 2H^+ \longrightarrow CaSO_4 \cdot 2H_2O \tag{5.20}$$

$$3CaO \cdot Al_2O_3 \cdot 6H_2O + 3(CaSO_4 \cdot 2H_2O) + 20H_2O \longrightarrow 3CaO \cdot Al_2O_3 \cdot 3CaSO_4 \cdot 32H_2O \tag{5.21}$$

$$Ca(OH)_2 + HCO_3^- + H^+ \longrightarrow CaCO_3 + 2H_2O \tag{5.22}$$

$$CSH + HCO_3^- \longrightarrow CaCO_3 + SiO_2 + H_2O \tag{5.23}$$

5.5.2　SO_4^{2-} 和 HCO_3^- 协同腐蚀作用下固井水泥石的强度变化

上述结果表明，由于调整井井底温度高于形成硅灰石膏所需的环境温度，调整井中当油井水泥石与含有 SO_4^{2-}、HCO_3^- 或 CO_3^{2-} 的液体介质接触时，SO_4^{2-}、HCO_3^- 将通过渗透、碳化等作用迁移到水泥石中并与水泥水化产物发生系列化学反应，生成石膏、次生钙矾石和方解石等物质，改变了水泥石物质组成，破坏了水泥石的微观结构，最终导致水泥石的抗压强度劣化。

图5.41给出了38℃条件下，水灰比为0.45的水泥石试样在不同质量分数Na_2SO_4与$NaHCO_3$混合溶液浸泡下，抗压强度随腐蚀时间变化的测试曲线。图中，混合溶液中Na_2SO_4与$NaHCO_3$的质量分数组成以5%H、10%H、15%H、20%H表示，分别为5%Na_2SO_4+5%$NaHCO_3$、10%Na_2SO_4+10%$NaHCO_3$、15%Na_2SO_4+15%$NaHCO_3$、20%Na_2SO_4+20%$NaHCO_3$。

由图5.41可见，当水泥石受到硫酸盐与碳酸氢盐混合溶液侵蚀后，水泥石强度均发生改变，腐蚀21d后水泥石强度均低于未受腐蚀水泥石的强度。水泥石腐蚀初期(约21d以内)，水泥石的强度随腐蚀时间的增加呈上升趋势，而当腐蚀超过21d后，水泥石强度随腐蚀时间的继续增加则呈降低趋势。不同浓度液体腐蚀后水泥石强度值不同，腐蚀液浓度越高，腐蚀后水泥石强度越低。

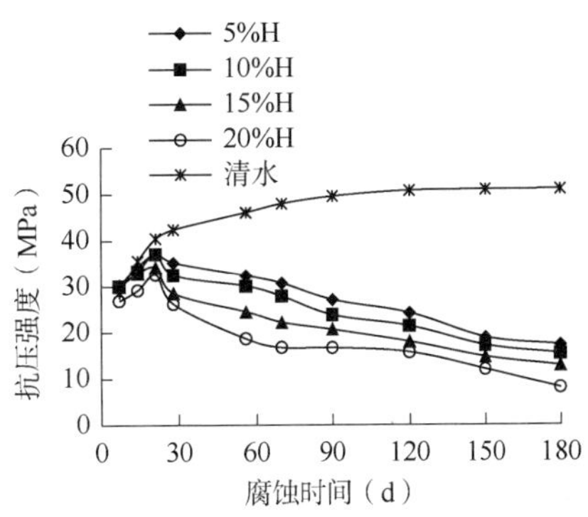

图5.41 SO_4^{2-}和HCO_3^-协同腐蚀的时间对抗压强度的影响

对比前述有关SO_4^{2-}、HCO_3^-单一腐蚀介质对水泥石腐蚀作用规律，硫酸盐与碳酸氢盐协同侵蚀作用下的水泥石强度随腐蚀时间的变化，在形式上与该两种单一腐蚀介质独立腐蚀水泥石时相近，但协同腐蚀作用下的水泥石强度比硫酸盐或碳酸氢盐单独腐蚀水泥石时的强度更低。说明两种介质的协同腐蚀作用对水泥石强度的劣化程度比单一介质更强，但两种腐蚀介质协同腐蚀后强度降低的幅度并非是两种单一介质腐蚀后强度降低值的线性叠加。

上述试验结果与水泥的水化硬化过程中强度增长作用及混合溶液中SO_4^{2-}、HCO_3^-对水泥石的腐蚀作用机理有关。当水泥石浸泡在硫酸盐和碳酸氢盐混合溶液中时，水泥石的强度将同时受自身水化硬化及腐蚀产物生成的双重影响。

一方面，随着养护时间的延长，即便是处在腐蚀介质环境中，水泥仍会自发地持续进行水化硬化作用，导致硬化体强度逐渐增高；而另一方面，腐蚀在腐蚀介质对水泥石的渗透作用基础上进行。腐蚀初期，SO_4^{2-}、HCO_3^-即开始向水泥石内渗透并对表面发生化学腐蚀作用。初始碳化作用能使水泥石表面层结构致密程度及硬度增加，同时由于腐蚀初期SO_4^{2-}、HCO_3^-渗入水泥石的量有限，反应所生成的次生钙矾石、石膏及方解石晶体尺寸及数量有限，能起到填充水泥石孔隙、增强水泥石致密度的作用，此时，腐蚀初期受腐蚀的水泥石的强度可能会高于未腐蚀水泥石的强度。但随着腐蚀时间、腐蚀介质质量分数的增加，渗入、迁移到水泥石内的SO_4^{2-}、HCO_3^-量增多，甚至在迁移推进过程中出现浓缩区，钙矾石、石膏及方解石生成量增多，腐蚀产物晶体不断胀大。由此，腐蚀后的水泥石不仅物质组成与胶结性能发生了改变，而且在晶体生长膨胀应力作用下甚至可能会产生微裂纹，水泥石原有的致密性微观结构被破坏，导致腐蚀后期水泥石强度大幅度劣化。

图5.42给出了38~60℃范围内，水泥石分别在5%Na_2SO_4+5%$NaHCO_3$、10%Na_2SO_4+

10%$NaHCO_3$ 混合溶液中侵蚀不同时间条件下，温度对腐蚀水泥石抗压强度的影响测试曲线。由图 5.42 可见，温度对腐蚀水泥石强度影响与腐蚀时间有关，腐蚀 7d、14d 时，腐蚀后水泥石的强度随温度升高呈增加趋势，但增加幅度不大；腐蚀 21d、28d 时，随温度升高，腐蚀后水泥石强度降低。

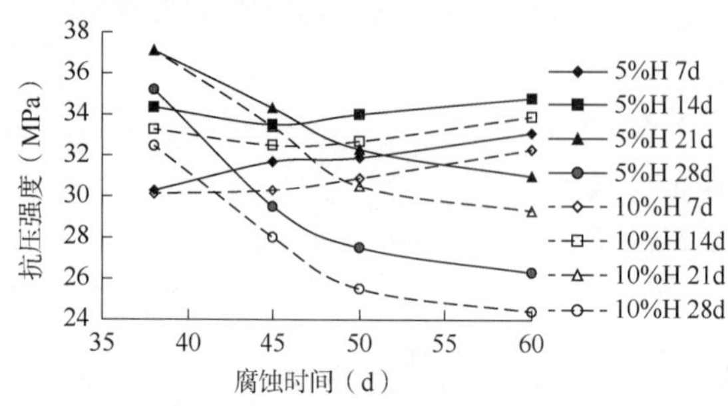

图 5.42 温度对腐蚀水泥石抗压强度的影响

受腐蚀水泥石的强度同时取决于水泥的水化硬化作用及混合溶液对水泥石的腐蚀作用。对于所涉及的温度范围，从水泥水化硬化作用过程来看，养护温度升高，水泥的水化硬化速度加快，有助于提高水泥石的早期强度及致密度，因此相应提高了水泥石的抗腐蚀能力；而从混合液对水泥石的腐蚀作用来看，温度升高，同样会加速 SO_4^{2-}、HCO_3^- 腐蚀反应的进行，但由于在相对较高的温度条件下水泥浆可以在相对较早的养护时间内形成结构相对致密、强度相对较高的硬化体，因此能在一定程度上抑制腐蚀液体向水泥石的渗透，导致所产生的腐蚀产物量及晶体生长有限，甚至在特定的腐蚀时间内，出现了由于表面初始碳化增加表面致密性及硬度，以及钙矾石、石膏填充水泥石孔隙增加水泥石致密程度等现象，产生腐蚀增强的短期效应；对于相对较长的腐蚀时间(达到或超过 21d)，随着腐蚀温度的升高，腐蚀反应将加速，腐蚀产物增多，水泥石微观结构将逐渐被破坏，水泥石强度下降。

上述研究结果表明，当固井水泥石受到 SO_4^{2-}、HCO_3^- 的协同腐蚀作用时，腐蚀时间超过 21d 后水泥石抗压强度大幅度降低，腐蚀时间越长强度降低的幅度越大，因此，固井水泥浆体系设计时必须考虑抗 SO_4^{2-} 与 HCO_3^- 的共同腐蚀问题。对于温度、腐蚀时间及 SO_4^{2-}、HCO_3^- 质量分数等油井生产过程中存在的客观条件，通过合理选择水泥外掺料及外加剂，对水泥浆体系组成进行优化设计，提高水泥石早期强度、结构致密度以及降低水化产物中的 $Ca(OH)_2$ 含量等，是提高水泥石抗腐蚀能力以及实现抗腐蚀水泥浆体系设计的有效途径。

5.6 Cl^- 和 HCO_3^- 共同作用下固井水泥石的侵蚀

水泥基体的碳化作用是套管发生 Cl^- 诱导腐蚀的先决条件。水泥基体碳化时由于 HCO_3^- 对水泥基体和孔隙溶液中的氯盐、硫酸盐、碱金属盐等的影响，使 Cl^- 在水泥石内产生迁移和浓聚，加剧套管腐蚀。

Cl^- 渗入水泥石后，一部分以自由 Cl^- 形式存在于水泥石的孔溶液中，而另一部分则通过固化作用形成 F 盐。当自由 Cl^- 渗入钢套管表面并达到临界值时，套管发生 Cl^- 诱导腐蚀。F 盐在水泥石中是不稳定的，可以与渗入水泥石中的 HCO_3^- 发生反应，生成氯盐并溶解于孔隙溶液中，其反应方程式如下：

$$3CaO \cdot Al_2O_3 \cdot CaCl_2 \cdot 10H_2O + 3H_2CO_3 \longrightarrow 3CaCO_3 + 2Al(OH)_3 + CaCl_2 + 10H_2O \tag{5.24}$$

检测结果表明，水泥加速碳化后碳化区 F 盐含量非常少，而未碳化区的 F 盐含量非常高。这一结果证实了 Cl^- 和 HCO_3^- 共存环境下发生上式反应的事实，即：HCO_3^- 扩散到水泥内促使 F 盐分解，产生碳化产物 $CaCO_3$ 和能重新溶解于孔隙溶液的自由 Cl^-。碳化区 F 盐分解生成新的自由 Cl^-，使碳化区的自由 Cl^- 浓度提高，并在浓度扩散作用下向未碳化区扩散和迁移，从而导致碳化区 Cl^- 质量分数降低，未碳化区 Cl^- 质量分数升高，并在该区重新形成 F 盐。此后，当 CO_3^{2-} 或 HCO_3^- 扩散到该区域发生碳化作用时 F 盐继续出现分解作用。由此，随着水泥基体碳化和 F 盐的生成与分解循环进行，在碳化锋面产生自由的 Cl^- 浓聚效应，并持续向水泥石内推进和发展，加剧套管发生 Cl^- 诱导腐蚀的风险。

Cl^- 和 HCO_3^- 协同作用过程中，伴随着碳化产物 $CaCO_3$ 的产生、F 盐的形成与分解及 Cl^- 迁移和浓缩等作用，在对套管腐蚀产生影响的同时，对水泥石的微观结构及性能也会造成一定的影响。图 5.43 给出了 38℃ 条件下不同混合溶液中侵蚀 28d 时水泥石 SME 形貌。

（a）11.7% NaCl 与 16.8% $NaHCO_3$ 混合溶液

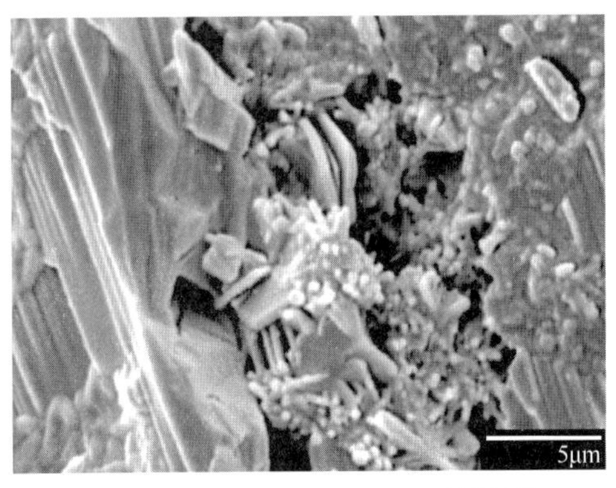

（b）23.4% NaCl 与 33.6% $NaHCO_3$ 混合溶液

图 5.43　NaCl 与 $NaHCO_3$ 混合溶液侵蚀水泥石的微观结构 SEM 形貌

由图 5.43 可见，水泥石在 Cl^- 和 HCO_3^- 协同侵蚀作用下，产生了粒状 $CaCO_3$ 与六方片状 F 盐，改变了水泥石的固相组分、原有网状微观结构，必然会导致水泥石的性能发生改变。其中，粒状 $CaCO_3$ 为造成水泥石微观结构劣化的主要腐蚀产物。图 5.44 给出了水泥石在不同质量分数 NaCl 与 $NaHCO_3$ 混合溶液侵蚀作用下，侵蚀时间对水泥石抗压强度的影响曲线。图中，CLHA、CLHB、CLHC、CLHD 为 NaCl 与 $NaHCO_3$ 混合溶液试样编号（表 5.4），CLHA、CLHB、CLHC、CLHD 分别代表 0.585% NaCl 与 0.84% $NaHCO_3$ 混合溶液、5.85% NaCl 与

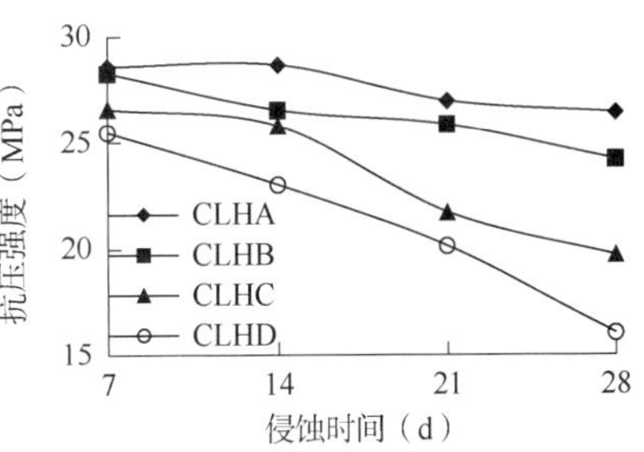

图 5.44　混合溶液侵蚀时间对水泥石抗压强度的影响

8.4% $NaHCO_3$ 混合溶液、11.7% NaCl 与 16.8% $NaHCO_3$ 混合溶液、23.4% NaCl 与 33.6% $NaHCO_3$ 混合溶液。

试验结果表明，Cl^-和 HCO_3^- 协同腐蚀作用下，腐蚀 7d 后可以检测到水泥石强度的变化。腐蚀后水泥石的抗压强度均低于相同条件下 Cl^-、HCO_3^- 单一介质腐蚀作用下水泥石的强度，说明 Cl^-和 HCO_3^- 的协同作用能加重水泥石的腐蚀程度。腐蚀时间增长，水泥石抗压强度降低，但对于不同的质量分数的混合溶液，强度降低的幅度不同。混合溶液中 Cl^-和 HCO_3^- 质量分数越高，腐蚀水泥石的强度越低，强度随腐蚀时间降低的幅度越大。因此，在面向含有 Cl^-和 HCO_3^- 的地层流体或三次采油采出液环境条件进行固井设计时，应综合考虑套管 Cl^-诱导腐蚀、固井水泥石的 Cl^-和 HCO_3^- 协同侵蚀问题。

5.7 采出液对水泥石的腐蚀与防护

上述分析结果表明，当地层流体或采出液中同时共存多种腐蚀介质时，这些介质在侵蚀固井水泥石的过程中存在相互影响。如 HCO_3^- 对水泥石的腐蚀作用可以引起 SO_4^{2-}、Cl^- 的迁移和浓缩，HCO_3^- 影响次生钙矾石生成、F 盐分解等。各种介质在水泥孔隙内的占有的质量分数，影响溶液 pH 值、其他介质的质量分数及其通过孔隙向水泥基体渗透扩散作用等。

在含有 SO_4^{2-}、HCO_3^- 和 Cl^-地层流体或采出液中，固井水泥石将同时受到 SO_4^{2-}、HCO_3^- 和 Cl^-三种介质的侵蚀。这种三元介质协同侵蚀作用包含许多复杂的物理与化学作用过程，各种介质在侵蚀作用中存在着复杂的相互影响与关联，致使 SO_4^{2-}、HCO_3^- 和 Cl^-对水泥石的协同腐蚀作用远比其单一或二元介质的腐蚀作用复杂得多，尚有待深入研究和完善。

有关混凝土相关试验现象及研究结果表明，SO_4^{2-} 可能与 HCO_3^- 一样，能通过释放 F 盐中的 Cl^-，造成孔溶液中 Cl^-浓聚。这主要是由于 Cl^-与水泥石结合生成的 F 盐可以与渗入的 SO_4^{2-} 发生反应，使 F 盐逐渐转化为钙矾石并释放 Cl^-。反过来，Cl^-能延缓 SO_4^{2-} 的侵蚀作用。由于 Cl^-、SO_4^{2-} 都能够通过与 C_3A 或其水化产物反应分别生成 F 盐、钙矾石。虽然钙矾石比 F 盐相对更稳定，但由于 Cl^-的迁移速度相对较快，能先于 SO_4^{2-} 被水泥石固结形成 F 盐。而 SO_4^{2-} 要从微溶于水的 F 盐生成钙矾石置换出 Cl^-，这一作用过程相对缓慢，表现为 Cl^-可以延缓硫酸盐侵蚀。

水泥石对 Cl^-固化作用形成的 F 盐($3CaO \cdot Al_2O_3 \cdot CaCl_2 \cdot 10H_2O$)，可看成是 AFm 族中的一种(参见 5.4.2 节)。AFm 家族的组成可以用通式用$[Ca(Al,Fe)(OH)_6] \cdot X \cdot nH_2O$ 来表示，其中 X 为一个单价阴离子或半个双价阴离子。AFm 相的结构特征决定了其易于与许多阴离子相结合，很多种类的阴离子都可以作为 X 结合进 AFm 相结构中。事实上，F 盐就是 Cl^-作为 X 结合进 AFm 相结构所形成的物相。由于阴离子性质不同，结合进 AFm 结构生成物相的优先性及所形成物相的稳定性均存在差别，如，在适当的环境中，在 AFm 生成相的优先顺序上，HCO_3^- 优先于 Cl^-，而 Cl^-又优先于 SO_4^{2-}；HCO_3^- 可以从 F 盐中置换出 Cl^-，生成更稳定的 AFm 相，SO_4^{2-} 也可以从 F 盐中置换出 Cl^-，生成更稳定的 AFt 相，

被释放出 Cl^- 在碳化区前沿形成迁移和浓聚，使孔隙液中 Cl^- 质量分数增高。AFm 在 0～40℃时在热力学上是不稳定的，会向钙矾石转变。

上述分析结果表明，含有多元腐蚀性介质的地层水或采出液会对固井水泥石产生复杂的侵蚀作用，劣化水泥石性能，危及套管安全。依据地层流体及采出液介质组成、腐蚀规律及调整井施工要求，在抗腐蚀水泥浆选择与设计上应着重考虑以下几方面问题：(1)水泥浆组成设计以抗 SO_4^{2-} 腐蚀为基础；(2)形成的水泥石必须具有低渗透特性；(3)高水泥石抗压强度；(4)对于高、低共存、层间压差较大的多压力层系调整井，要求水泥浆体系具有一定的防窜性能。为此，依据上述要求，通过试验筛选，确定出"G 级高抗硫水泥+PZW+X+降失水剂+调节剂"为基础的调整井抗腐蚀水泥浆体系组成见表 5.6。

表 5.6　抗腐水泥浆体系配方

序号	体系名称	水泥浆组成
0	高抗硫水泥原浆	G
1	防渗抗腐蚀增强水泥浆体系	G+15%PZW+4%降失水剂+调节剂
2	纤维增强水泥浆体系	G+15%PZW+3%纤维+4%降失水剂+调节剂
3	防窜增强水泥浆体系	G+15%PZW+2%膨胀剂+4%降失水剂+调节剂

水泥浆体系组成中选择 G 级高抗硫水泥的主要原因是水泥石的致密性好，水泥石收缩率小、抗 SO_4^{2-} 腐蚀能力高。PZW 为具有增强作用和超细活化材料，是用硅灰等材料复配而成的水泥外掺料，在水泥混配时，依据紧密堆积理论对水泥、外掺料的颗粒级配进行优化设计。选择 PZW 及进行密集堆积设计的目的是能保障水泥石致密性及强度，提高水泥石抗腐蚀能力。

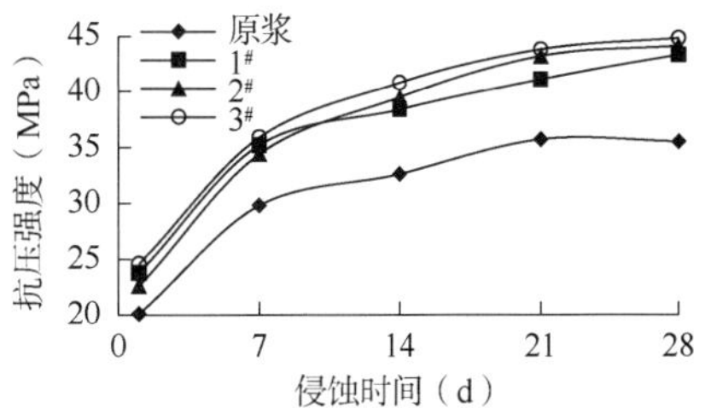

图 5.45　模拟腐蚀液中侵蚀时间对水泥石抗压强度的影响

表 5.5 是根据油田地层水及采出液水质分析调查结果配制的模拟腐蚀溶液。图 5.45、图 5.46 给出了 38℃条件下表 5.5 中Ⅰ号模拟腐蚀液对表 5.6 各体系水泥石侵蚀后水泥石抗压强度、渗透率变化试验结果。图 5.46 中，虚线为未腐蚀水泥石的渗透率曲线，实线为腐蚀水泥石渗透率曲线。

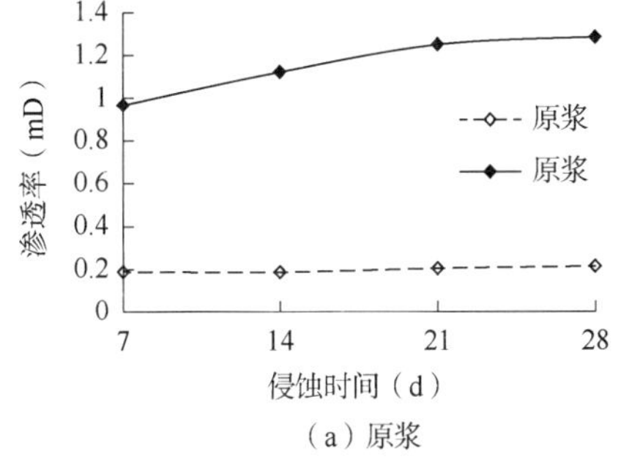

（a）原浆

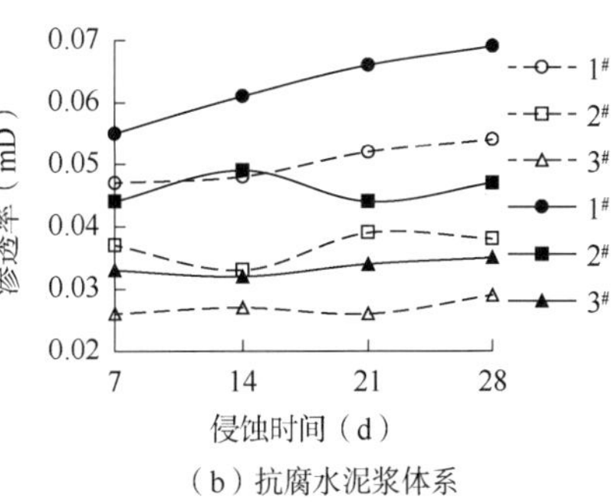

（b）抗腐水泥浆体系

图 5.46　模拟腐蚀液中侵蚀时间对水泥石渗透率的影响

分析可见，特定的腐蚀环境条件下，腐蚀后 1#、2#、3#抗腐蚀水泥浆体系水泥石的抗压强度均高于原浆水泥石腐蚀后的强度。水泥原浆硬化水泥石的抗压强度，随腐蚀时间的增长缓慢增长，并在 28d 时有下降趋势，腐蚀后水泥石的渗透率明显高于未腐蚀水泥石渗透率，腐蚀时间越长，渗透率变化幅度越大。1#、2#、3#水泥浆硬化体水泥石的抗压强度，随腐蚀时间的增长而增大，在 28d 时有无降趋势，腐蚀后水泥石的渗透率变化不明显。

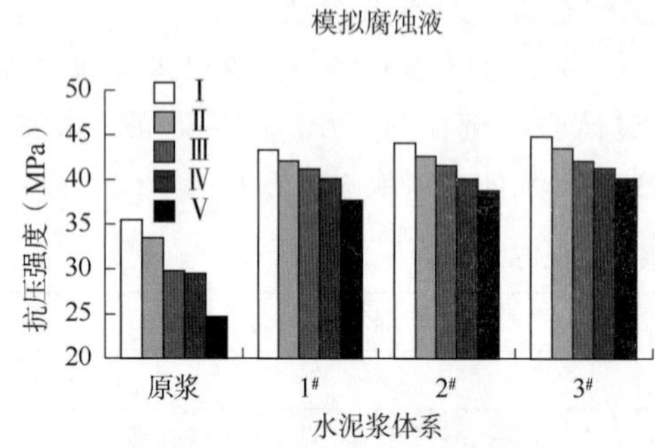

图 5.47 腐蚀液组成、水泥浆组成对腐蚀水泥石抗压强度的影响

对于不同的水泥浆体系组成和不同的腐蚀溶液组成，腐蚀水泥石抗压强度等的变化是存在差异的，这些差异综合体现了腐蚀介质的腐蚀作用能力，及水泥浆体系在抗腐蚀能力的差别。图 5.47 给出了 38℃ 条件下腐蚀 28d 时不同腐蚀液组成对腐蚀水泥强度的影响结果。

按照图 5.45～图 5.47 试验结果，从腐蚀溶液对水泥石的腐蚀作用能力方面来看，各种腐蚀性离子中 HCO_3^- 的影响占主导地位，HCO_3^- 质量分数高的溶液对水泥石的腐蚀作用强。这种结果一方面与 HCO_3^- 在溶液中含量高有关，更为重要的是 HCO_3^- 对 SO_4^{2-} 和 Cl^- 的侵蚀作用能产生较大的影响。从水泥浆体系组成方面来看，各种腐蚀溶液腐蚀作用下，3#体系腐蚀后强度最高，渗透率最低，抗腐蚀效果最好。但 1#、2#、3#体系腐蚀后水泥石强度、渗透率相差不大，具有相近的抗腐蚀效果，均可以用于三次采油试验区调整井固井施工。

第 6 章　固井水泥环的力学损伤与结构完整性

注水泥施工结束后，静止在井眼环空中的水泥浆通过凝结与硬化作用形成水泥石，井眼环空中的水泥石通常又称为水泥环，硬化水泥环将套管和地层胶结在一起，形成套管—水泥环—地层固结体，实现水泥环对套管的支撑作用和对地层的封固作用。在油气井、储气库井等生产过程中，套管试压、压裂、注气等施工作业载荷会对套管—水泥环—地层固结体产生相应的力学作用，使固结体中的套管、水泥环、地层及水泥环与套管、水泥环与地层间的胶结界面等各个部位都会产生应力与应变响应。过高的载荷作用可能会导致固结体内薄弱部位发生破坏而导致固结体结构完整性劣化，造成环空封固失效，引发地层流体窜通、井口冒油、冒气等现象的发生，影响井的正常生产。

固井后，环空的密封是通过水泥环将套管与地层固结在一起实现的。因此，外载荷作用下，套管—水泥环—地层固结体的力学响应及结构完整性，将同时取决于套管、水泥环、地层的力学性能及界面胶结状况。由于固结体中套管、水泥环、地层等组成材料的力学性质不同，套管、水泥环、地层及水泥环胶结界面在载荷作用下所呈现的变形能力、强度极限等将存在较大差异。从上述材料的承载能力来看，水泥环胶结界面和水泥环是较薄弱的材料单元。由此，水泥环及其胶结界面的力学性质将对套管—水泥环—地层固结体的承载能力起关键性主导作用，是影响固结体结构完整性、水泥环环空密封效果的重要因素。因此，研究外载荷作用下水泥环及其胶结界面的力学行为，是开展水泥环环空密封可靠性分析的关键，对于探索改善水泥石力学性能的有效途径，制定保障套管—水泥环—地层固结体结构完整性技术措施具有重要作用。

本章以构建固井水泥环力学本构关系模型、套管—水泥环—地层固结体力学分析模型及固结体结构完整性破坏准则等力学分析为基础，阐述固结体几何参数、材料性能参数及施工作业载荷等因素对水泥环损伤及固结体结构完整性的影响规律。阐述水泥环力学性能与施工作业载荷间适应性，及保障固结体结构完整性相关力学参数优选与设计等问题。

6.1　水泥石应力—应变本构关系

水泥环是套管—水泥环—地层固结体的薄弱部位，是环空封固的关键部位。分析载荷作用下水泥环的力学行为及本构关系，是分析水泥环力学损伤及结构完整性问题的基础。

6.1.1　单轴压缩条件下水泥石的应力—应变关系

水泥石变形特性和强度特征与加载方式有关。单轴压缩条件下水泥石具有明显的脆性破坏特征，其变形特点及脆性破坏形式一般不受外加剂等的影响，加载过程中水泥石应力与应变具有明显的弹性变形关系。图 6.1 给出了 G 油井水泥原浆及添加外加剂水泥石在不同养护条件下单轴压缩应力—应变测试曲线。

分析可见，水泥石形变的行为与载荷的加载程度有关。在加载初期，应力—应变曲线微向上凹，随载荷增加水泥石产生的应变与所施加的应力呈指数形式增加，反映了加载初期水泥石内部孔隙或裂纹逐渐被压实的过程。此后随着外载荷的持续增加，水泥石的应力—应变关系近似一条直线变化，直至水泥石发生破坏，表明水泥石在单轴应力作用下具有明显的弹性变形和脆性破坏的性质。

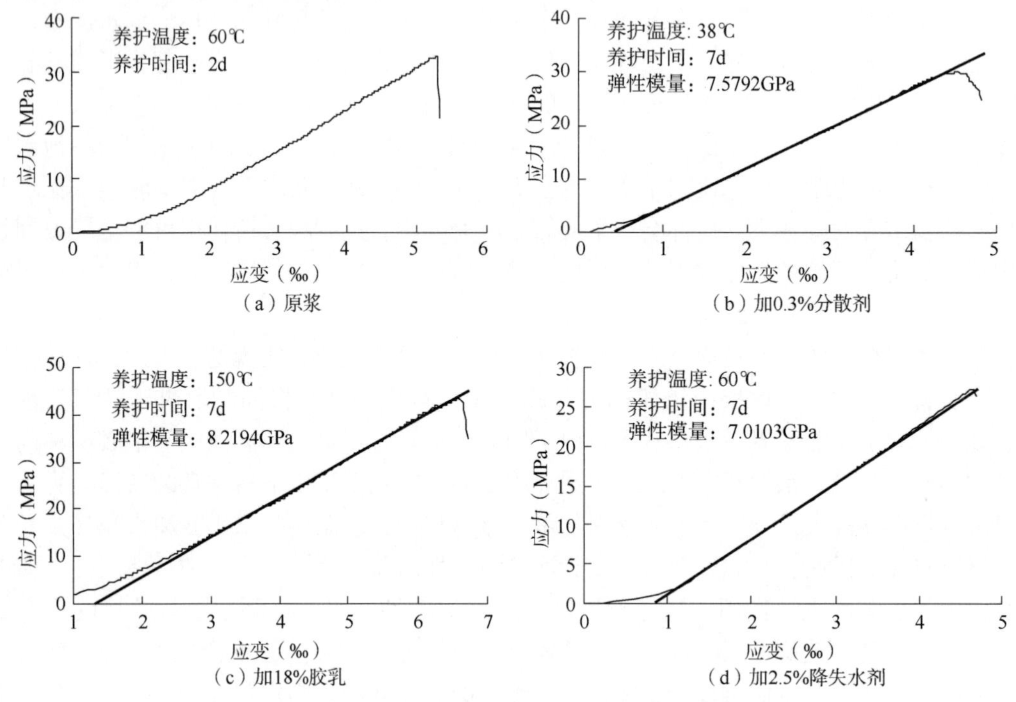

图 6.1　单轴压缩状态下水泥石应力—应变曲线

根据虎克定律，单轴压缩条件下水泥石应力—应变关系可以描述为：

$$\sigma = \varepsilon E \tag{6.1}$$

式中：σ 为应力；ε 为应变；E 为弹性模量。

实验结果表明，单轴应力条件下，水泥外加剂及养护条件虽然能够在量值上影响水泥石的强度及弹性模量等力学参数，但水泥石在该种加载方式下所体现的力学本构特征不会发生改变。因此，单轴压应力作用下水泥石的本构关系通式可以采用式(6.1)描述。

6.1.2　三轴应力条件下水泥石的应力—应变关系

施工作用过程中，井下水泥环实际上处于三轴应力作用状态。三轴压应力载荷作用下，水泥环的强度和变形特征与单轴载荷的作用明显不同(图 6.2)。突出表现在：水泥石强度明显增加，塑性增大。与单轴应力相比，围压状态下水泥石的应力—应变曲线发生了变化。加载初期(低应力区间)，随应力的增加，应变近于以直线关系同比增大，反映出水泥石具有的弹性变形特征，当应力达到一定值后，随着应力的继续增大，应力—应变关系逐渐偏离直线而呈曲线形式变化，表现为典型的塑性变形特征，且其变形能力也远高于单轴应力条件下的变形能力。根据相关岩石力学性能分析，通常将材料由弹性变形向塑性变形转变的临界点称为材料的屈服强度，而将材料破坏时所对应的应力称为极限强度。

三轴应力作用下水泥石的变形问题涉及材料非线性弹塑性变形问题。即材料在加载初期具有弹性变形性质，而经过弹性阶段后，随着载荷的增加，会进入结构屈服阶段，当屈服变形超过极限点以后则呈现非线性性质。

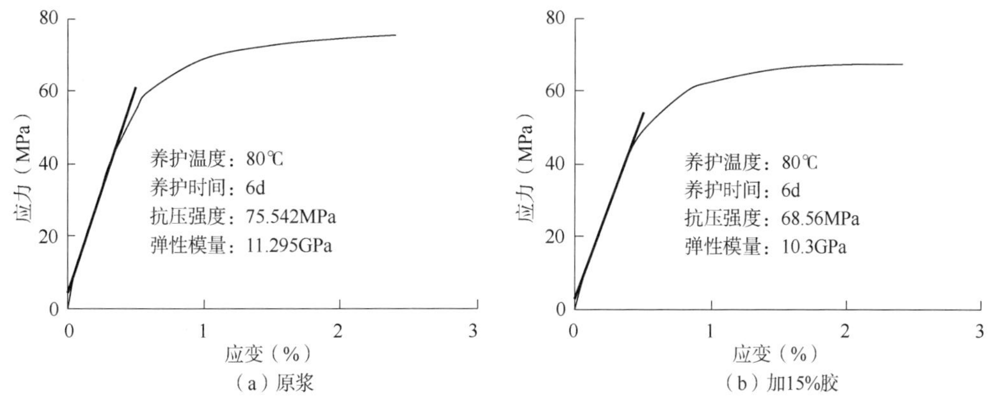

图6.2　三轴应力条件下水泥石应力—应变曲线

在载荷的加载与卸载过程中，弹塑性问题的过程是不可逆的。由于材料屈服后会出现塑性应变，消耗一定量的耗散能，表现为材料相较于初始状态会有一定的形变，材料内部会出现残余应力。

试验结果表明，三轴应力条件下水泥石的应力应变曲线形式并不会因外加剂种类、加量及养护时间等因素而变化。因此，三轴应力条件下水泥石的应力应变本构关系可用图6.3描述。图6.3中，σ_e、ε_e分别为水泥石屈服强度及发生屈服时产生的弹性应变量；σ_s、ε_s分别为水泥石抗压强度(极限强度)及水泥石破坏时产生的应变量。为此，三轴应力条件下水泥石的力学本构方程可采用分段函数的形式进行描述：

$$\begin{cases}\sigma = E\varepsilon & 0 \leqslant \varepsilon \leqslant \varepsilon_e \\ \sigma = \sigma_e + E_A \Delta\varepsilon & \varepsilon_e \leqslant \varepsilon \leqslant \varepsilon_s\end{cases} \tag{6.2}$$

式中：E为水泥石弹性变形阶段的弹性模量，由低载荷直线段(0e段)斜率确定；E_A为塑性变形段等效弹性模量，是应力、应变的函数；$\Delta\varepsilon$为水泥石屈服后产生的应变增量。

由于非线性弹塑性变形问题计算相对复杂，其相关参数确定相对困难，依据弹塑性力学理论，可分别按照不同变形特点对三轴应力条件下水泥石的应力应变本构关系进行简化近似处理。

(1) 水泥石理想弹塑性本构关系。

当将水泥石看作为理想弹塑性材料时，其应力应变关系为图6.4中的虚线(图中0-e-a折线段)。该应力应变关系的特点是，加载应力小于屈服应力时，应力与应变呈线性弹性变形关系；而当加载应力超过屈服应力σ_e之后，应力不再增加($d\sigma=0$)保持为常数，在不变的应力作用下，水泥石可产生任意的塑性变形。

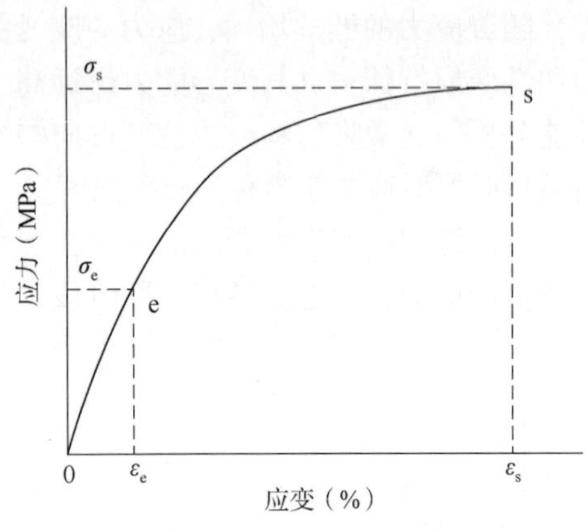

图 6.3　三轴应力下水泥石的本构关系

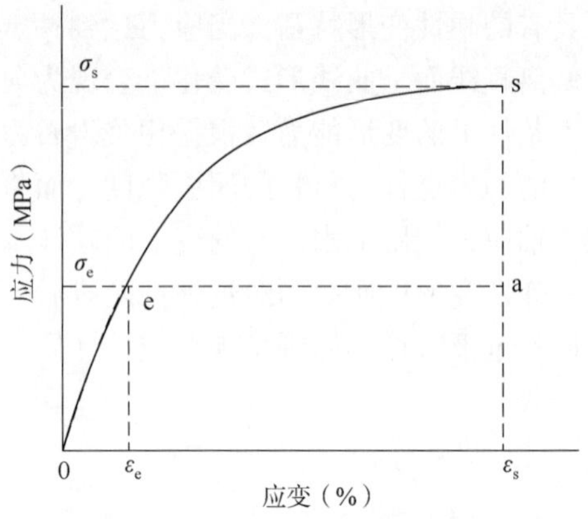

图 6.4　理想弹塑性材料本构关系

水泥石理想弹塑性力学本构关系模型可以描述为：

$$\begin{cases} \sigma = E\varepsilon & \sigma < \sigma_e \\ \varepsilon = \dfrac{\sigma_e}{E} + \lambda & \sigma = \sigma_e \end{cases} \tag{6.3}$$

式中：λ 为任意值。

理想弹塑性材料力学本构模型形式简单，应力计算结果偏于安全，可以用于工程实际。

（2）水泥石线性硬化本构关系。

理想弹塑性力学本构模型在载荷超过屈服强度后无法对载荷作用下塑性变形阶段所产生的应力、应变进行计算，将对力学分析造成影响。为此，可以将连续的应力—应变弹塑性变形曲线近似为两条直线，即图 6.5 中用直线段 0e 描述加载初期的线弹性变形，斜率为线弹性变形的弹性模量 E，用直线段 es 近似描述水泥石屈服硬化变形性质，其斜率为硬化变形等效弹性模量用 E_A 表示，一般 E_A 比 E 小很多。

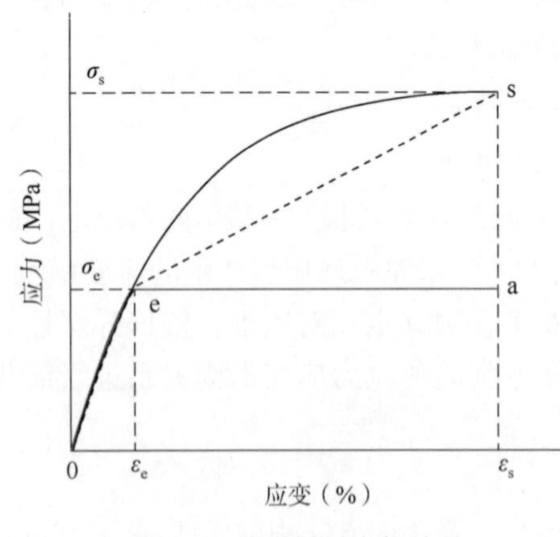

图 6.5　线弹材料本构关系

当已知屈服强度 σ_e、屈服应变 ε_e、抗压强度 σ_s及其对应的应变 ε_s时，可确定出非线性屈服硬化变形阶段的等效弹性模量，及应力增量与应变增量之间的关系：

$$E_A = \frac{\sigma_s - \sigma_e}{\varepsilon_s - \varepsilon_e} \tag{6.4}$$

$$\Delta\sigma = \frac{\sigma_s - \sigma_e}{\varepsilon_s - \varepsilon_e}\Delta\varepsilon \tag{6.5}$$

进而确定出水泥石线性硬化本构关系模型：

$$\begin{cases} \sigma = E\varepsilon & \sigma \leqslant \sigma_e \\ \sigma = \sigma_e + E_A(\varepsilon - \varepsilon_e) & \sigma > \sigma_e \end{cases} \tag{6.6}$$

（3）水泥石非线性硬化本构关系。

由于三轴应力条件下水泥石屈服变形是非线性的，其本构关系可以采用简单的指数函数进行近似表述，还可以采用微元线性硬化模型及建立相关曲线方程等方式建立应力—应变本构关系模型。

水泥石指数函数硬化本构关系模型可以表示为：

$$\begin{cases} \sigma = E\varepsilon & \sigma \leqslant \sigma_e \\ \sigma = k\varepsilon^n & \sigma > \sigma_e \\ \sigma_e^{1-n} = \dfrac{k}{E^n} & \sigma = \sigma_e \end{cases} \tag{6.7}$$

式中：k、n 是材料常数，通过实验曲线拟合分析计算获得。

当将塑性硬化变形过程应力的增加看成是由逐步加载形成的结果，可按一定步长将加载过程划分为系列载荷增量构成，且每一增量下都能获得相应的应变增量。由此当载荷增量选取为微量时，所获得的应力—应变微元可以近似用线性硬化关系进行描述(图 6.6)：

$$\sigma_i = \sigma_{i-1} + \Delta\sigma_i \tag{6.8}$$

$$\varepsilon_i = \varepsilon_{i-1} + \Delta\varepsilon_i \tag{6.9}$$

$$E_i = \frac{\Delta\sigma_i}{\Delta\varepsilon_i} \tag{6.10}$$

$$\Delta\sigma_i = E_i\Delta\varepsilon_i \tag{6.11}$$

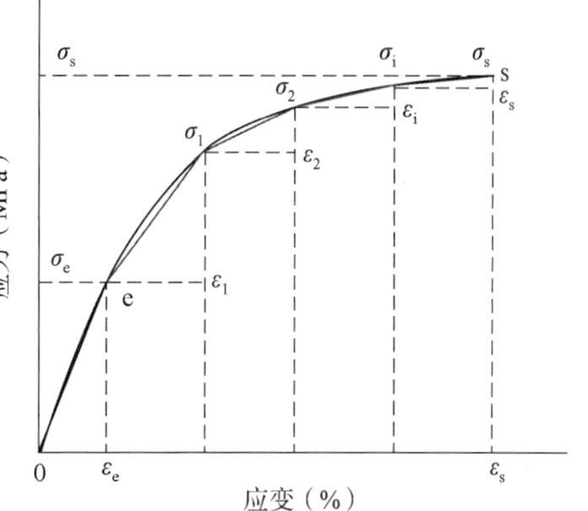

图 6.6　微元型弹塑性本构关系

式中：当 $i=1$ 时，起算点为水泥石屈服点，即：$\sigma_1=\sigma_e$、$\varepsilon_1=\varepsilon_e$；$E_i$为应力与应变微元进行线性化处理时获得的 i 段变形的当量弹性模量。

按照上述分析，水泥石微元线性硬化本构关系模型可以描述为：

$$\begin{cases} \sigma = E\varepsilon & \sigma \leqslant \sigma_e \\ \sigma = \sigma_e + \sum\limits_{i=1}^{s} E_i(\varepsilon - \varepsilon_{i-1}) & \sigma > \sigma_e \end{cases} \tag{6.12}$$

事实上，水泥石微元线性硬化本构模型是将水泥石非线性屈服硬化变形处理为多个微单元线性硬化关系。微单元划分可依据实验测试获得数据点进行，微单元划分越细密，模拟计算结果越精确。

(4) 水泥石随机损伤本构关系。

工程材料制造过程中，在细观水平上，会在内部产生各种微缺陷(如微裂缝、微孔洞)，称为“损伤”。在材料工程使用过程中，这些微缺陷会在外部作用下进一步扩大或发展，从而导致材料与宏观力学性质的劣化。材料内部缺陷的扩展称为损伤演化。从宏观连续介质力学的观点考察，损伤发展过程可以认为是材料内部微观结构状态的一种不可逆的、耗能的演化过程。

固井水泥石是由水泥浆水化硬化形成，在形成之初，内部就具有微孔隙等初始缺陷。受水化环境条件的影响，水泥石微观结构、孔隙分布等具有随机分布的性质，致使初始损伤分布以及载荷作用下的损伤演化进程都具有明显的随机性特征。由此，采用概率统计理论描述水泥石随机非线性应力—应变关系，能客观反映三轴应力作用下水泥石的力学本构特征。

损伤力学主要研究工程材料由内部微观缺陷的产生和发展引起的宏观力学效应及其最终导致材料与结构破坏的过程和规律。损伤力学采用“损伤变量”描述材料的损伤状态及含损伤结构的力学效应，并据此预测材料的变形、破坏与使用寿命等。

损伤变量是损伤力学中最基本的物理量，用来表征材料内部缺陷状态。一般可通过对材料微观结构的物理分析(如空隙长度、面积、体积、形状等)选择并确定损伤变量，也可以依据对表观物理量(如密度、弹性常数、超声波波速、电阻等)的间接测量来选择并确定。对于宏观力学研究，损伤材料的损伤变量实际上是反映材料宏观性质劣化的一类内在变量，并不需要对损伤变量给出具体物理现象的解释。由此，损伤变量定义为：

$$\bar{\sigma} = \frac{\sigma}{1 - D} \tag{6.13}$$

式中：$\bar{\sigma}$ 为作用于损伤材料的有效应力；σ 为作用于损伤材料的应力；D 为损伤变量。

根据 Lemaitre 等效应变原理，任何损伤材料在单轴或多轴应力状态下的形变都可以通过原始的无损材料本构关系来描述。其本构关系构造方法是用有效应力替代原应力，即在材料的未损伤部分(有效应力空间)应用线弹性力学原理，就可以获得弹性损伤本构关系。

按照等效应变原理，当按照线弹性损伤表征非线性损伤变形时，有效应力可表征为：

$$\bar{\sigma} = E\varepsilon \tag{6.14}$$

弹性损伤本构关系为：

$$\sigma = (1 - D)E\varepsilon = E_d\varepsilon \tag{6.15}$$

式中：E 为弹性变形的弹性模量；E_d为非线性变形(受损材料)的弹性(割线)模量；ε 为应变。

式(6.15)即为损伤力学本构关系。在损伤(非线性)变形状态，损伤变量 $D>0$，因此有 $E_d<E$，表明非线性变形意味着材料弹性性能劣化。损伤变量 D 的变化依赖于应变的变化，由于 D 不能被直接测量，因此才称它是一类内变量。

三轴应力条件下，有效应力可以表示为：

$$\bar{\boldsymbol{\sigma}} = \frac{\boldsymbol{\sigma}}{1-D} = \frac{\boldsymbol{C\varepsilon}}{1-D} \tag{6.16}$$

式中：$\bar{\boldsymbol{\sigma}}$ 为有效应力矩阵；$\boldsymbol{\sigma}$ 为应力矩阵；$\boldsymbol{C}$ 为弹性矩；$\boldsymbol{\varepsilon}$ 为应变矩阵。

三轴应力满足 $\sigma_1>\sigma_2=\sigma_3$ 条件下，主应力 σ_1、σ_2、σ_3 的有效应力分别为 $\bar{\sigma}_1$、$\bar{\sigma}_2$、$\bar{\sigma}_3$。根据广义虎克定律，主应力方向的应力—应变关系可以表示为：

$$\varepsilon_1 = \frac{1}{E}[\bar{\sigma}_1 - \mu(\bar{\sigma}_2 + \bar{\sigma}_3)] = \frac{\sigma_1 - 2\mu\sigma_3}{E(1 - D)} \tag{6.17}$$

式中：E 为弹性模量；μ 为泊松比；ε_1 为主应力单元主应力方向的应变。

由此，三轴压缩应力作用下以主应力与应变表示的损伤本构关系为：

$$\sigma_1 = E(1 - D)\varepsilon_1 + 2\mu\sigma_3 \tag{6.18}$$

Weibull 分布函数能较好表征岩石等一类材料的损伤演化特性及规律，可借鉴用于分析水泥石三轴压缩过程的损伤演化。Weibull 分布的概率密度函数为：

$$P(f)=\frac{m}{n}\left(\frac{f}{n}\right)^{m-1}\exp\left[-\left(\frac{f}{n}\right)^{m}\right] \tag{6.19}$$

式中：f 为变量，用于表示构成材料结构的表征单元的强度属性；$P(f)$ 表示 f 的分布密度；m 为材料均质度系数，表征材料强度属性的非均匀程度，用于反映水泥石内部微元强度分布的集中程度；n 为尺度参数，表征强度属性平均值，用于反映水泥石宏观统计平均强度的大小。

根据损伤理论，材料的破坏过程是内部孔隙裂缝产生、发展和连通的过程，也是材料微元逐渐损伤破坏的过程。由此，可以定义损伤变量 D 为水泥石微元体已破坏的数目 N_{b} 与试样中微元体总数目 N 的比值：

$$D=\frac{N_{\mathrm{b}}}{N} \tag{6.20}$$

设应力区间为[f, $f+\mathrm{d}f$]时，水泥石微元体破坏的数目为 $NP(f)\mathrm{d}f$。根据式(6.19)可得到应力区间为[0, f]时水泥石内部已破坏的微元数目总和：

$$N_{\mathrm{b}}=\int_0^f NP(f)\mathrm{d}f=N\int_0^f P(f)\mathrm{d}f \tag{6.21}$$

由此，水泥石的损伤变量可以表达为材料强度属性 f 的 Weibull 分布函数：

$$D=\int_0^f P(f)\mathrm{d}f=1-\exp\left[-\left(\frac{f}{n}\right)^{m}\right] \tag{6.22}$$

按照德鲁克和普拉格提出的广义 Mises 屈服与破坏准则(Dracker-Prager 准则，简称 D-P 准则)，水泥石微元强度 f 可表示为：

$$f=\alpha I_1+\sqrt{J_2} \tag{6.23}$$

$$\alpha=\frac{\sin\varphi}{\sqrt{9+3\sin^2\varphi}} \tag{6.24}$$

式中：α 为岩石微元强度参数；φ 为水泥石内摩擦角；I_1 和 J_2 分别为有效应力张量(一阶张量即矢量)第一变量和第二变量。

$$I_1=\bar{\sigma}_1+\bar{\sigma}_2+\bar{\sigma}_3 \tag{6.25}$$

$$J_2=\frac{(\bar{\sigma}_1-\bar{\sigma}_2)^2+(\bar{\sigma}_2-\bar{\sigma}_3)^2+(\bar{\sigma}_3-\bar{\sigma}_1)^2}{6} \tag{6.26}$$

由损伤变量定义：

$$\begin{cases}\bar{\sigma}_1=\dfrac{\sigma_1}{1-D}\\ \bar{\sigma}_2=\dfrac{\sigma_2}{1-D}\\ \bar{\sigma}_3=\bar{\sigma}_2=\dfrac{\sigma_3}{1-D}\end{cases} \tag{6.27}$$

有效应力张量第一变量和第二变量可表达为：

$$I_1 = \frac{E\varepsilon_1(\sigma_1 + 2\sigma_3)}{\sigma_1 - 2\mu\sigma_3} \tag{6.28}$$

$$\sqrt{J_2} = \frac{E\varepsilon_1(\sigma_1 - \sigma_3)}{\sqrt{3}(\sigma_1 - 2\mu\sigma_3)} \tag{6.29}$$

水泥石微元强度 f 可进一步表示为：

$$f = \frac{E\varepsilon_1(\sigma_1 + 2\sigma_3)\sin\varphi}{(\sigma_1 - 2\mu\sigma_3)\sqrt{9 + 3\sin^2\varphi}} + \frac{E\varepsilon_1(\sigma_1 - \sigma_3)}{\sqrt{3}(\sigma_1 - 2\mu\sigma_3)} \tag{6.30}$$

进一步整合式(6.18)和式(6.22)，主应力可以进一步表示为：

$$\sigma_1 = E\varepsilon_1\exp\left[-\left(\frac{f}{n}\right)^m\right] + 2\mu\sigma_3 \tag{6.31}$$

水泥石三轴压缩试验过程中，首先为待测试样施加围压，待压力稳定上升至设定值后再加载轴向压力。因此，在轴向压力加载前，围压作用下试样便会发生轴向和径向应变，而此部分应变不包含在试验结果中。因此实际轴向应力 σ_1 是试验测量的轴向应力 σ_{1t} 与围压 σ_3 之和：

$$\sigma_1 = \sigma_{1t} + \sigma_3 \tag{6.32}$$

围压作用下的初始应变 ε_{10}：

$$\varepsilon_{10} = \frac{1 - 2\mu}{E}\sigma_3 \tag{6.33}$$

测量轴向应变 ε_{1t} 是实际轴向应变 ε_1 与初始轴向应变 ε_{10} 之差。

$$\varepsilon_{1t} = \varepsilon_1 - \varepsilon_{10} \tag{6.34}$$

由此，联立式(6.23)～式(6.34)，可得到三轴应力条件下水泥石统计损伤本构模型：

$$\sigma_{1t} = [E\varepsilon_{1t} + (1 - 2\mu)\sigma_3]\exp\left[-\left(\frac{f}{n}\right)^m\right] + (2\mu - 1)\sigma_3 \tag{6.35}$$

$$f = \frac{E\varepsilon_{1t} + (1 - 2\mu)\sigma_3}{(1 - 2\mu)\sigma_3}\left[\frac{\sin\varphi(\sigma_{1t} + 3\sigma_3)}{\sqrt{9 + 3\sin^2\varphi}} + \frac{\sigma_{1t}}{\sqrt{3}}\right] \tag{6.36}$$

水泥石损伤本构模型中，统计参数 m、n 是确定本构方程的关键参数，水泥石弹性模量、泊松比、内摩擦角等参数可通过实验确定。统计参数 m、n 的确定方法主要有两种：一是通过直接求解模型方程的方法来求解，具有严格的数学逻辑和物理过程，但是计算求解过程复杂；二是将模型进行变形后采用数据拟合的方法进行参数求解，该方法求解过程简单，但是精度不高，误差较大。

采用极值法对统计参数 m、n 进行求解，可通过对式(6.35)求偏微分及其边界条件实现。设测量抗压强度为 σ_c 时的测量应变为 ε_{1c}，存在如下关系：

$$\left.\frac{\partial\sigma_{1t}}{\partial\varepsilon_{1t}}\right|_{\varepsilon = \varepsilon_{1c}} = 0 \tag{6.37}$$

$$\sigma_{1t}\big|_{\varepsilon = \varepsilon_{1c}} = \sigma_c \tag{6.38}$$

$$f\big|_{\varepsilon = \varepsilon_{1c}} = f_c \tag{6.39}$$

由式(6.37)～式(6.39)可获得求解 m、n 的方程组：

$$\frac{mf^{m-1}}{n^m}=\frac{\dfrac{\sigma_c-2\mu\sigma_3}{E\varepsilon_{1c}+(1-2\mu)\sigma_3}}{\dfrac{E\sigma_c}{(1-2\mu)\sigma_3}\left[\dfrac{\sin\varphi(\sigma_c+2\sigma_3)}{\sqrt{9+\sin^2\varphi}}+\dfrac{\sigma_c}{\sqrt{3}}\right]} \tag{6.40}$$

$$\left(\frac{f}{n}\right)^m=\ln\frac{\sigma_c-(1-2\mu)\sigma_3}{E\varepsilon_{1c}+(1-2\mu)\sigma_3} \tag{6.41}$$

进一步可获得 m、n 的表达式：

$$m=\frac{f_c\dfrac{\sigma_c-2\mu\sigma_3}{E\varepsilon_{1c}+(1-2\mu)\sigma_3}}{\dfrac{E\sigma_c}{(1-2\mu)\sigma_3}\left[\dfrac{\sin\varphi(\sigma_c+2\sigma_3)}{\sqrt{9+\sin^2\varphi}}+\dfrac{\sigma_c}{\sqrt{3}}\right]\ln\dfrac{\sigma_c-(1-2\mu)\sigma_3}{E\varepsilon_{1c}+(1-2\mu)\sigma_3}} \tag{6.42}$$

$$n=\frac{f_c}{\left(\ln\dfrac{\sigma_c-(1-2\mu)\sigma_3}{E\varepsilon_{1c}+(1-2\mu)\sigma_3}\right)^{1/m}} \tag{6.43}$$

水泥石随机损伤本构模型数学表达式中，系统围压、水泥石弹性模量、泊松比、内摩擦角、抗压强度及总应变等可通过水泥石三轴应力试验获得。

6.1.3　循环载荷作用下水泥石的应力—应变关系

储气库注采等特殊工程施工环境条件下，环空水泥石将承受循环往复的加载、卸载作用。了解该种载荷作用方式下水泥石的应力—应变特征，建立应力—应变本构关系，是实施该类井中水泥石力学研究及井筒完整性分析的基础。

使材料受到重复加载和卸载作用的载荷称为循环荷载。当载荷大小、方向随时间呈周期性变化时，这种载荷又称为循环交变载荷。循环交变载荷既可以是只有大小随时间发生周期性变化的载荷，也可以是只有方向随时间发生周期性变化的载荷。图 6.7 分别给出了围压 20MPa 以 2kN/min 恒速循环加载(最大载荷 20kN)作用下不同水泥石试样的应力应变测试结果。

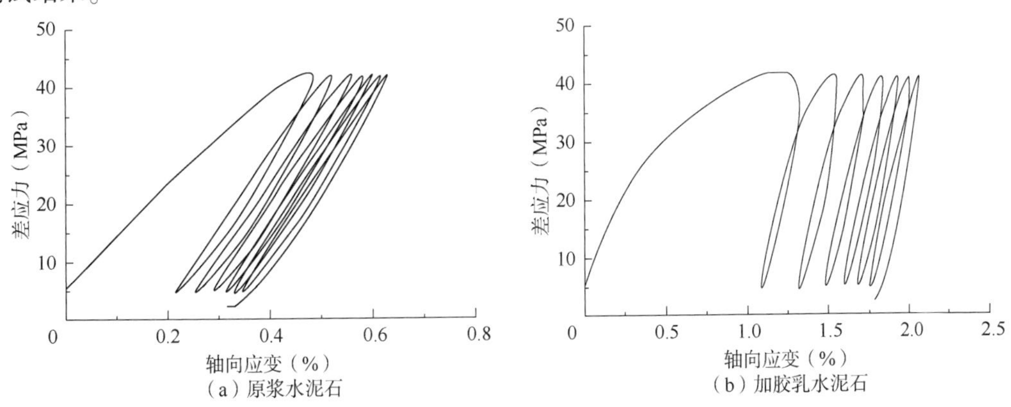

图 6.7　循环载荷作用下水泥石应力—应变曲线

实验结果表明，循环加载作用下，虽然不同水泥石的应力、应变、残余应变、弹性常数等在数值上存在差别，但应力与应变的关系在总体特征上具有共性。应力第一循环加载周中水泥石变形以弹塑性为主，弹性变形阶段的弹性模量低于后续各循环周。第二循环加载周后，水泥石逐渐表现出较强的弹性变形特征，且随着循环加载的进行，水泥石残余应变的增量逐渐减小，各循环周之间应力应变曲线越来越密集，弹性变形范围内加载时应力应变曲线斜率趋于稳定。上述结果与多次应力反复加载对水泥石的内部孔隙产生的持续压实作用密切相关。正是由于持续加载作用使水泥石以积累残余应变的形式压实原有孔隙，水泥石结构趋于致密，导致后续加载过程中水泥石塑性变形特征缺失，相对表现出更加明显的弹性变形特征。

按照图 6.7 的应力—应变关系，循环加载过程中，每一循环周中水泥石的变形可划分为三个阶段。加载时的弹性变形与塑性变形阶段，二者以各循环周的水泥石的屈服强度为分界点，可采用线性硬化本构关系来简化描述该两个阶段的应力—应变关系。卸载时应力应变沿曲线路径返回，弹性变形被恢复，塑性变形被保留，出现残余应变。卸载所遵循的是弹性变形规律，一般可假定卸载曲线为直线。

当通过实验测定出循环周次与水泥石屈服强度、累积残余应变的数据关系时，可以采用回归分析的方法构建累积残余应变及各循环周期中水泥石屈服强度与循环周次之间的关系：

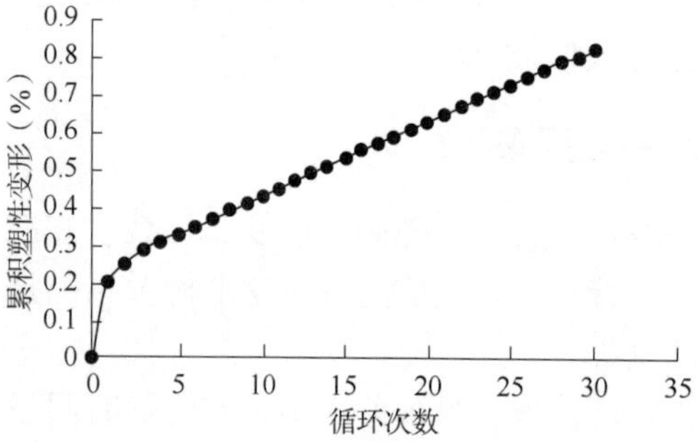

$$\varepsilon_{\mathrm{pi}} = f(n) \tag{6.44}$$

$$\sigma_{\mathrm{ei}} = f(n) \tag{6.45}$$

图 6.8 给出了围压为 20MPa 条件下，水泥石试样循环加载周次对累积残余应变的影响关系。可见，随着循环加、卸载周次的增加，水泥石累积应变后期近似呈线性增长。其中第一循环周应变值增幅最大，后续各循环周应变增值增量减小。事实上，累积循环应变还受到水泥石材料、围压、加载速率等的影响，但这些影响主要体现在累积应变数值上，并不改变图 6.8 的曲线形状。

图 6.8　累积应变与循环加载周次间的关系

图 6.8 曲线可采用二次函数进行回归分析，循环周次与累积残余应变间的数学关系可具体描述为：

$$\varepsilon_{\mathrm{pn}} = An^2 + Bn + C \tag{6.46}$$

式中：A，B，C 为方程回归系数，与水泥石材料性能、围压、加载速率 v、应力水平 F、围压 p 等有关。

理论上，塑性变形指物体在撤出外力后所残留下来的永久变形，在给定的外力作用下，物体的变形并不随时间改变。对于存在明显塑性变形的材料，可采用材料屈服强度作为衡量材料屈服与否的判据。而对于无明显塑性变形的材料，一般假定残余应变值为 0.2%所对应的应力值为其屈服极限。循环加载过程中，随循环加载周次增多，水泥石孔隙持续被压实，塑性变形应变量减小，弹性应变量增加，在达到一定循环周次后二者分别在应变最低值、最高值趋于稳定。反映了循环加载能增强水泥石抗屈服能力，强化弹性变形特征的作用结果。图6.9给出了实验测得的循环周次对加胶乳水泥石塑性应变量与弹性应变量的影响曲线。按照循环载荷作用实验测试结果，同样可以采用回归分析方法构建循环周次与相应周次水泥石屈服强度间的具体函数关系，使式(6.45)具有明确的函数表达式。

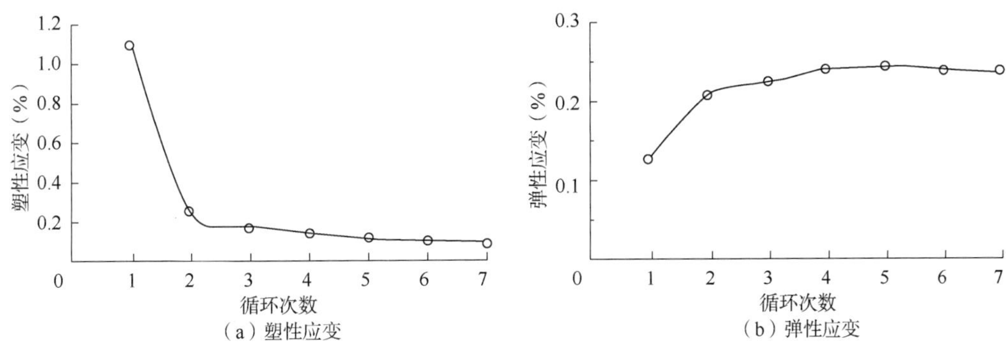

图6.9　循环周次对水泥石应变量的影响

对于任意循环周，加载时水泥石总是以上一个循环周期结束时的累积应变 $\varepsilon_{p_{i-1}}$ 为起始应变，若设某循环周水泥石的屈服强度为 σ_{e_i}，加、卸载完成后累积残余应变为 ε_{p_i}，依据应力应变试验结果可对各循环周次中水泥石的应力应变本构关系进行分析。

对于第一循环周(图6.10)，加载时应力应变本构关系可以描述为：

$$\begin{cases} \sigma = E_1\varepsilon & 0 \leqslant \sigma \leqslant \sigma_{e_1} \\ \sigma = \sigma_{e_1} + \dfrac{\sigma_s - \sigma_{e_1}}{\varepsilon_s - \varepsilon_{e_1}}(\varepsilon - \varepsilon_{e_1}) & \sigma_{e_1} < \sigma \leqslant \sigma_s \end{cases} \tag{6.47}$$

卸载时本构关系可以描述为：

$$\sigma = \sigma_s - \frac{\sigma_s}{\varepsilon_s - \varepsilon_{p_1}}(\varepsilon_s - \varepsilon) \tag{6.48}$$

式中：E_1 为第一循环周期加载曲线弹性变形段的弹性模量；σ_e 为水泥石屈服强度；ε_e 为屈服应变；σ_s 为最大加载应力；ε_s 为最大应变；ε_p 为塑性残余应变。

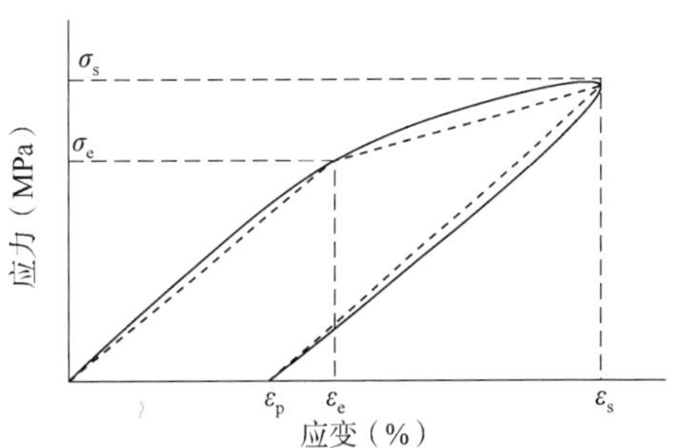

图6.10　单一循环周水泥石应力—应变关系

对于第二循环加卸载周期(图6.11)，加载以第一循环周期结束后的残余应变为起点，水泥石一次循环压实后的屈服强度为 σ_{e_2}，采用同样的处理方法可以建立加、卸载过程中应力应变本构关系。

加载本构关系：

$$\begin{cases} \sigma = E_2(\varepsilon - \varepsilon_{p_1}) & 0 \leqslant \sigma \leqslant \sigma_{e_2} \\ \sigma = \sigma_{e_2} + \dfrac{\sigma_s - \sigma_{e_2}}{\varepsilon_{s_2} - \varepsilon_{e_2}}(\varepsilon - \varepsilon_{e_2}) & \sigma_{e_2} < \sigma \leqslant \sigma_s \end{cases} \tag{6.49}$$

卸载本构关系：

$$\sigma = \sigma_s - \frac{\sigma_s}{\varepsilon_{s_2} - \varepsilon_{p_2}}(\varepsilon_{s_2} - \varepsilon) \tag{6.50}$$

式中：E_2 为第二循环周期加载曲线变形段的弹性模量。

按照上述分析方法，可建立第 n 循环周期水泥石本构关系(图 6.12)。

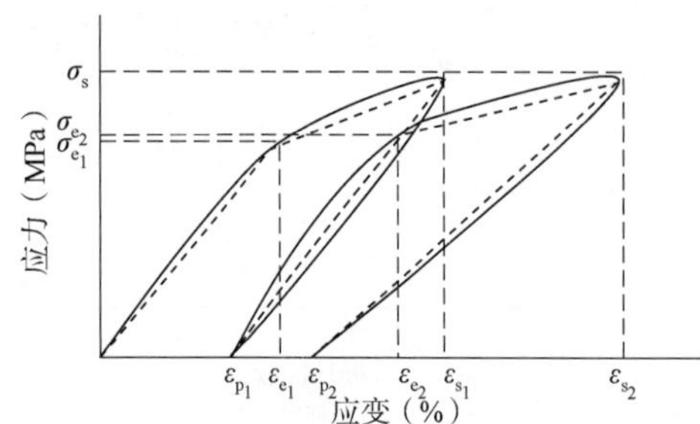

图 6.11　第二循环周水泥石应力应变关系

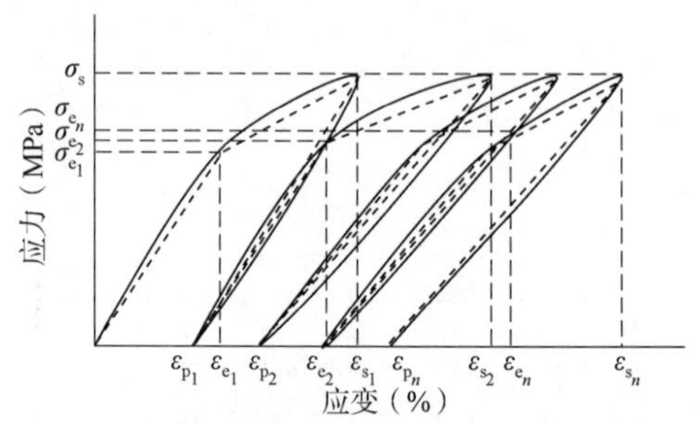

图 6.12　多循环周次水泥石应力应变关系

加载本构关系：

$$\begin{cases} \sigma = E_n(\varepsilon - \varepsilon_{p_{n-1}}) & 0 \leqslant \sigma \leqslant \sigma_{e_n} \\ \sigma = \sigma_{e_n} + \dfrac{\sigma_s - \sigma_e}{\varepsilon_{s_n} - \varepsilon_{e_n}}(\varepsilon - \varepsilon_{e_n}) & \sigma_{e_n} < \sigma \leqslant \sigma_s \end{cases} \tag{6.51}$$

卸载本构关系：

$$\sigma = \sigma_s - \frac{\sigma_s}{\varepsilon_{s_n} - \varepsilon_{p_n}}(\varepsilon_{s_n} - \varepsilon) \tag{6.52}$$

式中：E_n为第 n 循环加载周弹性变形段的弹性模量。

实验结果表明，循环载荷作用下，从某一循环周期开始的后期加载阶段，水泥石弹性阶段的弹性模量几乎不再变化，后续各循环周次加载水泥石的弹性模量与屈服强度相对稳定。可以统一近似采用同一弹性模量 E_x、屈服强度 σ_x 表示。

6.2　套管—水泥环—地层固结体接触有限元力学模型

6.2.1　固结体平面弹塑性力学模型

注水泥结束后，静止于井眼环空中的水泥浆，通过凝结与硬化作用将套管与地层固结在一起形成了套管—水泥环—地层固结体。当不考虑套管弯曲失稳与轴向拉伸载荷和破坏作用时，可应用厚壁圆筒理论分析套管—水泥环—地层固结体平面应力应变问题。

图 6.13 给出了固结体力学弹塑性力学分析简图。图中，考虑了载荷作用下材料存在屈服的问题，虚线为假设的弹塑性分界线。设作用于套管内部的压力载荷为 P_0，作用于固结体外部边界的载荷为 P_3，P_1、P_2 分别为套管与水泥环界面处、水泥环与井壁围岩界面处的应力，R_0、R_1、R_2 和 R_3 分别为套管内半径、套管外半径、水泥环外半径和井壁围岩

外半径为；P_{p0}、P_{p1}、P_{p2}分别为套管、水泥、地层弹塑性界面处的应力；R_{p0}、R_{p1}、R_{p2}分别为套管、水泥、地层弹塑性界面半径。

设图 6.13 固结体由 3 种不同材料组成，且在载荷作用下无滑动，在界面处满足径向应力、径向位移连续条件。取其中任意材料形成的圆环单元进行分析(图 6.14)，设其在外载荷作用下产生弹、塑性变形，可根据弹塑性力学理论建立固结体平面力学模型。

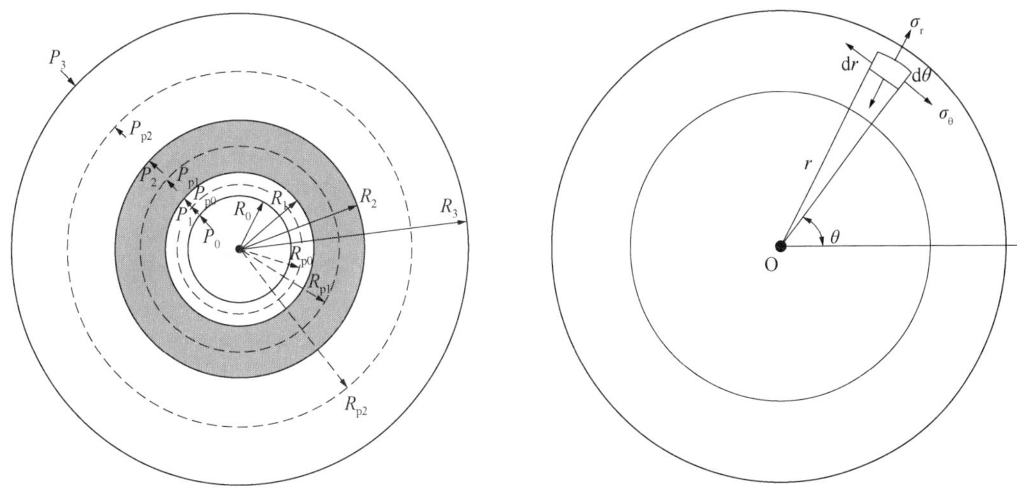

图 6.13　固结体力学模型　　　　图 6.14　单元体及受力

对于弹性区，单元体径向应变 ε_r及切向应变 ε_θ可以分别表达为：

$$\varepsilon_r = \frac{\mathrm{d}u}{\mathrm{d}r} \tag{6.53}$$

$$\varepsilon_\theta = \frac{u}{r} \tag{6.54}$$

根据虎克定律，结合几何应变分析结果，应力与应变的关系：

$$\varepsilon_r = \frac{1}{E}(\sigma_r - \mu\sigma_\theta) \tag{6.55}$$

$$\varepsilon_\theta = \frac{1}{E}(\sigma_\theta - \mu\sigma_r) \tag{6.56}$$

$$\sigma_r = \frac{E}{1-\mu^2}\left(\frac{\mathrm{d}u}{\mathrm{d}r} + \mu\frac{u}{r}\right) \tag{6.57}$$

$$\sigma_\theta = \frac{E}{1-\mu^2}\left(\frac{u}{r} + \mu\frac{\mathrm{d}u}{\mathrm{d}r}\right) \tag{6.58}$$

综合几何方程、物理方程及静力学方程的微分表达式：

$$\frac{\mathrm{d}}{\mathrm{d}r}\left[\frac{1}{r}\frac{\mathrm{d}(ur)}{\mathrm{d}r}\right] = 0 \tag{6.59}$$

径向应力和切向应力：

$$\sigma_r = \frac{E}{1-\mu^2}\left[C_1(1+\mu) - C_2\frac{1-\mu}{r^2}\right] \tag{6.60}$$

$$\sigma_\theta = \frac{E}{1-\mu^2}\left[C_1(1+\mu) + C_2\frac{1-\mu}{r^2}\right] \tag{6.61}$$

由此，圆环单元中弹性区的应力分布为：

$$\sigma_R = \frac{R_{p0}R_1^2(P_{p0} - P_1)}{(R_1^2 - R_{p0}^2)r^2} + \frac{R_1^2P_1 - R_{p0}^2P_{p0}}{R_1^2 - R_{p0}^2} \tag{6.62}$$

$$\sigma_\theta = \frac{R_{p0}^2R_1^2(P_{p0} - P_1)}{(R_1^2 - R_{p0}^2)r^2} + \frac{R_1^2P_1 - R_{p0}^2P_{p0}}{R_1^2 - R_{p0}^2} \tag{6.63}$$

$$P_1 = P_{p0} - \frac{R_1^2 - R_{p0}^2}{2R_1^2}\sigma_{s0} \tag{6.64}$$

$$P_2 = P_{p1} - \frac{R_1^2 - R_{p0}^2}{2R_2^2}\sigma_{s1} \tag{6.65}$$

$$P_3 = -P_{p2} + \frac{R_3^2 - R_{p2}^2}{2R_3^2}\sigma_{s2} \tag{6.66}$$

对于进入塑性状态的单元体，由于轴对称性依然成立，适用于弹性变形的平衡方程仍然适用于塑性状态：

$$r\frac{\mathrm{d}\sigma_r}{\mathrm{d}r} + \sigma_r - \sigma_\theta = 0 \tag{6.67}$$

当压力逐渐增大时，固结体内侧将首先进入塑性。假设材料为理想塑性体，在流动的任一阶段卸载时应力—应变关系沿一斜线直线下降，此直线与弹性阶段的加载直线平行。按最大剪切应力理论：

$$\sigma_1 - \sigma_3 = \sigma_s \tag{6.68}$$

当内压力较小时，固结体处于弹性状态，此时在筒的内侧出现最大的剪应力。当压力再继续增加，则固结体的内部进入塑性，此时固结体处于弹性区和塑性区并存阶段。在塑性圆环受内压时塑性条件由式(6.68)改写为：

$$\sigma_\theta - \sigma_R = \sigma_s \tag{6.69}$$

由此：

$$\sigma_R = -P + \sigma_{s0}\ln\frac{r}{R_0} \tag{6.70}$$

$$\sigma_\theta = -P + \sigma_{s0}\left(1 + \ln\frac{r}{R_0}\right) \tag{6.71}$$

$$P_{p0} = -P_0 + \sigma_{s0}\ln(R_{p0}/R_0) \tag{6.72}$$

$$P_{p1} = P_1 + \sigma_{s1}\ln(R_{p1}/R_1) \tag{6.73}$$

$$P_{p2} = P_2 + \sigma_{s2}\ln(R_{p2}/R_2) \tag{6.74}$$

套管弹性区外径处的径向位移为：

$$u_{0eo} = \frac{1+\mu_0}{E_0}\frac{2(1-\mu_0)R_{p0}^2R_1}{R_1^2-R_{p0}^2}(-P_{p0}) - \frac{1+\mu_0}{E_0}\frac{R_{p0}^2R_1+(1-2\mu_0)R_1^3}{R_1^2-R_{p0}^2}(-P_1) \tag{6.75}$$

水泥环塑性区内边界处的位移 u_{1pi} 可表述为：

$$u_{1pi} = \frac{1+\mu_1}{E_1}\frac{R_{p1}^2}{R_2^2-R_{p1}^2}\frac{R_2^2+(1-2\mu_1)R_{p1}^2}{R^2}(-P_{p1}) - \frac{1+\mu_1}{E_1}\frac{R_{p1}^2}{R_2^2-R_{p1}^2}\frac{2(1-\mu_1)R_2^2}{R^2}(-P_2) \tag{6.76}$$

水泥环弹性区外边界处的径向位移为：

$$u_{1ce} = \frac{1+\mu_1}{E_1}\frac{2(1-\mu_1)R_{p1}^2R_2}{R_2^2-R_{p1}^2}(-P_{p1}) - \frac{1+\mu_1}{E_1}\frac{R_{p1}^2R_2+(1-2\mu_1)R_2^2}{R_2^2-R_{p1}^2}(-P_2) \tag{6.77}$$

井壁围岩塑性区内边界处的径向位移为：

$$u_{2pi} = \frac{1+\mu_2}{E_2}\frac{R_{p2}^2}{R_3^2-R_{p_2}^2}\frac{R_3^2+(1-2\mu_2)R_{p2}^2}{R_2}(-P_{p2}) - \frac{1+\mu_2}{E_2}\frac{R_{p2}^2}{R_3^2-R_{p2}^2}\frac{2(1-\mu_2)R_3^2}{R_2}P_3 \tag{6.78}$$

当假设位移连续时，存在下述关系：

$$\begin{cases} u_{0eo} = u_{1pi} \\ u_{1eo} = u_{2pi} \end{cases} \tag{6.79}$$

式中：E_0、E_1、E_2 分别为套管、水泥环和井壁围岩的弹性模量；μ_0、μ_1、μ_2 分别为套管、水泥环和井壁围岩的泊松比。

依据上述所建立力学公式，当已知相应的弹性参数、屈服强度、套管内液柱压力和远场地应力时，可以计算出套管、水泥环及井壁围岩固结体的应力应变状态。

6.2.2　套管—水泥环—地层固结体有限元力学模型

工程中，套管与水泥环等界面间的胶结强度一般并不很高，当界面处所受到的载荷过高时，界面胶结将遭到破坏，在界面处出现微裂纹，甚至造成固结体封固失效。因此，在建立固结体分析力学模型时，必须要考虑水泥环胶结界面接触与离散的状态。为此，在建立有限元力学模型时，除充分考虑温度、地层性质、地应力均匀状态、固结体单元材料差异、套管偏心状况等条件外，还应考虑水泥环与套管、地层接触界面胶结承载能力，构建套管—水泥环—地层固结体接触有限元力学模型。

采用 PLANE183 平面应变单元，对套管—水泥环—地层固结体进行单元离散，选取

1/2模型进行分析。建立如图 6.15 所示的套管—水泥环—地层固结体的有限元模型。

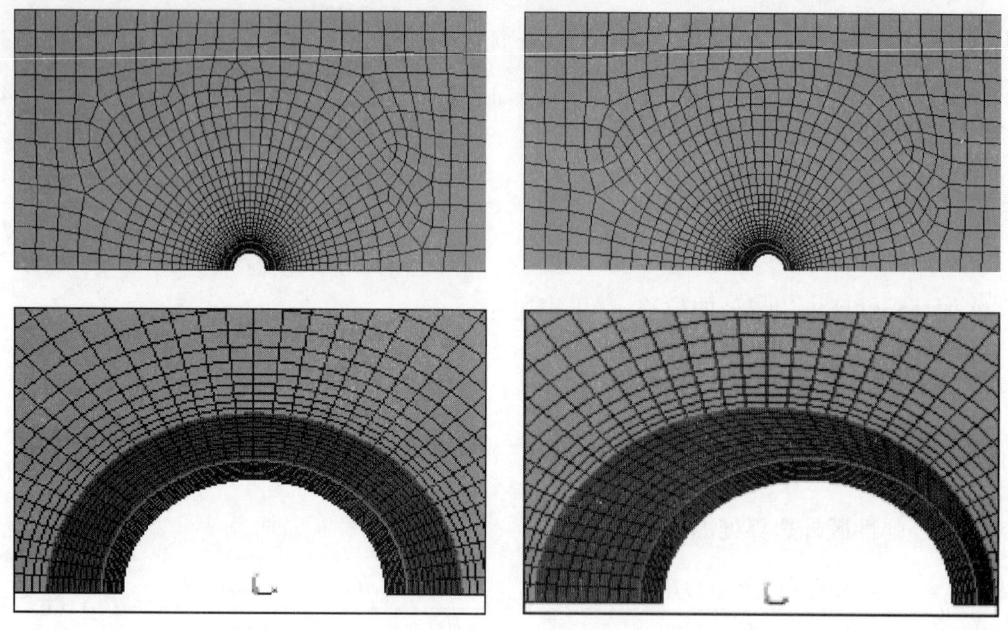

（a）同心环空　　（b）偏心环空

图 6.15　套管—水泥环—地层固结体限元力学模型

构建八节点矩形单元(图 6.16)，单元拥有十六个自由度。

单元节点位移列阵为；

$$\delta^e = [u_1 \quad v_1 \quad \cdots \quad u_8 \quad v_8]^{\mathrm{T}} \tag{6.80}$$

单元等效节点力列阵为：

$$F^e = [U_1 \quad V_1 \quad \cdots \quad U_8 \quad V_8]^{\mathrm{T}} \tag{6.81}$$

单元位移函数可用局部坐标式表示为：

$$\left.\begin{aligned} u &= \alpha_1 + \alpha_2\xi + \alpha_3\eta + \alpha_4\xi^2 + \alpha_5\xi\eta + \alpha_6\eta^2 + \alpha_7\xi^2\eta + \alpha_8\xi\eta^2 \\ v &= \alpha_9 + \alpha_{10}\xi + \alpha_{11}\eta + \alpha_{12}\xi^2 + \alpha_{13}\xi\eta + \alpha_{14}\eta^2 + \alpha_{15}\xi^2\eta + \alpha_{16}\xi\eta^2 \end{aligned}\right\} \tag{6.82}$$

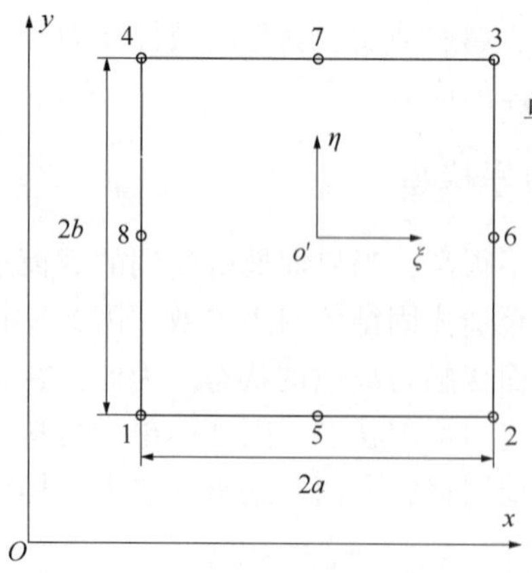

图 6.16　八节点矩形单元

它们是 ξ、η 的双二次函数。可以证明，八节点矩形单元是完备和协调单元。位移分量可用形函数表示为：

$$\left.\begin{aligned} u &= \sum_{i=1}^{8} N_i u_i \\ v &= \sum_{i=1}^{8} N_i v_i \end{aligned}\right\} \tag{6.83}$$

即

$$f = \begin{Bmatrix} u \\ v \end{Bmatrix} = \{N_1 I \quad N_2 I \quad \cdots \quad N_8 I\}\,\delta^e \tag{6.84}$$

上两式中形函数 $N_i(i=1,\ 2,\ \cdots,\ 8)$ 为双二次函

数，且 $N_r(\xi_s,\ \eta_s)=\delta_{rs}(r,\ s=i,\ j,\ m,\ 1,\ 2,\ 3)$。

由图6.16，八个节点的 ξ、η 坐标：

$$\left.\begin{aligned}(\xi_1,\ \eta_1)&=(-1,\ -1)\\(\xi_2,\ \eta_2)&=(1,\ -1)\\(\xi_3,\ \eta_3)&=(1,\ 1)\\(\xi_4,\ \eta_4)&=(-1,\ 1)\\(\xi_5,\ \eta_5)&=(0,\ -1)\\(\xi_6,\ \eta_6)&=(1,\ 0)\\(\xi_7,\ \eta_7)&=(0,\ 1)\\(\xi_8,\ \eta_8)&=(-1,\ 0)\end{aligned}\right\}\tag{6.85}$$

通过2、6、3点的直线方程为 $1-\xi=0$，通过3、7和4点的直线方程为 $1-\eta=0$，通过5、8点的直线方程为 $\xi+\eta+1=0$，双二次函数 $(1-\xi)(1-\eta)(\xi+\eta+1)$ 在2点到8点上的值为零。所以，形函数 N_1 可以表示为：

$$N_1=A(1-\xi)(1-\eta)(\xi+\eta+1)\tag{6.86}$$

其中，A 可由在1点上 $N_1=1$ 来确定，在1点上 $\xi=\eta=-1$，代入上式，得：

$$A=-\frac{1}{4}\tag{6.87}$$

同理可得 N_2、N_3 和 N_4

$$\left.\begin{aligned}N_1&=\frac{1}{4}(1-\xi)(1-\eta)(-\xi-\eta-1)\\N_2&=\frac{1}{4}(1+\xi)(1-\eta)(\xi-\eta-1)\\N_3&=\frac{1}{4}(1+\xi)(1+\eta)(\xi+\eta-1)\\N_4&=\frac{1}{4}(1-\xi)(1+\eta)(-\xi+\eta-1)\end{aligned}\right\}\tag{6.88}$$

图6.16中，双二次函数 $(1-\xi)(1-\eta)(1+\xi)=(1-\xi^2)(1-\eta)$ 在除5点以外所有的点上均为零，通过4、8、1点的直线方程为 $1+\xi=0$。由此可得形函数 N_5。同理可得 N_6、N_7 和 N_8

$$\left.\begin{aligned}N_5&=\frac{1}{2}(1-\xi^2)(1-\eta)\\N_6&=\frac{1}{2}(1-\xi^2)(1+\eta)\\N_7&=\frac{1}{4}(1+\xi)(1-\eta^2)\\N_8&=\frac{1}{4}(1-\xi)(1-\eta^2)\end{aligned}\right\}\tag{6.89}$$

由此，形函数 N_i 可统一表示为

$$\left.\begin{aligned} N_i &= \frac{1}{4}(1+\xi_i\xi)(1+\eta_i\eta)(\xi_i\xi+\eta_i\eta-1) \quad (i=1,\ 2,\ 3,\ 4) \\ N_i &= \frac{1}{2}(1-\xi^2)(1+\eta_i\eta) \quad (i=5,\ 7) \\ N_i &= \frac{1}{2}(1+\xi_i\xi)(1-\eta^2) \quad (i=6,\ 8) \end{aligned}\right\} \tag{6.90}$$

形函数 N_1 和 N_5 在矩形单元上的变化情况如图 6.17 所示，而其余的形函数是类同的。

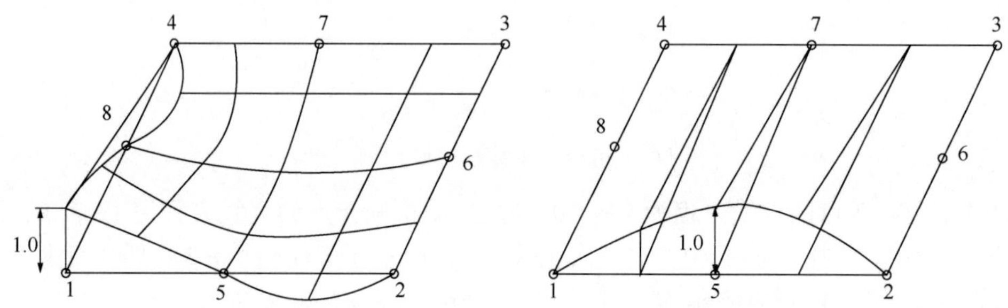

图 6.17　形函数在矩形单元节点的变化图

有了位移函数的表达式(6.84)和形函数的表达式(6.90)，可以计算出单元的应变和应力、单元的等效节点力和单元刚度矩阵，进而采用集合的方法来形成弹性体的整体刚度矩阵 $\boldsymbol{K}$ 和整体平衡方程。

根据以上分析，可建立套管—水泥环—地层固结体应力分析整体平衡方程为：

$$\boldsymbol{F}=\boldsymbol{K}\boldsymbol{\delta} \tag{6.91}$$

引入边界条件，求解整体平衡方程，即可求得节点位移。由节点位移可求得单元内任意一点位移、单元应变和单元应力。

对于弹塑性问题，可将应变增量和应力增量之间的关系近似地表示为

$$\Delta\boldsymbol{\sigma}=\boldsymbol{D}_{ep}\Delta\boldsymbol{\varepsilon} \tag{6.92}$$

式中：$\boldsymbol{D}_{ep}$ 为弹塑性矩阵，是单元当时应力水平的函数，与应力、应变的增量无关。

式(6.92)可以看作是线性的。为了实现线性化的目的，可采取逐步增加载荷的办法，即载荷增量法。在一定应力和应变的水平上增加一次载荷，每次增加的载荷要适当地小，以致求解非线性问题可以用一系列线性问题所代替。

事实上，加载过程中非线性弹性问题和弹塑性问题本质上是相同的，因此上述所讨论的方法完全可以应用到弹塑性问题。如果是卸载过程，只要将弹性矩阵 $\boldsymbol{D}$ 代替 $\boldsymbol{D}_{ep}$ 即成为线性弹性问题。

在固结体初始受载时，物体内部产生的应力和应变还是弹性的，因此可以用线性弹性理论进行计算。随着加载的进行，如果开始有单元进入屈服，就需要采取增量加载的方式。此时的位移、应力和应变列阵分别地记为 $\boldsymbol{\delta}_0$、$\boldsymbol{\varepsilon}_0$ 和 $\boldsymbol{\sigma}_0$。

在此基础上作用载荷增量，并组成相应的刚度矩阵。对于应力尚在弹性的单元，单元

刚度矩阵应为：

$$\boldsymbol{K}^{e}=\int \boldsymbol{B}^{T}\boldsymbol{D}\boldsymbol{B}\mathrm{d}V \tag{6.93}$$

对于塑性区域中的单元，单元刚度矩阵：

$$\boldsymbol{K}^{e}=\int \boldsymbol{B}^{T}\boldsymbol{D}_{ep}\boldsymbol{B}\mathrm{d}V \tag{6.94}$$

弹塑性矩阵 $\boldsymbol{D}_{ep}$ 中的应力应取当时的应力水平 $\boldsymbol{\sigma}$。把所有的单元刚度矩阵按照通常的组合方法得到整体刚度矩阵 $\boldsymbol{K}_0$，$\boldsymbol{K}_0$ 与当前应力水平有关。为此，可通过求解位移增量与应力增量平衡方程

$$\Delta \boldsymbol{F}_1=\boldsymbol{K}_0\Delta \boldsymbol{\delta}_1 \tag{6.95}$$

求得 $\Delta\boldsymbol{\delta}_1$、$\Delta\boldsymbol{\varepsilon}_1$ 和 $\Delta\boldsymbol{\sigma}_1$。由此得到经过第一次载荷增量后的位移、应变及应力的新水平

$$\left.\begin{aligned}\boldsymbol{\delta}_1&=\boldsymbol{\delta}_0+\Delta\boldsymbol{\delta}\\ \boldsymbol{\varepsilon}_1&=\boldsymbol{\varepsilon}_0+\Delta\boldsymbol{\varepsilon}\\ \boldsymbol{\sigma}_1&=\boldsymbol{\sigma}_0+\Delta\boldsymbol{\sigma}\end{aligned}\right\} \tag{6.96}$$

继续增加载荷重复上述计算，直到全部载荷加完为止。因此，平衡方程可写成如下通式：

$$\Delta \boldsymbol{F}_n=\boldsymbol{K}_{n-1}\Delta\boldsymbol{\delta} \tag{6.97}$$

$$\left.\begin{aligned}\boldsymbol{\delta}_n&=\boldsymbol{\delta}_{n-1}+\Delta\boldsymbol{\delta}_n\\ \boldsymbol{\varepsilon}_n&=\boldsymbol{\varepsilon}_{n-1}+\Delta\boldsymbol{\varepsilon}_n\\ \boldsymbol{\sigma}_n&=\boldsymbol{\sigma}_{n-1}+\Delta\boldsymbol{\sigma}_n\end{aligned}\right\} \tag{6.98}$$

最后得到的位移、应变和应力就是所要求得的弹塑性应力分析的结果。

在逐步加载过程中，塑性区域不断地扩展。有些单元虽处于弹性区域，但它们与塑性区域相邻近，因而在增加载荷 $\Delta\boldsymbol{F}$ 的过程中进入塑性区域，由这些单元构成的区域称为过渡区域(图 6.18)。

对于过渡区域中的单元，由于载荷增量从弹性进入塑性，简单地按式(6.93)和式(6.94)创建单元刚度矩阵都会引起相当大的误差。卸载再加载过程的单元也属于这种情况。如图 6.18 所示，在载荷增量作用的前后，若认为应力变化从 A 点到 B 点，显然得到的 $\Delta\sigma$ 会有过大的偏差。可以按照下列公式计算应力增量

$$\Delta\boldsymbol{\sigma}=\int \boldsymbol{D}_{ep}\mathrm{d}\varepsilon=\int_0^{\Delta\varepsilon}\boldsymbol{D}\mathrm{d}\varepsilon-\int_{m\Delta\varepsilon}^{\Delta\varepsilon}\boldsymbol{D}_p\mathrm{d}\varepsilon \tag{6.99}$$

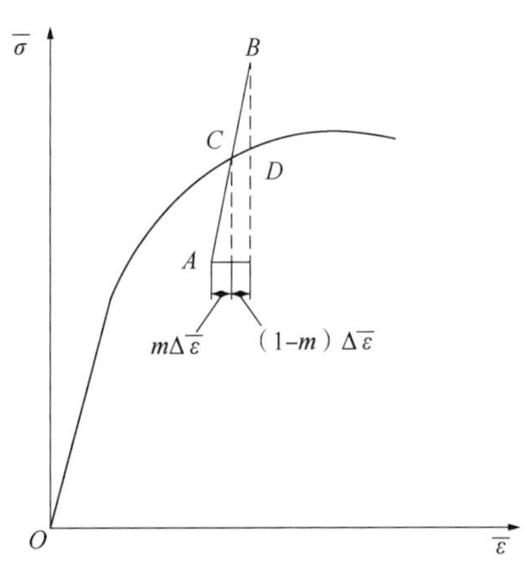

图 6.18　过渡区域应力增量近似计算

式中：$m\Delta\varepsilon$ 是重新出现塑性变形之前的那部分应变增量。

为了确定 m 值，首先计算单元应力达到屈服所需要的等效应变增量 $\Delta\bar{\varepsilon}_c$，然后估计由这次载荷增量所引起的等效应变增量 $\Delta\bar{\varepsilon}_{es}$，于是有：

$$m = \frac{\Delta\bar{\varepsilon}_c}{\Delta\bar{\varepsilon}_{es}} \qquad 0 < m < 1 \tag{6.100}$$

如果载荷增量充分地小，式(6.99)可以近似地写成：

$$\Delta\boldsymbol{\sigma} = [\boldsymbol{D} - (1 - m)\boldsymbol{D}_p]\Delta\varepsilon = [m\boldsymbol{D} + (1 - m)\boldsymbol{D}_{ep}]\Delta\varepsilon \tag{6.101}$$

由上式可以定义加权平均弹塑性矩阵：

$$\boldsymbol{D}_{ep} = m\boldsymbol{D} + (1 - m)\boldsymbol{D}_{ep} \tag{6.102}$$

于是，对于过渡区域中的单元或是对于卸载再加载过程的单元，刚度矩阵应按下式描述：

$$\boldsymbol{k} = \int \boldsymbol{B}^{T}\bar{\boldsymbol{D}}_{ep}\boldsymbol{B}\mathrm{d}V \tag{6.103}$$

计算过程中，通常对于 $\Delta\bar{\varepsilon}_{es}$ 的估计，开始时往往是不够精确的。一般第一次估计是将过渡区单元作弹性处理而获得，然后用算得的结果再来修正 $\Delta\bar{\varepsilon}_{es}$，经过两三次这样的迭代可以得到比较精确的结果。

须要注意的是注意，由 $\Delta\varepsilon$ 通过式(6.92)计算的应力增量是近似的。这是因为应力应变的增量关系，本来是以无限小的增量形式表示的，当采用有限小的增量进行计算时结果只能是近似的。因此，只有当载荷增量足够小时计算结果才能近似地逼近到准确解。可以将增量法和迭代法联合使用，以便获得更精确的计算结果。主要计算步骤如下：

(1) 对结构施加全部载荷 $\boldsymbol{F}$ 作线性弹性计算。

(2) 求出各单元的等效应力，并取其最大值 $\bar{\sigma}_{max}$，若是 $\bar{\sigma}_{max} < \sigma_T$，则弹性计算的结果就是问题的解。若 $\bar{\sigma}_{max} > \sigma_T$，则令 $L = \bar{\sigma}_{max}/\sigma_T$，存储由载荷 F/L 作线性计算所得的应变、应力等，并以 $\Delta F = \frac{1}{n}\left(1 - \frac{1}{L}\right)F$ 作为以后每次所加的载荷增量(n 为加载次数)。

(3) 施加载荷增量 ΔF，估计各单元中所引起的应变增量 $\Delta\bar{\varepsilon}_{es}$，并由式(6.100)确定相应的 m 值。

(4) 对于每个单元根据其弹性区、塑性区或过渡区的不同情况分别形成单元刚度矩阵，组合单元刚度矩阵为整体刚度矩阵。

(5) 求解相应的平衡方程求得位移增量，进而计算应变增量及等效应变增量，并依次修改 $\Delta\bar{\varepsilon}_{es}$ 和 m 值。重复修改 m 值两到三次。

(6) 计算应力增量，并把位移、应变及应力增量叠加到原有水平上去。

(7) 输出有关信息。

(8) 如果还未加载到全部载荷，则回复到步骤(3)继续加载，否则计算停止。

6.2.3 水泥环胶结界面接触有限元模型

套管—水泥环—地层固结体通过水泥环胶结在一起。图 6.19 给出了套管与水泥环、水泥环与地层之间的接触及胶结强度力学原理示意图。图中的横坐标表示胶结界面接触间隙，纵坐标表示作用于界面的法向接触应力(拉力)。

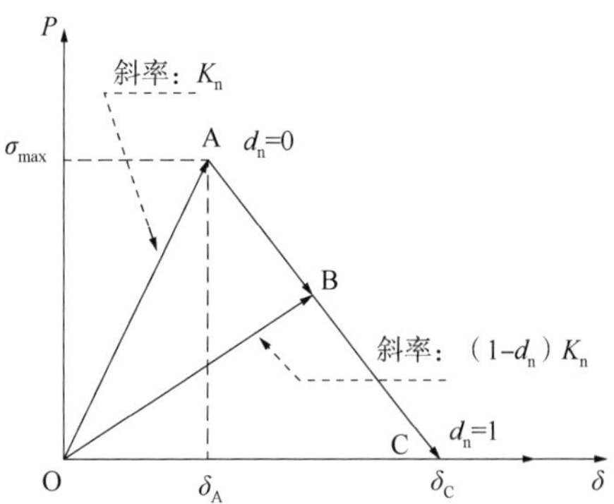

图 6.19　界面胶结力学原理示意图

在法向接触应力作用下，胶结界面首先经历线性弹性载荷(OA 段)路径，然后经历线性软化(AC 段)路径。最大法向接触应力(拉伸)在 A 点，即界面胶结强度值点，对应的横坐标 δ_A 值为在最大法向接触应力(拉伸)时的界面接触间隙。界面撕裂阶段始于 A 点，完全撕开发生在 C 点，此时法向接触应力为 0，对应的横坐标值 δ_C 为胶结界面完全离散时的界面间隙。此后，在没有任何法向接触应力作用下微间隙会随之增大。OAC 路径对应的面积为界面撕裂的能量释放值，叫做界面的临界断裂能。根据 OA 段的斜率，可计算出达到最大法向接触应力时的接触间隙，由此可以跟踪接触应力与接触间隙之间的关系。当初始撕裂开始后，任何卸载和重新加载，接触应力与间隙之间的关系将沿着 OB 段进行。

对于 OAC 路径，界面胶结力学关系可表示为

$$P = K_n(1 - d_n)\delta \tag{6.104}$$

式中：P 为界面法向接触应力(拉伸)；K_n 为界面法向接触刚度；δ 为界面接触间隙；d_n 为界面离散系数。

6.2.4　套管—水泥环—地层固结体结构完整性破坏准则

套管—水泥环—地层固结体的强度薄弱部位主要是水泥环本体及水泥环与套管、地层的胶结界面。载荷作用下固结体发生完整性破坏的形式有三种：

(1) 水泥环胶结界面牢固，水泥环在应力作用下发生损伤，产生裂隙和裂痕；

(2) 水泥环与套管胶结界面在拉伸应力作用下撕裂，界面发生离散；

(3) 水泥环与地层胶结界面在拉伸应力作用下撕裂，界面发生离散。

固结体在加载、卸载过程中上述三项中有任意一项发生了破坏，固结体结构完整性即遭破坏。由此，应以上述三项中承载能力最弱者为条件来评价固结体的封固可靠性问题。

当在套管内施加压力载荷时，将在套管上产生径向应力、周向应力和剪切应力，并通过水泥胶结界面传递给水泥环与地层，使水泥环将同时承受径向、周向、剪切多种应力。从应力作用形式上看，径向应力为压应力，而周向应力和剪切应力则为沿水泥环圆周方向的拉、压和剪切应力。为此，可从各不同应力层面分析建立井下水泥环的承载能力。

针对井下环境条件及受载状态，水泥环本体承载能力可分别依据最大拉应力理论(第一强度理论)，最大切应力理论(第三强度理论)与畸变能密度理论(第四强度理论)及三轴抗压强度测试限值确定。

6.2.4.1 水泥环抗拉强度准则

最大拉应力理论认为，引起材料发生脆性断裂的主要因素是最大拉应力，无论材料处于何种应力状态，只要构件危险点处的最大拉应力达到材料的极限应力时，就会引起材料的脆性断裂。该强度理论的破坏条件为：

$$\sigma_{max} \leqslant \sigma_t \tag{6.105}$$

式中：σ_{max}为最大拉应力；σ_t为材料许用拉应力。

6.2.4.2 水泥环屈服强度准则

莫尔强度理论认为，形状改变能密度是能使材料发生塑性屈服的主要原因。即，无论材料处于何种应力状态，只要当其应变能密度达到材料的极限值，就会引起材料屈服(又称为 Von Mises 屈服条件)。三向应力状态下，强度条件可按下式进行表述：

$$\sigma_M \leqslant \sigma_e \tag{6.106}$$

$$\sigma_M = \sqrt{\frac{1}{2}[(\sigma_1 - \sigma_2)^2 + (\sigma_2 - \sigma_3)^2 + (\sigma_3 - \sigma_1)^2]} \tag{6.107}$$

式中：σ_e为材料屈服强度；σ_M为等效应力(Von Mises 应力)；σ_1、σ_2、σ_3 分别为三个主应力。

6.2.4.3 水泥环最大剪应力准则

最大切应力理论又称第三强度理论。该理论认为，材料发生屈服或者显著的塑性变形，不管应力状态如何，是由于最大切应力 $\tau_{max} = (\sigma_1 - \sigma_3)/2$ 达到该材料单向拉伸而屈服时的最大切应力 $\tau_{max} = \sigma_e/2$，此处 σ_e为屈服极限。

根据这一理论，材料发生屈服的破坏条件为：

$$\tau_{max} = \frac{\sigma_1 - \sigma_3}{2} = \frac{\sigma_e}{2} \tag{6.108}$$

$$\sigma_e = \sigma_1 - \sigma_3 \tag{6.109}$$

相应的强度条件则为：

$$\sigma_1 - \sigma_3 \leqslant [\sigma] \tag{6.110}$$

式中：σ_1 为水平最大主应力；σ_3 为水平最小主应力；σ_e为屈服极限；$[\sigma]$ 则为材料许用屈服强度。

6.2.4.4 水泥环抗压强度准则

当能够由水泥环三轴压缩实验确定出水泥环的抗压强度时，可以建立压缩载荷作用下水泥环抗压缩破坏的能力：

$$\sigma_{maxc} \leqslant \sigma_c \tag{6.111}$$

式中：σ_{maxc}为最大压应力；σ_c为由实验确定的水泥环抗压强度。

6.2.4.5 胶结界面承载破坏准则

由于水泥环与套管、地层胶结强度一般相对较低，因此水泥环胶结面是套管—水泥环—地层固结体承载能力薄弱环节，是决定固结体结构完整性和封固可靠性的关键部位。

当在套管内施加载荷时，水泥环的胶结面在外载荷作用下，产生应力应变响应，发生弹性或塑性变形，并将应力传递给水泥环。当套管内施加的载荷撤除后，套管、水泥环、地层会发生弹性变形恢复，界面接触压力会由于载荷逐步撤除而减小，甚至可能会由于水泥环在加载过程中发生了屈服，造成恢复变形时胶结界面出现拉伸应力的现象，危及胶结界面完整性的安全。根据前述胶结界面力学作用原理，卸载时当水泥环接触界面产生的拉应力超过界面胶结强度时，接触界面将被撕开，产生间隙致使胶结界面分离，界面不存在接触压力，压力将变为 0。据此，可根据载荷作用下水泥环胶结界面应力及间隙状况，评价水泥环胶结界面完整性状态：

（1）界面接触应力 $P>0$，界面存在接触压应力，界面胶结良好。

（2）界面接触应力 $P=0$，但界面尚无间隙，界面无接触压力但未发生离散。

（3）界面接触应力 $P<0$，界面无间隙，界面受到拉应力作用，存在发生离散潜在危险。

（4）界面接触应力 $P<0$，且 $|P|$ 等于胶结强度。胶结界面处于被撕开的临界应力状态。

（5）界面接触应力 $P=0$，且出现间隙，界面发生离散，胶结界面完整性被破坏。

上述五方面破坏准则分别从不同角度评价水泥环固结体的承载情况，可综合使用该五方面准则对固结体结构完整性和封固可靠性实施评价。具体评价步骤和方法为：

（1）使用式(6.104)计算等效应力(Von Mises)应力 σ_M。

（2）比较等效应力 σ_M 与水泥环屈服强度 σ_e 的大小。

（3）当 $\sigma_M<\sigma_e$ 时，水泥环处于弹性变形阶段，可以使用抗拉强度准则评价水泥环抗拉能力。当所受拉应力超过水泥环抗拉强度($\sigma_{max}>\sigma_t$)时，水泥环在周向拉应力作用下产生裂纹，封固可靠性被破坏；而当所受拉应力低于水泥环抗拉强度($\sigma_{max}\leqslant\sigma_t$)时，水泥环未破坏。

（4）当 $\sigma_M\geqslant\sigma_e$ 时，水泥环产生屈服，发生塑性形变，卸载后水泥环变形不能完全恢复。利用胶结界面承载破坏准则评价胶结界面接触状态，当 $P=0$ 且存在间隙时，胶结界面被撕开，结构完整性遭到破坏。

（5）当 $\sigma_M\geqslant\sigma_e$ 时，水泥环发生塑性变形后，依据水泥环最大剪应力准则、水泥环抗压强度准则评价水泥环所受的剪切、压缩状态，当所受剪切应力或压缩应力超过水泥石抗剪强度或三轴抗压强度时，水泥环产生剪切滑移或压缩破坏，固结体封固可靠性被破坏。

6.3　地层对固结体的力学作用及影响

按照材料的性能差异，组成套管—水泥环—地层固结体的材料可划分为套管、套管与水泥环胶结界面(水泥环内胶结界面，工程中常称为一界面)、水泥环、水泥环与地层胶结界面(水泥环外胶结界面，常称为二界面)、地层 5 个单元。载荷作用下水泥环及其胶结界面的力学响应与加载方式及载荷大小、固结体几何条件、套管性能、水泥环力学性能、胶结界面力学性能、地层性质、地应力等密切相关。

工程实际中，井眼所处地质环境不同，井壁地层的力学性质就会有差异，甚至同一口井中不同深度处的地层的力学性质也会存在差异。这些差异有时可能不仅仅只体现在载荷作用下井壁地层会出现不同的变形结果，可能还会由于力学本构属性及承载能力差异进而影响近井壁地层地应力对水泥环产生的力学作用。因此，依据地层特性，分析与确定地应力对套管—水泥环—地层固结体的力学作用关系，建立与地层力学特性相适应的固结体力学模型，是准确分析水泥环应力与变形的关键。

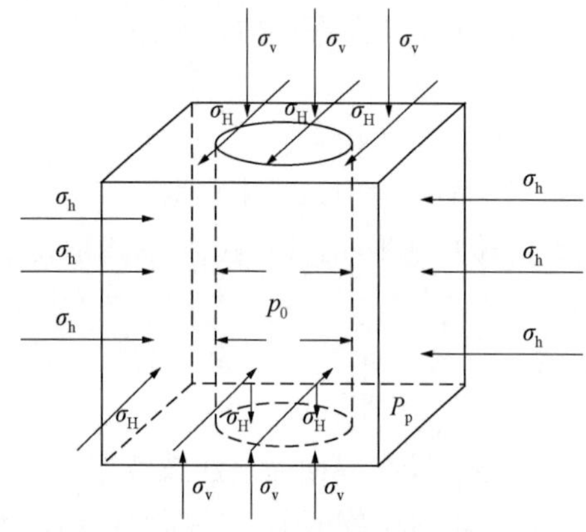

图 6.20　井眼周围岩石受力示意图

6.3.1　地层对水泥环的力学作用

垂直井眼井壁地层岩石受有的力(图 6.20)总体上可包括：上覆岩层压力、岩石内孔隙流体的压力、水平地应力与井眼内钻井液液柱压力。

上覆岩层压力 σ_v 来源于上部岩石的重力，它和岩石内孔隙流体压力的差($\sigma_v - P_p$)称为有效上覆岩层压力。水平地应力 σ_H 及 σ_h 与有效上覆岩层压力和地质构造有关。地层水平地应力可以描述为：

$$\sigma_H = \left(\frac{\mu}{1-\mu} + A\right)(\sigma_v - P_p) + P_p \tag{6.112}$$

$$\sigma_h = \left(\frac{\mu}{1-\mu} + B\right)(\sigma_v - P_p) + P_p \tag{6.113}$$

$$\sigma_v = \int_0^H \rho g h \mathrm{d}h \tag{6.114}$$

式中：σ_v 为上覆岩层压力；σ_H 为水平最大主应力；σ_h 为水平最小主应力；P_p 为岩石孔隙流体压力即地层压力；μ 为地层泊松比；A，B 为构造应力系数。

对于均匀地应力地层，水平各方向地应力为均等，可以认为水平地应力只与该岩层的泊松比有关：

$$\sigma_H = \sigma_h = \frac{\mu}{1-\mu}(\sigma_v - P_p) + P_p \tag{6.115}$$

实际的地层密度随深度的变化一般难以用一个简单的函数来表示，可由密度测井曲线求出各井段的平均密度。采用分段求和的方法来计算：

$$\sigma_v = \frac{\Delta Z_i}{10}\sum_{i=0}^{n}\rho_i \tag{6.116}$$

式中：ΔZ_i 是第 i 段地层厚度，m；ρ_i 是密度测井曲线上第 i 段平均体积密度，kg/m^3。

对于斜井和水平井段，可以选择以井眼轴线为轴的坐标系，通过坐标变换(图 6.21)

建立作用于井眼径向的地应力计算公式：

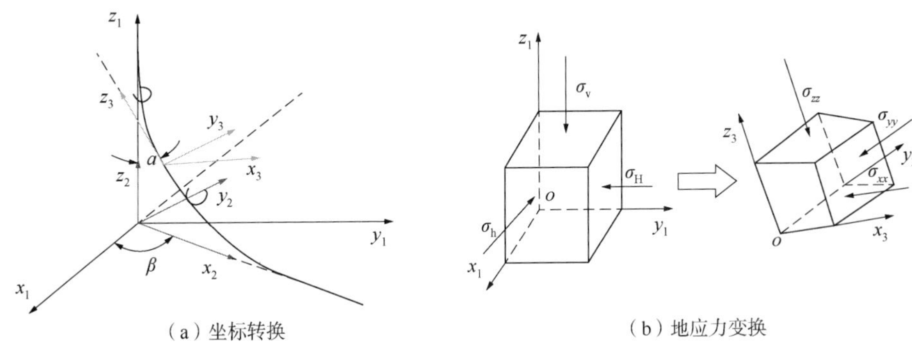

（a）坐标转换　　（b）地应力变换

图 6.21　斜井段井眼轴线轴坐标转换与地应力变换示意图

$$\left.\begin{aligned}
\sigma_{xx} &= \sigma_H\cos\alpha\cos\beta + \sigma_h\cos\alpha\sin\beta + \sigma_v\sin\alpha \\
\sigma_{yy} &= \sigma_H\sin\beta + \sigma_h\cos\beta \\
\sigma_{zz} &= \sigma_H\sin\alpha\cos\beta + \sigma_h\sin\alpha\sin\beta - \sigma_v\cos\alpha \\
\sigma_{xy} &= -\sigma_H\cos\alpha\sin\beta\cos\beta + \sigma_h\cos\alpha\sin\beta\cos\beta \\
\sigma_{xz} &= \sigma_H\sin\alpha\cos\alpha\cos\beta + \sigma_h\cos\alpha\sin\alpha\sin\beta - \sigma_v\sin\alpha\cos\alpha \\
\sigma_{yz} &= -\sigma_H\sin\alpha\cos\beta\sin\beta + \sigma_h\sin\alpha\cos\beta\sin\beta
\end{aligned}\right\} \tag{6.117}$$

式中：σ_{xx}、σ_{yy}、σ_{zz}分别为斜直角坐标系(x，y，z)下各面法向主应力；σ_{xy}、σ_{yz}、σ_{zx}分别为直角坐标系(x，y，z)下各面剪应力；α 为井斜角；β 为井斜方位角。

当井斜角即井眼轴线与铅垂线的夹角 α 等于 90°时，即为水平井。地应力应力分量可写为：

$$\left.\begin{aligned}
\sigma_{xx} &= \sigma_v \\
\sigma_{yy} &= \sigma_H\sin\beta + \sigma_h\cos\beta \\
\sigma_{zz} &= -\sigma_H\cos\beta - \sigma_h\sin\beta \\
\sigma_{xy} &= 0 \\
\sigma_{xz} &= 0 \\
\sigma_{yz} &= -\sigma_H\cos\beta\sin\beta + \sigma_h\cos\beta\sin\beta
\end{aligned}\right\} \tag{6.118}$$

远地场地应力、套管内载荷与套管—水泥环—地层固结体间的力学作用关系可用图 6.22 描述。图中，套管与井眼环空为偏心环空，R_0、R_1、R_2 分别为套管内半径、水泥环内半径(套管外半径)、水泥环外半径(地层内半径)，O 为套管圆心，O_1 为井眼(水泥环圆心)，e 为套管偏心距，θ 为周向角度坐标，坐标原点 $\theta=0°$位于环空最窄间隙的径向位置，逆时针方向为坐标正值；虚线假设为套管、水泥环及地层弹性、塑性变形分界线；p_0为套管内施加载荷，p_H、p_h分别为作用于近井壁地层的远地场原始最大、最小水平地应力。

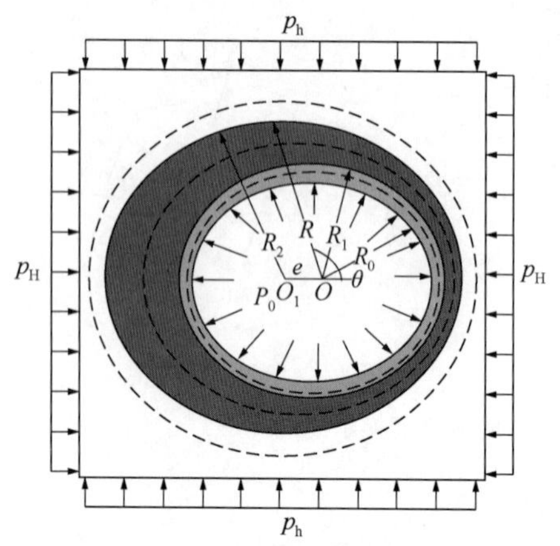

图 6.22　载荷与固结体间的力学作用

水平地应力对固结体井壁地层、水泥环产生的应力作用方式及程度，与地层岩石的力学性质密切相关，地层岩石力学性质不同，承载地应力及传递地应力载荷的能力也不同，导致地应力对固结体水泥环的作用能力也不同。根据地层岩石力学性质，按理想材料的力学本构特征可将井壁地层划分为蠕变、弹性和刚性地层三种类型。

蠕变地层主要为含盐岩、泥岩和页岩的地层。在远场地应力作用下，地层产生蠕变变形。井眼形成及固井完成后，稳定状态下的蠕变地层，地应力能持续加载至水泥环和套管。

在特定量载荷作用下，弹性地层的岩层只发生弹性变形，或以弹性变形为主(塑性变形可忽略)，且在长期载荷作用下具有稳定变形，卸载后能完全(或基本)恢复至原始状态。这类地层力学性质可以理想化定义为弹性地层。一般地层埋藏深度较浅、胶结致密、弹性模量及强度较大的致密砂岩、石灰岩等构成的地层，可以近似划分为弹性地层。

建井过程中，弹性地层形成的井壁在井筒内液柱压力与地应力共同作用下达到力学平衡状态，保持井眼稳定。固井完成后，套管内不施加载荷时，井壁地层不将地应力主动加载至水泥环。当套管施加外载荷时，受固结体中套管、水泥环的应力与应变传递作用，井壁围岩产生相应的应力与应变变化；当套管载荷卸除后，地层产生的弹性变形恢复至原始状态，仅在卸载初期井壁地层与水泥环之间存在应力作用，当井壁恢复至原始位置，地应力对水泥环不产生力学作用。

刚性地层是指岩石在受到载荷作用时，只产生应力响应而不发生任何变形。一般可将深部坚硬岩层的力学性质理想化定义为刚性地层。刚性地层中地应力由井壁岩层承载，套管加、卸载时井壁地层始终不产生应变，不主动向水泥环施加应力作用。

6.3.2　地层对水泥环界面应力的影响

不同类型的地层具有不同的力学性质、承载能力，导致地层与水泥环之间的力学作用关系发生变化，因而对水泥环界面应力及结构完整性产生影响。给定一定的基础条件参数，可依据上述力学分析所建立的接触有限元力学模型对水泥环界面应力进行数值模拟计算和分析。

6.3.2.1　蠕变地层地应力与弹性模量的影响

蠕变地层中，设地层弹性模量为 15GPa，图 6.23、图 6.24 分别给出了不同地应力条件下水泥环不同部位界面接触压力、周向应力模拟计算结果。图中，水平 x 坐标为水泥环界面部位及载荷作用方式，采用 3 位字母代号编码表示，其中，N、M、W 为周向位置代号，分别代表环空周向0°角(窄间隙)、90°角、180°角(宽间隙)位置；I、O为径向位置代号，分别代表径向上水泥环内、外界面位置；L、U为加载方式代号，分别代表加载、卸载状态；如“NIL”表示加载状态、水泥环周向0°角处内界面。水平 y 坐标为地应力条件，S_1、S_2、S_3、S_4、S_5 为地应力条件代号，分别代表不同的最小/最大地应力组合：5/10、7/10、10/15、10/18、20/50MPa。计算条件参数为：井眼半径 $R_2=120.65$mm，套管半径 $R_1=88.9$mm，套管壁厚12.65mm，偏心度为 $\varepsilon=0.2[\varepsilon=e/(R_2-R_1)]$，计算点井深为850m，套管内液体密度为1200kg/m^3；套管弹性模量为210GPa，泊松比为0.3；井壁围岩地层半径为1m，泊松比为0.2；水泥环本构关系按理想弹塑性材料考虑，弹性模量为4.75GPa，泊松比为0.178，屈服强度为14.8MPa；抗压强度为25.1MPa，抗拉强度为3.1MPa，水泥环与套管界面(水泥环内界面)胶结强度为0.6MPa，水泥环与地层界面(水泥环外界面)胶结强度为0.18MPa。井口加载载荷为30MPa。

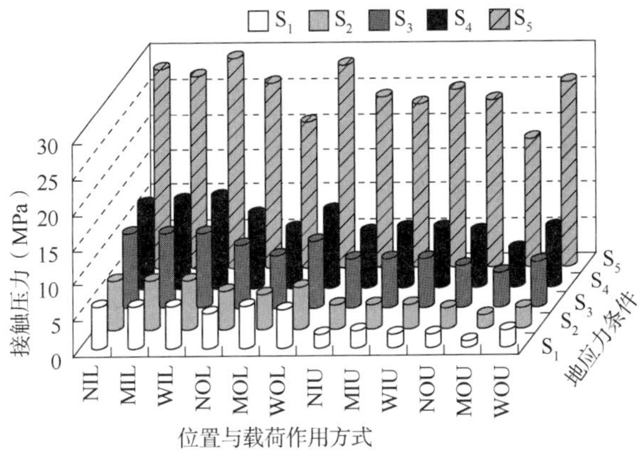

图6.23　蠕变地层地应力对界面接触压力的影响

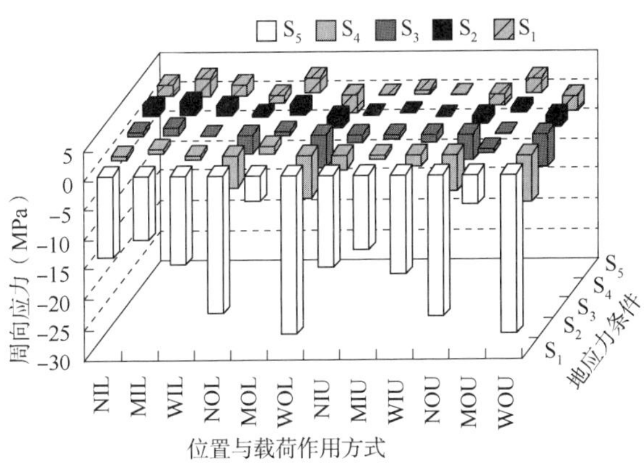

图6.24　蠕变地层地应力对界面周向应力的影响

由图6.23可见，在非均匀地应力作用下，加载、卸载过程中，蠕变地层水泥环径向方向上整体受压应力作用，水泥环内、外界面接触压力(正值为压应力、负值为拉应力)随最小或最大水平地应力的增加而增大；加、卸载过程中，水泥环内、外胶结界面始终处于受压应力作用的接触状态，不存在被拉伸撕裂现象。

受地应力非均匀性及套管偏心几何形态的影响，加载、卸载过程中，水泥环不同部位界面接触压力的大小存在差别：(1)在相对较低的地应力条件下，水泥环整体处于弹性变形范围，水泥环内界面接触压力沿周向变化幅度不大，界面接触压力在180°处最高，在0°处最小；水泥环外界面沿周向方向接触压力的变化相对明显，其中，外界面最大接触压力出现在180°处，最小出现在90°处。总体上，特定周向位置处的径向方向上，水泥环内界面接触压力相对高于外界面的接触压力。(2)在相对较高的地应力条件下，水泥环发生部分或整体屈服，导致界面接触压力沿周向的变化相对复杂。总体上，加卸载时，内、外界面接触压力在90°处最小，在180°处接触压力最高，地应力越高，不均度越大，差别越明显。较高地应力条件下，卸载时，特定周向位置处，水泥环内界面接触压力相对低于外界面的接触压力。

由图6.24可见，加载、卸载过程中，水泥环界面周向应力(正值为拉应力、负值为压应力)大小及状态与水泥环部位、非均匀地应力的大小及不均度有关：(1)水泥环最大周向应力出现在环空周向90°处附近。(2)特定地应力及加载条件下，水泥环在一定部位区域内产生周向拉应力作用，当拉伸应力较高并超过水泥环抗拉强度时，水泥环发生拉伸破坏而出现裂纹，破坏水泥环结构完整性。(3)加载、卸载时，最小或最大地应力增加，水泥环内界面周向应力降低。外界面周向应力变化与界面所处周向位置有关。对于周向0°和180°处，地应力增加初期，地层不均度减小，水泥环外界面周向应力呈增加趋势，在最小、最大地应力达到8、10MPa(平均地应力为9MPa)后，随地应力继续增加，外界面周向应力下降；在90°处，地应力增加初期，水泥环外界面周向应力降低，在最小、最大地应力达到10、12MPa(平均地应力为11MPa)后，随地应力及其不均度增加，水泥环外界面周向应力增大，在地应力为10、30MPa(平均地应力20MPa)时达到较高值(4.74MPa)，水泥环出现拉伸裂纹，结构完整性被破坏；地应力继续增加时，水泥环开始出现局部或整体屈服，外界面周向应力呈降低的变化趋势。

当以套管居中为几何条件时，可以通过分析水泥环界面应力沿周向分布形态，以及地应力差异水平对水泥环界面应力的影响，进一步明确蠕变地层中非均匀地应力场对泥环界面应力产生的影响本质与特征。图6.25、图6.26、图6.27给出了套管居中(偏心度为0)，最大、最小水平主应力分别为30MPa、20MPa，套管内加载50MPa条件下，加、卸载时水泥环内、外界面接触压力、剪切应力、周向应力沿圆周周向方向上的分布规律。

图6.25~图6.27中，I、O分别表示水泥环内、外界面，L、U分别代表加、卸载，IL、OL与IU、OU分别为加载内、外界面与卸载内、外界面。图中计算条件为：井斜角0°，套管外径177.8mm，套管壁厚12.65mm，水泥环厚度31.75mm，地层厚度1500mm。套管弹性模量210GPa，泊松比0.3，屈服强度800MPa。水泥环弹性模量4.71GPa，泊松比0.178，屈服强度25MPa，水泥环本构关系为理想弹塑性。地层弹性模量24GPa，泊松比0.25，屈服强度20MPa。原始垂向应力为31MPa，初始套压10MPa，加载套压到50MPa，卸载套压到初始加载状态。

分析可见，套管居中状态下，对于给定的加载条件，地应力的非均匀性影响水泥环各种界面应力的周向分布规律，影响程度与界面应力类型及位置有关。非均匀地应力作用下，加载、卸载时水泥环界面接触压力、剪切应力、周向应力均以周向90°角处为对称，

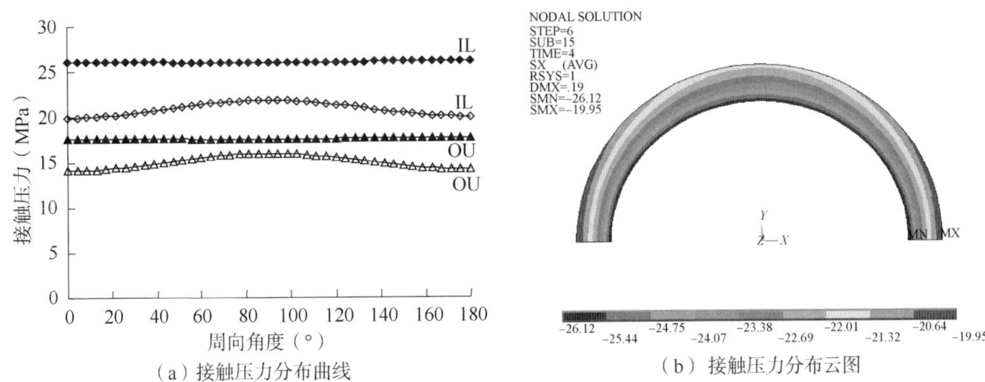

（a）接触压力分布曲线　（b）接触压力分布云图

图 6.25　非均匀地应力对界面接触压力周向分布状态的影响

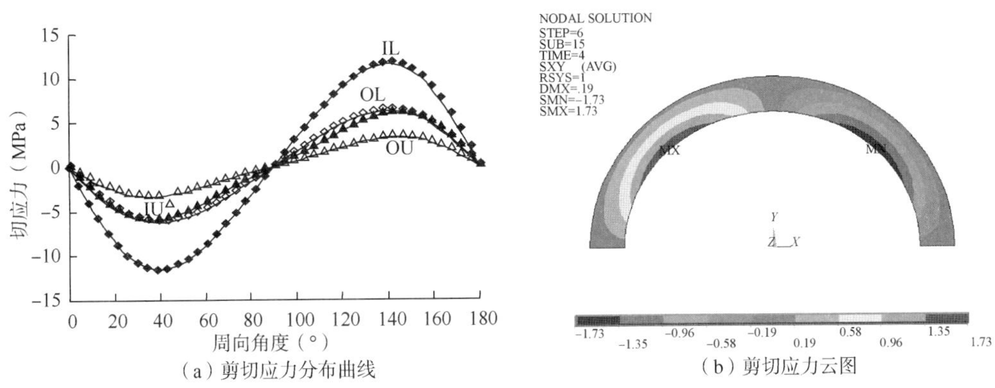

（a）剪切应力分布曲线　（b）剪切应力云图

图 6.26　非均匀地应力对界面剪切应力周向分布状态的影响

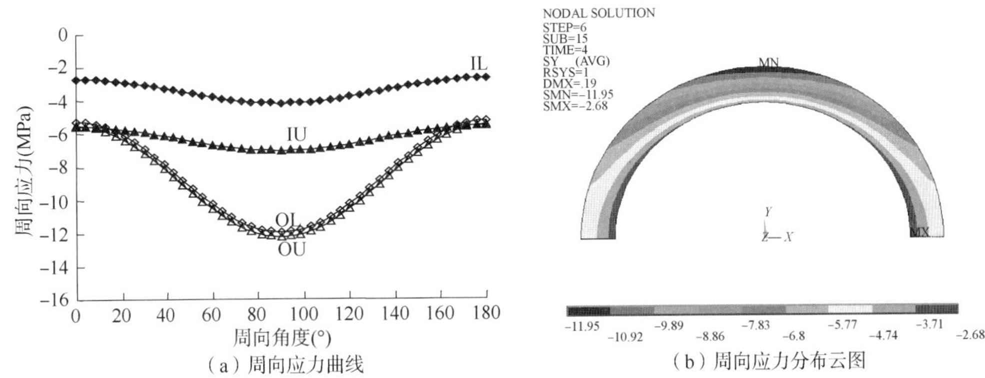

（a）周向应力曲线　（b）周向应力分布云图

图 6.27　非均匀地应力对水泥环界面应力周向分布状态的影响

其中水泥环内界面接触压力受地应力非均匀性的影响程度最小。水泥环周向 0°~180°范围内，剪切应力以正弦函数形式分布，存在 0°、90°、180°三个 0 节点，0°~90°区间剪切应力为负值，而 90°~180°区间剪切应力为正值，二者在相应对称角度处的剪切应力绝对值大小相等。

当以固定最小水平地应力为条件，通过增加最大水平地应力值产生水平地应力差时，加、卸载作用下，随最大水平地应力增加，水平地应力差值增大，水泥环各周向位置处的界面接触压力均增加。应力差越大，接触压力越高，水泥环外界面接触压力应力沿周向分布的不均度增加(图6.28)。

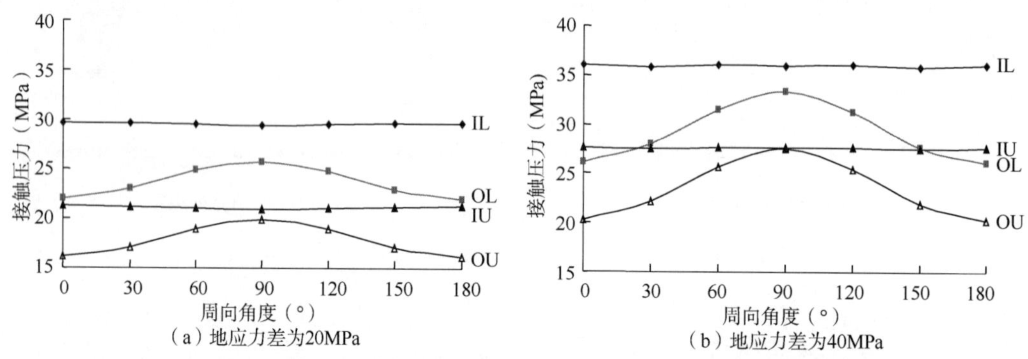

图6.28　不同水平地应力差条件下水泥环接触压力沿圆周分布规律

相对较高的地应力条件下(如最小水平地应力为20MPa)，水泥环周向应力为压应力，此时，最大水平主应力方向、最大水平主应力大小及水平地应力差值、水泥环变形性质均影响水泥环界面的周向应力。图6.29给出了水平地应力差对不同周向角度处水泥环界面周向应力的影响。

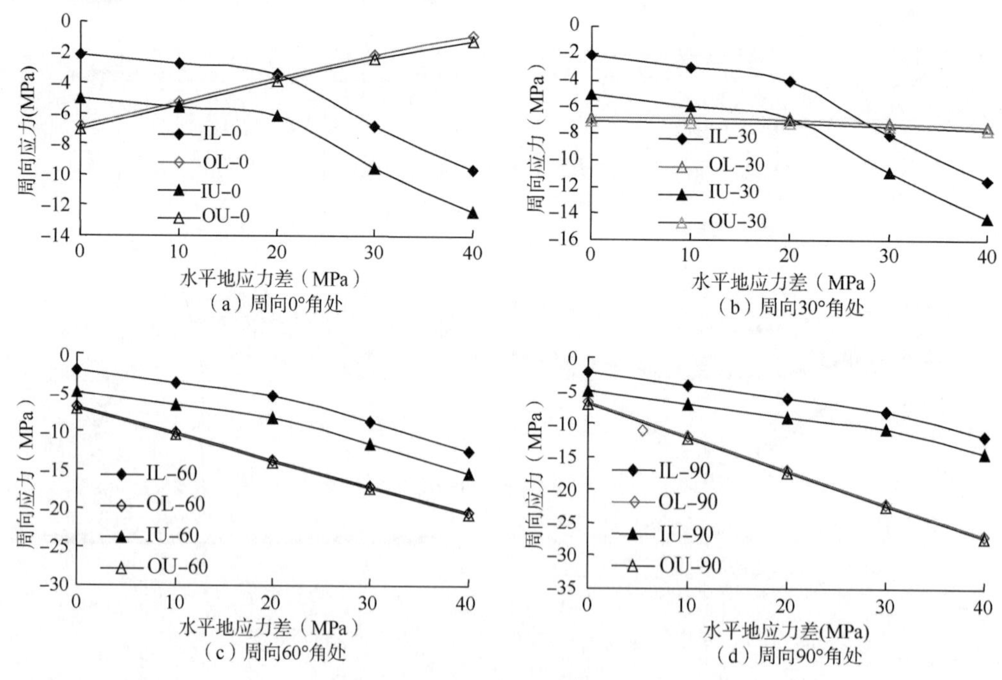

图6.29　水平地应力差对周向应力的影响

地应力差值增加，水泥环周向应力分布不均度同样会加大，加、卸载水泥环内界面周向应力降低(周向压应力增加)，但降低的幅度因水泥环加载过程中水泥环的变形性质而发生明显改变。在最大水平地应力较低(水平地应力差值小)时，加载水泥环只发生弹性变形。当最高水平地应力较高(40MPa)，应力差值较大时(20MPa)，水泥环周向 0°、30°处已屈服或达到临界屈服状态，60°、90°处接近临界屈服状态，应力差值超过 30MPa 时，水泥环内界面全部发生屈服。水泥环发生屈服变形后，水泥环内界面周向应力随水平地应力差值而变化的幅度比弹性变形阶段大。

地应力差对水泥环外界面周向应力的影响趋势与最大水平地应力的加载方向有关。当最大水平地应力加载方向与 0°~180°角所在的径向相垂直(即沿 90°方向)时，地应力差值增加，周向 0°处加、卸载时水泥环外界面周向应力增加(压应力降低)，周向 30°处周向应力略降低，而周向 60°、90°处周向应力则大幅度降低。

水平地应力差对剪切应力的影响规律及程度与最大水平地应力加载方向及数值、地应力差值、水泥环周向位置、水泥环弹性与塑性变形状态有关(图 6. 30)。

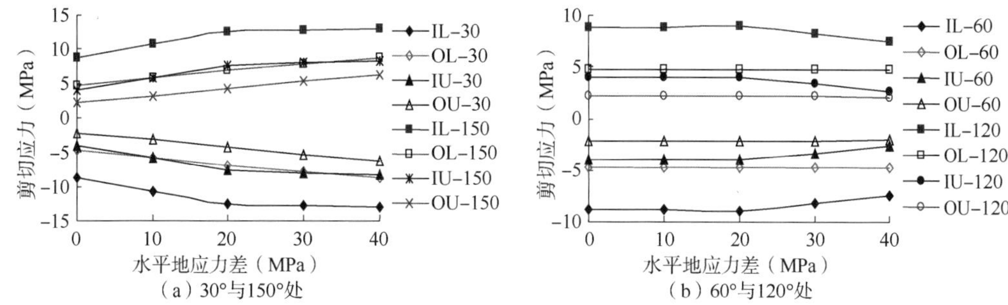

图 6. 30　水平地应力差对切应力的影响

在 30°周向位置处，当水平地应力差小于 20MPa 时，水泥环处于弹性变形阶段，随地应力差值增加，加、卸载时水泥环内界面剪切应力以相对较大幅度下降；当水平地应力差值超过 20MPa 时，水泥环加载时内界面发生屈服，此后随地应力差值继续增大，内界面剪切应力下降的幅度减小。在该周向位置处，外界面的剪切应力随地应力差增加呈近似线性关系减少，说明对于所有的地应力条件，加载时水泥环外界面可能都处于弹性变形阶段而未发生屈服。150°位置处剪切应力变化情况以 0 剪切应力节点为对称点与 30°周向位置处相对称，各不同应力差条件下各位置处的剪切应力符号相反，数值绝对值相等。60°(与 120°对称)位置处，加、卸载作用下，当水平地应力差小于 20MPa 时，水泥环处于弹性变形阶段，地应力差值增加，内界面剪切应力以相对较小幅度降低；而当水平地应力超过 20MPa 时，水泥环加载时内界面发生屈服，随地应力差值增大，内界面剪切应力增加。加、卸载状态下，水泥环外界面剪切应变化趋势大致与内界面相同，但变化幅度极小。

上述分析结果表明，地层水平应力的非均匀性，对加、卸载过程中水泥环界面应力产生了一系列非线性影响，使水泥环界面接触压力、周向应力、剪切应力等沿周向方向出现了非均匀分布特征。总体上来说，地应力不均度增加，应力分布不均度随之增大，且特定周向位置处各应力可能会出现相对较明显的增大或减低现象。

蠕变地层中，最小、最大水平地应力分别为 10MPa、15MPa 条件下，地层弹性模量对水泥环界面接触压力和周向应力的影响结果如图 6. 31、图 6. 32 所示。结果表明，加载、卸载状态下，地层弹性模量对水泥环内界面接触压力影响程度小，对外界面接触压力影响相对明显。加载时，地层弹性模量增加，水泥环 0°处内外界面、90°处内界面、180°处外界面接触压力降低，90°处外界面接触压力增加，180°处内界面接触压力先增加后降低。卸载时，水泥环各部位接触压力随地层弹性模量增加而下降，其中外界面下降幅度相对最大。周向0°、180°处水泥环内、外界面周向应力随地层弹性模量增加而增大，在地层弹性模量相对较高(10GPa)时，水泥环内界面出现拉伸应力。周向90°处水泥环内、外界面周向应力随地层弹性模量增加而降低。周向90°处水泥环内、外界面出现拉伸应力，且外界面拉伸应力较高，危及水泥环结构完整性。如，当地层弹性模量为5GPa时，90°处水泥环外界面周向应力达到4.29MPa，水泥环在该位置处会发生拉伸破坏。

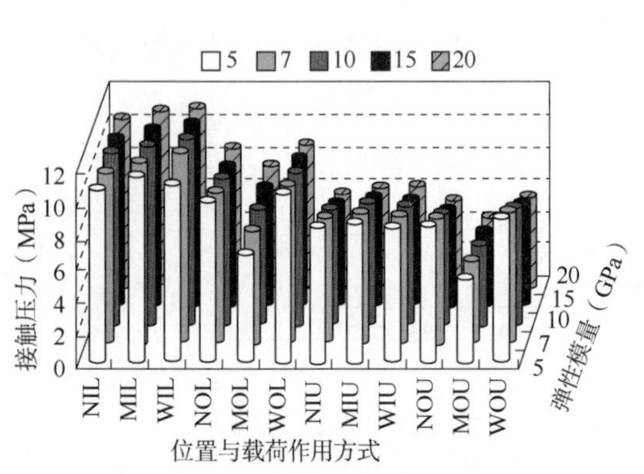

图6.31　地层弹性模量对界面接触压力的影响

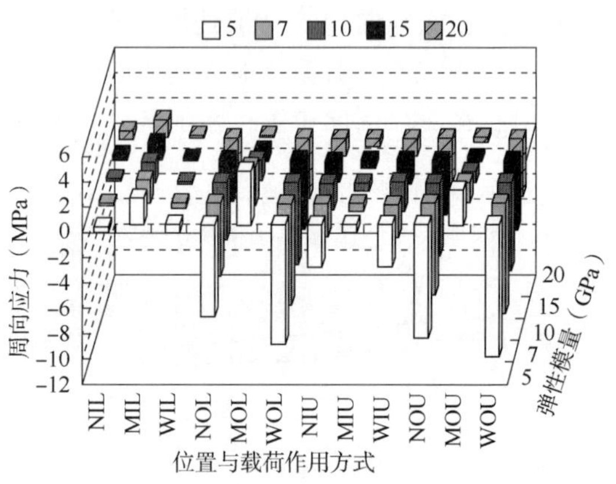

图6.32　地层弹性模量对界面周向应力的影响

6.3.2.2　弹性地层地应力与弹性模量的影响

弹性地层中，地层弹性模量为15GPa时，地应力对不同周向位置处水泥环界面接触压力及周向应力的影响结果如图6.33、图6.34所示。分析可见，弹性地层中，地应力对水泥环界面应力不产生影响，套管内载荷作用下，水泥环在径向上存在压应力，在周向上出现拉应力。偏心环空条件下，沿环空周向方向，水泥环外界面接触压力在加载、卸载时分别保持为某一恒定值，内界面接触压力在180°处最大，在0°处最小。水泥环周向应力沿周向的分布规律与蠕变地层存在明显差别。加载、卸载时，水泥环内、外界面周向应力在0°处最高，在90°处居中，在180°处最小。弹性地层中不存在水泥环胶结界面被撕裂的问题，但存在水泥环本体被拉裂的问题，水泥环结构完整性破坏的最危险部位为水泥环窄间隙处内界面。

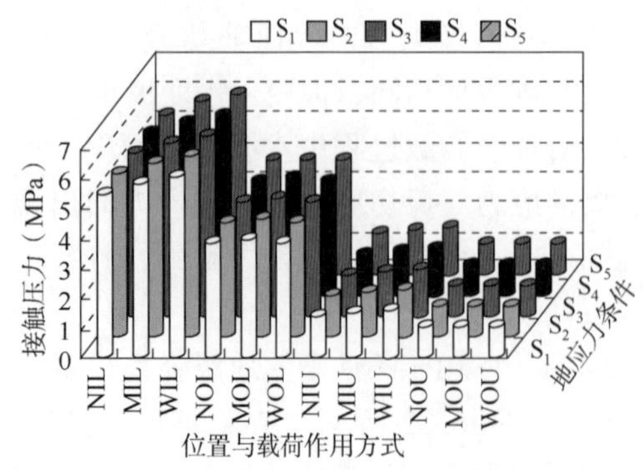

图6.33　弹性地层地应力对界面接触压力影响

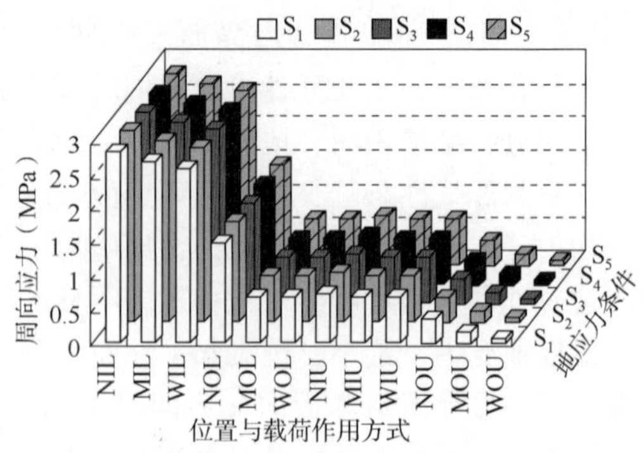

图6.34　弹性地层地应力对界面周向应力影响

弹性地层中，最小、最大水平地应力为 10、15MPa 时，地层弹性模量对不同周向位置水泥环界面接触压力及周向应力的影响结果如图 6.35、图 6.36 所示。

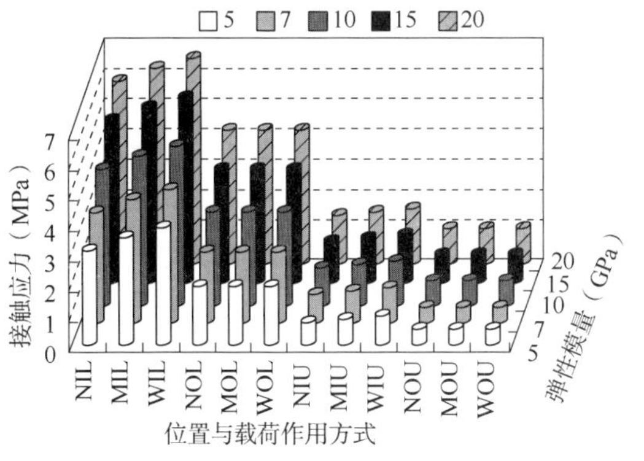

图 6.35　地层弹性模量对界面接触压力的影响

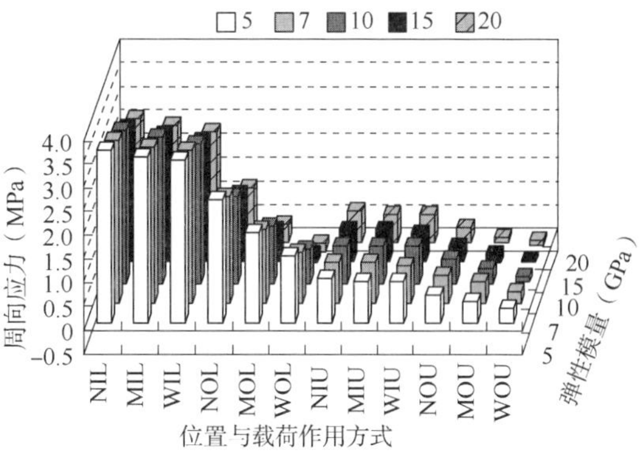

图 6.36　地层弹性模量对界面周向应力的影响

分析可见，弹性地层中，地层弹性模量对水泥环界面应力的影响与水泥环界面应力类型有关。地层弹性模量增加，水泥环界面接触压力也增加，周向应力降低，且界面接触压力的变化幅度高于周向应力的变化幅度。对于特定的地层弹性模量条件，加载、卸载时，沿环空周向各角度水泥环界面应力分布规律、最大与最小应力出现的部位与图 6.33、图 6.34 一致，说明地层弹性模量只在一定程度上影响水泥环界面应力的大小，但不改变水泥环界面应力的周向分布特征。

6.3.2.3　刚性地层地应力与弹性模量的影响

刚性地层中，地应力、地层弹性模量对水泥环界面应力不产生影响。图 6.37、图 6.38 给出了刚性地层中地层弹性模量为 15GPa、地应力为 10、15MPa 条件下水泥环界面应力模拟计算结果。

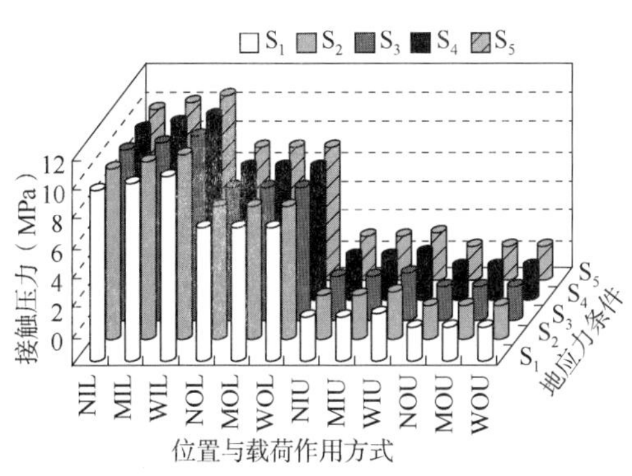

图 6.37　刚性地层地应力对界面接触压力影响

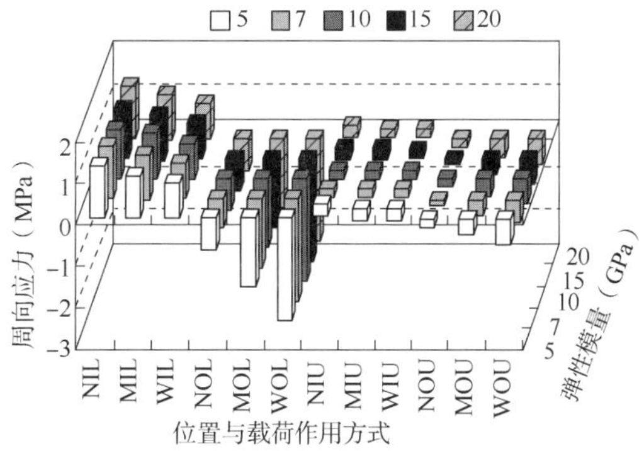

图 6.38　刚性地层弹性模量对界面周向应力影响

分析图 6.37、图 6.38 可见，套管偏心条件下，水泥环界面应力只与套管内施加载荷的大小、水泥环力学性能、加载方式及界面位置有关。加载、卸载时，水泥环界面接触压力为正值，不同周向位置水泥环外界面接触压力分别对应一致，内界面接触压力在 180°处最大，在 0°处最小，且变化幅度较小。水泥环内外界面周向应力状态存在明显差异。水泥环内界面周向应力为拉应力，在0°处最高，在180°处最低；外界面周向应力为压应力，在0°处最低，在180°处最高。

在给定载荷条件下，当加载时水泥环只发生弹性变形，卸载后套管内存在钻井液静液柱压力作用时，水泥环界面接触压力在加载、卸载过程中始终保持为正值，表明刚性地层中，当水泥环只发生弹性变形时不存在胶结界面被撕裂的问题。而当套管内初始应力值为0时，若加载过程中水泥环发生屈服，水泥环卸载时不能产生完全变形恢复，导致水泥环胶结界面出现拉应力作用，影响胶结界面接触稳定性，严重时造成胶结界面的离散，破坏套管—水泥环—地层固结体结构完整性。由此，刚性地层中，水泥环结构完整性可能被破坏的潜在危险：一是水泥环窄间隙内侧出现拉伸裂纹；二是当套管内初始应力值为0时，若加载时水泥环屈服，则可能引发卸载时胶结界面的离散破坏。

6.3.2.4 井深与地层类型对界面应力的影响

地层类型不同，地应力、地层力学性能对水泥环产生的力学作用与影响不同，总体特征为：蠕变地层地应力、地层弹性模量对水泥环产生影响；弹性地层地应力对水泥环界面应力无影响，弹性模量对水泥环界面应力存在影响，但影响程度与蠕变地层不同，其中，弹性模量对界面接触压力的影响程度高于蠕变地层弹性模量的影响，对界面周向应力影响程度低于蠕变地层弹性模量的影响；刚性地层地应力、地层弹性模量对水泥环界面应力无影响。

工程实践中，沿井深纵向剖面上一般都涉及多种类型的岩层，这些岩层因组成成分不同，沉积压实程度不同等，使各种岩层具有不同的微观结构、宏观结构与力学性能。按照沉积岩地层的正常形成规律，地层深度越深沉积压实作用越充分，地层越致密，强度越高。而当地层深度较浅时，地层胶结较差，强度较低。当能够确定地层类型及其力学性能沿井深的变化关系时，可以对工程施工过程中井深纵向剖面上水泥环的界面应力及其固结体的结构完整性状态进行分析。

图6.39、图6.40分别为油气井套管试压、储气库井注气施工加载、卸载时井内不同井深位置的水泥环界面应力模拟计算结果。图中基本计算条件为：油气井、储气库井井深为3000m，固井水泥为全井段封固，沿井深纵向上，井壁地层的地层类型分别为0~100m为蠕变地层，100~2500m为弹性地层，2500~3000m为刚性地层；套管偏心度为0.2；为便于比较，井壁围岩弹性模量均假设为15GPa，泊松比为0.2；水泥环弹性模量为6.52GPa，屈服强度为15.2MPa，泊松比为0.178，抗拉强度为5.2MPa；远场地应力为非均匀地应力，随井深增加而增大；油气井套管内工作液密度为1200kg/m^3，储气库井套管内为天然气；其余井眼几何条件等参数与前述基本计算条件一致。

当考虑井内存在一定密度的工作液介质时，计算点井深位置套管内加载载荷为：

$$P_0 = P_{wh} + 10^{-6}\rho_m g D_h \tag{6.119}$$

式中：P_{wh}为在井口施加的施工载荷，MPa；ρ_m为井内工作液密度，kg/m^3；g为重力加速度；D_h为计算点井深，m。

对于套管试压作业，套管内存在一定密度的工作液介质时，卸载后承载载荷为套管内工作液静液柱压力。套管试压作业与试压作业完成后水泥环界面应力沿井深纵向分布曲线如图6.39所示。受地层类型等的影响，沿井深纵向水泥环界面应力的变化特征可概括为：(1)水泥环加载时与卸载时界面应力随井深、地层变化的分布形式，按应力类型、水泥环界面位置具有对应一致性，只是应力大小存在差异。(2)不同类型地层井段，水泥环界面应力的变化形式存在差异。上述水泥环界面应力的变化由两方面原因造成：其一是井深变化引起套管内液柱压力、地应力(蠕变地层)等载荷变化；其二是地层类型不同，地应力作用方式发生变化。载荷变化影响水泥环界面应力大小，但一般不从根本上改变应力沿井深纵向的变化形式；地层类型变化能够在大幅影响水泥环界面应力大小的同时，改变应力沿井深的分布形式。

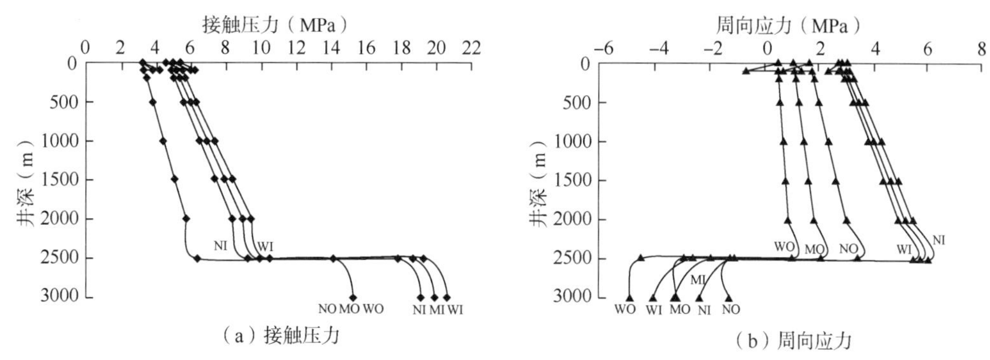

图 6.39　套管试压时井深纵向上水泥环界面应力分布

加载过程中，井深增加，水泥环界面接触压力增加，增加幅度及变化趋势与地层类型有关。由井口位置开始，井深增加初期，所处井段地层为蠕变地层，随井深增加，井内工作液液柱压力、地应力增大，水泥环界面接触压力大幅提高。当井深增加至蠕变地层与弹性地层转换的临界井深时，由于弹性地层失去地应力对水泥环的围压作用，导致地层转换临界井深的水泥环界面接触压力骤降(为突出地层类型差异的影响，计算中未考虑地层类型及地层岩石力学性能随井深的渐近性过渡变化等问题)。随井深继续增加，水泥环界面接触压力增大。当井深达到弹性地层与刚性地层的临界井深时，受刚性围岩对水泥环变形的影响，进入刚性地层的水泥环界面接触压力大幅升高，随井深继续增加，水泥环界面接触压力增加。

当将同一井深位置(如地层类型转换临界井深)地层按不同地层类型考虑时，载荷加载、卸载作用下，水泥环产生的界面应力差异较大(若井口处地应力值为 0，由于无地应力作用，则该位置蠕变地层可看成等同于弹性地层)。对于同类地层，偏心环空中的水泥环界面接触压力的大小与偏心度、水泥环部位有关。总体上，水泥环内界面接触压力高于外界面的接触压力；内界面接触压力在周向 180°处最高，在 0°处最低；弹性地层、刚性地层中，水泥环外界面接触压力在各周向位置的大小相同。

井深纵向上，水泥环界面应力的变化形式及变化程度还与加载过程中水泥环是否发生屈服有关。在井口载荷与套管内工作液介质静液柱压力联合作用下，载荷较小时，加载时水泥环只发生弹性变形，卸载时水泥环界面应力恢复到加载前的初始状态。对于深部地层，载荷作用下，加载时水泥环发生局部或整体屈服(如井深为 2.5km 的刚性地层，水泥环内界面发生屈服)，水泥环界面应力与井深呈非线性关系，卸载时水泥环产生不完全变形恢复，削弱水泥环界面接触压力，严重时，可能使水泥环界面产生拉伸应力作用，危及甚至破坏水泥环界面胶结接触状态。模拟计算条件下，由于卸载后考虑套管内静液柱压力作用，且压力作用强于变形不完全恢复造成的削弱影响，使水泥环胶结界面保持处于压应力的紧密接触状态。

加载时，沿井深纵向上，地层类型对水泥环界面周向应力的大小及变化形式有明显影响。在近井口浅井深位置，水泥环界面周向应力为拉应力，随井深增加，水泥环界面周向应力减小，甚至在某一定井深、周向位置出现周向压应力。当井深增加至地层蠕变与弹性地层转换的临界井深时，地层类型转换处水泥环界面周向应力大幅增加为拉应力，随井深继续增加，水泥环界面周向应力持续增大。当井深达到刚性地层临界井深时，水泥环界面周向应力大幅降低为周向压应力，随井深继续增加，水泥环界面周向应力降低，但水泥环内、外界面降低的幅度不同。

相同井深条件下，偏心环空井眼内水泥环周向应力的大小受地层类型及周向位置的影响，不同类型地层的水泥环界面应力差异较大。模拟计算条件下，加载时，蠕变和弹性地层的水泥环发生弹性变形，在径向上，水泥环内界面周向应力高于外界面周向应力，界面周向应力最高的周向位置为内界面 0°处，最低的为外界面 180°处；刚性地层中，水泥环内界面发生屈服，界面最高的周向应力在外界面 0°处，最低的在外界面 180°处。

根据全井段中水泥环界面应力数值分布特征，对于给定的地层条件、井眼条件、水泥环力学参数及作用载荷，从界面接触压力看，加载与卸载时，水泥环界面接触应力始终保持为压应力，说明该类施工条件下井内不会发生水泥环胶结界面被拉伸撕裂的问题。从水泥环界面周向应力看，近井口井段及弹性地层井段内，加载时易出现周向拉伸应力，特别是井深相对较深的弹性地层井段中，水泥环界面及本体可能产生较高的周向拉伸应力，易造成水泥环的拉伸破坏而危及水泥环的结构完整性。如弹性地层内，当井深达到 2. 0km 时，水泥环 0°处内界面周向应力超过水泥环抗拉强度(5. 2MPa)，水泥环产生拉伸破坏；当井深为 2. 5km 时，在较高拉伸应力作用下，水泥环内侧全部(0°~360°范围)发生破坏。

综上，套管试压施工中，易发生水泥环结构完整性破坏的方式为水泥环在周向拉应力作用下出现裂纹，相对较危险井段为井口、深部弹性地层井段，水泥环中最易发生破坏的危险位置为水泥环 0°处内界面。

对于储气库井注气加载作业，套管内工作液介质为天然气。当忽略天然气密度，并假设注气施工结束关井井口压力为 0MPa 时，注气施工过程中，套管内施加的载荷在全井段中近似为井口加载载荷(30MPa)，施工卸载后套管内载荷为 0MPa。加载时，水泥环界面应力沿井深纵向分布曲线如图 6. 40 所示。

除井口外，给定储气库注气施工条件下，水泥环界面应力水平低于套管试压载荷作用下的界面应力水平。水泥环界面应力在井深纵向上的分布形式与地层类型有关，0~100m 井段蠕变地层中，随井深增加，界面接触压力增加，周向应力降低；100~2500m 井段弹性地层及 2500~3000m 井段刚性地层中，界面接触压力、周向应力不随井深变化。地层类型转换处临界井深各界面应力存在大幅突变。

加载条件下，各井段内水泥环只发生弹性变形，卸载后水泥环恢复到加载前初始状态，卸载过程中不发生水泥环胶结界面被撕裂的问题；加载时，在井口、弹性地层井段出现较高的周向拉应力，易造成水泥环拉伸破坏而危及水泥环结构完整性。

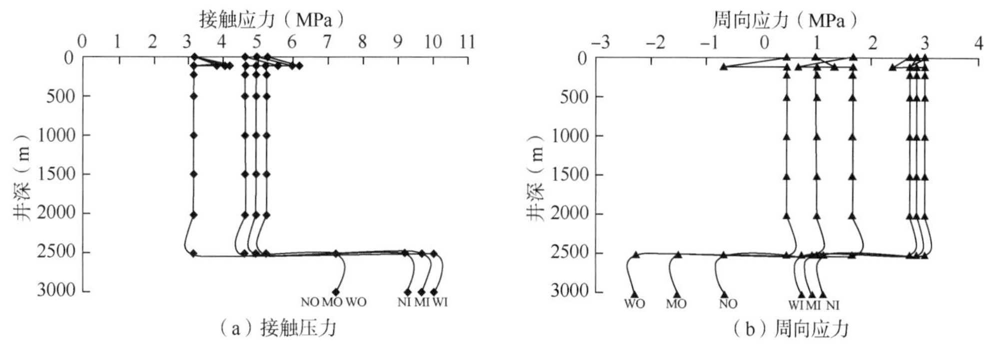

图 6.40　注气加载时水泥环界面应力随井深变化曲线

上述分析结果表明，地层类型决定远场地应力对水泥环的应力作用方式，制约地层弹性模量等参数对水泥环界面应力及结构完整性的影响程度及规律，是关键性基础条件。当考虑油气井或储气库井中井深纵向上地层类型存在变化时，加载、卸载过程中，水泥环界面应力沿井深纵向上的变化程度及规律与井深、地层类型及施工作业方式有关。其中，井深及施工作业方式只影响作用于水泥环载荷的大小，而地层类型影响地应力载荷的作用方式，是决定水泥环界面应力变化程度及变化形式的关键因素。因此，在实施水泥环力学分析、结构完整性评价及水泥环力学参数设计时，首先必须明确所处地层的力学本构属性及其力学参数。

6.4　固结体几何参数对水泥环界面应力的影响

固结体几何参数包括套管壁厚、水泥环厚度、套管偏心度及井斜角。

6.4.1　套管壁厚的影响

套管内加载过程中，作用于水泥环上的应力是通过套管传递的，套管的厚度不仅能决定套管本身抵抗内压作用的能力，同时会改变传导至水泥界面应力载荷的大小。套管厚度增加，加载时水泥环内、外界面接触压力下降，卸载时水泥环内、外界面接触压力均增大。图 6.41 给出了套管壁厚对水泥环界面接触应力的影响曲线。图中，计算条件参数为：套管居中，套管外径 177.8mm，弹性模量为 210GPa，泊松比为 0.3，屈服强度 800MPa；水泥环本构关系按理想弹塑性材料考虑，水泥环厚度 31.75mm，弹性模量为 4.71GPa，泊松比为 0.178，抗压强度为 23.51MPa，水泥环内界面（一界面）胶结强度为 1.57MPa，水泥环外界面（二界面）胶结强度为 0.18MPa；地层为蠕变地层，固结体中井壁围岩地层半径取 1m，地层弹性模量为 24GPa，泊松比为 0.25。

套管壁厚对水泥环界面应力的影响与载荷及其作用方式、地应力大小及水泥环界面所处的位置有关。当地应力较高时，在相对较小套管内载荷作用下也会使水泥环产生较高的应力。图 6.41（a）计算条件下，加载时水泥环整体发生了屈服（Mises 有效应力达到水泥石屈服强度），套管厚度增加，加载时水泥环内、外界面接触压力降低幅度不大；由于高地应力的存在，卸载时内界面接触压力高于外界面接触压力，水泥环内、外界面接触压力均

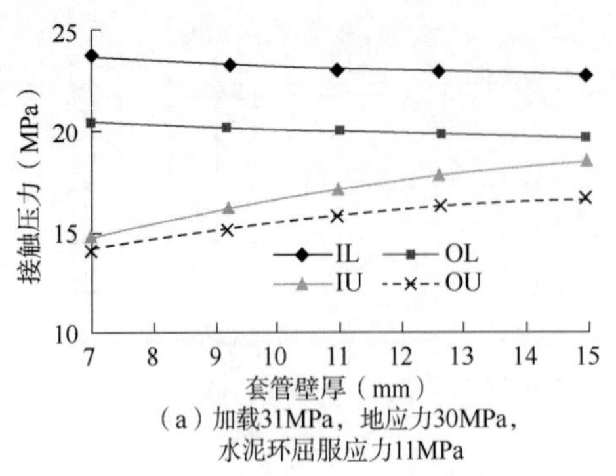

（a）加载31MPa，地应力30MPa，
水泥环屈服应力11MPa

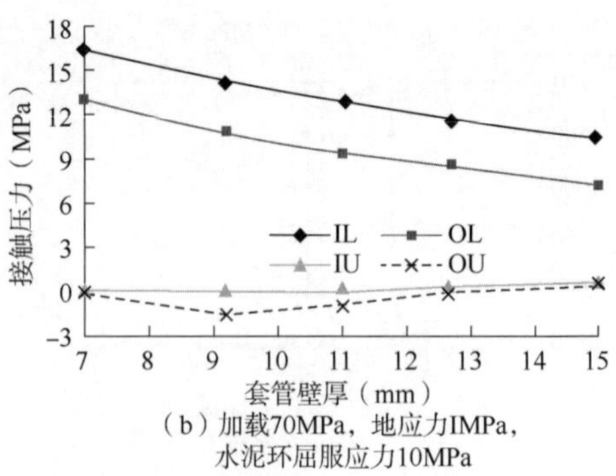

（b）加载70MPa，地应力1MPa，
水泥环屈服应力10MPa

图 6.41　套管厚度对水泥环界面接触压力的影响

保持了较高的压应力水平，不会出现胶结界面拉伸撕裂问题。当地应力较低时，在相对较高的套管内载荷作用下也可能会使水泥环产生较小的接触压力。图 6.41(b)计算条件下，加载时，套管壁厚增加，水泥环内、外界面接触压力下降幅度增大，同时水泥环的变形性质也发生了变化。对于壁厚≤9.19mm 的套管，水泥环发生整体屈服。而对于壁厚等≥11mm 的套管，只在水泥环内侧发生部分屈服，而外侧则仍保持弹性变形性质(图 6.42)。卸载时，由于地应力较小，水泥环界面接触压力低，甚至在内界面表现出拉应力(接触压力为负值)状态，危及水泥环内界面的界面胶结安全，如图 6.41(b)中壁厚为 7mm 套管卸载时内界面因拉应力超过水泥环胶结强度被撕裂，产生了间隙，破坏了胶结界面的结构完整性。

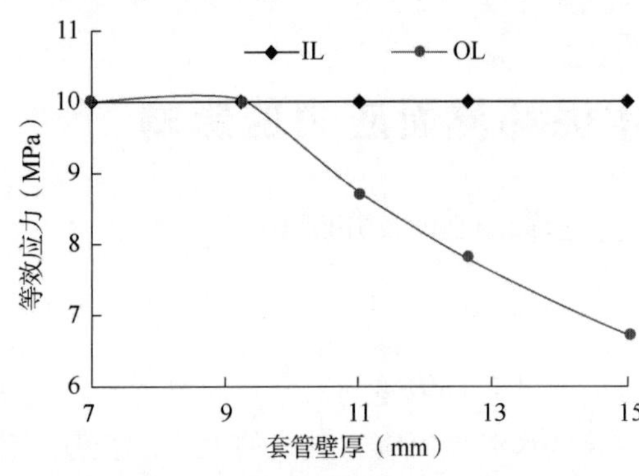

图 6.42　套管壁厚对等效应力的影响

上述分析结果表明，加载过程中，套管厚度越大，水泥环与套管、地层岩石胶结处的接触压力越小，能有效减少外载荷对水泥环的应力作用；而在卸载后，套管厚度越大，胶结界面接触压力越大，抗撕开的能力越强。由此从保证固结体结构完整性的角度考虑，应尽量选择壁厚较厚的套管。但是套管厚度并不是越大越好，应依据套管壁厚对水泥环界面应力的影响程度，井控设备承载能力及工程经济等方面条件进行优选。

6.4.2　水泥环厚度的影响

对于给定的水泥环力学性能等条件参数，水泥环厚度增加，界面接触压力、水泥环等效应力均逐渐降低，且外界面接触压力下降程度高于内界面接触压力；外界面等效应力下降幅度大于内界面的下降幅度。卸载后，界面接触压力随水泥环厚度的变化特征受地应力等条件的影响。水泥环厚度增加，接触压力降低。图 6.43 分别给出了地应力为 30MPa、水泥环屈服强度为 16MPa，套管内加压 31MPa 时水泥环厚度对界面接触压力的影响曲线。图中，其余计算条件同图 6.41。

图 6.43 条件下，加载过程中水泥环在内界面侧发生了部分屈服。水泥环厚度越小加

载后界面接触压力越高，特别是在水泥环厚度为 31.75~43.82mm 范围内，水泥环内界面接触压力高，危及水泥环的封固可靠性。而当水泥环厚度较大时，界面接触压力有所减缓，且在卸载后内、外界面均能够保持相对较高的接触压力。因此，固井工程中保持环空具有足够厚度的水泥环有利于保障水泥环结构完整性。

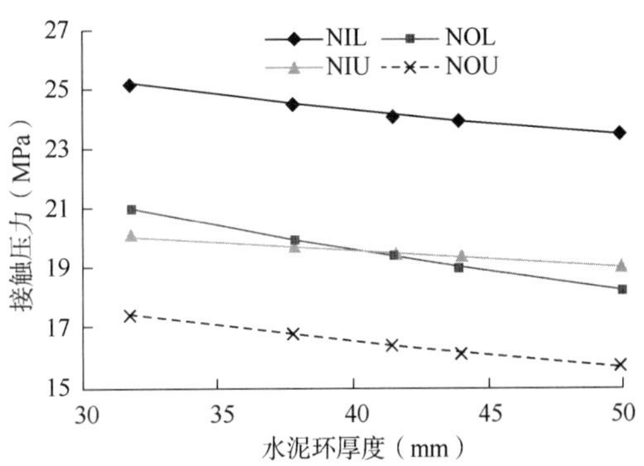

图 6.43　泥环厚度对水泥环界面接触压力的影响

6.4.3　套管偏心度的影响

当套管在井眼中发生偏心时，会造成水泥环界面应力沿周向上不均匀分布。图 6.44、图 6.45 分别给出了不同载荷、地应力条件下套管偏心度对水泥环周向 0°(最窄间隙)、180°(最宽间隙)位置处界面应力的影响规律。图中，各符号意义同前，计算时使用了图 6.41 的相关计算条件，套管壁厚设定为 12.65mm，水泥环屈服强度为 10MPa。

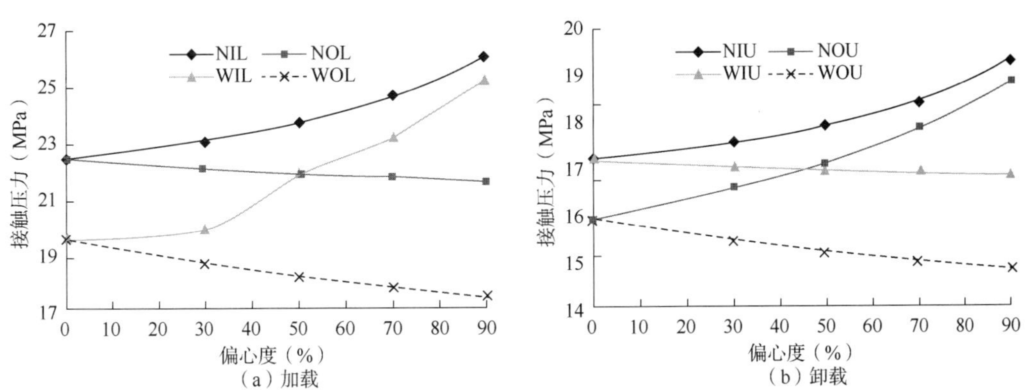

图 6.44　地应力 30MPa 条件下加载 31MPa 时套管偏心度对界面接触压力的影响

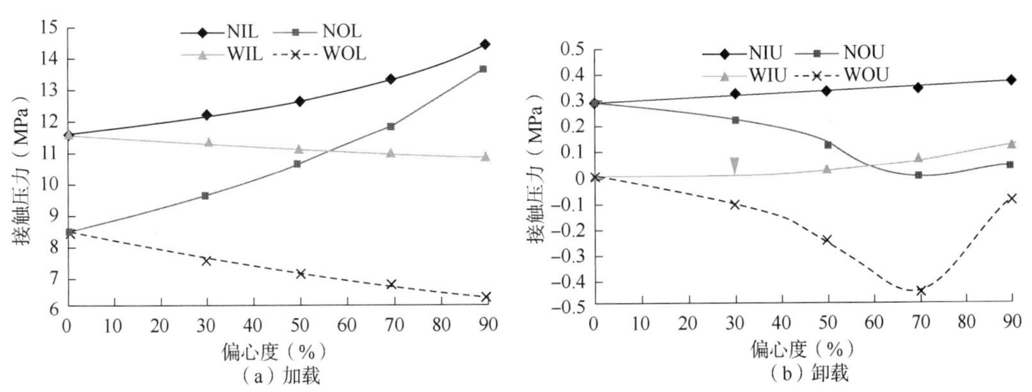

图 6.45　地应力 1MPa 条件下加载 70MPa 时套管偏心度对界面接触压力的影响

加载过程中，水泥环内界面接触压力高于外界面接触压力，窄间隙处水泥环内、外界面接触压力均高于宽间隙处相应位置处的界面接触压力。水泥环周向位置不同，界面接触压力变化趋势不同，偏心度增加，窄间隙处内、外界面接触压力增加，而宽间隙处内、外界面接触压力却降低。偏心度越大，窄、宽间隙处对应的接触压力差异越大。

卸载时，偏心度对界面接触压力的影响与加载载荷大小及地应力大小有关。对于高地应力条件，虽然加载过程中水泥环可能发生整体屈服，但卸载时水泥环各界面仍保持了较高的压应力接触状态；偏心度增加，窄间隙处内、外界面接触压力增加，而宽间隙处内、外界面接触压力却降低。对于低地应力条件，加载时，水泥环内界面易于产生较高的接触压力和等效应力。当套管偏心度小时，水泥环内界面易于首先发生屈服，使水泥环处于部分屈服变形状态；而当偏心度较高时，窄间隙处水泥环可出现整体屈服，而宽间隙处水泥环可能仅发生部分屈服，导致卸载后水泥环界面接触压力变化出现较大差异。偏心度增加，宽间隙处内、外界面接触压力增加，而窄间隙处内、外界面接触压力降低，甚至由压应力转变为拉应力，使水泥环胶结界面承受被撕裂的潜在危险。特别是在偏心度达到90%时，窄间隙处水泥环外界面的接触压力由负值又变为0[图6.44(b)]，说明此处的胶结面达到了胶结界面撕开的临界条件。

对于非均匀地应力条件，套管偏心状态能进一步加剧非均匀地应力下各应力分布的不均度。利用上述相关计算条件可以计算和分析非均匀地应力条件下不同套管偏心度水泥环沿圆周方向上内、外界面接触压力、周向应力、剪切应力的分布规律(图6.46~图6.48)。图中模拟计算条件为：井斜角0°，套管外径177.8mm，套管壁厚12.65mm，水泥环厚度31.75mm，地层1500mm；套管弹性模量210GPa，泊松比0.3，屈服强度800MPa，水泥环弹性模量4.71GPa，泊松比0.178，屈服强度25MPa，水泥环本构关系处理成理想弹塑性；地层弹性模量24GPa，泊松比0.25，屈服强度25MPa。原始水平最小主应力20MPa，原始水平最大主应力沿周向90°~270°方向加载30MPa，套压内载荷50MPa。

上述结果表明，套管偏心度能改变水泥环界面应力分布特征，加剧非均匀地应力条件下水泥环界面应力分布的不均度。套管偏心度对水泥环界面应力的影响与水泥环部位、最大水平地应力加载方向等有关。

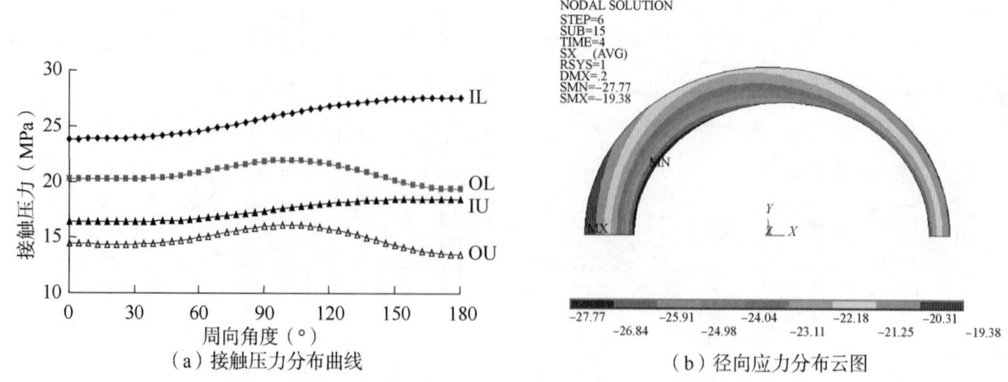

（a）接触压力分布曲线　（b）径向应力分布云图

图6.46　偏心度40%条件下水泥环界面接触压力沿周向分布

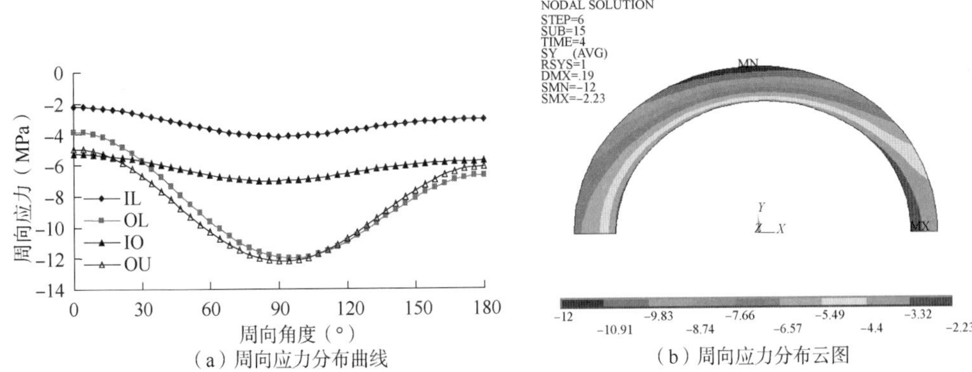

（a）周向应力分布曲线　　（b）周向应力分布云图

图 6.47　偏心度 20%条件下水泥环界面周向应力沿周向分布

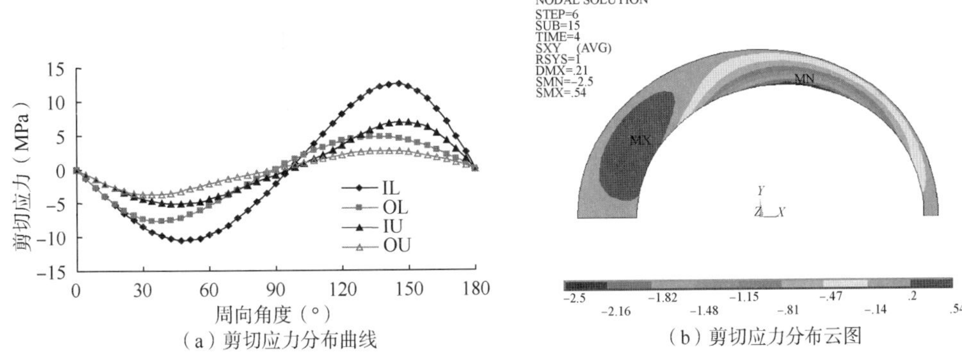

（a）剪切应力分布曲线　　（b）剪切应力分布云图

图 6.48　偏心度 60%条件下水泥环界面剪切应力沿周向分布

加、卸载过程中，水泥环外界面接触压力在近于 90°位置处最高，而内界面接触压力在 180°处最高。周向应力在近于 90°处为最低值点，但不再以 90°位置为对称，此时，周向 0°角度处各界面的周向应力值略高于 180°处的相应应力值。沿周向方向存在三个 0 剪切应力点，分别为 0°、180°、90°~98°之间(与偏心度有关)，0°~90°范围内，水泥环各界面剪切应力为负值，而在相对较大的周向角度直至 180°范围内，水泥环各界面剪切应力均为正值。

综上，套管偏心度对水泥环完整性有很大的影响，过大的偏心度不仅能引起顶替质量问题，还会加剧非均匀地应力下各应力分布的不均度甚至在窄间隙出现过高的应力，引发后续生产作业对水泥环结构完整性的破坏问题。由此，固井中应该保持套管居中，为水泥环封固可靠性提供保障。

6.4.4　井斜角的影响

定向井、水平井中井斜角对水泥环界面应力及结构完整性的影响，主要在于作用在套管—水泥环—地层固结体轴向、径向方向上的应力有别于原始地应力。由于斜井段、水平井段井眼轴线不再是垂直井那样的铅垂线，需利用坐标转换分析建立的式(6.117)或式(5.118)计算获得不同井斜角井段沿井眼轴线与径向方向的有效应力的大小。

为便于分析，假设地层为蠕变地层，原始垂向地应力为35MPa，最大水平主应力18MPa，最小水平主应力12MPa，不考虑因井深改变对地应力造成的影响。其余基本计算条件为：井眼轴线为井斜方位不变的二维轨迹。套管外径177.8mm，套管壁厚12.65mm，弹性模量210GPa，泊松比0.3，屈服强度800MPa。水泥环为理想弹塑性体，厚度31.75mm，弹性模量4.71GPa，泊松比0.178，屈服强度25MPa。井壁地层径向厚度1500mm，弹性模量24GPa，泊松比0.25，屈服强度25MPa。初始加载10MPa，加载套压到50MPa，卸载套压到0MPa。图6.49~图6.52给出了井斜角对水泥环界面应力的影响曲线。图中，符号I、O分别表示水泥环内、外界面位置；L、U分别表示载荷加载、卸载作用方式；0、90、30分别表示周向位置，选取井眼高边为周向坐标0°点。由此，IL-0、OL-0、IU-0、OU-0分别表示水泥环周向0°位置内外界面加载、卸载条件，IL-90、OL-90、IU-90、OU-90分别表示水泥环周向90°位置内外界面加载、卸载条件，IL-30、OL-30、IU-30、OU-30分别表示水泥环周向30°位置内外界面加载、卸载条件。图6.53给出了井斜角为60°条件下加载时水泥环界面应力分布云图。

其他参数条件不变的情况下，井斜角对水泥环界面应力的影响主要取决于地应力的坐标转换关系及水泥环界面位置。计算结果表明，井斜角增加，水泥环各不同位置处的等效应力增加，接触压力增加，剪切应力绝对值增加(零剪切应力点除外)，周向应力降低，在井斜角达到90°时(即水平井段)，各界面应力的绝对值最高。上述变化结果与井斜角影响地应力的作用方向转变的程度有直接关系。井斜角增加，作用于径向(垂直于井眼轴向的固结体圆环平面)的有效最大主应力增加，水泥环各界面应力的绝对值必然会增加。当井斜角达到90°时，径向有效最大主应力达到最高值(等于地层垂向应力)，导致各界面应力的绝对数值也达到最高。

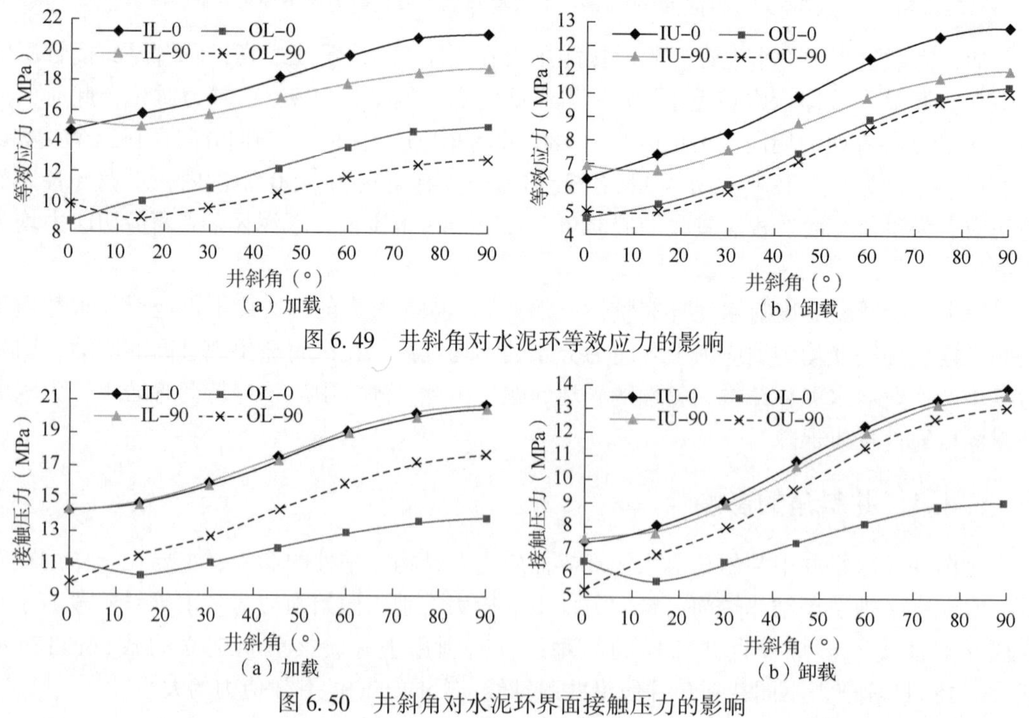

图6.49　井斜角对水泥环等效应力的影响

图6.50　井斜角对水泥环界面接触压力的影响

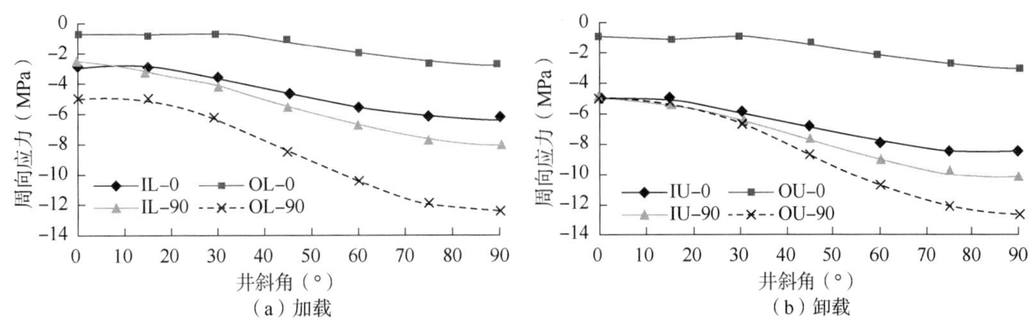

图 6.51　井斜角对水泥环界面周向应力的影响

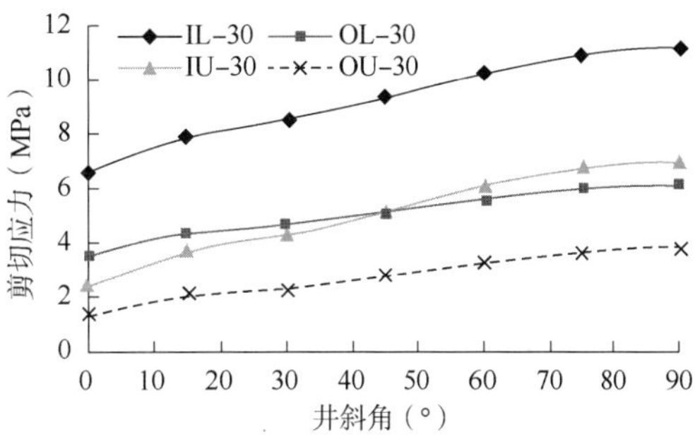

图 6.52　井斜角对水泥环界面剪切应力的影响

上述计算条件下，最大地应力作用于 0°～180°径向方向，最小地应力作用在 90°～270°径向方向。加载过程中水泥环未发生屈服变形，因此，加、卸载作用下各界面应力的变化趋势对应一致。但不同种载荷作用方式，不同的水泥环位置，各界面应力大小存在差异。对于水泥环界面接触压力，各不同周向位置处内界面接触压力始终高于外界面接触压力[图 6.53(b)径向应力为负值时为接触压力]，周向 0°处内界面接触压力略高于周向 90°处内界面接触压力，而 90°外界面接触压力(井斜角为 0°时除外)高于 0°处外界面接触压力，卸载后各界面接触压力低于加载时的对应应力。对于水泥环界面周向应力，周向 0°处外界面周向呈现最小的压应力状态，而 90°外界面接周呈现最大的压应力状态。0°处内界面周向应力绝对值低于 90°处内界面周向应力，卸载后周向应力水平略低于加载的水平。对于水泥环界面剪切应力，加载时内界面应力高于外界面，卸载后，界面剪切应力低于加载时的应力。

上述分析结果表明，当考虑地应力为非均匀地应力时，井深、井斜角等对水泥环界面应力产生影响的本质就在于作用于固结体上的地应力发生了变化。主要表现为井深增加地应力增大，井斜角变化地应力也随之变化且不均度增加。对于弹性地层，由于地应力不主动加载作用于套管—水泥环—地层固结体，井深、井斜角引起的地应力变化对水泥环界面应力的影响很小。但对于蠕变地层，或因页岩油等非常规复杂资源开采而采取密集压裂作业的产层，井深、井斜角增加，作用于固结体圆环平面的有效最大主应力增大，有效地应力围压作用非均匀度增大。地应力的上述变化会一方面加剧水泥环周向上各应力分布的非均匀程度，另一方面则直接导致水泥环内出现较高的应力。地应力越大，非均匀性越高，界面应力越大，分布不均度越高，水泥石越易于出现屈服变形、剪切破坏或压缩破坏等危及固结体结构完整性安全等问题。因此，在实施定向井、水平井固井水泥环界面应力分析及水泥环力学参数设计时，应注意考虑井斜角变化造成的地应力变化问题。

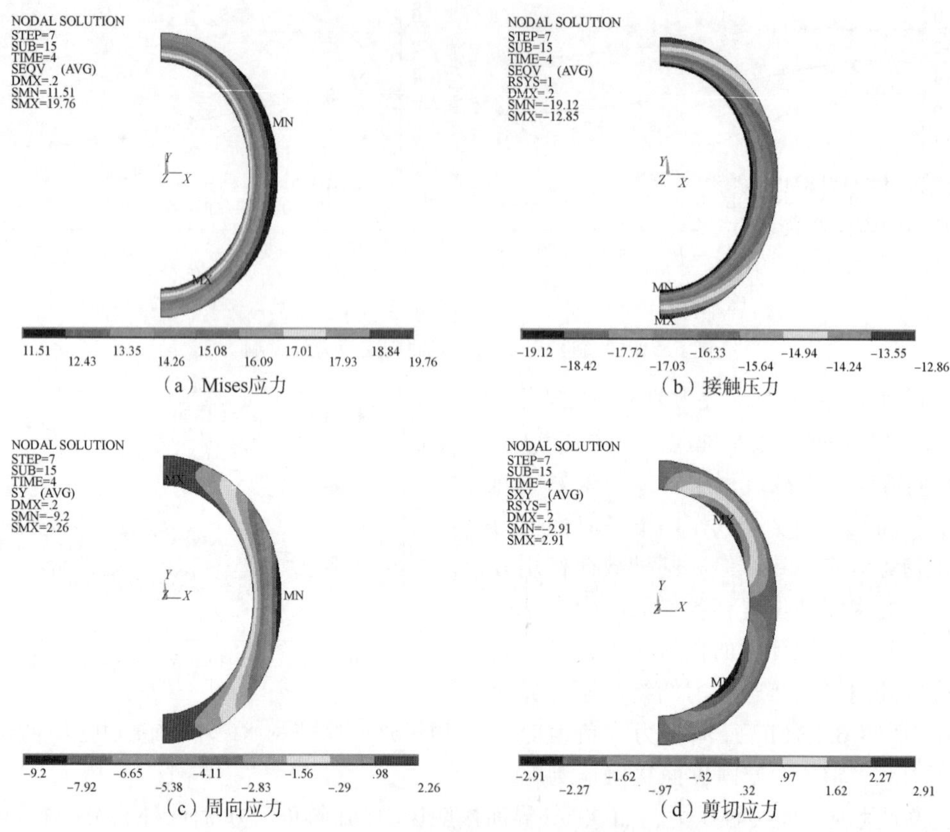

（a）Mises应力　（b）接触压力

（c）周向应力　（d）剪切应力

图 6.53　水泥环界面应力分布云图

6.5　水泥环力学参数的影响

水泥环强度、弹性模量与载荷是固井施工作业中的主要可控性参数。分析强度、弹性模量等水泥环力学参数对固结体中水泥环界面应力及结构完整性影响规律，评价水泥环力学参数与载荷的适应性，是合理选择和设计水泥浆体系的重要途径。

6.5.1　水泥环强度的影响

强度是衡量水泥环抗载能力的重要指标，按照套管—水泥环—地层固结体井下受载状况，及结构完整性破坏准则，水泥环力学分析中涉及到的强度指标主要包括：抗拉强度、屈服强度、抗压强度、抗剪强度和界面胶结强度。

水泥环抗拉强度、胶结强度、抗压强度属于判定标准类指标。当水泥环或胶结界面产生的拉应力超过抗拉强度或界面胶结强度时，水泥环本体或水泥环胶结界面将产生拉伸裂纹，组合体结构完整性遭到破坏。而当作用于水泥环的压应力超过抗压强度时，水泥环将产生压缩破坏。作用于水泥环的剪切应力超过抗剪强度时，水泥环将发生剪切破坏。因此，单从强度方面考虑套管—水泥环—组合体结构完整性问题时，水泥环抗拉强度、胶结界面强度、抗压强度、抗剪强度越高，组合体承载能力将越强。

水泥环屈服强度是评价水泥环是否发生屈服变形的指标，制约水泥环应力与变形性质与程度。图 6.54、图 6.55 给出了水泥环屈服强度对界面应力影响的计算结果。图中计算条件参数为：井眼直径 241.3mm，套管直径 177.8mm，套管壁厚 12.65mm，套管弹性模量 210GPa，泊松比 0.3；水泥环泊松比 0.178，水泥环第一界面胶结强度 0.6MPa，第二界面胶结强度 0.18MPa；地层为弹性地层，井壁围岩地层半径取 1m，岩石弹性模量 24GPa，泊松比 0.25；水泥环弹性模量为 10GPa，泊松比 0.178，抗拉强度为 3.5MPa，抗压强度 40MPa。套管内加载载荷 35MPa。

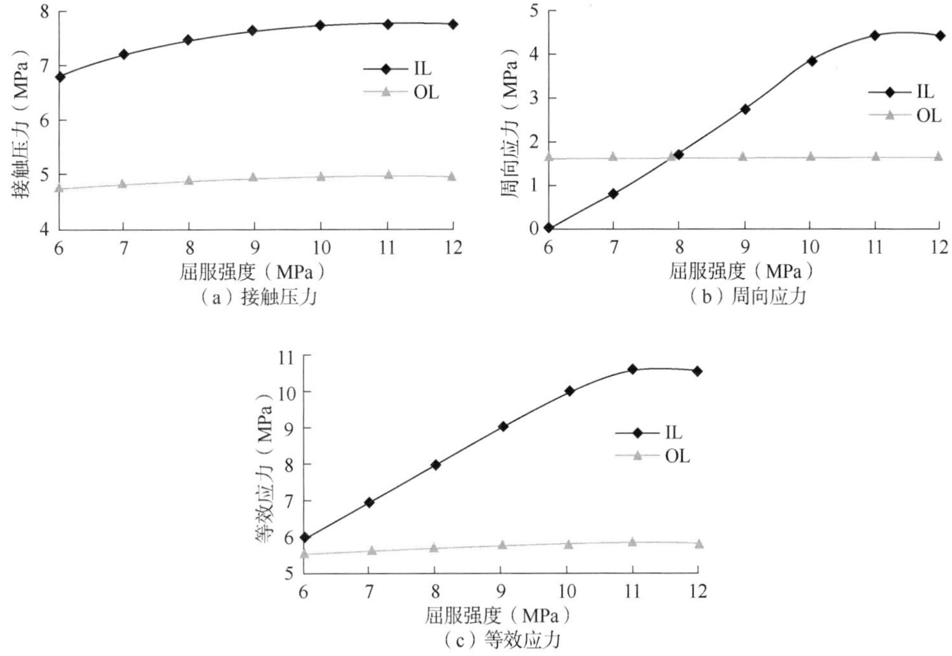

图 6.54　加载时水泥环屈服强度对界面应力的影响

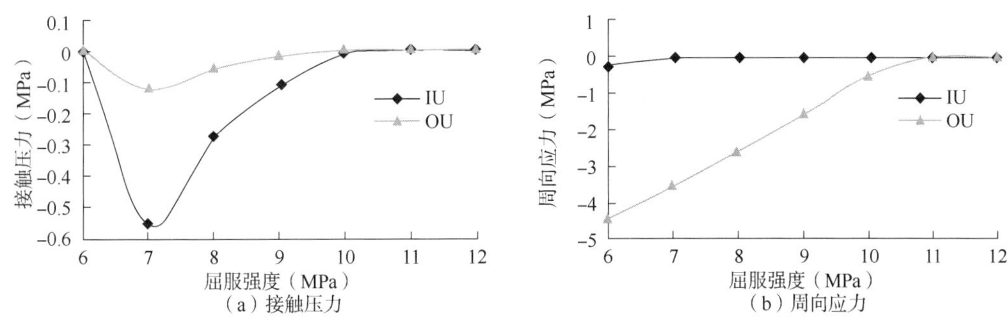

图 6.55　卸载时水泥环屈服强度对界面应力的影响

对于给定的载荷、水泥环屈服强度及地层条件，套管内加载时，水泥环内界面的接触压力、周向应力及等效(Mises)应力均高于水泥环外界面处的相应应力值。可依据水泥环界面各应力随水泥环屈服强度大小而变化的形式划分为 2 个区间。当水泥环屈服强度较低(≤10MPa)时，加载中水泥环易于从内侧发生屈服产生局部塑性形变，甚至载荷过高时水泥环可发生整体屈服。按照水泥石理想弹塑性本构关系，水泥环屈服部位的等效

(Mises)应力等于水泥环屈服强度，因此，该区间内，水泥环屈服强增加，水泥环内、外界面应力均增大。其中影响最明显的是水泥环内界面的等效面应力和周向应力，影响最小的是水泥环外界面应力(图 6. 54)。当水泥环屈服强度较高(>10MPa)时，载荷作用下的水泥环等效应力低于水泥环屈服强度，水泥环处于弹性变形阶段。此时，屈服强度对水泥环界面各应力不产生影响。

按照图 6. 54(b)计算结果，当水泥环屈服强度达到和超过 10MPa 时，水泥环内侧周向拉应力(3. 82MPa)均高于给定的水泥环抗拉强度(3. 5MPa)，水泥环在内侧部位出现拉伸破坏产生裂纹，破坏水泥环的结构完整性。而当水泥环屈服强度低于 10MPa 时，水泥环内界面存在屈服变形问题。

卸载后(图 6. 55)水泥环界面各应力的变化与加载所产生的应力与变形性质有密切关系。当加载过程中水泥环只发生弹性变形时，卸载后固结体能完全恢复变形，此时，界面接触压力、周向应力等均恢复到初始 0 状态。而当加载过程中水泥环发生屈服后，由于水泥环变形不能完全恢复，卸载后水泥环界面接触压力、周向应力等发生了改变。水泥环界面周向应力的变化在于，内界面周向应力由拉伸应力转变为压应力，水泥环屈服强度越低，周向应力值越低。当卸载后地层边界无法提供地应力的围压作用时，界面接触应力也会发生由压应力(正值)而变为拉应力(负值)的根本转变，使水泥环胶结界面产生拉伸作用，为水泥环胶结界面撕裂离散带来了潜在危险。水泥环屈服变形程度越高，胶结界面被撕开的危险性越大。如图 6. 55 所示，当水泥环屈服强度小于 10MPa 时，卸载后水泥环内、外胶结界面的接触压力均变为拉应力，且屈服强度越小，拉应力越大；当水泥环屈服强度为 6MPa 时，水泥环内交界面被撕开(拉应力为 0，微间隙为 0. 0013mm)。

6. 5. 2 水泥环弹性模量的影响

水泥环弹性模量是影响水泥环变形能力的重要力学参数。图 6. 56 给出了水泥环屈服强度为 10MPa，抗拉强度为 3. 5MPa，套管内加载 35MPa 时，水泥环弹性模量对固结体水泥环界面接触压力、周向应力及等效应力的影响。

图 6. 56 结果表明，水泥环弹性模量为 9GPa 时，内界面等效(Misess)应力为 9. 97MPa 接近水泥环屈服强度。当弹性模量为 10GPa 时，水泥环的内侧已发生屈服，而外侧仍保持为弹性变形行为。由此，水泥环弹性模量对界面应力的影响特征，同样也可以按照水泥环弹性和塑性变形形态进行划分：(1)对于低水泥环弹性模量区(≤9GPa)，水泥环处于弹性变形范围，弹性模量增加，水泥环内、外界面处各种应力均增加；(2)对于相对较高的水泥环弹性模量区，当弹性模量增大到某一定值时(>9GPa)，水泥环内界面的等效应力达到水泥环屈服强度值，水泥环内侧发生部分塑性变形，界面 Misess 应力值等于水泥环屈服强度。此后，水泥环弹性模量继续增加，水泥环内界面处的 Misess 应力不变，接触压力增加，周向应力降低；水泥环外界面处由于仍处弹性变形范围，各界面应力仍随弹性模量增加而增大。

水泥环内侧发生部分屈服后，弹性模量对水泥环内界面接触压力、周向应力的影响趋势发生了改变。其中，内界面接触压力随弹性模量增加的幅度比弹性变形区低；而周向应力随弹性模量的变化不仅出现了明显的趋势改变，而且出现最大周向应力的位置也由最初

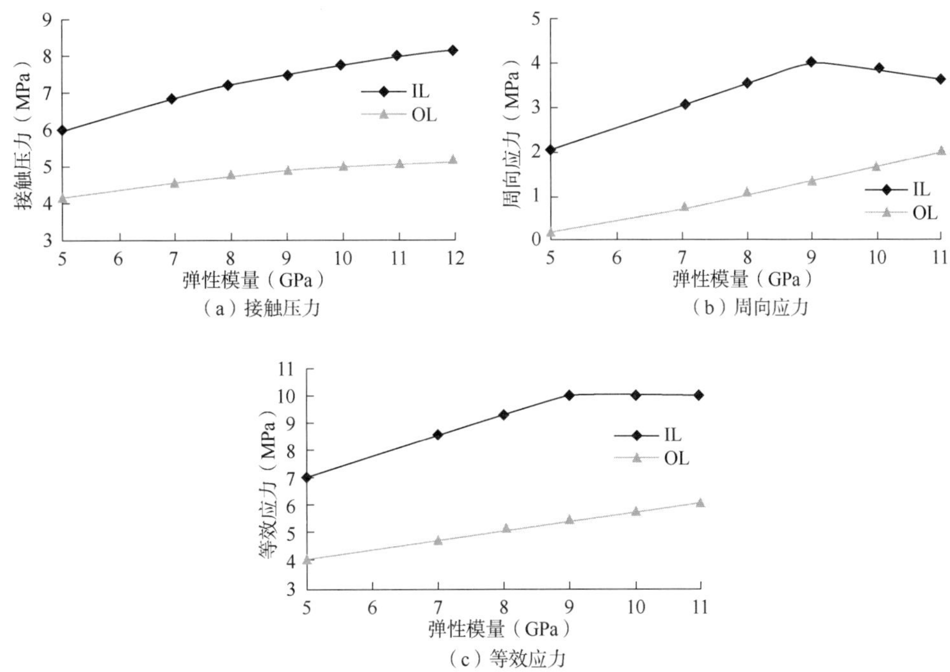

图 6.56 加载时水泥环屈服强度对界面应力的影响

处于弹性状态时的内边界移向水泥环内部（图 6.57）。

当水泥环的抗拉强度为 3.5MPa 时，在弹性模量为 9GPa 时，达到较高值（3.96MPa），水泥环将在内界面一侧产生拉伸裂纹，破坏水泥环的结构完整性；此后，当弹性模量继续增加时，虽然水泥环内界面周向应力降低，但由于最大周向拉应力位置内移，位于水泥环内某径向部位的最高周向应力仍可能超过水泥环抗拉强度，使水泥环内部同样能产生拉伸破坏（图 6.57 中，水泥环弹性模量为 12GPa 时，内侧周向应力为 3.44MPa，而内部最高拉应力为 4.18MPa）。

图 6.57 水泥环周向应力分布云图

卸载后（图 6.58），对于低弹性模量的弹性变形区，套管、水泥环、地层等产生弹性变形恢复，各应力恢复到加载前的原始状态。但对于高弹性模量区，当水泥环发生屈服时，卸载后，水泥环内、外界面接触压力转变为径向拉伸应力，而周向应力变为压应力。弹性模量越高，水泥环界面径向拉应力越大，水泥环界面被撕开的风险也越大。

综上分析，弹性地层及低地应力地层中，水泥环弹性模量较高时，载荷作用下水泥环上会产生较高的界面应力。加载过程易于产生水泥环周向拉伸破坏，以及由于加载时水泥

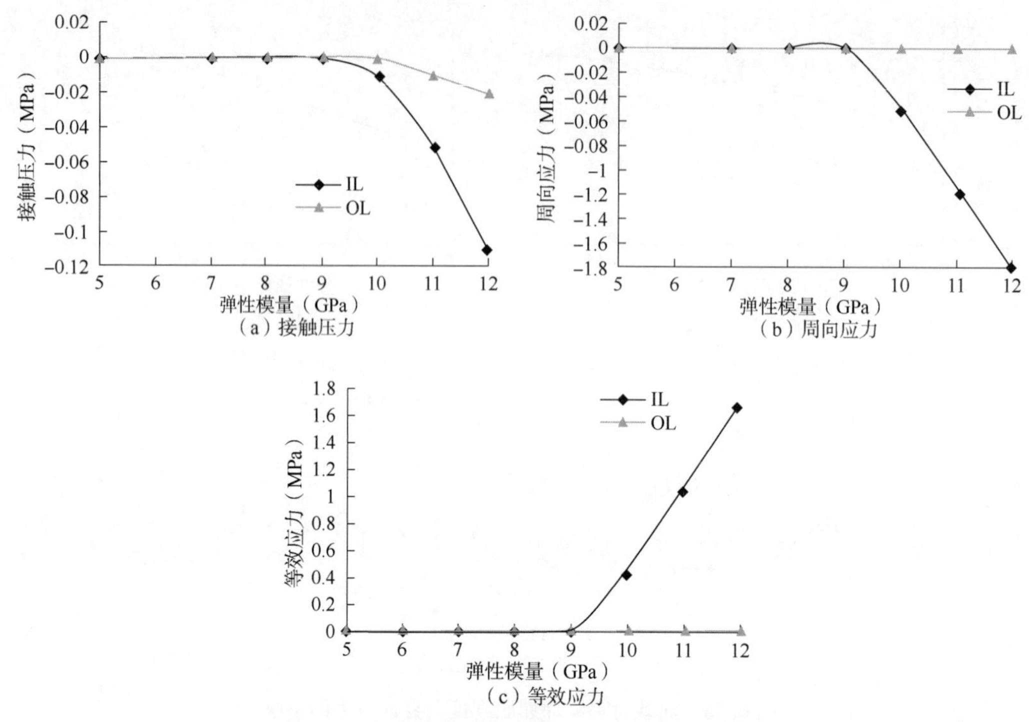

图 6.58　卸载时水泥环屈服强度对界面应力的影响

环发生屈服变形导致卸载时胶结界面产生拉伸应力等危及水泥环结构完整性安全的问题。水泥环弹性模量较小时，载荷作用下水泥环不易于产生屈服，界面应力小，卸载后抗撕裂能力好。因此，选择低弹性模量水泥环对保障结构完整性有利。

6.5.3　水泥环泊松比的影响

图 6.59(a)给出了地应力为 30MPa 水泥环屈服强度 10MPa 时，套管内施加 31MPa 载荷作用条件下水泥环泊松比对加载与卸载后水泥环界面接触压力的影响曲线。图 6.59(b)给出了地应力为 1MPa 水泥环屈服强度 10MPa 时，套管内施加 70MPa 载荷作用条件下水泥环泊松比对加载与卸载后界面接触压力的影响曲线。图中计算条件为：套管外径 177.8mm，壁厚 12.65mm，偏心度为 0，弹性模量 210GPa，泊松比 0.3，屈服强度 800MPa；水泥环厚度 31.75mm，弹性模量 4.71GPa，内界面胶结强度 1.57MPa，外界面胶结强度 0.18MP；设地层为蠕变地层，井壁围岩地层半径取 1m，地层弹性模量 24GPa，泊松比 0.25，屈服强度 25MPa。

对于高地应力条件[图 6.59(a)]，在套管内载荷作用下，水泥环内界面接触压力大于外接面界面接触压力。水泥环内外壁等效应力均超过水泥环的屈服强度，说明水泥环发生了整体屈服形变。水泥环泊松比增大，加载、卸载时水泥环内、外界面接触压力均增大。泊松比较高时，水泥环内界面会出现较高的压缩应力。卸载后水泥环内外界面存在接触压力，胶结界面不存在被撕裂离散问题。

对于相对较低的地应力条件[图 6.59(b)]，套管内加载过程中，水泥环内界面等效应

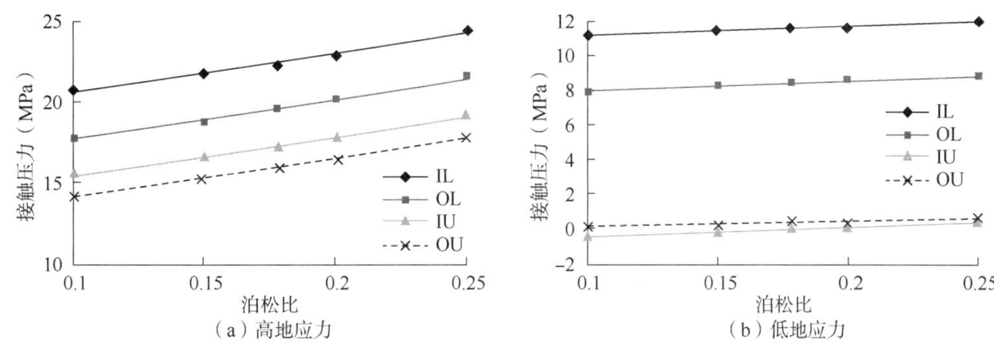

（a）高地应力　（b）低地应力

图 6.59　水泥环泊松比对界面接触压力的影响

力超过水泥环屈服强度，水泥环内侧发生屈服变形，外侧保持为弹性变形。水泥环泊松比增大，加载、卸载时水泥环内、外界面接触压力增大，但总体变化幅度不大，表明低地应力条件下水泥环泊松比对界面接触压力的影响程度比高地应力条件下的影响程度低。卸载后，水泥环内、外界面接触压力相对较低，内界面接触压力低于外界面的接触压力，当泊松比较小(≤0.178)时，内界面出现拉伸应力，为内界面产生拉伸撕裂带来了潜在危险。而当泊松比相对较高时，界面仍存在接触压力作用，说明此种环境及载荷作用条件下泊松比较大时，水泥环界面抗撕裂的能力较强。

上述分析结果表明，水泥环泊松比对结构完整性的影响与环境加载条件有很大关系，对于高地应力地层环境，减小泊松比，能减低水泥环径向压应力，能提高水泥环抗压碎破坏的能力。而对于低地应力地层，泊松比越大，胶结界面抗撕开的能力越好。由此，在工程实际中设计和选择水泥环泊松比时，应根据具体情况综合考虑加载、卸载两种载荷作用方式对泊松比进行优选。

6.5.4　水泥环力学本构关系的影响

水泥环力学本构关系模式不同，载荷作用下水泥石产生的应力应变响应就会存在差别。图 6.60~图 6.63 分别给出了特定条件下采用不同水泥石力学本构关系模型获得的水泥环内界面应力模拟计算结果。图中，曲线 1，2，3 分别由水泥石理想弹塑性本构关系、线性硬化本构关系、非线性硬化本构关系计算获得。计算基本条件参数为：套管外径 177.8mm，壁厚 12.65mm，偏心度为 0，弹性模量 210GPa，泊松比 0.3，屈服强度 800MPa；水泥环厚度 31.75mm，弹性模量 4.5GPa，泊松比 0.3，屈服强度 14MPa，抗拉强度 2.5MPa，抗压强度 28MPa，内界面胶结强度 0.5MPa，外界面胶结强度 0.18MPa；设地层为蠕变地层，井壁围岩地层半径取 1m，地层弹性模量 24GPa，泊松比 0.25，屈服强度 25MPa；钻井液密度为 1270kg/m^3，计算井深为 870m。

模拟计算结果表明，水泥环本构关系只影响各界面应力的大小，对界面应力随载荷的变化趋势不产生本质影响(除加载时等效应力外)。对于上述给定的计算条件，套管内载荷达到 70MPa 时内界面等效应力接近水泥环屈服强度，超过 70MPa 后水泥环发生部分屈服。分析可见，当载荷相对较小时，载荷作用下水泥环产生弹性变形，加、卸载时利用理想弹塑性本构关系、线性硬化本构关系、非线性硬化本构关系计算获得的各界面应力分别对应相同，这是由于三种本构关系在弹性变形阶段具有相同的力学本构关系及弹性模量所产生的必然结果。水泥环弹性变形阶段，载荷增加，加载时各界面应力线性增大，卸载后因产生弹性变形恢复各本构模型计算获得的各界面应力仍分别保持一致。当载荷相对较高，水泥环发生部分或完全屈服变形时，各应力中按非线性硬化本构关系计算获得的值最高，按理想弹塑性本构关系计算获得的值最低，按线性硬化本构关系计算获得的值居中。加载时，载荷增加，内界面接触压力、剪切应力增加，周向应力下降并出现由拉应力转变为压应力的现象，而等效应力则存在不变化(理想弹塑性本构关系)和增加(非线性硬化本构关系和线性硬化体本构关系)两种变化形式。卸载时，内界面接触压力、周向应力、剪切应力随载荷增加而降低，而等效应力呈现为先降后增的形式。

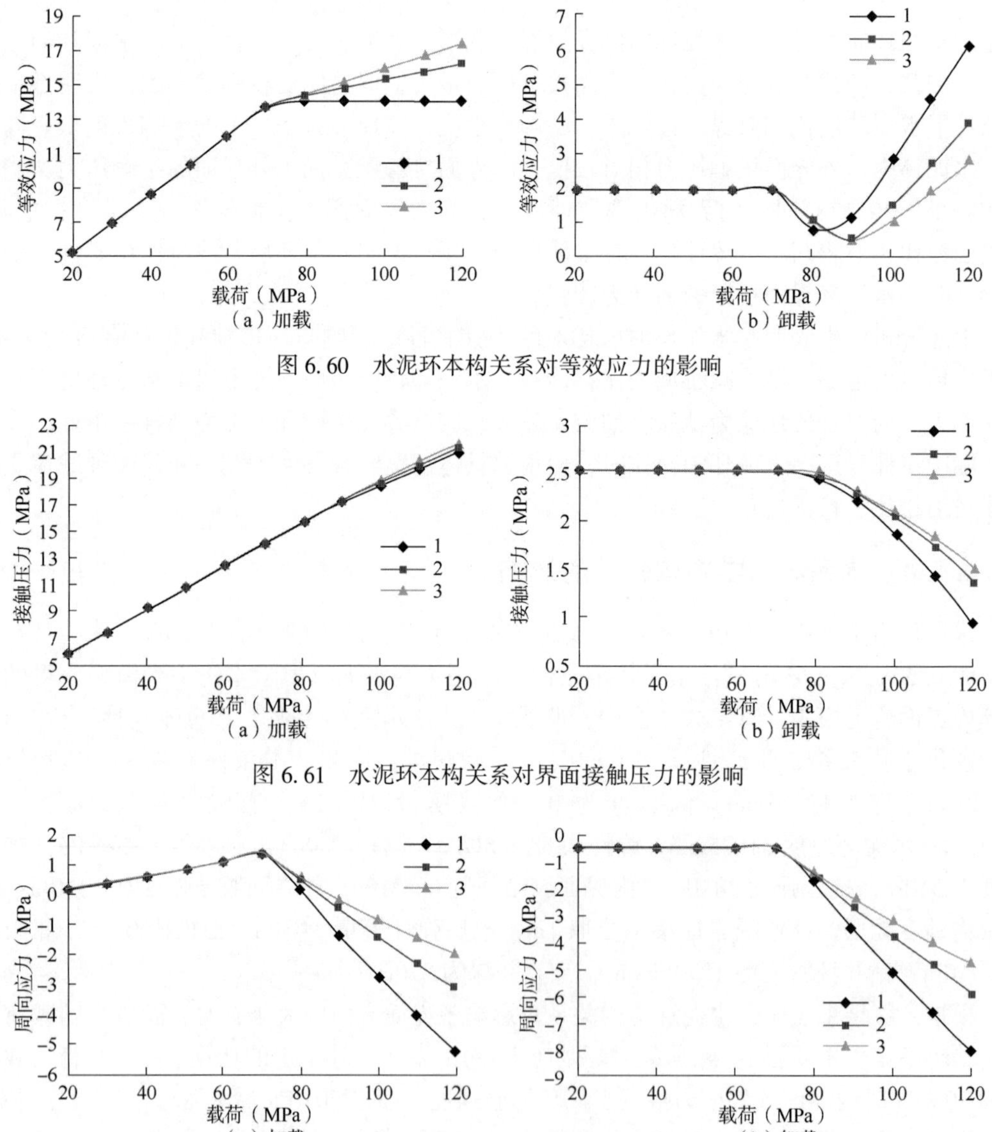

图 6.60 水泥环本构关系对等效应力的影响

图 6.61 水泥环本构关系对界面接触压力的影响

图 6.62 水泥环本构关系对界面周向应力的影响

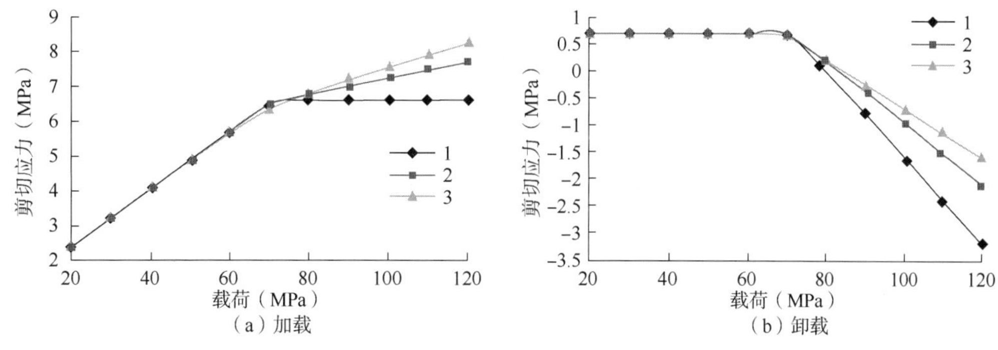

图 6.63　水泥环本构关系对界面剪切应力的影响

综上所述，在相同参数条件下，在水泥环未屈服时，三种本构关系计算获得的水泥环界面应力是相同的。在水泥环屈服后，加载时非线性弹塑性本构关系计算获得的水泥环内界面接触应力、Mises 应力、周向应力和剪切应力最高，而理想弹塑性本构关系的水泥环内界面各项应力最低。因此，在相同参数条件下，随着载荷的逐渐升高，以非线性弹塑性本构模型建立的水泥环组合体可能发生最先被压碎或发生剪切破坏。压力卸载后，非线性弹塑性本构关系的水泥环内界面接触应力、周向应力、剪切应力最高，理想弹塑性本构关系的水泥环内界面受到的等效应力最大。

6.6　载荷对水泥环界面应力的影响

作用在套管—水泥环—地层固结体上的外载荷，主要包括施工作业时施加在套管内的载荷、井下温度及地应力。有关地层性质及地应力对固结体的力学作用前面已经进行过分析，本节主要阐述套管内载荷及温度载荷的作用及其对水泥环界面应力的影响。

6.6.1　施工作业载荷的影响

施工作业载荷是决定水泥环的变形性质及应力值大小的关键因素。图 6.64、图 6.65 分别给出了不同条件下施工作业载荷对水泥环界面接触压力的影响。图中基本计算参数条件为：套管外径 177.8mm，壁厚 12.65mm，偏心度为 0，弹性模量 210GPa，泊松比 0.3，屈服强度 800MPa；水泥环厚度 31.75mm，弹性模量 4.71GPa，泊松比 0.178，抗压强度 23.51MPa，内界面胶结强度 1.57MPa，外界面胶结强度 0.18MPa；设地层为蠕变地层，井壁围岩地层半径取 1m，地层弹性模量 24GPa，泊松比 0.25，屈服强度 25MPa。其中，图 6.64 中地应力为 20MPa 水泥环屈服强度为 16MPa；图 6.65 中地应力为 1MPa 水泥环屈服强度为 7MPa。

计算结果表明，图 6.64 条件下，当套管内加载 31MPa 时，水泥环内界面等效应力(15.32MPa)接近水泥环屈服强度(16MPa)，加载超过 31MPa 后，内界面等效应力超过水泥环屈服强度，外接面等效应力仍低于水泥环的屈服强度，水泥环在内侧部位发生部分屈服变形。当套管加载较高(如 70MPa)时，水泥环内界面存在高接触压力危及水泥环抗压缩安全性。对于图 6.65 的加载条件，当套管内加载超过 31MPa 后，水泥环内界面发生屈

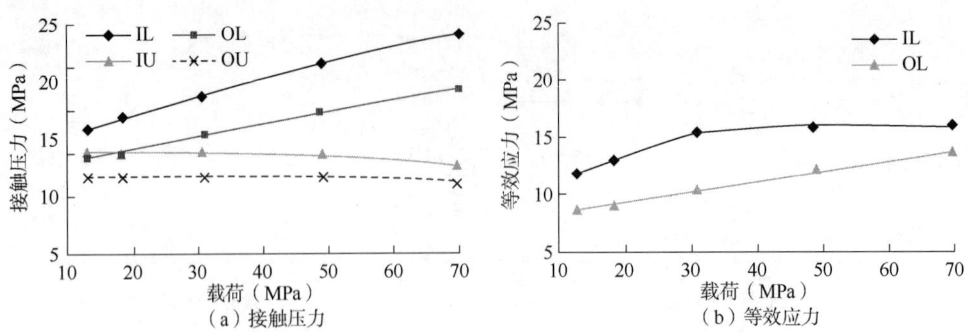

（a）接触压力　（b）等效应力

图 6.64　地应力为 20MPa 条件下套管内载荷对水泥环界面应力的影响

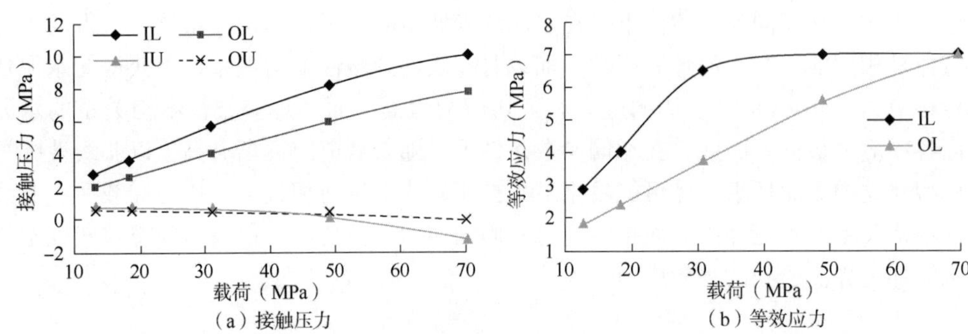

（a）接触压力　（b）等效应力

图 6.65　地应力为 1MPa 条件下套管内载荷对水泥环界面应力的影响

服，而在套管内加载 70MPa 时，水泥环发生了整体屈服。

上述结果说明，载荷对水泥环界面应力的影响同时存在数值大小变化及变形性质变化两方面。不同的地应力及水泥环屈服强度条件下，套管内载荷相对较小时，水泥环产生弹性变形，载荷增加，水泥环界面接触压力以近似于正比例的关系增加，等效应力增大。当载荷增大到一定值时，水泥环内侧部位发生屈服，而外侧仍保持为弹性变形。此后，载荷继续增加，水泥环屈服程度加剧，甚至由部分屈服发展为整体屈服。水泥环内侧屈服变形区内，水泥环等效应力不变，内界面接触压力随载荷增加而增高，但数值的变化幅度比弹性变形区小。水泥环外侧弹性变形区内，载荷增加，水泥环外界面接触压力增加，外界面等效应力增加，至发生整体屈服后保持为水泥环屈服强度值。

若加载时水泥环发生弹性变形，卸载后，界面接触压力均恢复到加载初期的初始状态；而当加载时水泥环发生部分或整体屈服时，套管内载荷增加，水泥环界面接触应力呈略降低趋势。但对于不同的地应力条件，界面接触应力的变化形式存在差别。对于高地应力条件，卸载后水泥环内界面接触压力高于外界面压力，二者均保持为正值，表明存在地应力围压作用环境下，不存在水泥环胶结界面撕裂离散的问题。当地应力较小(或地层为弹性地层)时，加载过程中水泥环发生屈服时，卸载后，内界面接触压力低于外界面接触压力，载荷增加，水泥环界面接触压力降低，甚至出现拉伸应力，危及水泥环胶结界面结构完整性。

综上所述，蠕变地层中，套管内施加的作业载荷越大，加载时水泥环越容易发生程度高的屈服变形，承受高的压缩破坏风险，卸载后水泥环胶结界面出现高的拉伸应力，加重水泥环胶结界面离散撕裂的潜在危险程度。因此，在实际施工作业中，为保障套管—水泥环—地层固结体结构完整性，对于特定的井下环境及水泥环力学条件，应对施工作业载荷进行优选及控制。

6.6.2　温度的影响

假定岩石各向同性，在温度改变时，地层能很快传递、消耗由于温度引起的垂向应力的改变，使垂向主应力保持与上覆岩层重力的平衡。当将油藏边界视为无穷大，侧向变形受到约束，将温度改变引起的侧向应变视为零，可建立由于温度变化产生的水平应力变化：

$$\Delta\sigma_{h} = \frac{\alpha_{t} E \Delta T}{1 - v} \tag{6.120}$$

式中：$\Delta\sigma_{h}$是热作用下水平应力变化量，MPa；ΔT 是地层温度改变量，℃；α_{t}是岩石的线胀系数，$℃^{-1}$。

地层的刚性越大，温度引起的地应力改变量就越大。油气田的开发活动将引起油田地应力的显著变化。图 6.66 给出了不同地应力及水泥环屈服强度条件下温度对水泥环界面应力的影响曲线。图 6.66(a) 中地应力为 20MPa 水泥环屈服强度为 7MPa，套管内载荷 70MPa；图 6.66(b) 中地应力为 2MPa 水泥环屈服强度为 7MPa，套管内载荷 70MPa。其余基本计算条件同图 6.61。

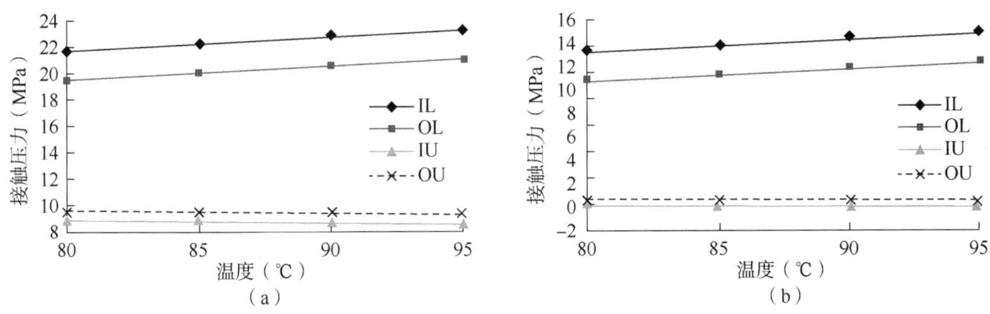

图 6.66　温度对水泥环界面接触压力的影响

当不考虑温度对水泥环物质组成结构改变带来的变化，只考虑温度产生的热应力变化时，加载、加温过程中，图 6.66(a) 条件下的水泥环发生整体屈服变形，图 6.66(b) 条件下的水泥环发生部分屈服变形。温度升高，水泥环界面接触压力增加。卸载、降温后，水泥环界面接触压力降低，对于低地应力地层，内界面接触压力可能由压应力转变为拉伸应力，危及水泥环胶结界面完整性。

值得说明的是，上述计算中只考虑了温度产生的热应力作用，并没有考虑热作用下因水泥石材料脱水、结构变化等引起的水泥环物理力学参数变化问题，计算结果与实际状态是存在偏差的。工程实践中，在分析温度对套管-水泥环-结构完整性影响时，特别是对于温度超过 110℃ 的高温条件，应充分考虑热作用下水泥环物质组成、结构变化与力学的耦合问题。

6.7 保障套管—水泥环—地层结构完整性的措施

载荷作用下，影响水泥环应力与变形的因素众多，涉及套管—水泥环—地层固结体几何条件、组成固结体各材料单元的力学性能、载荷作用方式及大小等各个方面。这些因素中有些是固井工程施工作业必须面对的客观条件，属于不可控因素，如地层力学性质及地应力状况、井径、井斜角、套管力学参数等。而有些因素则是可以通过合理施工设计、施工作业操作进行优化选择的可控因素，如：通过合理使用套管扶正器保证套管居中，优化选择设计水泥环力学性能、优化选择施工作业载荷等改善水泥环应力状态，为套管—水泥环—地层固结体结构完整性、封固可靠性提供保障。

针对井眼几何条件、地层条件、套管性能参数等客观条件，以优选和设计施工作业参数、水泥环力学参数为目标，设计制定固井及相关生产施工作业技术及参数指标，是保障套管—水泥环—地层固结体结构完整性，水泥环封固质量的根本技术途径。由于，载荷作用下水泥环的应力应变响应是施工作业载荷、水泥环力学参数等多因素综合作用产生的结果，因此，施工作业参数优选、水泥环力学参数优选问题的本质，即是确定限定条件下载荷、水泥环力学参数间的适应性关系。

6.7.1 水泥环力学参数与载荷的适应性

评价水泥环力学参数与载荷的适应性，是合理选择和设计水泥环强度、弹性模量等力学参数的重要基础。

6.7.1.1 水泥环屈服强度与载荷对界面应力的协同作用

不同的水泥环屈服强度、不同的载荷条件，水泥环产生的应力及变形规律会存在很大的差别。图 6.67~图 6.71 给出了载荷、水泥环屈服强度双重因素影响下水泥环界面应力的变化情况。图中，实线为水泥环内界面的应力，虚线为水泥环外界面应力。计算基本条件为：井眼直径 241.3mm，套管直径 177.8mm，套管壁厚 12.65mm，套管弹性模量 210GPa，泊松比 0.3；选取井壁围岩地层半径取 1m，岩石弹性模量 24GPa，泊松比 0.25，为便于直观分析，设固井水泥封固至井口，选择井口处水泥环进行计算，井口地应力为 0MPa。水泥环一界面胶结强度 0.6MPa，二界面胶结强度 0.18MPa，弹性模量 10GPa，泊松比 0.178，抗拉强度 4MPa。

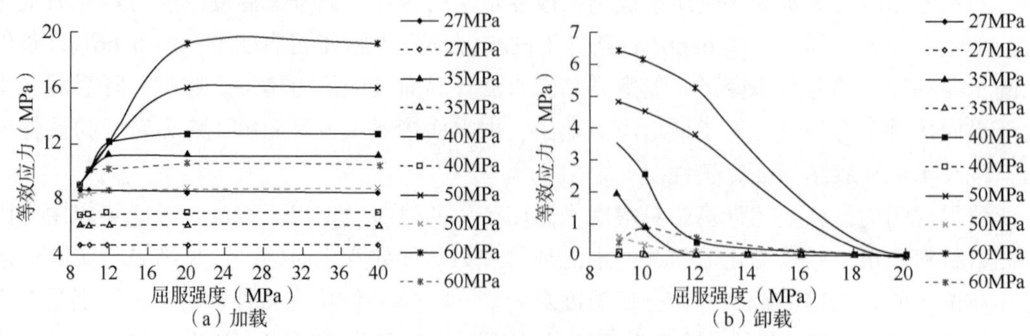

图 6.67 不同载荷条件下水泥环屈服强度对等效应力的影响

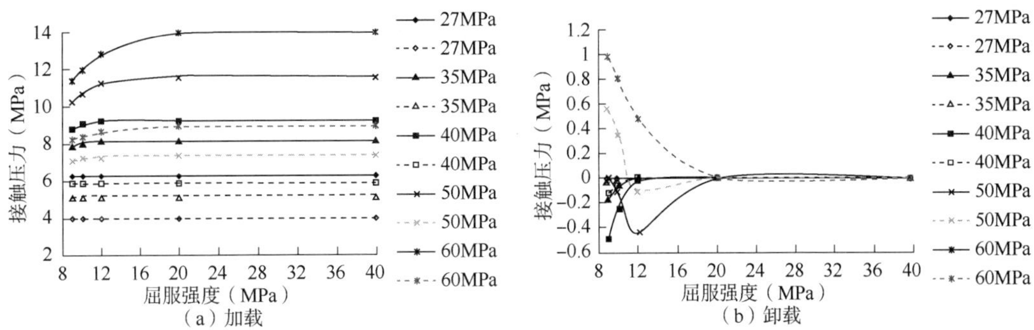

图 6.68　不同载荷条件下水泥环屈服强度对界面接触压力的影响

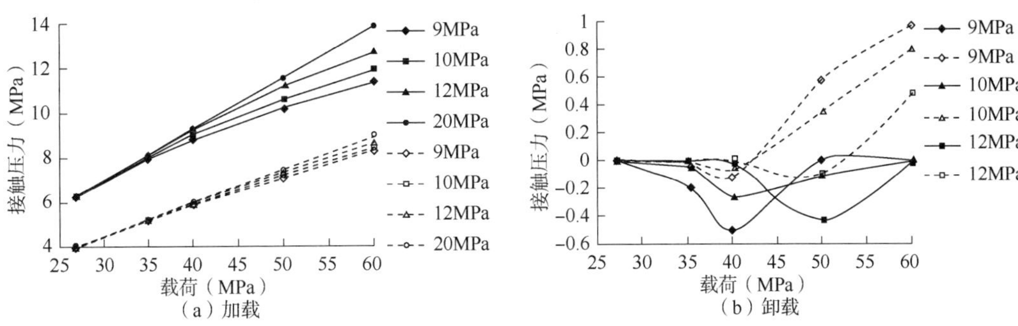

图 6.69　不同水泥环屈服强度条件下载荷对接触压力的影响

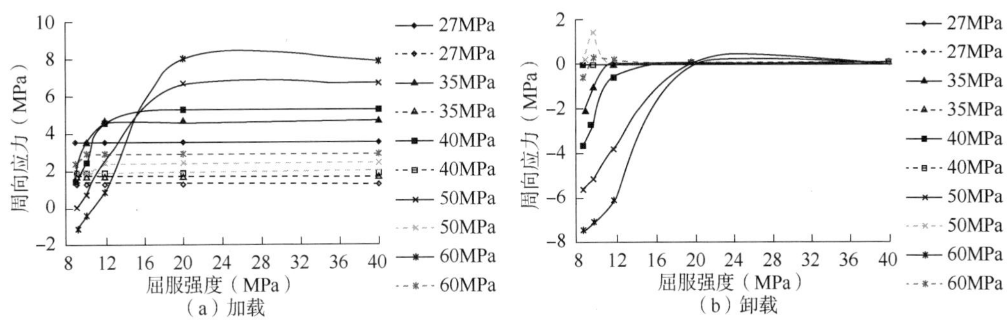

图 6.70　不同载荷条件下水泥环屈服强度对界面周向应力的影响

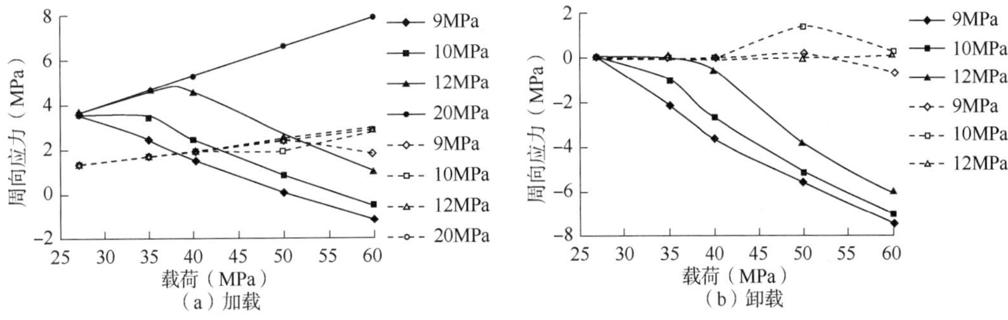

图 6.71　不同水泥环屈服强度条件下载荷对界面周向应力的影响

载荷作用下水泥环的变形形态及应力水平与载荷、水泥环屈服强度同时相关。水泥环界面应力随屈服强度、载荷的变化形式可以按照塑性变形、弹性变形 2 个区间进行分析。

水泥环变形性质主要取决于载荷大小与水泥环屈服强度大小的匹配关系。载荷作用下，水泥环产生的等效(Mises)应力超过水泥环屈服强度值时，水泥环即会发生局部或整体屈服变形。载荷高时，水泥环中会产生高的应力，易于使水泥石发生屈服变形。而当水泥环屈服强度高时，水泥环不容易发生屈服变形。套管内加载时，低地应力或弹性地层条件下，水泥环内侧应力值高，水泥环易于首先在内侧发生屈服产生局部塑性形变，当载荷高、水泥环屈服强度低时水泥环可发生整体屈服。图 6.67 中，载荷为 27MPa 时，各不同屈服强度的水泥环只产生弹性变形；水泥环屈服强度较高(20MPa、40MPa)时，各不同载荷下水泥环也只发生弹性变形；载荷为 35MPa、40MPa、50MPa 时，相对低屈服强度的水泥环内侧发生局部屈服，外侧不产生屈服变形；水泥环屈服强度低于 10MPa 加载 60MPa 时，水泥环发生整体屈服。

对于水泥环发生塑性变形的低屈服强度值区间，水泥环屈服强度增加，各界面应力增大。对于水泥环弹性变形区，水泥环屈服强度对各界面应力无影响。载荷大小对界面应力的影响程度与水泥环屈服强度、应力类别有关。水泥环屈服强度较高时，加载时水泥环只发生弹性变形，水泥环界面接触压力、周向应力随载荷增加线性增大。水泥环屈服强度较小时，低载荷加载作用下的水泥环弹性变形区，界面应力与载荷之间的关系仍保持为线性增加关系；水泥环发生部分或整体屈服后，载荷增加，界面接触压力增大，内界面周向应力降低，外界面周向应力增加，载荷与界面应力间呈非线性变化关系。

水泥环发生屈服时，水泥环内界面出现周向应力随载荷增加而降低的现象与屈服变形程度有关。水泥环内界面发生程度不高的部分屈服时，水泥环内弹性变形区仍会保持有相当高的应力，出现周向应力高值由内界面处向水泥环内迁移的现象。地应力为 0MPa 或弹性地层条件下，由于缺乏地层围压作用，套管内加载时易于在水泥环内产生周向拉伸应力。水泥环屈服强度越高，水泥环越不易于发生屈服，载荷作用下产生的周向拉应力越大，加载时水泥环越易于产生拉伸破坏。图 6.70、图 6.71 中，当水泥环屈服强为 12MPa 时，加载达到及超过 35MPa 后，水泥环内界面周向拉应力超过抗拉强度值，水泥环将在内侧部位出现拉伸裂纹。

卸载后水泥环界面各应力的变化与加载所产生的应力与变形性质有密切关系。计算结果表明，当加载过程中水泥环只发生弹性变形时，卸载后固结体能完全恢复形变，此时，界面接触压力、周向应力等均恢复到初始 0 状态。而当加载过程中水泥环发生屈服后，由于水泥环变形不能完全恢复，卸载后使界面接触压力、周向应力等发生了改变。当远地应力场无法提供恢复推动力时，界面接触应力会由压力而变为拉力(图 6.69)，使水泥环胶结界面存在撕裂的潜在危险。水泥环屈服变形程度越高，胶结界面被撕开的危险性越大。图中计算条件下，当水泥环屈服强度小于 12MPa 时，加载超过一定值后，卸载后水泥环内胶结界面接触压力变为拉应力，且屈服强度越小、载荷越高，屈服变形程度越严重，卸载时产生的拉应力越大。当水泥环屈服强度为 9MPa 时，加载为 50MPa 时，卸载后水泥环内胶结界面被撕开(应力为 0，间隙为 0.0125mm)。

6.7.1.2 水泥环弹性模量、载荷和地应力对界面应力的协同作用

水泥环弹性模量是评价水泥环变形能力的一个重要指标，水泥环弹性模量对水泥环界

面应力及固结体结构完整性的影响与载荷、地层性质及地应力等参数有关，应根据具体情况进行分析。

图 6.72~图 6.75 分别给出了非均匀地应力条件下加载、卸载时载荷、弹性模量双重因素对水泥环界面应力的影响。图中，1、2 为套管内加载水平，1 为加载 32MPa，2 为加载 50MPa；I、O 分别表水泥环内、外界面，L、U 分别表示加载、卸载，0、90、30 分别表示水泥环周向 0°、90°、30°角度位置，如“1-IL-0”表示为“加载 32MPa 水泥环周向 0°处内界面”。其他计算条件如下：井斜角 0°，套管外径 177.8mm，套管壁厚 12.65mm，地层长度 1.5m；套管弹性模量 210GPa，泊松比 0.3，屈服强度 800MPa；水泥环厚度 31.75mm，泊松比 0.178，屈服强度 16MPa，抗拉强度 4MPa，抗剪强度 8MPa，抗压强度 60MPa，水泥环本构关系处理成理想弹塑性；地层为蠕变地层，弹性模量 24GPa，泊松比 0.25，屈服强度 25MPa；原始垂向应力为 35MPa，原始水平最小主应力 12MPa，原始水平最大主应力 18MPa，初始套压 10MPa，加载后卸载套压到初始加载状态。

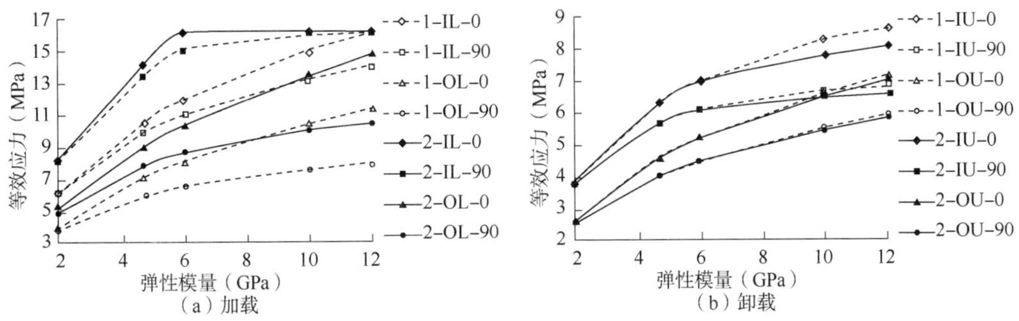

（a）加载　（b）卸载

图 6.72　不同载荷条件下水泥环弹性模量对等效应力的影响

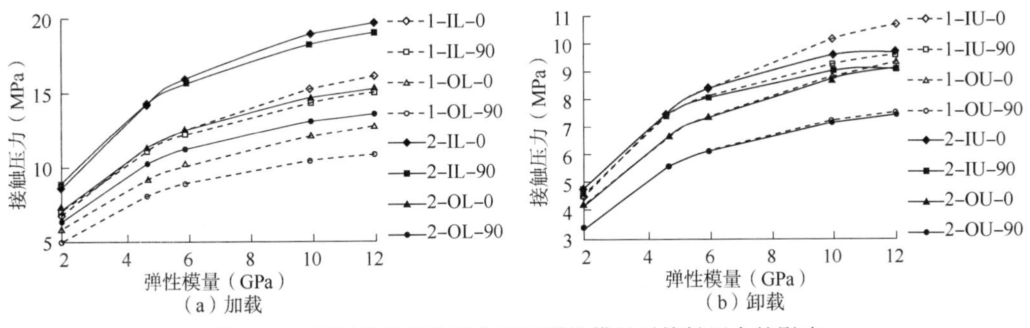

（a）加载　（b）卸载

图 6.73　不同载荷条件下水泥环弹性模量对接触压力的影响

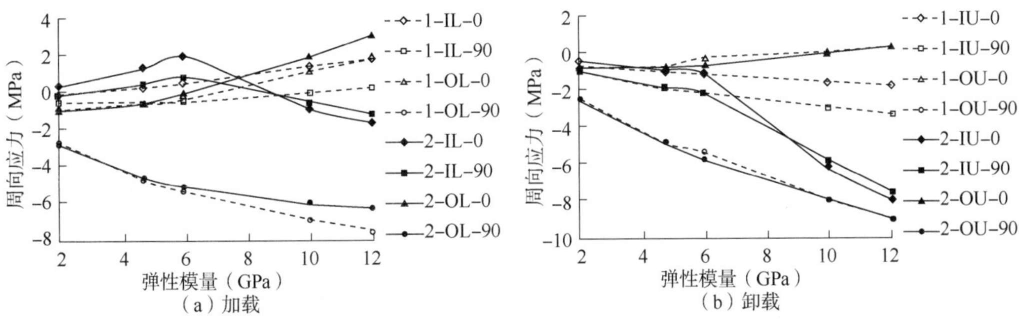

（a）加载　（b）卸载

图 6.74　不同载荷条件下水泥环弹性模量对周向应力的影响

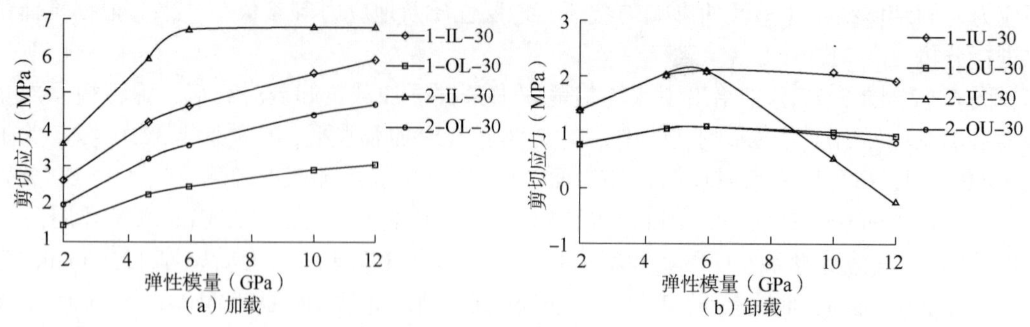

图 6.75　不同载荷条件下水泥环弹性模量对剪切应力的影响

载荷与水泥环弹性模量双重影响下，水泥环界面应力的变化与二者作用下水泥环的变形性质有关。对于上述计算条件，加载 50MPa 作用下，水泥环弹性模量为 6GPa 时，周向 0°处水泥环内界面发生部分屈服，此时 90°处尚未发生屈服，而当水泥环弹性模量为 10GPa 时，水泥环全部内界面侧均发生部分屈服。在加载 32MPa 条加下，水泥环弹性模量达到 12GPa 时，周向 0°处水泥环内界面才开始发生部分屈服。按照理想弹塑性本构关系，水泥环产生屈服后等效应力等于水泥环屈服强度，不再随弹性模量等的变化而改变。

非均匀地应力条件下，当最大水平主地应力作用于水泥环周向 0°～180°的径向方向时，周向 0°处水泥环内外界面的等效应力、接触压力、周相应力均比 90°相应位置处的同种应力高，且上述各应力最高值出现在水泥环内界面侧。加载时，水泥环弹性模量增加，水泥环界面接触压力增加，载荷越高，弹性模量越高，接触压力、剪切应力(绝对值)越大。水泥环发生屈服形变时，弹性模量对接触压力、剪切应力的影响程度低于未发生屈服时的应力水平。水泥环弹性模量较低时，水泥环在载荷作用下只发生弹性变形，卸载后各位置处的界面接触压力、剪切应力均对应相等，与加载载荷大小无关。而当水泥环弹性模量较高时，加载时水泥环发生屈服，卸载后水泥环各界面接触压力、剪切应力会因加载载荷不同分别存在差异。

载荷、弹性模量对水泥环界面周向应力的影响与非均匀地应力作用方向、水泥环变形性质、界面部位有关。对应于最小水平地应力作用方向的周向 90°位置处，不同载荷作用下，水泥环外界面周向应力均为压应力，水泥环弹性模量增加，应力绝对值增大。对于载荷加载作用下水泥环不发生屈服变形的部位，水泥环弹性模量增加，周向应力增大。卸载后各位置处的界面周向应力均对应相等，与加载载荷大小无关。而在载荷加载作用下水泥环发生部分屈服时，屈服部位一般为水泥环内界面侧，随弹性模量继续增加内界面周向应力降低，卸载后界面周向应力因加载载荷不同而存在差异。

图 6.76～图 6.78 给出了水泥环屈服强度为 10MPa，套管内加载 35MPa 时，水泥环弹性模量与地应力双重因素对加载、卸载时水泥环界面各应力的影响。图中，实、虚线分别代表内、外界面应力。计算时假设地层为蠕变地层，具有均匀地应力，模拟不同井深深度地应力分别取为 0MPa、5MPa 和 15MPa。

计算结果表明，当将井眼深部地层看作蠕变地层时，除井口地应力为 0MPa 外，地应力将以围压的形式始终作用于组合体，对水泥环界面应力状态产生影响。地应力增加，水泥环各界面接触压力增大，周向压应力增加，地应力越高，弹性模量越高，接触压力越

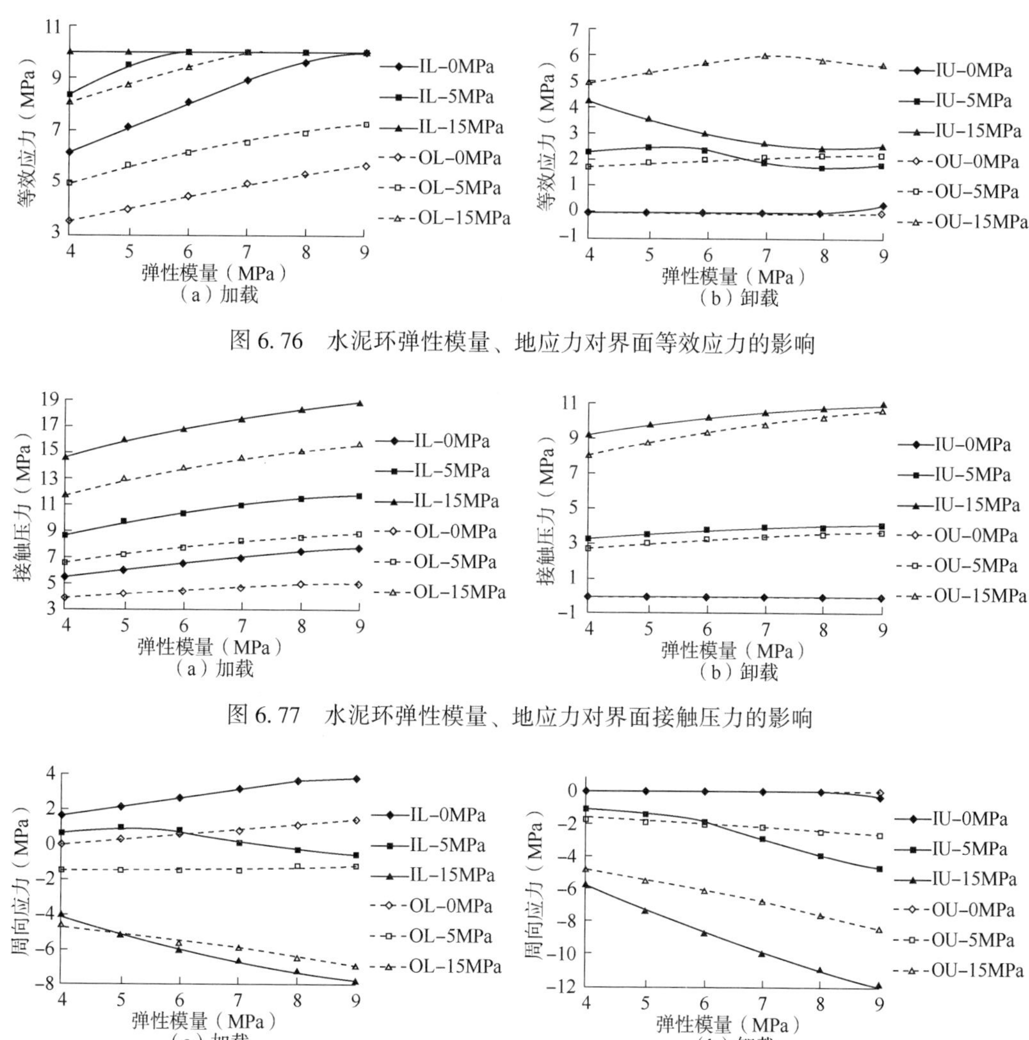

图 6.76　水泥环弹性模量、地应力对界面等效应力的影响

图 6.77　水泥环弹性模量、地应力对界面接触压力的影响

图 6.78　水泥环弹性模量、地应力对界面周向应力的影响

高，周向压缩应力越大。由此，在考虑水泥环结构完整性问题时，高地应力蠕变地层中水泥环不存在周向拉伸破坏的问题，但应注意深部高地应力地层中水泥环屈服及抗压能力问题。高地应力条件下，水泥环更易于发生屈服，图中计算条件下，地应力为 5MPa 时，水泥环在弹性模量为 6GPa 时内界面开始发生屈服，而当地应力为 15MPa 时，水泥环在弹性模量为 4GPa 时内界面即发生屈服，在 7GPa 时水泥环发生整体屈服。与地应力为 0MPa 的条件相比，在蠕变地层地应力作用下，卸载后水泥环存在界面接触压力和周向压缩应力，地应力越高，应力值越大。该结果说明，当井下地层为蠕变地层时，在地应力的围压作用下，卸载后水泥环胶结界面能保持接触状态，不易于被撕开。

上述结果表明，弹性模量与载荷、地应力等存在适应性问题。蠕变地层地应力围压作用下，虽然水泥环周向应力一般多保持为压应力状态而不易于发生拉伸脆性破坏问题，卸载后也不存在胶结界面被撕开的问题，但随着载荷、地应力的增加和水泥环弹性模量的增大，水泥环界面接触压力增大、非均匀地应力条件下剪切应力会增高，存在易于引发水泥环屈服变形、抗剪强度破坏、抗压破坏等危及水泥环结构完整性问题。由此，对于给定的载荷与地应力条件，低弹性模量有利于保证水泥环的结构完整性。

6.7.1.3 水泥环弹性模量、屈服强度对界面应力的协同作用

水泥环弹性模量、屈服强度对水泥环界面各应力造成的影响主要源于加载过程中水泥环各部位变形形态的差异。当水泥环的界面部位只发生弹性变形时，各界面应力与屈服强度无关，弹性模量增加，界面应力增大。当水泥环弹性模量较高时，高屈服强度的水泥环仍保持弹性变形状态，而相对低屈服强度的水泥环，内界面产生的等效(Mises)应力则可能达到使水泥环屈服的应力水平，造成水泥环内侧发生部分塑性变形，不同屈服强度的水泥环的各界面应力开始出现差异。水泥环发生屈服后，水泥环弹性模量继续增加，产生屈服变形的水泥环，其内界面等效应力不变，接触应力以相对低幅度增加，界面周向应力降低；而仍然处于弹性变形的水泥环及其界面部位，各应力仍随弹性模量增加而增加。图 6.79~图 6.81 分别给出了水泥环屈服强度、弹性模量双重因素对各界面应力影响状况。图中，水泥环屈服强度分别为 10MPa 和 20MPa，实、虚线分别为水泥环内、外界面，其余计算条件同上。

特定载荷等条件下，水泥环的屈服强度是影响加载过程中水泥环变形性质的关键指标。上述结果表明，水泥环弹性模量为 9GPa 时，屈服强度为 10MPa 的水泥环在内侧发生屈服，而屈服强度为 20MPa 的水泥环仍保持为弹性变形，其内界面接触压力、等效应力、周向应力均高于屈服强度为 10MPa 时的相应界面应力值。说明，相同的弹性模量条件下，水泥环弹性变形部位的各应力对应高于屈服变形部位的应力。当考虑水泥环的抗拉强度为

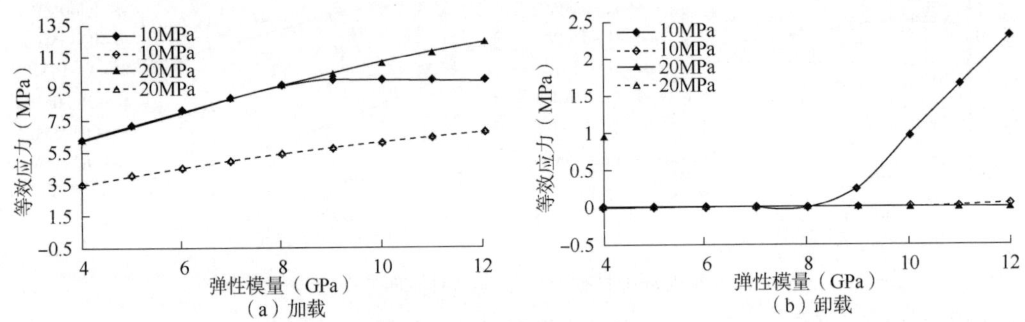

图 6.79　水泥环弹性模量和屈服强度对等效应力的影响

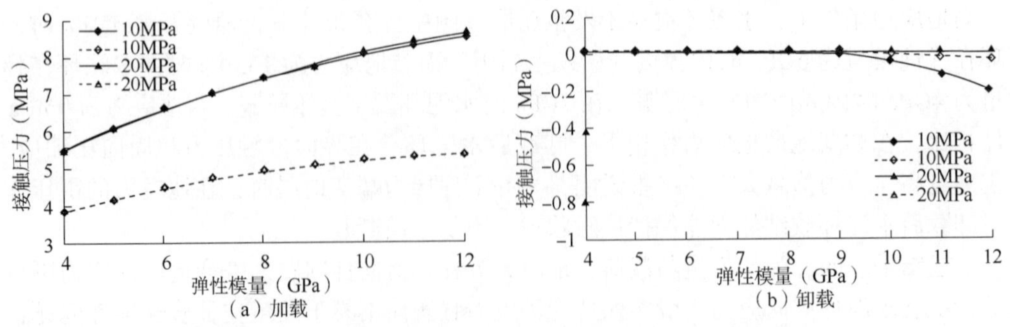

图 6.80　水泥环弹性模量和屈服强度对界面接触压力的影响

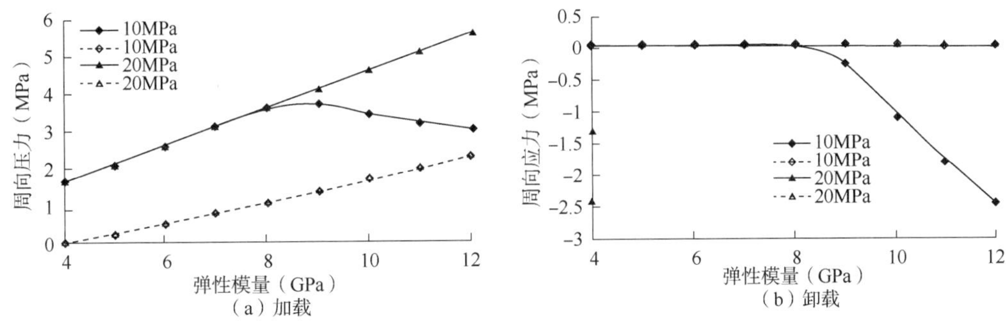

图 6.81　水泥环弹性模量和屈服强度对界面周向应力的影响

4MPa 时，屈服强度为 20MPa 的水泥环，当弹性模量达到 9GPa 时水泥环内界面周向拉伸应力(4.14MPa)已超过水泥环抗拉强度，水泥环将在内界面一侧产生拉伸裂纹，破坏水泥环的结构完整性。此后，当弹性模量继续增加时，该类水泥环均会在较高的周向拉应力作用下产生拉伸裂纹。

卸载后，发生弹性变形的水泥环能够随套管、地层等产生弹性变形恢复，各应力恢复到加载前的原始状态。而当加载水泥环发生屈服变形时，卸载后由于水泥环变形不能产生完全恢复，将可能在水泥环内、外胶结界面产生拉应力(接触压力为负值)，在水泥环周向上出现压应力(周向应力为负值)。弹性模量越高，卸载后水泥环胶结界面拉应力越大，水泥环胶结界面被撕开的潜在威胁越大。

6.7.1.4　水泥环力学参数与载荷的适应性

上述分析结果表明，载荷作用下水泥环在加、卸载过程中所体现的应力状态、变形特点及完整性破坏形式，同时与水泥环强度、弹性模量、载荷及地应力等有关，当考虑水泥环结构完整性，评价水泥环承载能力或力学参数选择时，应充分分析屈服强度、弹性模量等性能参数与载荷间存在的适应性问题。表 6.1 给出了弹性地层条件下不同种水泥浆固结水泥环力学参数及其承载能力模拟计算结果。表中，序号 0 对应的承载结果是将 1#浆体水泥石抗拉强度假定等于 4#样品抗拉强度条件下获得的。由于加载时套管-水泥环-地层固结体弹性变形过程中水泥环内界面应力高于外界面，表中只列出水泥环内界面处的 Von Mises 应力和周向应力。计算时，地层考虑为弹性地层，其余井眼几何参数、地层参数等同前。

表 6.1　水泥环固结体力学参数、临界承载能力计算结果

序号	浆体组成	弹性模量（GPa）	屈服强度（MPa）	抗压强度（MPa）	抗拉强度（MPa）	等效应力（MPa）	周向应力（MPa）	临界承载载荷（MPa）
0		10.2	42.5	67.1	5.2	12.53	5.28	39
1	G	10.2	42.5	67.1	3.8	9.16	3.85	28.5
2	G+15%J	7.86	20.3	53.7	4.1	11.5	4.28	42
3	G+15%J+0.5%X	9.12	24.6	48.9	4.6	11.55	4.61	38.5
4	G+15%J+0.5%X+2%F	6.52	15.2	45.7	5.2	15.2	5.21	63
5	G+4%J+4%F	4.75	14.8	25.1	3.1	10.97	3.17	55
6	G+35%S	4.22	10.4	20.7	2.8	10.4	2.88	56.5
G 为嘉华 G 级油井水泥，J 为胶乳，X 为纤维，F 为橡胶粉，S 为微硅								

计算结果表明，不同的水泥浆组成，形成的水泥环具有不同的力学参数，能承受或适应的载荷也不同。对于弹性地层，当水泥环屈服强度较高时，加载过程中均以水泥环内侧产生周向拉伸裂纹为主要破坏形式，且破坏时各水泥环均处于弹性变形阶段(4#、6#水泥环恰好达到临界屈服状态)。水泥环产生拉伸裂纹破坏的临界载荷同时与水泥环弹性模量、水泥环屈服强度及抗拉强度有关。对于特定的水泥环力学性能，当同时考虑屈服强度、弹性模量及抗拉强度对水泥环临界承载载荷影响时，存在载荷与各性能参数适应性问题。

弹性地层及井口低地应力条件下，套管内加载过程中，当水泥环弹性模量低、屈服强度高、载荷低时，水泥环一般发生弹性变形，以水泥环内侧产生周向拉伸裂纹为主要破坏形式；当水泥环弹性模量高、屈服强度低、载荷高时，水泥环易于从内侧开始屈服，卸载后由于低地应力缺乏围压支持，水泥环不能实现完全变形恢复，导致水泥环胶结界面承受拉伸应力作用，水泥环胶结界面存在被拉裂的结构破坏风险。当给定水泥环弹性模量、屈服强度时，抗拉强度越高、水泥环界面胶结强度越高，水泥环承载能力越强。对于给定的水泥环抗拉强度、界面胶结强度，水泥环弹性模量越低，承载能力越强；水泥环屈服强度高、弹性模量高，水泥环承载能力低；当水泥环屈服强度、界面胶结强度、弹性模量、抗拉强度等匹配得当时可以获得较高的承载能力(如：屈服强度 15.2MPa、弹性模量 6.52GPa、抗拉强度 5.2MPa 时，水泥环承载临界载荷最高为 63MPa)。由此，设计水泥浆体系时，最好能够依据施工作业实际条件，协调综合考虑水泥环各种力学性能参数。

对于蠕变地层，在一定井深部位的地应力作用下，加载过程中水泥环易于产生较高的接触压力，易于在较低的水泥环弹性模量下就发生屈服，地应力越高，水泥环界面压力越高，越易于发生屈服，周向应力更倾向于表现为压缩应力状态。卸载后由于地层应力围压作用，水泥环胶结界面能保持压应力作用下的紧密接触状态。由此，载荷作用下，井下一定井深部位的水泥环，以易于发生屈服变形及产生高的压缩应力为主要特征。同时，若蠕变地层地应力为非均匀地应力，还要注意水泥环剪切应力及水泥环抗剪切破坏问题。

6.7.2 保障套管—水泥环—地层结构完整性的措施

上述分析结果表明，水泥环界面应力状态及大小受载荷、地层条件、井眼几何条件、水泥环力学参数等众多因素的共同影响，且在影响过程中各因素之间存在协同作用与适应性问题。工程实际中一般将地层和井眼条件作为工程施工和设计的客观依据，而将施工载荷、水泥环力学参数作为人为可控因素进行优选和设计。为此，当以保障水泥环结构完整性、封固可靠性为目标，对套管—水泥环—地层固结体实施力学分析或技术参数优选时，其实质即是确定固结体所受外载荷与水泥环力学参数的适应性关系。其基本技术途径大致包括两个方面：一是给定施工载荷条件下水泥环力学参数优选问题；二是给定水泥环力学性能条件下，施工作业载荷控制问题。

6.7.2.1 套管内施工作业载荷的选择与控制

对于给定的施工环境条件及水泥环力学条件，套管试压、压裂、注气等施工作业所施加于套管内的外载荷是引发水泥环结构完整性、封固可靠性破坏的源头。合理控制这些载荷，是保障固结体结构完整性的有效途径。

前述结果表明，外载荷对水泥环界面应力及其结构完整性的影响与水泥环力学性能、地层性质及参数密切相关。不同的地层性质、水泥环力学参数条件，水泥环结构完整性的破坏形式也不同。

低地应力或无地应力(弹性地层)作用下，加载过程中水泥环内部产生周向拉伸应力，水泥环存在产生拉伸裂纹而造成结构完整性破坏问题。同时，当加载过程中若水泥环发生屈服，则卸载后由于缺乏地应力支撑，可能导致水泥环不能完全恢复变形而造成水泥环内界面(有时甚至内、外两个界面)出现拉伸应力，危及水泥环界面胶结联结的致密性，严重时会因拉伸应力作用而导致界面被撕开，出现微间隙，破坏水泥环封固可靠性。此类状态下可以依据前述所建立的抗拉强度准则、胶结界面承载破坏准则，通过计算、分析加载时水泥环周向应力、卸载后界面接触压力状态选择水泥环承载能力。表 6.1 给出了弹性地层条件下以水泥环抗拉强度为标尺，通过计算分析周向拉应力获得各种水泥环的临界承载载荷。按照表中结果，当施工中作业载荷低于各水泥环临界承载载荷时，水泥环不会发生结构完整性破坏问题。

对于井下任意井深位置处，应依据地层性质及其地应力作用方式、井眼几何形态等进行分析。当地层为蠕变地层时，井深越深，地应力越高，加载作用下水泥环更易于发生屈服，非均匀地应力条件下或斜井段易于出现高的剪切应力。卸载后，由于地应力的围压作用，水泥环各界面一般仍能保持一定的接触压力，不易于发生胶结界面撕开问题。该类情况下，应注意过高剪切应力、压缩应力及大程度塑性变形等引发的水泥环结构完整性问题，应采用屈服强度准则、最大剪应力准则、抗压强度准则进行计算分析，选择合适的施工作业载荷范围。

6.7.2.2　水泥环力学参数的选择与控制

水泥环力学参数包括：水泥环强度、弹性模量、泊松比等，对于给定的施工环境及施工作业载荷条件，为保证固结体结构完整性，需对水泥环力学参数进行适应性选择，为合理设计水泥浆体系提供依据。

水泥环强度是衡量水泥环抗载能力的重要指标，主要包括：屈服强度、抗压强度、抗剪强度、抗拉强度和界面胶结强度。水泥环抗压强度、抗剪强度、抗拉强度和界面胶结强度属于评价标准类指标，需通过模型计算结果及固结体结构完整性破坏准则评价分析选择确定适应的强度限值。需要说明的是，针对不同的地层条件及井眼条件，载荷作用下水泥环的力学变化规律有不同的特征，可以按照水泥环最易于发生的强度破坏形式有针对性地对相应强度指标进行重点优选与控制。如对于弹性地层或低地应力井口部位，施工作业载荷加载时，水泥环结构完整性破坏的主要形式是由周向拉伸应力引发的水泥环本体拉伸破坏；作业载荷撤除后，固结体结构完整性破坏的主要形式是由界面拉应力引发的水泥环胶结界面撕裂裂纹破坏。此种工况条件下，需要对水泥环抗拉强度、水泥环界面胶结强度进行重点选择与控制。对于蠕变地层、非均匀地应力等条件，施工作业载荷加载时，水泥环结构完整性破坏的主要形式为大程度屈服变形、剪切破坏、压缩破坏；卸载后不存在水泥环胶结界面撕裂问题，需要对水泥环抗剪强度、抗压强度进行重点选择与控制。从保障套管-水泥环-地层固结体结构完整性安全方面考虑，上述强度值越高越有利。

由于水泥环强度与弹性模量等力学参数存在协调性问题，在进行水泥环力学参数选择时必须统筹考虑。如相同载荷作用下，不同的水泥环弹性模量、屈服强度条件可导致水泥环具有不同的变形形态及应力水平。应力水平直接关系水泥环的强度安全，而不同的变形形态，产生不同的界面应力变化规律，出现卸载后不同的界面接触应力结果，甚至造成固结体结构完整性破坏形式的改变。以表 6.1 为例，假设作业载荷为 63MPa，对于水泥环弹性模量为 6.52GPa 及屈服强度为 15.2MPa 条件，水泥环的抗拉强度应高于 5.2MPa。而当水泥环弹性模量为 10.2GPa，抗拉强度为 5.2MPa 时，最多只能承载 39MPa。

屈服强度与弹性模量的选择可通过模拟计算与分析进行。表 6.2 给出了不同地应力、载荷、弹性模量、屈服强度条件下的模拟计算结果。分析可见，地应力、加载载荷、水泥环屈服强度、弹性模量同时对水泥环界面应力大小及卸载后界面接触应力等产生影响，应针对水泥环变形、应力状态等具体情况依据相应的判别准则，对屈服强度、弹性模量或其他强度等性能协调考虑和选择。

表 6.2　水泥环屈服强度、弹性模量对水泥环界面应力的协同作用

加载	地应力	水泥环		加载						卸载					
		屈服强度（MPa）	弹性模量（GPa）	接触压力（MPa）		等效应力（MPa）		周向应力（MPa）		接触压力（MPa）		等效应力（MPa）		周向应力（MPa）	
				内壁	外壁	内壁	外壁	内壁	外壁	内壁	外壁	内壁	外壁	内壁	外壁
35	0	10	10	8.06	5.19	10	6.09	3.47	1.72	-0.05	-0.01	0.97	0.01	-1.06	0
50				10.58	7.19	10	8.44	0.83	2.38	-0.09	0.35	4.5	0.41	-5.12	0.11
55			4	8.51	5.97	9.82	5.57	2.61	0.06	0	0	0	0	0	0
			5	9.42	6.54	10	6.35	1.96	0.42	-0.09	-0.03	1.19	0.03	-1.29	0
			8	10.8	7.47	10	8.14	0.57	1.67	-0.15	0.24	4.12	0.26	-4.63	0.05
			9	11.05	7.66	10	8.66	0.33	2.12	0	0.46	4.64	0.52	-5.38	0.13
			10	11.25	7.81	10	9.17	0.15	2.58	0	0.6	5.28	0.7	-6.13	0.2
60			10	11.87	8.42	10	9.96	-0.48	2.83	0	0.8	6.11	0.95	-7.1	0.27
70				13.05	9.61	10	10	-1.66	1.59	0	1.24	7.68	0.38	-8.93	-1.22
30	0	16	10	6.95	4.46	9.52	5.23	3.97	1.47	0	0	0	0	0	0
30.5				7.07	4.53	9.68	5.32	4.04	1.05	0	0	0	0	0	0
31				7.19	4.61	9.84	5.41	4.11	1.52	0	0	0	0	0	0
32				7.42	4.76	10.16	5.58	4.24	1.57	0	0	0	0	0	0
35				8.11	5.2	11.11	6.11	4.63	1.72	0	0	0	0	0	0
40				9.27	5.95	12.7	6.98	5.3	1.97	0	0	0	0	0	0
50				11.59	7.43	15.87	8.72	6.62	2.46	0	0	0	0	0	0
60				13.69	8.87	16	10.41	4.72	2.93	-0.02	-0.05	2.84	0.06	-3.04	-0.02
70	0	16	10	15.43	10.22	16	11.99	2.89	3.38	-0.43	0.05	5.53	0.05	-5.95	0.02
	2			16.97	11.72	16	12.5	1.24	2.27	0.74	1.31	6.18	0.81	-7.81	-1.17
	20			29.73	24.66	16	16	-12.0	-9.54	13.5	14.25	6.98	6.92	-21.0	-13.0

表 6.2 中，假设水泥环的抗拉强度为 4MPa，对于弹性地层或地应力为 0MPa 的地层条件，若水泥环屈服强度较低(如为 10MPa 时)，载荷作用下水泥环易于发生屈服，易于出现的固结体结构完整性破坏的潜在形式是卸载后水泥环胶结界面出现撕裂裂纹。如加载 55MPa 条件下，水泥环弹性模量为 4GPa 时，水泥环内界面达到发生屈服的临界状态。水泥环弹性模量高于 4GPa(或者水泥环弹性模量为 4GPa 时载荷高于 55MPa)，水泥环即发生部分或整体屈服，弹性模量越高，屈服程度越高。当弹性模量达到 9GPa 时，卸载后第一界面已不存在接触压力，当弹性模量为 10GPa 时已出现间隙(0.0180mm)，表明第一界面被撕开。根据上述结果，该载荷条件下，为保障固结体结构完整性，水泥环屈服强度为 10MPa 时，弹性模量不应超过 8GPa。

对于较高水泥环屈服强度(16MPa)，加载时水泥环不易于发生屈服，加载载荷至 60MPa 时，水泥环内侧开始发生屈服。水泥环弹性模量为 10GPa 时，加载 30MPa，水泥环内周向最大拉伸应力为 3.97MPa(接近 4MPa)，达到拉伸破坏临界值，而载荷达到 30.5MPa 时，周向拉伸应力达到 4.04MPa，发生拉伸破坏。说明，较高水泥环屈服强度条件下，固结体结构完整性破坏的主要形式是水泥环出现周向拉伸裂纹，应适当选择低弹性模量的水泥环，或施工中注意控制加载载荷。

一定的水泥浆组成或配方具有一套特定的水泥环力学参数，当为满足工程需要而调整水泥浆、水泥石的某一项参数时，浆体及硬化体的其他参数也会随之变化。因此，上述水泥环力学参数的选择是以提供临界参数值为目标框定参数适应范围值。对于给定的施工作业条件，可依据水泥浆体系的适应性评价分析，对水泥浆体系进行选择和设计调整。下面，以某油田储气库井及注气作业条件为例，简要说明通过力学适应性计算与分析，选择、评价水泥浆体系的基本方法。为了使力学分析具有一般意义，在对固结体实施有限元计算中考虑了套管偏心状况，考虑了注气温度等的影响。表 6.3 给出了储气库井基本条件及注气作业条件。表 6.4 给出了地层、套管及水泥环相关参数。表 6.5 给出了水泥环界面应力计算结果。

表 6.3　某油田井眼等基本条件参数

参数项	参数值	参数项	参数值
井深(m)	2900	水泥返高(m)	0
井眼直径(mm)	253.4	注气压力(MPa)	0~32
套管外径(mm)	177.8	注气温度(℃)	95
套管壁厚(mm)	9.19	地层岩石平均密度(kg/m^3)	2280
地层半径(m)	1	钻井液密度(kg/m^3)	1280
套管偏心度(%)	20%	常规温度(℃)	25

表 6.4　地层、套管、水泥环物理性能参数

参数项	地层	套管	不同浆体组成的水泥石						
			1#	2#	3#	4#	5#	6#	7#
杨氏模量(GPa)	24	210	11	7.13	6.53	5.22	6.95	4.71	5.1
泊松比	0.25	0.27	0.17	0.170	0.179	0.175	0.173	0.178	0.14
导热性[W/(m·K)]	1.83	15	1.2	1	1	1	1	1	1
比热容[J/(kg·K)]	710	500	2100	2100	2100	2100	2100	2100	2100
热膨胀系数(1/℃)	0.3E-5	1.22E-5	0.6E-5	0.6E-5	0.6E-5	0.6E-5	0.6E-5	0.6E-5	0.6E-5
屈服强度(MPa)	50	800	25	25	20	16	20	16	16
抗压强度(MPa)			37	56.28	51.85	38.08	48.56	23.51	27
抗拉强度(MPa)			3.7	5.29	3.45	3.27	3.23	2.02	4.8
密度(g/cm³)	2.28	7.94	1.89	1.8	1.8	1.8	1.8	1.8	1.8
浆体组成	1#-G 级水泥净浆；2#-净浆+3%降失水剂+5%胶乳；3#-净浆+3%降失水剂+10%胶乳；4#-净浆+3%降失水剂+20%胶乳；5#-净浆+3%降失水剂+5%胶粉；6#-净浆+3%降失水剂+10%胶粉；7#-弹性水泥								

表 6.5　不同性能水泥环应力计算结果

浆体序号	环空位置	水泥环(加载)					
		接触压力(MPa)		等效应力(MPa)		周向应力(MPa)	
		内壁	外壁	内壁	外壁	内壁	外壁
1#	窄间隙	19.86	14.19	22.09	12.11	5.61	-0.23
	宽间隙	19.43	12.32	22.02	9.84	5.97	-0.98
2#	窄间隙	17.31	12.65	18.16	9.96	3.56	-1.32
	宽间隙	16.72	10.95	17.92	8.15	3.92	-1.65
3#	窄间隙	16.8	12.37	17.24	9.47	2.99	-1.65
	宽间隙	16.18	10.73	16.99	7.76	3.36	-1.9
4#	窄间隙	15.46	11.48	15.51	8.56	2.28	-1.91
	宽间隙	14.8	9.94	15.19	7.05	2.62	-2.03
5#	窄间隙	17.17	12.57	17.88	9.81	3.38	-1.42
	宽间隙	16.56	10.89	17.64	8.03	3.74	-1.73
6#	窄间隙	14.82	11.04	14.77	8.17	2.03	-1.97
	宽间隙	14.15	9.55	14.42	6.74	2.35	-2.04
7#	窄间隙	15.3	11.17	16.09	8.92	3.08	-1.25
	宽间隙	14.62	9.6	15.72	7.31	3.38	-1.44

当水泥浆对全井实施封固时，井口部位、弹性地层井段将是结构完整性敏感部位。从

安全角度考虑，套管内作业载荷以表 6.3 最高值 32MPa 为加载条件。对于表 6.4 给定的各水泥环屈服强度参数，计算中所有水泥环在加载过程中均未发生屈服，因此卸载后水泥环上的各种应力均为 0，所以，表 6.5 中没有列出卸载后的各应力结果。

分析可见，对于表 6.3、表 6.4 的参数条件，1#、5#、6#浆体的力学性能不能满足施工作业要求，而 2#、3#、4#及 7#浆体均能够满足施工作业加载要求，说明该 4 种水泥环对于目前的作业条件具有力学适应性。

产生上述结果的原因与各水泥环的弹性模量、抗拉强度值及其二者之间的配合关系密切相关。如 1#浆体由于弹性模量高导致加载过程中在水泥环周向上产生较高拉应力而出现拉伸裂纹，且发生拉裂的部位遍布水泥环内侧(宽、窄间隙内侧周向应力均高于水泥环抗拉强度)；6#浆体主要是由于体系抗拉强度较低，造成加载过程中宽、窄间隙内侧均出现拉伸裂纹；5#浆体则是由于较高的弹性模量和较低的抗拉强度而导致加载过程中水泥环内侧出现拉伸裂纹。相比较而言，2#浆体形成的水泥环虽然其弹性模量并不是很低，但因其抗拉强度较高而具备了足够的抗周向拉裂能力；3#浆体弹性模量与抗拉强度配合较好，4#浆体则是由于弹性模量适当，导致水泥环上周向应力不过分高，使水泥环具有了不被拉裂的能力。值得说明的是，从抗拉强度的储备及固结体结构完整性安全程度上考虑，上述浆体中 7#浆体力学适应性应是最好的，主要是因为其在具有较低的弹性模量的同时，还具有相对高的抗拉强度。

针对储气库井作业条件，在水泥浆体系设计时，还应考虑循环注采作业对水泥环力学性能、水泥环残余变形等的影响。按照上述分析结果，为满足套管—水泥环—地层固结体结构完整性的要求，总体上以选择低弹性模量、高抗拉强度、适当屈服强度为原则，可按照上述方法优选或设计出满足要求的水泥浆体系。

综上，当确定套管、地层性质等客观条件时，可以利用所建立的力学模型对水泥环界面应力进行计算，并利用固结体结构完整性破坏准则，对施工作业过程中加载、卸载时水泥环界面应力大小及状态，固结体结构完整性形态、临界状态及破坏形式等做出评价。同时，利用所建立的模型，可以通过对特定工况条件下水泥环参数及其力学适应性的分析与评价，实施水泥环力学参数或水泥浆体系选择和设计；也可以针对特定的水泥浆体系及其水泥环力学性能通过计算分析合理选择施工作业参数。

参 考 文 献

[1] Fierens P, Verhaegen J P. Hydration of Tricalcium Silicate in Paste–Kinetics of Calcium Ions Dissolution in the Aqueous Phase [J]. Cement and Concrete Research, 1976, 6 (3): 337-342.

[2] Paul Wencil Brown, Ellen Francz, Geoffrey Frohnsdorff, et al. Analyses of the Aqueous Phase During Early C_3S Hydration[J]. Cement and Concrete Research, 1984, 14(1): 257–262.

[3] P. Fierens, J. P. Verhaegen. Induction Period of Hydration of Tricalcium Silicate[J]. Cement and Concrete Research. 1976, 6 (2): 287–292.

[4] I. Odler, J. Schuppstuhl. Early Hydration of Tricalcium Silicate Ⅲ: Control of The Induction Period[J]. Cement and Concrete Research, 1981, 14(2): 765–774.

[5] K. Mohan, H. F. W. Taylor. A Trimethylsilylation Study of Tricalcium Silicate Pastes [J]. Cement and Concrete Research, 1982, 12(1): 25–31.

[6] Ellis M. Gartner. A Proposed Mechanism for the Growth of C–S–H During the Hydration of Tricalcium Silicate[J]. Cement and Concrete Research, 1997, 27(5): 665–672.

[7] Paul Wencil Brown, James Pommersheim, Geoffrey Frohnsdorff. A Kinetic Model for the Hydration of Tricalcium Silicate[J]. Cement and Concrete Research, 1985, 15(1): 35–41.

[8] I. Odler, H. Dorr. Early Hydration of Tricalcium Silicate Ⅰ Kinetics of the Hydration Process and the Stoichiometry of the Hydration Products[J]. Cement and Concrete Research, 1979, 9(2): 239–248.

[9] D. Menertrier, I. Jawed, T. S. Sun, et al. ESCA and SEM Study on Early C_3S Hydration[J]. Cement and Conceret Research, 1979, 9 (4): 473–482.

[10] J. Neubauer, H. Pollmann. Alinite Chemical Composition: Solid Solution and Hydration Behavior[J]. Cement and Concrete Research, 1994, 24 (8): 1413–1422.

[11] D. Menetrier, I. Jawed, J. Skalny. Effect of Gypsum on C_3S Hydration[J]. Cement and Concrete Research, 1980, 10 (5): 697–701.

[12] R. Melzer, E. Eberhard. Phase Identification During Early and Middle Hydration of Tricalciumsilicate (Ca_3SiO_5)[J]. Cement and Concrete Research, 1989, 19 (3): 411–422.

[13] A. M. Sharara, H. Ei–Didamony, E. Ebied et al. Hydration Characterstics of β–C_2S in the Presence of Some Pozzolantic Materials[J]. Cement and Concrete Research, 1994, 24 (5): 966–974.

[14] I. Jelenic, A. Bezjak. On the Hydration Kinetics of α–and β–Modifictions of Dicalcium Silicate[J]. Cement and Concrete Research, 1981, 11 (3): 467–471.

[15] J. Havlican, D. Doztoka. Hydration Kinetics of Calciumaluminate Phases in The Presence of Various of Ca^{2+} and SO_4^{2-} Ions in Liquid Phase[J]. Cement and Concrete Research, 1993, 23 (2): 294–300.

[16] I. Oder, J. Schuppstuhl. Combined Hydration of Tricalcium Silicate and β–Dicalcium Silicate[J]. Cement and Concrete Research, 1982, 12 (1): 13–20.

[17] H. F. W. Taylor, D. E. Newdury. Calcium Hydroxide Distribution and Calcium Silicate Hydrate Composition in Tricalciun Silicate and β–Dicalcium Silicate Pastes[J]. Cement and Concrete Research, 1984, 14 (1): 93–98.

[18] N. L. Thomas, D. D. Double. The Hydration of Portland Cement: C_3S and C_2S in The Presence of A Calcium Complexing Admixture (EDTA)[J]. Cement and Concrete Research. 1983, 13 (3): 391–400.

[19] Yuye Tong, Hong Du, Lun Fei. Comparison Between the Hydration Process of Tricalcium Silicate and Beta–Dicalcium Silicate[J]. Cement and Concrete Research. 1991, 21 (4): 509–514.

[20] H. Y. Ghorab, E. A. Kishar, Abou Elfetouh. Studies on the Stability of the Calcium Sulfoalminate Hydrates, PartⅢ: The Monophases[J]. Cement and Concrete Research, 1998, 28 (5): 763-771.

[21] M. Regourd, H. Hornain, B. Mortureux. Evidence of Calcium Silicoaluminates in Hydrated Mixtures of Tricalcium Silicate and Tricalcium Aluminate[J]. Cement and Concrete Research, 1976, 6 (6): 733-740.

[22] Seishi Goto, Kiyoshi Asaga, Masaki Daimon, et al. Mechanisms and Kinetics of C_4AF Hydration with Gypsum[J]. Cement and Concrete Research, 1981, 11 (3): 407-414.

[23] Inma Jawed, Seishi Goto, Renichi Kondo. Hydration of Tetracalcium Aluminoferrite in Presence of Lime and Sulfates[J]. Cement and Concrete Research, 1976, 6 (4): 441-454.

[24] TongLiang, Yang Nanru. Hydration Products of Calcium Aluminoferrite in the Presence of Gypsum[J]. Cement and Concrete Research, 1994, 24 (1): 150-158.

[25] James Pommersheim, Jemei Chang. Kinetics of Hydration of Tricalcium Aluminate[J]. Cement and Concrete Research. 1986, 16 (3): 440-450.

[26] James Pommersheim, Jemei Chang. Kinetics of Hydration of Tricalcium Aluminate in the Presence of Gypsum[J]. Cement and Concrete Research, 1988, 18 (6): 911-922.

[27] Jhon Bensted. Further Hydration Investigations Involving Portland Cement and the Substitution of Limestone for Gypsum[J]. World Cement, 1983, (9): 383-392.

[28] A. Bezjak. An Extension of the Dispersion on Model for the Hydration of Portland Cement[J]. Cement and Concrte Research, 1986, 16 (2): 260-264.

[29] A. Bezjak. Kinetics Analysis of Cement Hydration Including Various Mechanistic Concepts. Ⅰ Theoretical Development[J]. Cement and Concrete Research, 1983, 13 (3) 305-318.

[30] A. Bezjck, I. Jelenic. On The Determination of Rate Constants for Hydration Processes in Cement Pastes[J]. Cement and Concrete Research, 1980, 10 (4): 553-563.

[31] J. E. Ash, M. G. Hall, J. I. Langford, et al. Estimations of Degree of Hydration of Portland Cement Paste[J]. Cement and Concrete Research, 1993, 23 (2): 399-406.

[32] N. L. Thomas, D. D. Double. Calcium and Silicon Concentrations in Solution during the Early Hydration of Portland Cement and Tricalcium Silicate[J]. Cement and Concrete Research, 1981, 11 (5): 675-687.

[33] L. D. Adams. The Measurement of Very Early Hydration Reactions of Portland Cement Clinker by a Thermoelectric Conduction Calorimeter[J]. Cement and Concrete Research, 1976, 6 (2): 293-308.

[34] J. L. Granju and J. Grandet. Relation Between the Hydration State and the Compressive Strength of Hardened Cement Pastes[J]. Cement and Concrete Research, 1989, 19 (4): 579-585.

[35] Knut O. Kjellsen & Rachel J. Detwiller. Reaction Kinetics of Portland Cement Mortars Hydrated at Different Temperatures[J]. Cement and Concrete Research, 1992, 22 (1): 112-120.

[36] H. Y. Ghorab, E. A. Kishar, S. H. Abou Elfetouh. Studies on the Stability of the Calcium Sulphoaluminate Hydrates . Part Ⅱ: Effect of Alite, Lime, and Monocarboaluminate Hydrate[J]. Cement and Concrete Research, 1998, 28 (1): 53-61.

[37] C. Shi, P. Xie. Interface between Cement Paste and Quartz Sand in Alkali-Activated Slag Mortars[J]. Cement and Concrete Research, 1998, 28 (6): 887-896.

[38] Vagelis G. Papadakis. Experimental Investigation and Theoretical Modeling of Silica Fume Activity in Concrete[J]. Cement and Concrete Research, 1999, 29(1): 79-86.

[39] P. Garces, E. G. Alcocel, S. Chinchon, et al. Effect of Curing Temperature in Some Hydration Characteristics of Calcium Aluminate Cement Compared with Those of Portland Cement [J]. Cement and Concrete

Research, 1997, 27 (9): 1343-1355.

[40] Jhon Bensted. Early Hydration of Portland Cement Effects of Water/Cement Ratio[J]. Cement and Concrete Research, 1983, 13 (4): 493-498.

[41] 甘辛平 . CSH 凝胶结构的探讨[J]. 硅酸盐学报, 1996, 24 (6): 629-634.

[42] 魏铭监, 甘辛平 . CSH 凝胶结构的研究[J]. 武汉工业大学学报, 1991(1): 20-24.

[43] Ake Grudemo. The Crypto-Crystalline Structure of C-S-H Gel in Cement Pastes Inferences from X-Ray Diffraction and Dielectric Capacitivity Data[J]. Cement and Concrete Research, 1987, 17 (4): 673-680.

[44] J. A. Gard, H. F. W. Taylor. Calcium Silicate Hydrate (Ⅱ) ("C-S-H(Ⅱ)) [J]. Cemnet And Concrete Research, 1976, 6(5): 667-678.

[45] H. F. W. Tayor. Hydratted Calcium Silicate. Part Ⅰ Compound Formation at Ordinary Temperatures[J]. World Cement, 1950: 3682 - 3690.

[46] P. Faucon, J. M. Delaye, J. Virlet, et al. Study of The structural Properties of The C-S-H (Ⅰ) by Molecular Dynamics Simulation[J]. Cement and Concrete Research, 1997, 27 (10): 1581-1590.

[47] Sidney Diamond, E. E. Lachowski. On The Morphology of Ⅲ Type C-S-H Gel[J]. Cement and Concrete Research, 1980, 10 (5): 703-705.

[48] I. G. Richardson, G. W. Groves. Models for the Composition and Structure of Calcium Silicate Hydrate (C-S-H) Gel in Hardened Tricalcium Silicate Pastes[J]. Cement and Concrete Research, 1992, 22 (6): 1001-1010.

[49] G. L. Kalousek, T. Mitsuda, H. F. W. Taylor. Xonotlite: Cell Parameters, Thermogravimetery and Analytical Electron Microscopy[J]. Cement and Concrete Research, 1977, 7 (3): 305-312.

[50] E. E. Lachowski. Investigation of the Composition and Morphology of Individual Particles of Portland Cement Paste: Ⅰ. C-S-H Gel and Calcium Hydroxide Particles[J]. Cement and Concrete Research, 1983, 13 (2): 177-185.

[51] 李远中, 唐尔焯 . C—S—H 及 C—S—H 脱水相对水泥石结构改性的研究[J]. 硅酸盐学报, 1991, 19 (4): 373-380.

[52] S. A. S. El-Hemaly, T. Mitsuda, H. F. W. Taylor. Synthesis of Normal and Anomalous Tobermorites[J]. Cement and Concrete Research, 1977, 7 (4): 468-477.

[53] Renhe Yang, Christopher D. Lawrence, Cyril J. Lynsdale, et al. Delayed Ettringite Formation in heat-Cured Portland Cement Mortars[J]. Cement and Concrete Research, 1999, 29(1): 17-25.

[54] P. K. Mehta. Scanning Electron Micrograghic Studies of Ettringite Formation[J]. Cement and Concrete Research, 1976, 6 (2): 169-182.

[55] 杨久俊, 等 . 钙矾石在湿热环境下结构变异的研究[J]. 硅酸盐学报, 1997, 25 (4): 470-479.

[56] H. Y. Ghorab, E. A. Kishar. Studies on The Stability of The Calcium Sulfoaluminate Hydrates . Part 1: Effect of Temperature on The Stability of Ettringite in Pure Water[J]. Cement and Concrete Research. 1985, 15 (1): 93-99.

[57] I. Odler, J. Colan - Subauste. Investigation on Cement Expansion Associated with Ettringite Formation [J]. Cement and Concrete Research, 1999, 29(6): 731-735.

[58] L. Divet, R. Randriambololona. Delayed Ettringite Formation: the Effect of Teperature and Basicity on the Interaction of Sulphate and C-S-H Phase[J]. Cement and Concrete Research, 1998, 28 (3): 357-363.

[59] Rchard A. Livingston, Murli Manghaani, Manika Prasad. Characterization of Portland Cement Concrete Mi-

crostructure Using The Scanning Acoustic Microscope[J]. Cement and Concrete Research, 1999, 29(3): 287-291.

[60] I. Odler, H. Koster. Investigation on the Structure of Fully Hydrated Portland Cement and Tricalcium Silicate Paste Ⅲ. Specific Surface Area and Permeability[J]. Cement and Concrete Research, 1991, 21 (6): 975-982.

[61] W. Rechenberg, S. Sprung. Composition of the Solution in the Hydration of Cement[J]. Cement and Concrete Research, 1983, 13 (1): 119-126.

[62] Parviz Navi, Christian Pignat. Three - Dimensional Characterization of the Pore Structure of a Simulated Cement Paste[J]. Cement and Concrete Research, 1999, 29(4): 507-514.

[63] A. Bajza, I. Rousekova. Effect of Heat Treatment Conditions on the Pore Structure of Cement Mortars [J]. Cement and Concrete Research, 1983, 13 (5): 747-750.

[64] Ljiljana Petrasinovic-Stojkanovic, Mirjana Duric. Predication a Compressive Strength of Portland Cement and Optimizing Its Raw Mixture Composition[J]. Cement and Concrete Research, 1990, 20 (3): 484-492.

[65] E. S. Jons, B. Osbaeck. The Effect of Cement Composition on Strength Described by a Strength-Porosity Model[J]. Cement and Concrete Research, 1982, 12 (2): 167-178.

[66] Tang Luping. A Study of the Quantitative Relationship between Strength and Pore-Size Distribution of Porous Materials[J]. Cement and Concrete Research, 1986, 16 (1): 87-96.

[67] J. K. Kim, Y. H. Moon, S. H. Eo. Compressive Strength Development of Concrete with Different Curing Time and Temperature[J]. Cement and Concrete Research. 1998, 28 (12): 1761-1773.

[68] I. Odler, M. RoBler. Investigation on the Relationship Between Porosity, Structure and Strength of Hydrate Portland Cement Pastes. Ⅱ. Effect of Pore Structure and Degree of Hydration[J]. Cement and Concrete Research, 1985, 15 (3): 401-410.

[69] K. L. Watson. A Simple Relationship Between the Compressive Strength and Porosity of Hydrated Portland Cement[J]. Cement and Concrete Research, 1981, 11 (3): 473-476.

[70] J. F. Young, H. S. Tong. Microstructure and Strength Development of Beta-Dicalcium Silicate Pastes with and Without Admixtures[J]. Cement and Concrete Research, 1977, 7 (6): 627-636.

[71] John Bensted. Retarded Oilwell Cements of API Classes D, E and F[J]. World Cement, 1991 (1): 31-35.

[72] John Bensted. API Class C Rapid-hardening Oil Well Cement[J]. World Cement, 1991, (5): 38-41.

[73] John Bensted. Cement with a Specific Application-Oilwell Cements[J]. World Cemet, 1987 (3): 72-78.

[74] John Bensted. Oilwell Cement[J]. World Cement, 1989(10): 346-356.

[75] Paraskevi-Voula Valchou, Jean-Michel Piau. Physicochemical Study of the Hydration Process of an Oil Well Cement Slurry before Setting[J]. Cement and Concrete Research, 1999, 29(1): 27-36.

[76] Eliza Grabowski, J. E. Gillott. The Effect of Curing Temperature on the Performance of Oilwell Cements Made with Different Types of Silica[J]. Cement and Concrete Research, 1989, 19 (5): 703-714.

[77] M. Michaux, P. Fletcher, B. Vidick. Evolution at Early hydration Times of the Chemical Composition of Phase of Oil Well Cement Pastes with and Without Additives. Part Ⅰ. Additive Free Cement Pastes[J]. Cement and Concrete Research, 1989, 19 (3): 443-456.

[78] M. Michaux, P. Fletcher, B. Vidick. Evolution at Early hydration Times of the Chemical Composition of Phase of OilWell Cement Pastes Without Additives[J]. Part Ⅱ. Cement Pastes Containing Additives. Cement

and Concrete Research, 1989, 19 (4): 567-578.
[79] 丁树修．高温地热井水泥水化硬化研究[J]．硅酸盐学报，1996，24（4）：389-398.
[80] 丁树修．高温水热条件下 120℃油井水泥的物理性能及水硬化过程[J]．硅酸盐学报，1989，17(4)：315-324.
[81] 丁树修．阿利特型油井水泥在高温水热下的硬化[J]．硅酸盐学报，1982，10(2)：167-176.
[82] E. Grabowski, J. E. Gillot. Effect of Replacement of Silica Flour with Silica Fume on Engineering Properties of OilWell Cements at Normal and Elevated Temperature and Pressure[J]. Cement and Concrete Research, 1989, 19 (3): 333-344.
[83] 杨远光，陈大钧．高温水热条件下水泥石强度衰退的研究[J]．石油钻采工艺，1992，14(5)：33-39.
[84] 沈伟．各种因素对水泥石抗压强度的影响[J]．钻井液与完井液，2000，17（1）：20-24.
[85] 顾军，王学良．硅化 G 级水泥在深井固井中的应用[J]．石油与天然气化工，1997，26（3）：194-195.
[86] 张景富．G 级油井水泥的水化硬化及性能[D]．杭州：浙江大学，2001.
[87] 张景富，俞庆森，徐明，等．G 级油井水泥的水化及硬化[J]．硅酸盐学报，2002，30(2)：167-171，177.
[88] 张景富，徐明，高莉莉，等．温度及外加剂对 G 级油井水泥强度的影响[J]．石油钻采工艺，2003，25(3)：19-23.
[89] 张景富，朱健军，代奎，等．温度及外加剂对 G 级油井水泥水化产物的影响[J]．大庆石油学院学报，2004，28(5)：94-97.
[90] 张景富，徐明，闫占辉，等．Hydration and Hardening of Class G OilWell Cement With and Without Silica Sands under High Temperatures[J]．硅酸盐学报，2008，36(7)：939-945.
[91] 张景富，丁虹，代奎，等．矿渣-粉煤灰混合材料水化产物、微观结构和性能[J]．硅酸盐学报，2007，35(5)：633-637.
[92] 杨智光，张景富，徐明．水泥水化动力学模型[J]．钻井液与完井液，2006，23(3)：27-30.
[93] 袁润章．胶凝材料学[M]．2 版．武汉：武汉工业大学出版社，1996.
[94] 刘大为，田锡君．现代固井技术[M]．廖润康译．沈阳：辽宁科学技术出版社，1994.
[95] 贺可音．硅酸盐物理化学[M]．武汉：武汉工业大学出版社，1995.
[96] 席耀忠译．硅酸盐结构化学-结构、成键和分类[M]．北京：中国建筑工业出版社，1989.
[97] 傅宇方，唐春安．水泥基复合材料高温劣化与损伤[M]．北京：科学出版社，2012.
[98] 周学厚．气田开发中的 CO_2 腐蚀问题[J]．天然气工业，1989，9(4)：48-54.
[99] 姚晓．CO_2 对油井水泥的腐蚀：热力学条件、腐蚀机理及防护措施[J]．西南石油学院学报，1998，20(3)：68-71.
[100] 姚晓．CO_2 对油井水泥石的腐蚀及其防护措施[J]．钻井液与完井液，1998，15(1)：8-12.
[101] 黄柏宗，林恩平，吕光明，等．固井水泥环柱的腐蚀研究[J]．油田化学，1999. 16(4)：377~383.
[102] 张景富，徐明，朱健军，等．二氧化碳对油井水泥石的腐蚀[J]．硅酸盐学报，2007，35(12)：1651-1656.
[103] Jingfu Zhang, Yu Wang, Ming Xu, et al. Effect of Carbon Dioxide Corrosion on Compressive Strength of Oilwell Cement[J]. J Chin Ceram Soc, 2009, 37(4): 642-647.
[104] 张聪，张景富，彭邦州，等．CO_2 腐蚀油井水泥石的深度及预测模型[J]．硅酸盐学报，2010，

38(9)：1782-1787.

[105] 张聪，张景富，彭邦州，等．CO_2 腐蚀油井水泥石的深度及其对性能的影响[J]. 钻井液与完井液，2010，27(6)：49-51.

[106] 张聪，张景富，彭邦州，等．深井高温抗二氧化碳腐蚀水泥浆体系设计与优选[J]. 石油钻采工艺，2010，32(5)：39-43.

[107] 张景富．大庆油田套管及水泥环 CO_2 防腐技术研究[R]. 大庆石油学院博士后研究工作报告，2006.

[108] Zhang Jingfu，Wang Xun，Wang Yu，et al. Sulfate Attack on Oil Well Cement Paste Matrix[J]. J Chin Ceram Soc，2011，39(12)：2021-2026.

[109] 张景富，王兆君，王宇，等．SO_4^{2-} 和 HCO_3^- 对油井水泥石的侵蚀研究[J]. 石油钻采工艺，2012，34(2)：37-40.

[110] De Waard C，et al. Carbonic Acid Corrosion of Steel[J]. Corrosion，1975，31(5)：177-181.

[111] De waard C，et al. Predictive Model for CO_2Corrosion Engineering in Wet Natural Gas Pipelines[J]. Corrosion，1991，47(12)：976-985.

[112] 杨远光．抗腐蚀低密度水泥体系的研究与应用[J]. 天然气工业，2001，21(2)：48-51.

[113] 廖刚，等．硅灰对油井水泥抗腐蚀能力的影响[J]. 石油钻采工艺，1996，18(4)：31-34，43.

[114] 郭志勤，赵庆．水泥浆抗腐蚀性能的研究[J]. 水泥工程，2005，26(1)：44-48.

[115] 闫波，等．大气污染对钢筋混凝土结构耐久性影响研究[J]. 哈尔滨建筑大学学报，2000，33(3)：39-44.

[116] 马保国，罗忠涛，李相国，等．含碳硫硅酸钙腐蚀产物的微观结构与生成机理[J]. 硅酸盐学报，2006，34(12)：1503-1507.

[117] 马保国，高小建，何忠茂，等．混凝土在 SO_4^{2-} 和 CO_3^{2-} 共同存在下的腐蚀破坏[J]. 硅酸盐学报，2004，32(10)：1219-1224.

[118] 贺传卿，李永贵，王怀义，等．硫酸盐对水泥混凝土的侵蚀及其防治措施[J]. 混凝土，2003，161(3).

[119] 余红发．抗盐卤腐蚀的水泥混凝土的研究现状与发展方向[J]. 硅酸盐学报，1999，27(2)：237-244.

[120] 方祥位，申春妮，杨德斌，等．混凝土硫酸盐侵蚀速度影响因素研究[J]. 建筑材料学报，2007，10(1)：89-96.

[121] 王复生，等．用高密实度高强度混凝土防治强硫酸盐环境水侵蚀的实验研究[J]. 混凝土，1991 (2)：18~21.

[122] 管学茂．水泥基材料在氯盐环境中的服役行为及机理研究[R]. 中国建筑材料科学研究院博士后出站报告，2005.

[123] 王立成．氯盐环境条件下混凝土氯离子侵蚀模型及其研究进展[J]. 水运工程，2004(4)：5-9.

[124] 袁伟静．碳化与氯盐复合作用下混凝土中钢筋腐蚀机理研究[D]. 哈尔滨：东北林业大学，2017.

[125] 金祖权，孙伟，张云生，等．混凝土在硫酸盐-氯盐环境下的损伤失效研究[J]. 东南大学学报，2006，36(2)：200-204.

[126] 李早元，郭小阳，韩林，等．胶乳对水泥石三轴力学形变能力的作用[J]. 石油学报，2007，28(4)：126-129.

[127] 李早元，郭小阳，杨远光．改善油井水泥石塑性及室内评价方法研究[J]. 天然气工业，2004，

24(2)：55-58.

[128] Hughes D C. Pore Structure and Permeability of Hardened Cement Paste[J]. Magazine of Concrete Research, 1985, 37(133)：227-233.

[129] Reddy B R, Santra A K, Mcmechan D E, et al. Cement Mechanical Property Measurements Under Wellbore Conditions[J]. Spe Drilling and Completion, 2007, 22(1)：33-38.

[130] Rodriguez W J, Fleckenstein W W, Eustes A W. Simulation of Collapse Loads on Cemented Casing Using Finite Element Analysis[J]. Spe Annual Technical Conference and Exhibition, 2003, 30(23)：45-51.

[131] 练章华，刘干，唐波，等．塑性流动地层套管破坏的有限元分析[J]. 天然气工业，2002，22(6)：55-57.

[132] 李军，陈勉，张辉，等．不同地应力条件下水泥环形状对套管应力的影响[J]. 天然气工业，2004，24(8)：50-52.

[133] 李军，陈勉，柳贡慧，等．套管、水泥环及井壁围岩组合体的弹塑性分析[J]. 石油学报，2005，26(6)：99-103.

[134] 李子丰，张永贵，阳鑫军．蠕变地层与油井套管相互作用力学模型[J]. 石油学报，2009，30(1)：129-131.

[135] 赵效锋，管志川，吴彦先，等．均匀地应力下水泥环应力计算及影响规律分析[J]. 石油机械，2013(9)：1-6.

[136] 赵效锋，管志川，廖华林，等．水泥环力学完整性系统化评价方法[J]. 中国石油大学学报(自然科学版)，2014 (4)：87-92.

[137] 殷有泉，陈朝伟，李平恩．套管-水泥环-地层应力分布的理论解[J]. 力学学报，2006，38(6)：835-842.

[138] 殷有泉，蔡永恩，陈朝伟，等．非均匀地应力场中套管载荷的理论解[J]. 石油学报，2006，27(4)：133-138.

[139] 吴飞鹏，蒲春生，王湘增，等. 非均匀地应力场中套管井井周应力分布及影响因素研究[J]. 石油天然气学报，2008，30(4)：114-118.

[140] 李军，陈勉，柳贡慧，等．套管、水泥环及井壁围岩组合体的弹塑性分析[J]. 石油学报，2005；26(6)：99-103.

[141] 殷有泉，陈朝伟，李平恩．套管-水泥环-地层应力分布的理论解[J]. 力学学报，2006，38 (6)：835-842.

[142] 陈朝伟，殷有泉．水泥环对套管载荷影响的理论研究[J]. 石油学报，2007，28(3)：141-144.

[143] 徐守余，李茂华，牛卫东．水泥环性质对套管抗挤强度影响的有限元分析[J]. 石油钻探技术，2007，35(3)：5-8.

[144] 宋明，杨凤香，宋胜利．固井水泥环对套管承载能力的影响规律[J]. 石油钻采工艺，2002，24(4)：7-9.

[145] 曾德智，林元华，李双贵，等．非均匀地应力下水泥环界面应力分布规律研究[J]. 石油钻探技术，2007，35(1)：32-34.

[146] 王耀锋，李军强，杨小辉．套管-水泥环-地层系统应力分布规律研究[J]. 石油钻探技术．2008，36 (5)：7-11.

[147] 周兵，姚晓，华苏东．套管试压对水泥环完整性的影响[J]. 钻井液与完井液，2009，26(1)：32-34.

[148] 闫相祯，杨秀娟，冯耀荣，等．蠕变地层套管外载计算的位移反分析法[J]．中国石油大学学报(自然科学版)，2006，30(1)：102-106.

[149] 张景富，张德兵，张强．水泥环弹性参数对套管-水泥环-地层固结体结构完整性的影响[J]．石油钻采工艺，2013，35(5)：43-46.

[150] 张景富，林波，王珣．单轴应力条件下水泥石强度与弹性模量的关系[J]．科学技术与工程，2010，10(21)：5249-5253，5256.

[151] 张景富，吕英渤，刘硕琼，等．水泥环力学参数与载荷间的适应性[J]．石油钻采工艺，2016，38(5)：594-600.

[152] 张景富，公海峰，靳建州，等．地层类型对水泥环的力学作用与影响[J]．东北石油大学学报，2020，44(4)：30-39.

[153] 张景富．油井水泥环环空封固可靠性力学分析与研究[R]．国家自然科学基金自助项目(编号51474074)结题/成果报告，2019.

[154] 肖文惠．三轴应力条件下水泥环本构关系分析与模型建立[D]．大庆：东北石油大学，2019.

[155] 王建成．储气库井循环注采条件下水泥环应力应变规律分析[D]．大庆：东北石油大学，2020.